Marketing

Eine prozess- und praxisorientierte Einführung

von

Prof. Dr. Peter M. Runia
Dipl.-Bw. (FH) Frank Wahl
Dipl.-Kfm. Olaf Geyer
Dr. Christian Thewißen, bc., MBA

3., aktualisierte, erweiterte und verbesserte Auflage

Oldenbourg Verlag München

Bibliografische Information der Deutschen Nationalbibliothek

Die Deutsche Nationalbibliothek verzeichnet diese Publikation in der Deutschen
Nationalbibliografie; detaillierte bibliografische Daten sind im Internet über
http://dnb.d-nb.de abrufbar.

© 2011 Oldenbourg Wissenschaftsverlag GmbH
Rosenheimer Straße 145, D-81671 München
Telefon: (089) 45051-0
www.oldenbourg-verlag.de

Lektorat: Thomas Ammon
Herstellung: Constanze Müller
Titelbild: thinkstockphotos.de
Einbandgestaltung: hauser lacour
Gesamtherstellung: Beltz Bad Langensalza GmbH, Bad Langensalza

Dieses Papier ist alterungsbeständig nach DIN/ISO 9706.

ISBN 978-3-486-59105-7

Inhalt

nicht
Lesen

Vorwort zur dritten Auflage

Seit der zweiten Auflage unseres Lehrbuches „Marketing. Eine prozess- und praxisorientierte Einführung" sind mittlerweile vier Jahre vergangen. Unser Werk hat sich in der Marketingwissenschaft und -praxis etabliert und erfreulicherweise eine recht große Verbreitung gefunden. Die Marketingdisziplin ist von dynamischer Natur und einem immer turbulenteren Umfeld unterworfen, sodass uns eine Neuauflage notwendig erscheint, um dem aktuellen Status quo des Faches sowie dem selbst auferlegten hohen Praxisbezug gerecht zu werden. Wir hoffen, dass auch die dritte Auflage bei Marketing-Studierenden und -Praktikern entsprechenden Anklang findet.

Die bewährte prozess- und praxisorientierte Konzeption des Werkes ist geblieben. Der gesamte Text unterlag jedoch einer sprachlichen und inhaltlichen Kontrolle, wobei zudem Daten und Praxisbeispiele auf den neuesten Stand gebracht wurden. Insgesamt liegt der Fokus in der dritten Auflage noch stärker auf dem Konsumgüter- bzw. B2C-Marketing.

Um aktuelle Entwicklungen im Marketing entsprechend zu würdigen, fanden die folgenden Themenbereiche (hier in chronologischer Reihenfolge aufgeführt) Eingang in unser Lehrbuch:

- Strategieebenen in Unternehmen (u.a. Unternehmens- vs. Marketingstrategie),
- „Limbic Map" als Ansatz der psychographischen Segmentierung,
- diverse Ausprägungen von Präferenzstrategien,
- Innovationsprozess im Rahmen der Produktpolitik,
- neue Kategorisierung der Markenstrategien,
- Guerilla Marketing,
- Social Media Marketing im Rahmen des Internet Marketing (in früheren Auflagen: Online-Marketing).

Die Optimierung unseres Lehrbuches verdanken wir wiederum nicht zuletzt der kritischen Lektüre von Kollegen und Studierenden.

Ein ganz besonderer Dank gilt unserem Kollegen *Christoph Busch* für seine wertvollen Beiträge bezüglich Guerilla Marketing und Internet Marketing. Ferner sind wir *Simon Roszinsky* für seinen Beitrag zum Themenbereich Social Media sehr dankbar.

Abschließend bedanken wir uns bei *Thomas Ammon* vom OLDENBOURG-Verlag für die angenehme Zusammenarbeit.

Peter Runia, Frank Wahl, Olaf Geyer, Christian Thewißen

Vorwort zur zweiten Auflage

Bereits knapp zwei Jahre nach dem erstmaligen Erscheinen von „Marketing. Eine prozess- und praxisorientierte Einführung" legen die Autoren die zweite Auflage vor. Wir sind erfreut über die große Nachfrage und weitgehend positive Aufnahme unseres Lehrbuches.

An der grundlegenden Konzeption des Werkes, der Orientierung an dem Marketingprozess und der Marketingpraxis, hat sich nichts geändert. Der gesamte Text wurde sprachlich und inhaltlich optimiert, die für eine Erstauflage typischen kleineren Fehler und Unwägbarkeiten ausgeräumt. Ferner sind Daten und Praxisbeispiele aktualisiert worden. Schließlich wurden in vielen Abschnitten kleinere inhaltliche Erweiterungen vorgenommen.

Grundlegend überarbeitet und erweitert wurden die Abschnitte zur Markierung, Preisfestlegung und Kommunikationspolitik, da die Autoren hier eine tiefer gehende Darstellung anbieten möchten.

Die Optimierung unseres Lehrbuches verdanken wir nicht zuletzt der kritischen Lektüre von Kollegen und Studierenden.

Ein besonderer Dank gilt unseren Kollegen an der FONTYS INTERNATIONALE HOGESCHOOL ECONOMIE *Olaf Bode, Yvonne Spitz* und Dr. *Dennis Wörmann* für ihre Beiträge zur inhaltlichen Optimierung.

Auch die Anregungen gegenwärtiger und ehemaliger Studierenden im Studiengang International Marketing haben zur Verbesserung des Lehrbuchs beigetragen, besonders zu erwähnen sind: *Andreas Gaßmann, Irina Janßen, Silke Mertens, Eva Diana Moczko, Simon Roszinsky, Michaela Sieben, Nils Skirlo, Stefan Strommenger, Markus Wasseige.*

Abschließend bedanken wir uns bei Herrn Dr. *Jürgen Schechler* vom OLDENBOURG-Verlag für die angenehme Zusammenarbeit.

Peter Runia, Frank Wahl, Olaf Geyer, Christian Thewißen

Vorwort zur ersten Auflage

Jede neu erscheinende Monographie zum Marketing muss sich den Vorwurf gefallen lassen, dass es doch eigentlich schon genug Publikationen zu diesem Thema gibt. Warum also wieder eine neue „Einführung in die Marketinglehre"?

Die grundlegende Idee zu diesem Lehrbuch entstand aus Vorlesungen und Seminaren der Autoren an der FONTYS INTERNATIONALE HOGESCHOOL ECONOMIE in Venlo, Niederlande. Die Studierenden kannten zwar die Klassiker der Marketinglehre und nutzten diese für ihre Arbeit, jedoch weisen diese Werke die Nachteile auf, zu umfangreich und zu wenig praxisorientiert zu sein. Zudem entstand bei den Studierenden das Bedürfnis nach klarer Struktur, eindeutigen Definitionen und geeigneten Praxisbeispielen, welche ebenfalls in vielen vorliegenden Publikationen zu kurz kommen.

Zielsetzung des vorliegenden Lehrbuches ist es, eine komprimierte und praxisorientierte Einführung in das Marketing zu liefern. Komprimierung bedeutet hierbei zum einen die Konzentration auf das (klassische) Konsumgütermarketing, zum anderen die Ausklammerung von Themenbereichen wie Marktforschung und institutionellem Marketing (Handelsmarketing, Dienstleistungsmarketing, Investitionsgütermarketing etc.). Die Autoren sind der Meinung, dass zu den ausgesparten Teilbereichen des Marketing bereits eine Reihe hervorragender Publikationen vorliegt, und dass eine allgemeine Einführung diesen für sich genommen sehr komplexen Themen nicht gerecht werden kann.

Praxisorientierung wird im Sinne einer stetigen Erläuterung von theoretischen Konstrukten und Modellen an anschaulichen und aktuellen Praxisbeispielen verstanden. Eine solche didaktische Vorgehensweise führt nach Erfahrung der Autoren zu einem größeren Lernerfolg und ist überdies geeignet, im Rahmen eines modernen kompetenzorientierten Unterrichts eingesetzt zu werden.

Bei allen Bemühungen, eine gleichgewichtige Darstellung der diversen Teilbereiche des Marketing zu erreichen, werden einige Themen ausführlicher präsentiert. Dies gilt für die Darstellung des Konsumentenverhaltens, der Distributions- und der Kommunikationspolitik. Diese Themen sind nach Ansicht der Autoren in der heutigen Marketingpraxis von eminenter Bedeutung und verdienen eine nähere Betrachtung.

Der Aufbau des Lehrbuches folgt dem sog. prozessualen Ansatz, d.h. der klassische Marketingprozess dient als Raster für die Darstellung der jeweiligen theoretischen und praxisbezogenen Elemente. Des Weiteren ist die Darstellung durch den konzeptionellen Ansatz von

Jochen Becker beeinflusst, der den Zusammenhang des ziel-strategischen und operativen Marketing-Management geprägt hat.

Das Lehrbuch ist in fünf Teile aufgegliedert: In Teil I (Grundlagen des Marketing) werden Basisbegriffe und Entwicklungen der Marketingtheorie und -praxis aufgezeigt. Teil II (Marketinganalyse) stellt die Notwendigkeit einer ausführlichen Analyse von Unternehmen, Markt und Umwelt als Basis für Marketingkonzepte dar. In Teil III (Strategisches Marketing) wird die Ziel- und Strategieebene des Marketing erläutert, welche einen grundlegenden Handlungsrahmen für das operative Marketing schafft. Teil IV (Operatives Marketing) thematisiert ausführlich den klassischen Marketing-Mix, d.h. das Zusammenspiel konkreter Maßnahmen der Produkt-, Kontrahierungs-, Distributions- und Kommunikationspolitik. In Teil V (Marketingplanung und -kontrolle) werden abschließend die diversen Ebenen in Form von Marketingkonzepten oder Marketingplänen zusammengeführt und es wird auf die Bedeutung der Marketingkontrolle als letzten Schritt des Marketingprozesses hingewiesen.

Die Zielgruppe dieser Publikation sind sowohl Studenten der Betriebswirtschaftslehre, insbesondere mit dem Schwerpunkt Marketing, als auch Praktiker, die sich kontinuierlich mit Marketingfragen beschäftigen und ein kompaktes theoretisches Gerüst benötigen.

Ein besonderer Dank der Autoren gilt allen ehemaligen und gegenwärtigen Studenten im Studiengang Marketing für viele Anregungen, die in der einen oder anderen Form in dieses Lehrbuch Eingang gefunden haben.

Wir danken ferner Herrn drs. *Jo Grouls*, Direktor der FONTYS INTERNATIONALE HOGESCHOOL ECONOMIE, für seine Unterstützung.

Schließlich bedanken wir uns bei Frau *Meike Keller* und Herrn *Martin Weigert* vom OLDENBOURG-Verlag für die angenehme Zusammenarbeit.

Peter Runia, Frank Wahl, Olaf Geyer, Christian Thewißen

Abbildungsverzeichnis

Abkürzungsverzeichnis

Abb.	Abbildung
AG	Aktiengesellschaft
Aufl.	Auflage
B2B	Business to Business
B2C	Business to Consumer
BCG	BOSTON CONSULTING GROUP
CEO	Chief Executive Officer
CI	Corporate Identity
CRM	Customer Relationship Management
ECR	Efficient Consumer Response
et al.	et alii
EU	Europäische Union
f.	folgende
FAZ	FRANKFURTER ALLGEMEINE ZEITUNG
F&E	Forschung & Entwicklung
ff.	fortfolgende
FIHE	FONTYS INTERNATIONALE HOGESCHOOL ECONOMIE
FOC	Factory Outlet Center
FOM	HOCHSCHULE FÜR OEKONOMIE & MANAGEMENT
GfK	GESELLSCHAFT FÜR KONSUMFORSCHUNG
Ggs.	Gegensatz
GRP	Gross Rating Point

GWB	Gesetz gegen Wettbewerbsbeschränkungen
Hg.	Herausgeber
HGB	Handelsgesetzbuch
i.H.v.	in Höhe von
Jg.	Jahrgang
Mio.	Millionen
Mrd.	Milliarden
o.V.	ohne Verfasserangabe
p.a.	per anno
PIMS	Profit Impact of Market Strategies
POS	Point of Sale
PR	Public Relations
ROI	Return on Investment
ROS	Return on Sales
S.	Seite
SGE	Strategische Geschäftseinheit
SGF	Strategisches Geschäftsfeld
S-O-R	Stimulus-Organismus-Response
S-R	Stimulus-Response
U.A.P.	Unique Advertising Proposition
U.C.P.	Unique Communications Proposition
U.S.P.	Unique Selling Proposition
UWG	Gesetz gegen den unlauteren Wettbewerb
vgl.	vergleiche
VKF	Verkaufsförderung

I   Grundlagen des Marketing

1   Grundlegende Merkmale und *lesen* Definitionen

Globalisierung und Information sind die zentralen Marktthemen der letzten 25 Jahre. Die Globalisierungsprozesse, angetrieben durch die Osterweiterung der Europäischen Union sowie Konzentrationsprozesse durch Fusionswellen wie im Falle der Automobilindustrie und die Entwicklung der Informationstechnologien – hier ist an erster Stelle das Internet zu nennen – haben viele Marktstrukturen signifikant verändert, Druck auf das Preisniveau ausgeübt und die Wettbewerbsintensität erhöht.

Verkäufer- und Käufermarkt

Die Dominanz der Verkäufer wurde Ende der 60er Jahre zu Gunsten der Käufer verschoben; d.h. **Verkäufermärkte** haben sich zu käuferdominierten Märkten entwickelt. Verkäufermärkte werden dadurch charakterisiert, dass die auf ihnen nachgefragte Menge größer ist als die angebotene Menge. Auf diesen Märkten dominieren die Verkäufer, die ihre Aktivitäten auf den Verkauf bzw. die Distribution des kleineren Angebotes (A<N) beschränken. **Käufermärkte** hingegen kennzeichnen sich durch ein Angebot, das größer ist als die Nachfrage (A>N). Diese Marktstruktur führt zu einer Vormachtstellung der Nachfrageseite, die ein aktives Marketing für Unternehmen notwendig macht. Auch zukünftig kann von grundlegenden Umbrüchen der Wirtschaft ausgegangen werden. Aus diesem Grund ist eine konsequente Markt- und Kundenorientierung bzw. das intensive „Listen-to-the-Customer" für den nachhaltigen Unternehmenserfolg sowie für die Sicherung des Unternehmens unabdingbar.

Grundbegriffe des Marketing

Die Betrachtungsweisen und Definitionen des Marketing sind vielfältig. Ausgangspunkt dieser Sichtweise sind jedoch meist folgende **Grundbegriffe** (*Kotler/Keller/Bliemel* 2007: 12ff.):

- Bedürfnis – Bedarf – Nachfrage,
- Produkt,
- Nutzen – Kosten – Zufriedenstellung,
- Austauschprozess – Transaktion,
- Beziehung – Netzwerk,
- Markt,
- Marketer – Interessent.

Menschliche **Bedürfnisse** und Bedarfe sind Ausgangspunkte des Marketing als Disziplin. Essen, Trinken, Behausung (physiologische Existenz), Sicherheit und Zugehörigkeit stellen u.a. lebensnotwendige Bedürfnisse dar, die fest in der menschlichen Natur verankert sind. Ein Bedürfnis in diesem Sinne ist Ausdruck des Mangels an Zufriedenstellung. Das Bedürfnis wird zu einem **Bedarf**, wenn dieses konkretisiert wird. So kann das Nahrungs-bedürfnis zu einem Wunsch nach einer Pizza von PIZZA HUT erwachsen. Ein Wunsch wird zur **Nachfrage**, wenn es sich zum einen um spezifische Produkte handelt und zum anderen seitens des Verbrauchers die Fähigkeit und Bereitschaft zum Kauf besteht. Das Bedürfnis nach Fortbewegung und der Wunsch, mit einem FERRARI zu fahren, sind zahlreich, jedoch hat nur eine verhältnismäßig kleine Gruppe die Kaufkraft und Bereitschaft, dies zu realisieren. Das Marketing baut auf den bereits bestehenden Bedürfnissen auf und zielt auf die Beeinflussung der Wünsche der Menschen ab. MCDONALD'S versucht mit der Kampagne „Ich liebe es" herauszustellen, auf welche Weise seine Produkte Bedürfnisse befriedigen. Die Nachfrage soll beeinflusst werden, indem das Produkt attraktiv, erschwinglich und verfügbar gemacht wird. MCDONALD'S setzt den Fokus auf Lifestyle und regelmäßige Angebote zur Aktivierung der Nachfrage.

Bedürfnisse und Bedarfe werden befriedigt und die Nachfrage gestillt durch **Produkte**. Unter einem Produkt wird in diesem Sinne alles verstanden, was einer Person angeboten werden kann, um ein Bedürfnis oder einen Bedarf zu befriedigen, d.h. sowohl Güter als auch Dienstleistungen. Ziel des Marketing im Rahmen der Unternehmung muss es sein, sich weniger auf das Produkt selbst zu konzentrieren als auf die durch dieses Produkt erzeugte Leistung. Ein Hamburger von MCDONALD'S wird nicht auf Grund des guten Willens gekauft, sondern weil Verbraucher ihr Bedürfnis nach Nahrung befriedigen möchten.

Die Entscheidung der Verbraucher, welches Produkt ihr Bedürfnis befriedigen soll, hängt von dem daraus resultierenden **Nutzen** ab. Nutzen bezeichnet die Einschätzung des Verbrauchers hinsichtlich der Fähigkeit des Produktes zur Bedürfnisbefriedigung. So werden sowohl MCDONALD'S, BURGER KING und auch PIZZA HUT mit ihren Produkten das Bedürfnis nach Nahrung befriedigen können. Aber für das Produkt welches Unternehmens entscheidet sich der Nachfrager letztlich? Gehen wir davon aus, dass der Konsument grundsätzlich eine Präferenz für BURGER KING hat, würde er sein Bedürfnis wohl normalerweise hier befriedigen. Doch da MCDONALD'S derzeit Angebotsprodukte anbietet und der Hunger des Verbrauchers verhältnismäßig groß ist, hängt die Kaufentscheidung von einem weiteren Faktor ab, den **Kosten** für die Bedürfnisbefriedigung. Der Begriff Kosten umfasst hier neben den rein monetären Kosten (aufzuwendender Geldbetrag für das Produkt) auch Kosten für Zeit, Energie und psychische Anstrengungen des Konsumenten. Letztlich wird sich der Konsument für das Produkt entscheiden, welches ihm die optimale Kombination aus Nutzen und Kosten bietet. Das Produkt wird eine **Zufriedenstellung** beim Verbraucher nur dann erreichen, wenn seine Produktwahl zu einem sog. Nettonutzen (Nutzen>Kosten) führt.

Basis für das Marketing ist der **Austausch**. Unter Austausch ist hier ein Prozess zu verstehen, durch den die eine Seite ein nachgefragtes Produkt für eine Gegenleistung an die andere Seite erhält. Für einen Austausch in diesem Sinne gelten fünf Prämissen: Mindestens zwei Parteien, jede Partei muss über etwas verfügen, was für die andere Partei von Wert sein könnte, Kommunikation zwischen den Parteien und Möglichkeit der Übertragbarkeit des Tauschobjektes, freie Möglichkeit zur Annahme bzw. Ablehnung des Angebotes, Parteien dürfen den Umgang und Austausch mit der anderen Partei nicht ablehnen. Der Erfolg des Austausches hängt davon ab, ob die beteiligten Parteien sich über die Bedingungen des Austausches einigen können. Alle Beteiligten möchten durch den Austausch einen Mehrwert für sich schaffen. Können die Parteien eine Einigung erzielen, wird von einer **Transaktion** gesprochen. Diese Einigung erfolgt in der Praxis durch den Abschluss eines Kaufvertrages, der die vereinbarten Konditionen enthält. Aus einer einmaligen Transaktion wird idealerweise eine (langfristige) **Beziehung** zwischen Verkäufer und Käufer.

Während sich das Transaktionsmarketing auf Maßnahmen und Instrumente beschränkt, die sich auf den Austauschprozess konzentrieren, stellt das **Beziehungsmarketing** eine umfassendere Perspektive dar. Nachhaltig qualitative Produkte bzw. Dienstleistungen, die zu einem guten Kosten-Nutzen-Verhältnis angeboten werden, sollen zu einer langfristigen und vertrauensvollen Beziehung zwischen den Transaktionspartnern führen. Im Idealfall soll daraus ein **Marketingnetzwerk** entstehen, das die Transaktionskosten und den Zeitaufwand der Parteien reduziert und damit einen Wettbewerbsvorteil darstellt.

Die Analyse des Austauschprozesses führt zwangsläufig zum bedeutenden Begriff des **Marktes**, der im alltäglichen Sprachgebrauch, allerdings unterschiedlich definiert, Verwendung findet. Während viele diesen im institutionellen Sinne als Wochenmarkt und Jahrmarkt kennen, wird er in funktioneller Hinsicht definiert als das Zusammentreffen von Angebot und Nachfrage. Die weit gefasste Definition des Marktes wird dadurch spezifiziert, dass potentielle Kunden mit einem bestimmten Bedürfnis zum Markt gezählt werden, die willens und fähig sind, durch einen Austauschprozess das Bedürfnis zu befriedigen. Die Tätigkeit der Menschen auf diesen Märkten mit dem Ziel, unter Berücksichtigung der Markt- und Kundenanforderungen Tauschvorgänge zur Befriedigung von Bedürfnissen zu realisieren, wird hier als Marketing bezeichnet.

Marktteilnehmer, die konkret und aktiver nach einem oder mehreren Austauschpartnern suchen, um etwas von Wert auszutauschen, werden **Marketer** genannt. Der passivere

Partner wird als **Interessent** bezeichnet. Dieser ist nach dem subjektiven Ermessen des Marketers zu einem Austausch willens und in der Lage.

Aus den oben genannten Grundbegriffen lässt sich nachfolgende Definition des **Marketing** ableiten: „Marketing ist ein Prozess im Wirtschafts- und Sozialgefüge, durch den Einzelpersonen und Gruppen ihre Bedürfnisse und Wünsche befriedigen, indem sie Produkte und andere Dinge von Wert erstellen, anbieten und miteinander austauschen" (*Kotler/Keller/Bliemel* 2007: 18).

Diese Definition ist jedoch auf einem sehr abstrakten Niveau angesiedelt und somit weniger praxisorientiert. Um dieses Defizit auszugleichen und dem Praxisanspruch dieses Lehrbuches gerecht zu werden, definieren die Autoren Marketing wie folgt:

> **Marketing ist die konzeptionelle, bewusst marktorientierte Unternehmensführung, die sämtliche Unternehmensaktivitäten an den Bedürfnissen gegenwärtiger und potentieller Kunden ausrichtet, um die Unternehmensziele zu erreichen.**

Einstellung des Unternehmens zum Marketing

In der Vergangenheit wurde der Schwerpunkt des Marketing am Ende der Wertschöpfungskette gesehen, d.h. das Marketing konzentrierte sich auf die Vermarktungsaufgabe, die unter Einsatz von Marketinginstrumenten wahrgenommen wurde. Die Entwicklung von Branchen bzw. Märkten und der hierdurch hervorgerufene Wettbewerbsdruck hat eine erweiterte Sichtweise und Definition des Marketing notwendig gemacht. Das Marketing leistet heute in unterschiedlichen Organisationen einen wesentlichen Beitrag zur Erreichung organisationeller Ziele einschließlich des Shareholder Value. Aus diesem Grund ist Marketing im Verständnis dieses Buches als ein Prozess zu verstehen, der auf die gesamte Wertschöpfungskette einer Organisation Einfluss nimmt; d.h. alle Unternehmensfunktionen werden unter den Gesichtspunkten der Markt- und Kundenanforderungen geplant, gesteuert und kontrolliert.

Im Hinblick auf die Unternehmenseinstellung werden nachfolgend **vier Konzepte** unterschieden, nach denen Organisationen ihre Marketingaktivitäten ausrichten können: Produktionskonzept, Produktkonzept, Verkaufskonzept, Marketingkonzept (*Kotler/Keller/Bliemel* 2007: 19ff.).

Nach dem **Produktionskonzept**, dessen Vormachtsstellung bis in die 50er Jahre reichte, präferieren die Verbraucher jene Produkte, die verfügbar und kostengünstig sind. Produktionsorientierte Unternehmen konzentrieren sich auf die Erreichung einer hohen Fertigungseffizienz und eines möglichst flächendeckenden Distributionssystems. Dieser Sachverhalt liegt nachvollziehbar auf Verkäufermärkten und auf Märkten, auf denen über Skaleneffekte (sog. economies of scale) die Produktionsstückkosten gesenkt werden können, vor.

Produktionsorientierte Unternehmen, die das **Produktkonzept** primär bis in die 60er Jahre einsetzten, messen den Komponenten Qualität, Leistung und nachgefragten Eigenschaften ein Höchstmaß an Bedeutung bei. Es wird davon ausgegangen, dass die Verbraucher dies honorieren und den durch diese Komponenten hervorgerufenen Zusatznutzen bezahlen.

Unternehmen, die sich ausschließlich auf das Produktkonzept konzentrieren, gehen allerdings das Risiko ein, die Marktanforderungen aus den Augen zu verlieren.

Das **Verkaufskonzept** als erste Reaktion auf den Wandel vom Verkäufer- zum Käufermarkt geht von der Prämisse aus, dass die Verbraucher keine ausreichende Menge der offerierten Produkte kaufen. Aus diesem Grund muss das Unternehmen aggressiv verkaufen und Absatzförderung betreiben. Ursache hierfür sind in vielen Fällen Überkapazitäten, die aus der zunehmenden Käuferdominanz resultieren. Diese verkürzte Sichtweise, nach der Marketing mit Verkauf gleichgesetzt wird, dominierte bis in die 70er Jahre.

Das **Marketingkonzept** setzt an den Nachteilen der zuvor genannten Konzepte an. Der Schlüssel zur unternehmerischen Zielerreichung liegt darin, Bedürfnisse des Zielmarktes zu erheben und diese effizienter zu befriedigen als die Wettbewerber. Das Marketingkonzept ist auf **vier Säulen** aufgebaut:

- Fokussierung auf den Markt,
- Orientierung am Kunden,
- Gewinnerzielung durch zufriedene Kunden,
- Ganzheitliches Marketing.

Die unterschiedlichen Bedürfnisse von Verbrauchern können nicht von einem Unternehmen alleine befriedigt werden. Aus diesem Grund ist es für ein Unternehmen unabdingbar, eine **Fokussierung auf den Markt** zu erreichen, d.h. den relevanten Markt einzugrenzen und für diesen Zielmarkt ein optimales Marketingprogramm zu erarbeiten. Ausgangspunkt für die **Orientierung am Kunden** ist die Ermittlung und Festlegung der relevanten Kundenwünsche, um diese zu erfüllen und den Kunden zufrieden zu stellen. Die hohe Bedeutung der **Kundenzufriedenheit** liegt darin begründet, dass der Austauschprozess mit einem Stammkunden deutlich günstiger ist als mit einem Neukunden. Die Kundenzufriedenheit wird zunehmend als strategischer Schlüsselfaktor angesehen, der den ökonomischen Erfolg eines Unternehmens gewährleistet. Die Wirkungseffekte der Kundenbindung sollen in Zeiten stagnierender, umkämpfter Märkte und sprunghaften Kundenverhaltens zu mehr Sicherheit, zusätzlichem Wachstum und erhöhten Profiten führen. Die Umsetzung des Marketingkonzeptes darf sich nicht auf einzelne Organisationseinheiten, z.B. Abteilungen, beschränken, sondern erfordert **ganzheitliches Marketing**. Die einzelnen Marketingfunktionen untereinander sowie die Zusammenarbeit der Marketingabteilung mit den anderen Unternehmensbereichen müssen aufeinander abgestimmt werden. Dies zielt darauf ab, dass alle Organisationseinheiten die Zufriedenstellung der Kunden im Fokus haben. Die Befriedigung der Kundenwünsche und -bedürfnisse muss stets mit langfristigen ökonomischen Zielen in Einklang gebracht werden.

Das Marketingkonzept hat ohne Zweifel zu einer deutlich stärkeren Orientierung der Unternehmen am Markt beigetragen. Globale Entwicklungen und Ereignisse wie Hochwasserkatastrophen in völlig unterschiedlichen Regionen der Erde, Ressourcenverknappung, Massenarbeitslosigkeit und -armut drängen allerdings zu einer Erweiterung des Marketingkonzeptes. In diesem Sinne sollen soziale und ethische Aspekte, die derzeit auch Gegenstand der Diskussion der Corporate Governance sind, in der Organisation berücksichtigt werden.

Ziel ist es, Bedürfnisse nicht nur besser zu befriedigen als die Wettbewerber, sondern dies auch unter Erhalt oder Verbesserung der Lebensqualität zu realisieren. Dieses Konzept wird an dieser Stelle als **Social Marketing** bezeichnet. Social Marketing in Reinkultur wird von Non-Profit-Unternehmen betrieben, deren betrieblicher Fokus auf „sozialen" Dienstleistungen wie Pflegedienst, Unterstützung der Dritten Welt etc. liegt (z.B. CARITAS). Aber auch profitorientierte Unternehmen nutzen einen partiellen Ansatz des Social Marketing, um eine Imageverbesserung zu erzielen. Als Beispiel soll an dieser Stelle die „Regenwald-Kampagne" von KROMBACHER angeführt werden.

2 Entwicklungslinien der Marketingtheorie

Die Ursprünge der Marketingtheorie gehen zurück auf den Beginn des 20. Jahrhunderts, als sich die Betriebswirtschaftslehre, ausgehend von der Nationalökonomie sowie der Handelswissenschaft, als eigenständige Wissenschaft etablierte. Zu den ältesten Ansätzen der Marketingtheorie gehören die institutionen-, waren- und funktionsorientierten Ansätze. Gegenstand der **institutionenorientierten Theorie** sind empirisch relevante absatzwirtschaftliche Institutionen, insbesondere die Beschäftigung mit den verschiedenen Betriebsformen des Handels. Die **warenorientierte Theorie** stellt einzelne Produkte bzw. Produkttypologien in den Mittelpunkt der Analyse. Bestimmte Produkteigenschaften erfordern für die jeweiligen Produktkategorien eine besondere Ausgestaltung der Absatztätigkeit. Später hat sich in der Marketingwissenschaft die Differenzierung von Ansätzen für Konsumgüter, Investitionsgüter und Dienstleistungen durchgesetzt. Der warenorientierte Ansatz blendete die Nachfragerseite aus, nämlich den Tatbestand, dass hinter der Kaufentscheidung nicht nur Produkteigenschaften, sondern vor allem verhaltensbezogene Charakteristika der Nachfrager stehen. Die **funktionenorientierte Theorie** setzt sich mit der originären Absatzfunktion eines Betriebes auseinander. Alle bekannten Systematisierungsansätze der betrieblichen Funktionenlehre beschreiben Absatz als wesentliche Grundfunktion eines Betriebes. Die Absatzwirtschaft als Funktion bildet ein Teilgebiet der allgemeinen Betriebswirtschaftslehre.

In den USA wurde der Begriff Marketing bereits in den 30er und 40er Jahren des vorigen Jahrhunderts in einer funktionsbezogenen Prägung verwendet. In den 40er Jahren löste sich die Marketinglehre in den USA jedoch langsam aus der starren Klammer der Betriebswirtschaftslehre und wurde stark von den Nachbardisziplinen Psychologie und Soziologie beeinflusst. 1945 besaß die Marketinglehre in den USA den Status einer speziellen **Sozialwissenschaft**, während in Deutschland immer noch die betriebswirtschaftliche Teildisziplin der Absatztheorie im Mittelpunkt von Forschung und Lehre stand.

Zwischen 1945 und 1960 veränderte die amerikanische Marketingtheorie grundlegend ihr Gesicht. Neue Begriffe, neue Schwerpunkte und neue Perspektiven fanden Eingang in die Marketinglehre. Es setzte sich ein Verständnis vom Marketing als **Führungskonzeption** von Unternehmen durch, welches die traditionelle Lehre von der Absatzfunktion ablöste. Das **Marketing-Management** entstand als normativ orientierter Ansatz, der die marketing-relevanten Entscheidungsbereiche an die oberste Unternehmensführung verwies. Aus dieser Perspektive wurden die anderen betrieblichen Teilfunktionen der Marketingfunktion untergeordnet. Neben dieser perspektivischen Veränderung wurden systematisch Methoden, Theorien und Sichtweisen der Sozialwissenschaften übernommen (*Bubik* 1996: 136ff.).

Die Managementkomponente betont den **Marketingprozess** der Planung, Koordination, Durchführung und Kontrolle der Marketingaktivitäten, womit Marketingkonzepte zu grundlegenden Unternehmenskonzepten werden. Marketing wird als dominanter Engpass der Unternehmen definiert. Weitere Ansätze führen zu einer umfassenden Strukturierung des Entscheidungsraums: So wird im **Marketing-Mix** das marketingpolitische Instrumentarium zusammengefasst, dessen koordinierter und integrierter Einsatz als Aufgabe des Marketing-Management gilt. Das Erfahrungsobjekt der Marketingwissenschaft war nun nicht mehr allein die betriebliche Absatzfunktion, sondern das Gesamtunternehmen. Im weiteren Sinne erhält das Marketing den Charakter einer allgemeinen Managementlehre.

Revolutionär für die Marketingtheorie war 1960 das Erscheinen des Buches „Basic Marketing. A Managerial Approach" von *McCarthy*, der den Kern seines Buches anhand der absatzpolitischen Instrumente systematisiert, die er zu den **four P's** zusammenfasst: Product, Place, Promotion, Price. Diese Gliederung hat sich in der Marketinglehre durchgesetzt und hat bis heute Bestand. Darüber hinaus gewinnt bei *McCarthy* der strategische Aspekt an Bedeutung: Die Strategie besteht in der Auswahl bzw. Bestimmung der Zielgruppe, für die dann die Festlegung des optimalen Marketing-Mix zu ihrer zielgerichteten Bearbeitung erfolgt.

In Deutschland entstand zu Beginn der 60er Jahre eine Managementlehre nach amerikanischem Vorbild, wobei die Verbindung von Marketing und Betriebsführung wissenschaftlich möglich gemacht wurde. Das erste integrierende Standardwerk der deutschsprachigen **Absatztheorie** erschien 1968 unter dem Titel „Einführung in die Lehre von der Absatzwirtschaft" (*Nieschlag, Dichtl, Hörschgen*). In späteren Auflagen wurde der Begriff Absatzwirtschaft durch Marketing ersetzt und somit eine vollständige Adaption der amerikanischen Theorie vollzogen.

McCarthy's managementorientierte Sicht der vier P's stellt die Geburtsstunde des **modernen Marketing** dar, das insbesondere durch *Kotler* – in Deutschland durch *Meffert* – weiterentwickelt wurde. Der Brückenschlag von der funktionsorientierten Sichtweise (Absatz) zur unternehmensbezogenen Denkhaltung (Marketing) mündet in einer Definition, die Marketing als konsequente Orientierung der Unternehmensaktivitäten an den Bedürfnissen und Wünschen der Nachfrager begreift. Moderne Lehrbücher propagieren ein **integriertes Marketing** als Unternehmensphilosophie.

Seit den 80er Jahren des letzten Jahrhunderts erfährt die Marketinglehre eine ausgeprägte Weiterentwicklung, die sich in den Begriffen Broadening, Deepening und Strategie äußert (*Bubik* 1996: 162ff.). Im Zuge des **Broadening** vollzieht sich eine Ausdehnung des Erfahrungsobjektes des Marketing von ausschließlich privatwirtschaftlichen Unternehmungen auf Nonprofit-Organisationen sowie im weitesten Sinne auf alle zielgerichteten sozialen Austauschprozesse („Generic Concept" von *Kotler*). Der Begriff **Deepening** stellt eine Erweiterung der Zielsetzungen und Methoden der Disziplin dar; exemplarisch sei hier die soziale Zielkomponente genannt. Die **strategische Perspektive** führt zum einen zur Integration umfassender Managementkonzepte in den Marketingkontext, zum anderen zu einer konzeptionellen Sichtweise des Marketing, die sich in den Teilbereichen Analyse, Ziele, Strategie, Mix und Kontrolle äußert. Diese konzeptionelle und zugleich integrierende Perspektive liegt auch dem vorliegenden Lehrbuch zugrunde.

3   Marketing-Management und Marketingprozess

Wenn das Marketing als generisches Konzept aufgefasst wird und alle sozialen Austauschprozesse dem Marketing zugerechnet werden, dann betreibt jeder private Konsument bzw. Haushalt Marketing. Im engeren Sinne bezeichnet Marketing ein professionelles marktorientiertes Vorgehen, das in der Regel durch Organisationen bzw. Unternehmen angewendet wird. In diesem Kontext ist Marketing eine Management-Funktion. **Marketing-Management** findet dann statt, wenn ein Austauschpartner ganz bewusst die Vorgehensweisen durchdenkt, mit denen er die gewünschte Reaktion der anderen Partei herbeiführen kann.

Die AMERICAN MARKETING ASSOCIATION definiert Marketing-Management wie folgt: „Marketing-Management ist der Planungs- und Durchführungsprozess der Konzipierung, Preisfindung, Förderung und Verbreitung von Ideen, Waren und Dienstleistungen, um Austauschprozesse zur Zufriedenstellung individueller und organisationeller Ziele herbeizuführen" (*Bennett* 1995, zit. n. *Kotler/Bliemel* 2001: 25).

Diese Definition betont den Prozess, der die Planung, Koordination, Durchführung und Kontrolle von Marketingaktivitäten umfasst. Die Marketing-Managementfunktion wird in der Praxis mit Mitarbeitern assoziiert, die in erster Linie mit dem Kunden- oder Absatzmarkt zu tun haben, z.B. Verkaufsleiter, Marktforscher, Produktmanager bis hin zum Marketingleiter und Marketingvorstand. Im weiteren Sinne sind auch einfache Verkäufer und Marketingassistenten mit dem Management von Märkten beauftragt; im engeren Sinne weisen jedoch nur tatsächliche Managementaufgaben wie Planung und Koordination auf Marketing-Manager hin.

Die Aufgaben des Marketing-Management umfassen mithin den gesamten **Marketingprozess**, nicht einzelne Aktivitäten. Der Marketingprozess besteht aus den folgenden Phasen:

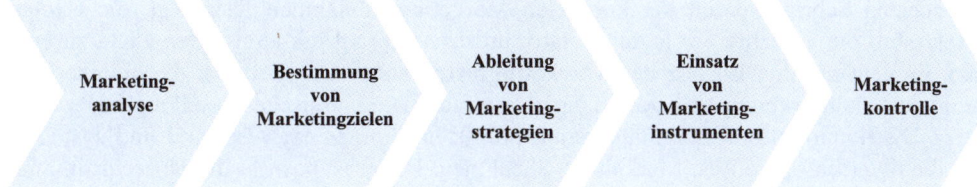

Abb. 1: Marketingprozess

Die **Marketinganalyse** (Kapitel II) findet auf drei Ebenen statt. Die interne Analyse bezieht sich auf das Unternehmen selbst, seine Stärken und Schwächen; es geht um die Überprüfung der vorhandenen Ressourcen und die Feststellung von Kernkompetenzen etc. Die externe Analyse bezieht sich zum einen auf den relevanten Markt, der räumlich und sachlich abgegrenzt werden muss, zum anderen auf die Umwelt, d.h. Einflüsse und Trends, die von außen auf den relevanten Markt einwirken. Bei der Analyse des Marktes (Mikroumwelt) werden in erster Linie (potentielle) Kunden und Konkurrenten betrachtet, bei der Analyse der Makroumwelt geht es u.a. um demographische und soziokulturelle Entwicklungen sowie um ökonomische und politisch-rechtliche Einflüsse, die von den Marktteilnehmern weitestgehend nicht beeinflussbar sind. Im Rahmen der Marketingkonzeption empfiehlt sich eine „trichterförmige" Vorgehensweise, d.h. am Anfang der Analysesektion steht die Makroumwelt, danach wird die Mikroumwelt dargestellt und schließlich das eigene Unternehmen in den Fokus der Betrachtung gerückt. Am Ende der Analysephase steht idealerweise eine fundierte Datenbasis, die es dem Unternehmen ermöglicht, Marketingentscheidungen zu treffen.

Auf der Grundlage der Marketinganalyse und abgeleitet aus den Unternehmenszielen werden die **Marketingziele** (Kapitel III 1) formuliert. Marketingziele können zum einen klassisch-ökonomischer Art, zum anderen psychologischer Natur sein. Die ökonomischen Ziele fokussieren auf Größen wie Absatz oder Umsatz, Marktanteil und Gewinn. Die psychologischen Ziele beziehen sich u.a. auf Imagewerte, Markenbekanntheit und Kundenzufriedenheit. Wichtig ist hierbei, auch die psychologischen Ziele messbar zu machen, indem Soll-Werte ermittelt werden.

Nach Festlegung der Ziele stellt sich die Frage, wie diese Ziele grundsätzlich zu erreichen sind. **Marketingstrategien** (Kapitel III 2 – 5) geben die grundsätzliche Stoßrichtung an und stellen den Handlungsrahmen für das Marketing dar. Zum einen werden Grundsatzentscheidungen über Marktauswahl, -bearbeitung und -verhalten getroffen, zum anderen vorhandene Ressourcen verteilt. Der Fokus richtet sich in größeren Unternehmen auf sog. strategische

Geschäftsfelder, allgemein auf die anvisierten Zielmärkte. Auf der strategischen Ebene ist daher die Marktsegmentierung, die Unterteilung eines Gesamtmarktes in Teilmärkte bzw. Segmente sowie die Entscheidung, welche Segmente (Zielgruppen) bearbeitet werden sollen, anzusiedeln. Im Rahmen des strategischen Marketing wird ebenfalls eine Differenzierung zur Konkurrenz sowie eine Positionierung des Unternehmens bzw. der Produkte im Zielmarkt vorgenommen.

Im nächsten Schritt werden die konkreten Marketingmaßnahmen festgelegt, die erfolgen müssen, um die geplante Strategie operativ umzusetzen und die anvisierten Ziele zu erreichen. Es geht um den Einsatz der **Marketinginstrumente** (Kapitel IV), die üblicherweise kombiniert als Marketing-Mix zum Tragen kommen. Die klassische Einteilung in Produkt-, Preis-, Distributions- und Kommunikationspolitik hat immer noch Bestand und systematisiert die diversen operativen Marketingmaßnahmen. Dabei ist sowohl die Übereinstimmung mit der vorher festgelegten Strategie als auch die Abstimmung der Mix-Instrumente untereinander zu beachten.

Das Unternehmen muss eine Organisation schaffen, die zur Durchführung des Marketingprozesses in der Lage ist. Dies ist üblicherweise die Marketingabteilung, aber auch andere organisatorische Verankerungen sind möglich. Das Marketingkonzept bzw. der Marketingplan (Kapitel V 1-2) ist die schriftliche Niederlegung des Marketingprozesses, wobei der Plan im Hinblick auf Termine und Zeiträume von Maßnahmen sowie verantwortliche Personen nähere Auskünfte gibt. Nachdem die Implementierung des Plans bzw. Prozesses erfolgt ist, findet eine systematische Überprüfung von Marketing-Indikatoren anhand von Soll-Ist-Vergleichen statt. Dies ist die Aufgabe der **Marketingkontrolle** (Kapitel V 3). Diverse Kennzahlen geben Auskunft über den Erreichungsgrad der gesetzten Ziele. Bei signifikanten Abweichungen der Ist- von den Soll-Daten müssen Elemente des Marketingplans angepasst werden.

Der Aufbau des vorliegenden Lehrbuches ist an den idealtypischen Marketingprozess angelehnt. In der Praxis zeigen sich – aus den verschiedensten Gründen – Abweichungen von diesem stringenten Marketingprozess: So werden Teileelemente des Prozesses auch organisatorisch voneinander getrennt, beispielsweise die übliche Trennung von Marketing und Sales (Vertrieb). Bei operativen Maßnahmen wird zudem nicht immer auf den Überbau des Marketingplans abgestellt. Dies ist zum Teil nicht immer erforderlich, jedoch zeigt die praktische Erfahrung, dass erfolgreiche Marketingkonzepte die Verknüpfung der Prozessphasen und den systematischen Ablauf beherzigen.

II Marketinganalyse

1 Unternehmensanalyse

Die Unternehmensanalyse als Teil der Marketinganalyse hat das Ziel aufzuzeigen, über welche Fähigkeiten das Unternehmen verfügt bzw. zu welchen Handlungen es fähig ist. Hierbei gibt es keinen objektiv richtigen oder einzigen Weg, wie vorzugehen ist. Vielmehr sind die Ausführungen in diesem Kapitel als Möglichkeiten neben anderen zu verstehen. Als grundlegende Ansätze zur Diagnose werden im Folgenden die Wertkettenanalyse, die Ressourcenanalyse und das 7-S-Modell vorgestellt.

1.1 Wertkettenanalyse

Ein etablierter Ansatz zur Unternehmensanalyse ist die von *Michael Porter* Mitte der 80er Jahre entwickelte Wertkettenanalyse.

Die Wertkettenanalyse folgt dem Gedanken, dass die Ursachen für Wettbewerbsvorteile bei Betrachtung des Unternehmens als Ganzes nur schwierig zu erkennen sind. Daher wird das Unternehmen in Primär- und Sekundäraktivitäten (unterstützende Funktionen) zerlegt. Diese Aktivitäten werden auf ihren jeweiligen Beitrag zur Wertschöpfung analysiert. Eine systematische Analyse der Wertaktivitäten macht es möglich, die jeweiligen Vor- und Nachteile zu erkennen, die gegenüber dem Wettbewerb bestehen. Hierbei können Ansatzpunkte lokalisiert werden, in denen die Unternehmung relativ besser oder günstiger einzelne Aktivitäten erbringen kann.

Nach der Logik der Wertkette kann ein **Wettbewerbsvorteil** nur erzielt werden, wenn entweder zu geringeren Kosten als der Wettbewerb gearbeitet wird oder sich die Unternehmung durch eine spezielle Fertigkeit vom Wettbewerb differenziert. Daher lässt sich eine Analyse der Wertkette in beide Richtungen vornehmen. Oft wird in diesem Zusammenhang auch von der Identifikation von **Kernkompetenzen** des Unternehmens gesprochen, also wesentlichen Stärken, die zur Festigung der eigenen Marktstellung und zur Differenzierung im Wettbewerb beitragen.

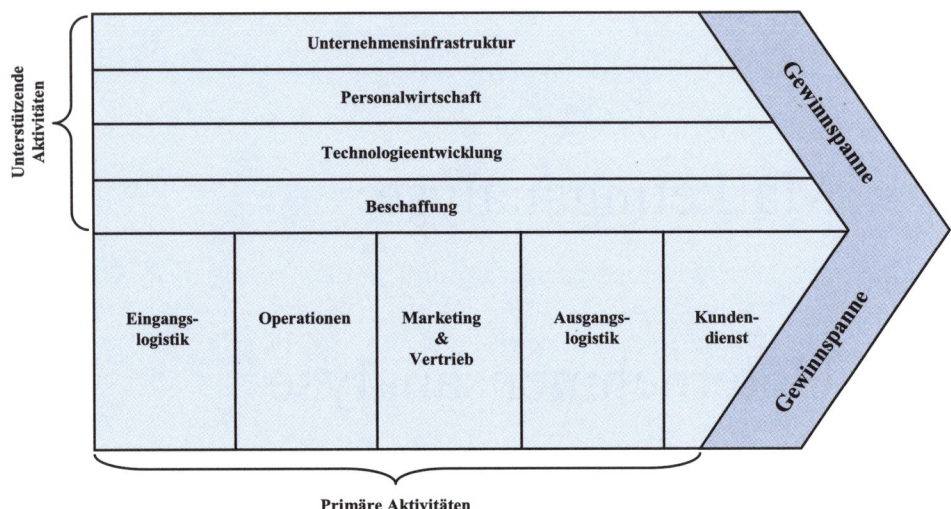

Abb. 2: Modell der Wertkette (in Anlehnung an Porter 2000: 78)

Neben der Identifizierung der Ursachen von Wettbewerbsvorteilen zeigt die Wertketten-analyse auch Möglichkeiten auf, in welchen Feldern neue Wettbewerbsvorteile generiert werden können. Darüber hinaus werden jedoch auch **Schwachstellen** aufgedeckt, die entweder durch interne Verbesserungen behoben oder möglicherweise outgesourct werden können.

Problematisch ist bei der Wertkettenanalyse der relativ hohe Arbeitsaufwand. Insbesondere ist die aktivitätsorientierte Zuordnung der Kosten schwierig, da die meisten Unternehmen über ein Kostenrechnungssystem verfügen, welches auf einer Einteilung in Kostenstellen, -arten und -trägern basiert. Die Umwandlung der zur Verfügung stehenden Zahlen in eine aktivitätsorientierte Zuordnung der Kosten fällt aufgrund von Zuordnungsproblemen eher schwer. Des Weiteren ist oft ein vergleichbares Zahlenmaterial der Wettbewerber nicht er-hältlich.

Das folgende Beispiel zeigt als Ergebnis einer Wertkettenanalyse die Stärken von IKEA im Vergleich zu einem herkömmlichen Möbelanbieter anhand der folgenden Aktivitäten: Roh-material, Herstellung, Montage, Transport, Showroom, Lieferzeit, Anlieferung. Diese Akti-vitäten wurden vorher erfasst und als primär klassifiziert. Die Wettbewerbsvorteile von IKEA in allen Primäraktivitäten werden deutlich aufgezeigt. Das Beispiel zeigt zudem, dass eine – oft von fehlenden Datenquellen erzwungene – Vereinfachung der Wertkettenanalyse prakti-kabel sein kann.

	Rohmaterial	Herstellung	Montage	Transport	Showroom	Lieferzeit	Anlieferung
herkömmlicher Möbelanbieter	je nach Material: » geringe bis hohe Kosten	kleine Mengen: » hohe Kosten	arbeitsintensiv: » hohe Kosten	Luft: » hohe Kosten	zentrale Lage: » hohe Kosten	kleines Lager: » lang	Luft: » hohe Kosten
IKEA	» geringe Kosten	große Mengen: » geringe Kosten	durch Kunden: » keine Kosten	kompakt zerlegt: » geringe Kosten	außerhalb: » geringe Kosten	großes Lager: » kurz	Abholung durch Kunden: » keine Kosten

Abb. 3: Wertkettenanalyse am Beispiel zweier Möbelhändler

1.2 Ressourcenanalyse

Eng verbunden mit der Wertkettenanalyse ist die Ressourcenanalyse. Hierbei wird anhand eines **Stärken-/Schwächen-Profils** ebenfalls die Position des Unternehmens im Verhältnis zum Wettbewerb ermittelt. Zur Durchführung der Ressourcenanalyse empfiehlt sich ein Vorgehen in **drei Schritten** (*Meffert/Burmann/Kirchgeorg* 2008: 234ff.):

1. Erstellung eines Ressourcenprofils,
2. Ermittlung der Stärken und Schwächen,
3. Identifikation spezifischer Kompetenzen.

Zur Verbesserung der Genauigkeit sollte die Ressourcenanalyse auf der Ebene der strategischen Geschäftseinheit durchgeführt und ggf. anschließend für das gesamte Unternehmen aggregiert werden. Zunächst wird ein **Ressourcenprofil** der strategischen Geschäftseinheit erstellt, d.h. es werden alle finanziellen, physischen, organisatorischen und technologischen Ressourcen in Checklisten erfasst. Danach wird das Profil den Schlüsselanforderungen des Marktes gegenübergestellt und somit die Hauptstärken und -schwächen ermittelt. Zur Identifizierung der Bereiche, in denen das Unternehmen einen spezifischen Wettbewerbsvorteil besitzt, werden abschließend die unternehmensspezifischen **Stärken und Schwächen** denen des stärksten Wettbewerbers gegenübergestellt. Die nachfolgende Abbildung zeigt ein Stärken-Schwächen-Profil einer strategischen Geschäftseinheit, wobei die **Wettbewerbsvorteile** (spezifische Kompetenzen) in den Bereichen Marketingkonzept und Produktlinie X liegen.

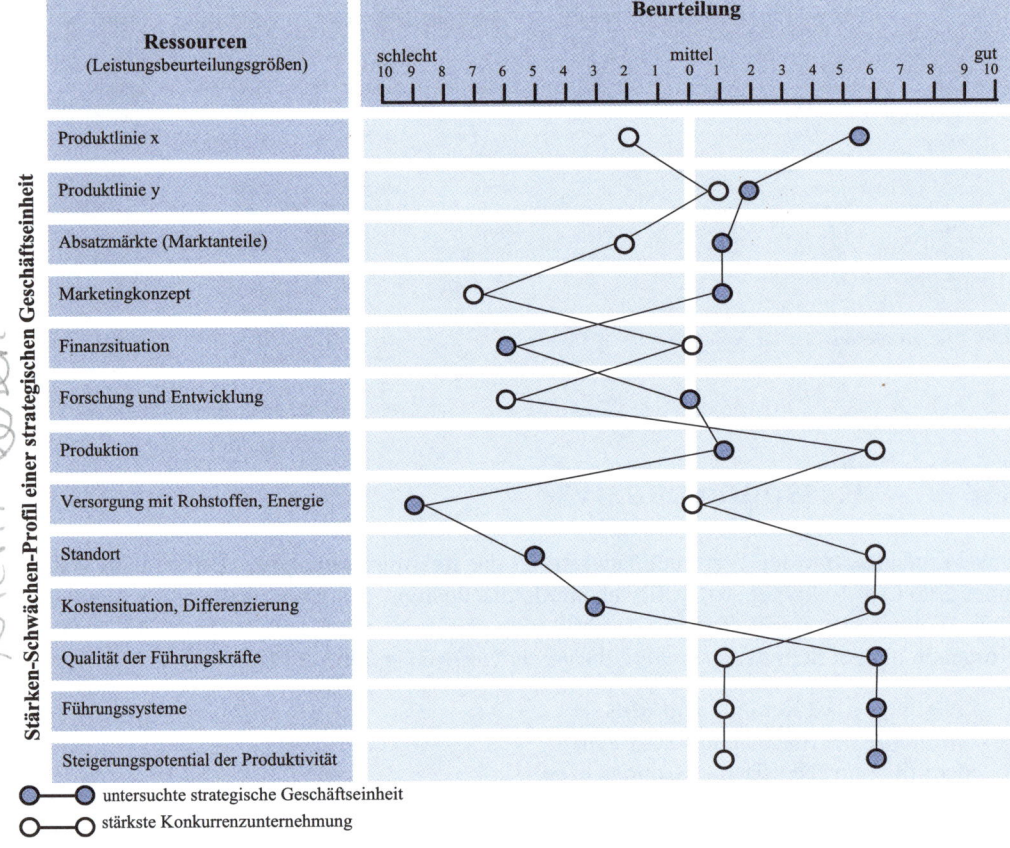

Abb. 4: Stärken-Schwächen-Profil einer strategischen Geschäftseinheit (in Anlehnung an Hinterhuber 2004a: 124)

Anzumerken ist bei diesem Modell, dass zum einen das Vorliegen einer validen Datenbasis Grundvoraussetzung für die Anwendung ist, zum anderen die Ressourcenkriterien möglichst objektiv gewählt werden, um der Gefahr der Subjektivität entgegenzuwirken.

1.3   7-S-Modell

Ein Instrument, das neben den harten auch die weichen Faktoren einer Organisation berücksichtigt, ist das vom Beratungsunternehmen MCKINSEY entwickelte 7-S-Modell. Das 7-S-Modell basiert auf der Annahme, dass ein Unternehmen im Wesentlichen durch sieben Elemente charakterisiert wird (*Peters/Waterman* 1982).

Die drei harten Faktoren **Strategy**, **Structure** und **Systems** stellen die Hardware des Unternehmens dar und sind in der Regel greifbar und im Unternehmen in Form von Strategiepapieren, Plänen und Dokumentationen der Aufbau- und Ablauforganisation konkret dargelegt.

Die Software, bestehend aus den vier weichen Faktoren **Style**, **Skills**, **Staff** und **Shared Values** ist dagegen kaum materiell greifbar und auch schwieriger zu beschreiben. Obwohl diese weichen Faktoren eher im Verborgenen liegen, können sie großen Einfluss auf die harten Strukturen, Strategien und Systeme haben. Alle Elemente sind miteinander vernetzt, was es erforderlich macht, ihre Interdependenzen zu berücksichtigen. Effektiv arbeitende Organisationen weisen eine ausgeglichene Balance zwischen diesen sieben Elementen auf.

Zum besseren Verständnis werden an dieser Stelle die 7 S einzeln erläutert: **Strategy** umfasst die Ziele und Strategien eines Unternehmens, die Handlungsweisen, die ein Unternehmen in Erwartung von oder in Reaktion auf Veränderungen in seiner Umwelt plant, z.B. die bevorzugte Behandlung bestimmter Produkte oder Märkte. **Structure** beschreibt die Koordination und Kooperation einzelner Unternehmensbereiche, mit anderen Worten die vorliegende Aufbauorganisation und Hierarchie. **Systems** sind formelle und informelle Prozesse zur Umsetzung einer Strategie in den gegebenen Strukturen, also im übergeordneten Sinn die Ablauforganisation. Mögliche Prozesse können Herstellungssysteme, Materialplanung, Bestellannahme oder im Allgemeinen Supply Chain Management sein. **Style** umfasst zum einen die Unternehmenskultur, d.h. dominante Werte und Normen, die sich im Laufe der Zeit entwickelt haben und zu sehr stabilen Elementen im Unternehmen werden können. Zum anderen zählt zu Style die Managementkultur bzw. der Führungsstil, eher das, was das Management tut, als was es sagt. **Skills** sind die Fähigkeiten des Unternehmens selbst, unabhängig von Einzelpersonen, also das, was ein Unternehmen am besten kann, seine Kernkompetenzen (z.B. in der Fertigung). **Staff** beinhaltet die Mitarbeiter des Unternehmens mit ihren Fertigkeiten und Fähigkeiten. Dies umfasst den gesamten Bereich der Personalwirtschaft, z.B. Personalentwicklung, Mentoring etc. **Shared Values** beziehen sich schließlich auf die grundlegenden Ideen bzw. Kernüberzeugungen eines Unternehmens. Sie beinhalten den Existenzgrund des Unternehmens und seine Vision.

Das 7-S-Modell ist ein grobes, normatives Raster, das einen guten Startpunkt für eine Analyse darstellt. Seine Stärke ist die Berücksichtigung von harten und weichen Faktoren sowie die Hervorhebung der Interdependenzen zwischen den Faktoren. Warum es gerade die genannten Faktoren sind, und wie die Analyse im Detail durchgeführt werden soll, bleibt bei diesem Ansatz jedoch offen. Wurde z.B. der Faktor Innovation nur deshalb nicht ins Modell aufgenommen, weil er mit I und nicht mit S beginnt?

Abb. 5 zeigt das 7-S-Modell mit einer Auswahl relevanter Fragestellungen zur Durchführung der Analyse. Neben dieser „atomaren" Darstellung empfiehlt sich die Erstellung einer Matrix, die S-Konflikte und mögliche Lösungen abbildet.

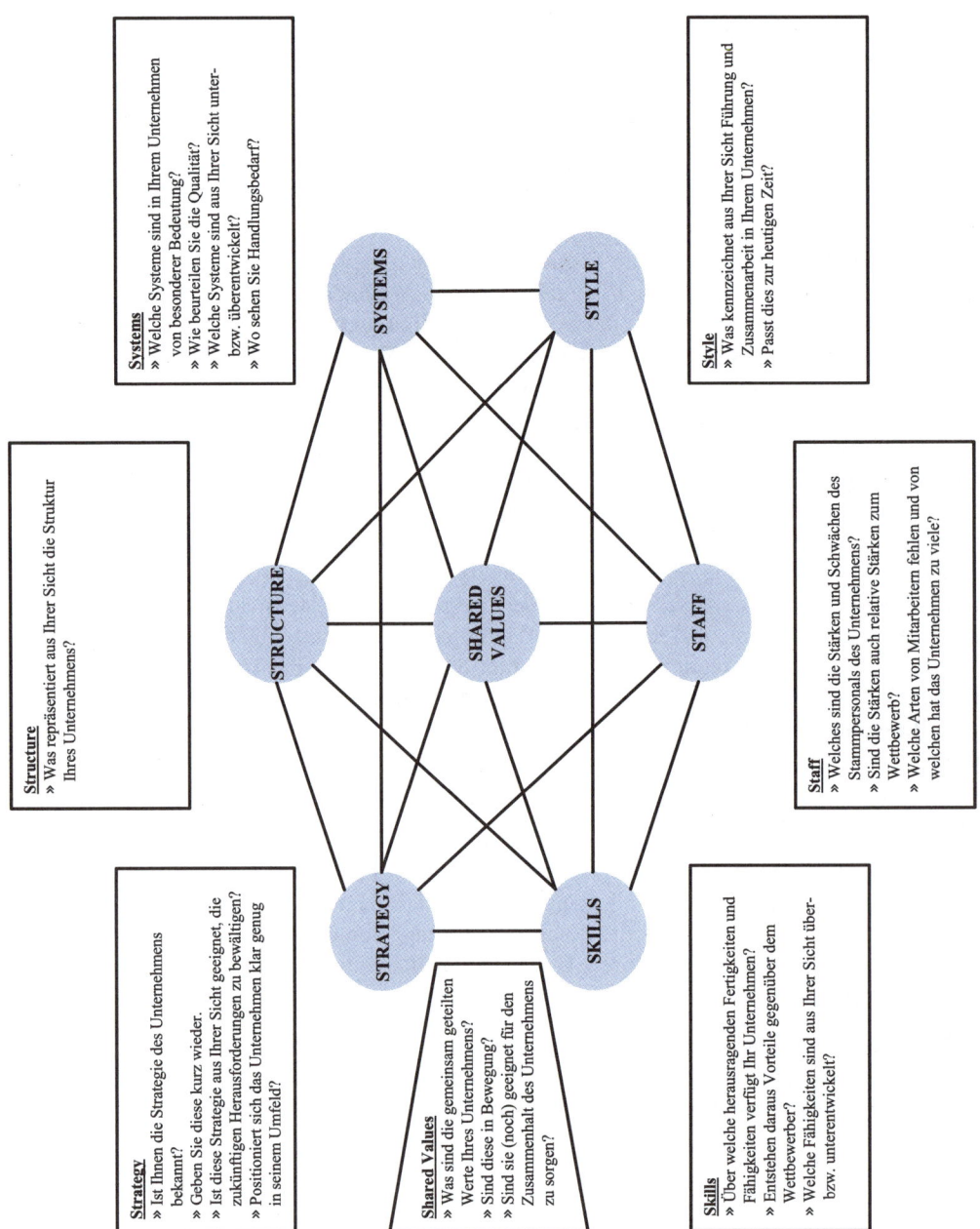

Abb. 5: 7-S-Modell nach MᴄKɪɴsᴇʏ (Peters/Waterman 2003: 32).

2 Marktanalyse Mikroumwelt

Lesen

2.1 Ansätze zur Marktabgrenzung

Die **mikroökonomische Analyse** nimmt eine Schlüsselrolle im Rahmen der Unternehmensbetrachtung ein. Anders als die betriebswirtschaftliche Analyse, die sich auf die Nachfrageseite beschränkt, erweitert die mikroökonomische Analyse ihren Blick um die Angebotsseite; sie erlaubt somit eine ganzheitliche Betrachtung des Marktes (360°-Betrachtung) und ist Managementaufgabe. Diese volkswirtschaftlich orientierte Definition der Marktanalyse ist im Rahmen des Marketing dahingehend zu verfeinern, dass der Nachfrageseite besondere Beachtung geschenkt wird. Das aktuelle und zukünftige Verhalten vorhandener und potentieller Kunden ist Ausgangspunkt für die Marketingkonzeption. **Absatzmärkte** werden in diesem Sinne als Menge der aktuellen und potentiellen Abnehmer bestimmter Leistungen sowie der aktuellen und potentiellen Mitanbieter dieser Leistungen sowie den Beziehungen zwischen diesen Abnehmern und Mitanbietern (*Meffert/Burmann/Kirchgeorg* 2008: 46) definiert. Kriterien, die es ermöglichen, Märkte voneinander zu unterscheiden bzw. abzugrenzen und den relevanten Markt für ein Unternehmen zu determinieren, sind markt- und unternehmensspezifisch. Eine Unterscheidung zwischen **räumlicher, zeitlicher und sachlicher Abgrenzung** unterstützt die Ermittlung des relevanten Marktes. Kriterien für die geographische Abgrenzung (z.B. lokal, regional, international) und temporale Abgrenzung (z.B. täglich, wöchentlich, monatlich, saisonal) sind markt- und vielfach unternehmensübergreifend. Diese Abgrenzungen ergeben in der Praxis kaum Schwierigkeiten. So ist eine räumliche Abgrenzung anhand von Landkarten problemlos vorzunehmen, z.B. die Begrenzung des relevanten Marktes auf ein Bundesland, eine Region oder ein Stadtgebiet. Die zeitliche Abgrenzung ist in den meisten Fällen irrelevant. Eine eindeutige zeitliche Abgrenzung liegt bei Weihnachtsprodukten vor sowie bei saisontypischen Produkten wie Skier, Strandkörbe, Südfrüchte etc. Die sachliche Abgrenzung wirft jedoch die folgenden Fragen auf: Was sind die Objekte der Marktabgrenzung und welche Kriterien sind für die Bestimmung des relevanten Marktes elementar?

Die Objekte der Marktabgrenzung setzen sich aus den Anbietern, Gütern und Nachfragern zusammen. In Abhängigkeit von der Zielsetzung der Marktabgrenzung werden von den Objekten die elementaren Kriterien abgeleitet. Theoretische und empirische Ansätze beinhalten Merkmale, die eine Differenzierung von Märkten ermöglichen. **Theoretische Abgrenzungskriterien** führen zu freien vs. regulierten Märkten (z.B. Kontrahierungszwang auf öffentlich geprägten Märkten wie dem Strom-, Gas-, Wasser- und Entsorgungsmarkt), offenen und geschlossenen Märkten (z.B. Luftverkehrsmarkt), zu den Marktformen Monopol, Oligopol, Polypol sowie zu vollkommenen Märkten (sachliche Gleichartigkeit der Güter, vollständige Markttransparenz, fehlende persönliche, räumliche und zeitliche Präferenzen).

2.1.1   Angebotsbezogene Ansätze

Innerhalb der empirisch orientierten Ansätze wird zwischen **anbieter-/produktbezogenen und nachfragebezogenen Ansätzen** unterschieden. In den anbieter- und produktbezogenen Ansätzen der Marktabgrenzung werden die Unternehmen zu einem Markt zusammengefasst, die ein **physisch-technisch ähnliches Produkt** herstellen (*Marshall* 1925). Die Definition von Ähnlichkeit sollte aus der subjektiven Einschätzung des Verbrauchers resultieren, bezieht sich jedoch meist auf die Kriterien Stoff, Material, Verarbeitung, Form, technische Gestaltung etc.

Die **Kreuzpreiselastizität** kann ebenfalls als Kriterium für die Marktabgrenzung dienen. Durch die Ermittlung der Kreuzpreiselastizität wird die mengenmäßige Reaktion der Nachfrager in Bezug auf ein bestimmtes Produkt im Falle der Preisänderung anderer Güter festgestellt. Das Vorzeichen der Kreuzpreiselastizität gibt Aufschluss darüber, ob zwischen Gütern eine Substitutions- oder Komplementärbeziehung besteht. Eine **Substitutionsbeziehung** – positive Kreuzpreiselastizität – liegt im Falle von Butter und Margarine vor, d.h. eine Preiserhöhung bei Butter wird zu einer Steigerung der Nachfragemenge nach dem Substitutionsgut – in diesem Fall Margarine – führen. Aus der **Komplementärbeziehung** von Mobilfunktelefonen und den dazugehörigen Taschen resultiert, dass die Preiserhöhung von Mobilfunktelefonen zu einer geminderten Nachfrage nach Taschen führt. In diesem Fall weist die Kreuzpreiselastizität ein negatives Vorzeichen auf. Mit zunehmender Kreuzpreiselastizität nimmt auch der Grad der Substitutions- bzw. Komplementärbeziehung zu. Vielfach scheitert der Einsatz der Kreuzpreiselastizität in der Praxis am fehlenden Datenmaterial für ihre Berechnung. Darüber hinaus ist nicht einheitlich geklärt, ab welchem Wert für die Kreuzpreiselastizität Produkte zu einem Markt zusammengefasst werden. Der Einfluss von Marketingmaßnahmen, Wettbewerbsverhalten sowie technologischen Entwicklungen bleibt ebenso unberücksichtigt. Die Zusammenfassung von Substitutionsgütern zu einem Markt ist vielfach problematisch. In der Praxis wird trotz deutlich vorliegender Substitutionsbeziehungen zwischen Produkten die Trennung dieser Märkte, also beispielsweise Butter- und Margarinemarkt, beibehalten. In Bezug auf komplementäre Beziehungen macht eine Zusammenfassung von Komplementärgütern zu einem Markt insbesondere dann Sinn, wenn es sich um symbiotische Produkte wie Tintenstrahldrucker und Tintenpatronen handelt, d.h. Produkte, die nur in einer gemeinsamen Anwendung eine Funktion erfüllen.

Ein weiteres Entscheidungskriterium für die Marktdefinition können **subjektive Wirtschaftspläne** sein. Hiernach definiert ein Unternehmen den Markt in Abhängigkeit von der subjektiven Einschätzung über die Wettbewerber. Die Absatzmenge hängt in diesem Fall nicht allein von den Aktionsparametern des eigenen Unternehmens ab, sondern auch von denen der Wettbewerber. Dieser Ansatz führt in der Regel nicht zu brauchbaren Marktabgrenzungen.

Das Konzept der physisch-technischen Ähnlichkeit wurde von *Abbot* (1955) und *Arndt* (1966) zum **Konzept der funktionalen Ähnlichkeit** weiterentwickelt. Physisch-technisch ähnliche Produkte können unterschiedliche Funktionen erfüllen (z.B. Rasenmäher versus Vertikutierer). Das Konzept zieht die Funktion bzw. Bedürfnisbefriedigung als Entscheidungskriterium für die Marktabgrenzung heran. Hiernach werden die Güter zu einem Markt zusammengefasst, die das gleiche Bedürfnis befriedigen bzw. die gleiche Funktion für die Nachfrager erfüllen.

Als Beispiel für eine angebotsseitige Marktabgrenzung fungiert der **Markt für Tafelschokolade**: Auf Grund der physisch-technischen Ähnlichkeit werden alle Produkte, die sich nach Stoff, Verarbeitung, Form oder technischer Gestaltung gleichen, zu einem Markt zusammengefasst. Damit gehören alle Schokoladenprodukte in Tafelform zu diesem Markt. Beim Verfahren der Kreuzpreiselastizität werden verschiedene Märkte durch „Substitutionslücken" getrennt. Hier kommen alle Schokoladenprodukte als Substitute in Frage, evtl. auch noch andere Süßigkeiten. Bzgl. der subjektiven Wirtschaftspläne berücksichtigt ein Anbieter alle Konkurrenzprodukte, die von Wettbewerbern auf dem (subjektiv) gleichen Markt angeboten werden. Hierbei entstehen erhebliche Operationalisierungsprobleme aufgrund der fehlenden Verfügbarkeit der Konkurrenzdaten, so dass alle Schokoladenproduzenten in Frage kommen. Schließlich kann der Markt nach der funktionalen Ähnlichkeit der Produkte abgegrenzt werden, d.h. alle Produkte, die das gleiche Grundbedürfnis befriedigen bzw. die gleiche Funktion erfüllen, gehören zum relevanten Markt. Das Grundbedürfnis Hunger oder Naschen wird von vielen Produkten erfüllt, womit hier keine sinnvolle Abgrenzung ermöglicht wird. Durch die Begrenzung auf Tafelschokolade wird bewusst eine Grenze zu anderen Schokoprodukten bzw. -märkten gezogen (evtl. problematisch: KINDER Schokoladenriegel oder Schokostückchen wie SCHOGETTEN), womit zumindest der physisch-technische Ansatz zum Tragen kommt. Die anderen Abgrenzungsmethoden führen zu unscharfen Märkten, sind somit für diesen Markt nicht praktikabel. Der Fokus auf den gesamten Schokoladenmarkt wäre jedoch – aufgrund seiner Heterogenität – zu weit. In der Praxis muss somit in jedem Einzelfall überprüft werden, welche Abgrenzungsmethode zu einer trennscharfen Abgrenzung des relevanten Marktes führt.

2.1.2   Nachfragebezogene Ansätze

Im Konzept des **evoked set** steht die Bedürfnisbefriedigungskapazität von Produktalternativen im Mittelpunkt der Betrachtung zur Ermittlung des relevanten Marktes. Diese resultiert aus der subjektiven Wahrnehmung des Konsumenten. Der relevante Markt ist definiert als die Teilmenge der Produktalternativen, die dem Verbraucher ins Bewusstsein treten – es handelt sich demzufolge um einen Ausschnitt möglicher Substitutionsprodukte.

Ein vielfach angewendetes Konzept zur Ermittlung des relevanten Marktes sind die am **Kaufverhalten orientierten Ansätze**. Der Markt wird durch das tatsächliche Nachfrageverhalten definiert. Datengrundlage ist z.B. das ermittelte Wechselverhalten der Konsumenten. Nutzenaspekte und weitere verhaltensorientierte Eigenschaften stehen im Mittelpunkt der Analyse. Hier wird vielfach bereits die Ebene der Marktsegmentierung (Kapitel III 4.1) tangiert.

In Anlehnung an die **Kundentypendifferenzierung** (*Kotler* 1982: 135ff.) umfasst der relevante Markt Produkte, die von gleichen Kundentypen nachgefragt werden. Die Differenzierungskriterien zur Bestimmung der Kundentypen sind das Kaufobjekt (Was wird auf dem

Markt gekauft?), die Kaufmotive (Warum wird auf dem Markt gekauft?), die Kaufakteure (Wer kauft und trägt die Kaufentscheidung?), der Kaufentscheidungsprozess (Wie wird gekauft?), die Kaufmenge (Wie viel wird gekauft?) und die Einkaufsstättenwahl (Wo wird gekauft?). In Abhängigkeit von der Ausprägung der oben genannten Merkmale kann zwischen folgenden übergeordneten **Markttypen** unterschieden werden:

- Konsumentenmärkte (Endverbraucher auf der Nachfrageseite),
- Produzentenmärkte (Weiterverarbeiter auf der Nachfrageseite),
- Wiederverkäufermärkte (Handel auf der Nachfrageseite),
- Märkte der öffentlichen Betriebe (Staatliche Institutionen auf der Nachfrageseite).

Dieser Ansatz ist zwar pragmatisch und trennscharf, jedoch zu grob, um den relevanten Markt für ein Unternehmen zu bestimmen.

Die Ermittlung des relevanten Marktes ist keine statische Managementaufgabe. Zum einen müssen im Rahmen der Unternehmensplanung Absatzprognosen – Vorhersagen des zukünftigen Absatzes – in festgelegter produktbezogener, zeitlicher und räumlicher Hinsicht durchgeführt werden. Zum anderen verlangen die Markt- bzw. Branchendynamik und die Unternehmensentwicklung die Relevanz des Marktes zu prüfen. Hierzu eignet sich die regelmäßige Ermittlung von geeigneten **Kennzahlen** für den relevanten Markt:

- **Marktpotential**
  Summe potentieller Absatzmengen (Umsätze) einer Produktkategorie auf einem bestimmten Markt (Aufnahmefähigkeit des Marktes)
- **Absatzpotential**
  Anteil am Marktpotential, den ein Unternehmen maximal für realisierbar hält
- **Marktvolumen**
  Realisierte bzw. prognostizierte effektive Absatzmenge (Umsätze) einer Branche
- **Absatzvolumen**
  Realisierte bzw. prognostizierte effektive Absatzmenge (Umsatz) eines Unternehmens
- **Marktsättigungsgrad**
  Verhältnis zwischen Marktvolumen und Marktpotential multipliziert mit 100
- **Absoluter Marktanteil**
  Verhältnis zwischen Absatz- und Marktvolumen multipliziert mit 100
- **Relativer Marktanteil**
  Verhältnis zwischen eigenem absoluten Marktanteil und Marktanteil des größten Konkurrenten

Nachfolgende Abbildung zeigt die zuvor beschriebenen Kennzahlen des relevanten Marktes anhand eines Beispiels:

Das Unternehmen A reagiert auf das verstärkte Gesundheitsbewusstsein und die verstärkte Nachfrage nach gesunder Kost und bietet spezielle Müsliriegel als „gesunde Ernährung für zwischendurch" an.

Marktpotential	750 Mio. €
Absatzpotential Unternehmen A	120 Mio. €
Marktvolumen	590 Mio. €
Absatzvolumen Unternehmen A	79 Mio. €
Marktsättigungsgrad	$\dfrac{590 \text{ Mio. €}}{750 \text{ Mio. €}} \times 100 = 79\%$
Absoluter Marktanteil Unternehmen A	$\dfrac{79 \text{ Mio. €}}{590 \text{ Mio. €}} \times 100 = 13\%$

Abb. 6: Kennzahlen des relevanten Marktes

2.2   Marktteilnehmer

2.2.1   Konsumentenanalyse *Kunden*

Die **Konsumentenforschung** ist eine Forschung, die sich auf das Verhalten der Konsumenten bezieht. Als Konsument wird der Letztverbraucher von materiellen und immateriellen Gütern aufgefasst. Hierzu zählen dann nicht nur Käufer von Waren, sondern auch Kirchgänger, Patienten etc. Mit einem weiten Marketing-Begriff korrespondiert somit ein weiter Konsumenten-Begriff.

Konsumentenforschung ist ein Forschungszweig, an dem sich traditionell mehrere Disziplinen beteiligen (**Interdisziplinarität**). Als angewandte Verhaltenswissenschaft mit dem Ziel, das Verhalten der Konsumenten zu erklären, greift die Konsumentenforschung auf folgende Teildisziplinen zurück: Psychologie, Soziologie, Sozialpsychologie, Verhaltensbiologie (Ethologie), Verhaltensphysiologie und Gehirnforschung.

Aus der **Psychologie** stammen die psychischen Determinanten des Konsumentenverhaltens wie Motivation, Wahrnehmung und Gedächtnis. Es wird auf die individuellen Aspekte der Persönlichkeit abgestellt. Die **Soziologie** betrachtet den Einfluss kleiner und größerer sozialer Gruppen auf das Individuum. Einflüsse der Familie werden dem Bereich der Mikrosoziologie zugeordnet, Einflüsse der Gesellschaft als solche der Makrosoziologie. Für die Konsumentenforschung sind die sozialen Beziehungen der Konsumenten von Interesse. Die **Sozialpsychologische Forschung** stützt sich auf den Untersuchungsbereich der Mikrosoziologie. Es geht um das Verhalten des Individuums im sozialen Kontext (Gruppenprozesse, Kommunikation, Sozialisation, soziale Rollen). Die **Verhaltensbiologie** (Ethologie) versucht

aus angeborenen Verhaltensmechanismen der Tiere (Instinkte, Reflexe) Rückschlüsse auf das menschliche Verhalten zu ziehen. Die **Verhaltensphysiologie** untersucht die Wechsel-wirkungen zwischen Körperfunktionen und Verhalten. Analyseobjekt ist meist das zentrale Nervensystem (ZNS) des Menschen. Die **Gehirnforschung** ist im Zuge der Entwicklung des Neuromarketing als neueste Teildisziplin der Konsumentenforschung anzuführen. Die Ge-hirnforschung ermöglicht Einblicke in die Funktionsweise des Gehirns und identifiziert au-tomatische bzw. unbewusste Prozesse des Menschen sowie emotional psychische Vorgänge.

2.2.1.1   Determinanten des Konsumentenverhaltens

Die folgende Abbildung gibt ein **Totalmodell** des Konsumentenverhaltens wieder, d.h. alle Einflussgrößen, die in diesem Zusammenhang eine Rolle spielen. Im weiteren Verlauf des Kapitels werden die Determinanten dann einzeln vorgestellt.

Ziel der Analyse von psychologischen Daten ist es, das Kaufverhalten über die nicht beob-achtbaren Vorgänge im Organismus der Personen zu erläutern und ggf. vorherzusagen. Aus den traditionellen S-R-Modellen, welche die inneren Vorgänge noch ausblendeten (Orga-nismus als black box), und allein auf der Tatsache beruhten, dass Stimuli Reaktionen hervor-rufen, sind so die heute üblichen S-O-R-Modelle entstanden. Die psychischen Einflussfakto-ren bilden hier das zentrale Analyseobjekt.

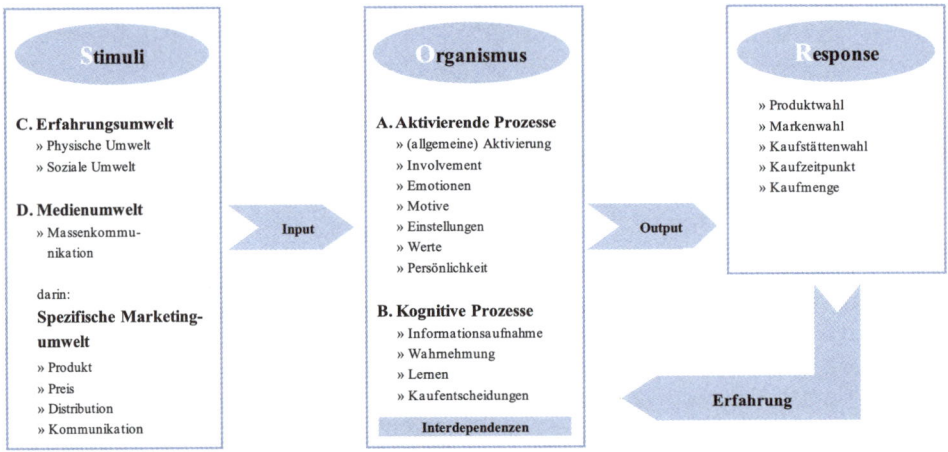

Abb. 7: S-O-R-Modell des Konsumentenverhaltens

Nachfolgend werden die Elemente des S-O-R-Modells thematisiert. Im Rahmen des Orga-nismus wird zwischen aktivierenden und kognitiven Prozessen unterschieden. Die **aktivie-renden Prozesse (A)** umfassen die Konstrukte Aktivierung, Involvement, Emotionen, Mo-tive, Einstellungen, Werte und Persönlichkeit. **Kognitive Prozesse (B)** basieren auf einer gedanklichen Informationsverarbeitung und beinhalten Wahrnehmung, Entscheidung, Lernen und Gedächtnis. Beide Arten von Prozessen werden von Innen- oder Außenreizen ausgelöst. Eine stringente Trennung dieser Prozesse ist nur in der Theorie möglich.

Der Bereich Stimuli wird nachfolgend in die Erfahrungs- und Medienumwelt aufgeteilt. Die **Erfahrungsumwelt (C)** setzt sich aus der physischen und sozialen Umwelt zusammen. Die Massenkommunikation ist Schwerpunkt der **Medienumwelt (D)**, die zunehmend an Einfluss gewinnt.

Der Response als drittes Element des S-O-R-Modells fließt in die nachfolgenden Ausführungen implizit ein.

A. Aktivierende Prozesse

Im Falle der aktivierenden Prozesse werden die menschlichen Antriebskräfte entweder unspezifisch angesprochen (Aktivierung) oder spezifische Antriebe geweckt (Emotion, Motivation, Einstellung) (*Kroeber-Riel/Weinberg* 1999: 53f.):

- Emotion
  Innere Erregungsvorgänge, die als angenehm oder unangenehm empfunden und mehr oder weniger bewusst erlebt werden
- Motivation
  Emotionen, die mit einer Zielorientierung für das Verhalten verbunden sind
- Einstellung
  Motivation, die mit einer (kognitiven) Gegenstandsbeurteilung verknüpft ist

Die (allgemeine) **Aktivierung** ist die Grunddimension aller Antriebsprozesse. Sie wird oft mit Erregung oder innerer Spannung umschrieben und steht in einem unmittelbaren Zusammenhang mit der Funktion des zentralen Nervensystems. Unspezifisch ist eine Aktivierung dann, wenn der gesamte Funktionsablauf im Organismus stimuliert wird. Eine spezifische Aktivierung liegt vor, wenn nur ganz bestimmte Funktionen stimuliert werden. Das Aktivierungsniveau wird als tonische Aktivierung bezeichnet, welche die länger anhaltende Wachheit und die allgemeine Leistungsfähigkeit des Individuums bestimmt und sich nur langsam verändert. Im Mittelpunkt der Betrachtung steht jedoch die sog. phasische Aktivierung, d.h. die laufende Anpassung des Individuums an Reizsituationen. Unterschieden wird hierbei zwischen der Aufmerksamkeit als Bereitschaft, Reize aus der Umwelt wahrzunehmen bzw. auszuwählen, und der Orientierungsreaktion als Hinwendung zu einem „neuen" Reiz. Letztere äußert sich z.B. durch eine Kopfdrehung.

Die **Messung der Aktivierung** findet einmal auf der physiologischen Ebene statt und fokussiert auf die körperlichen Funktionen (z.B. Hautwiderstandsmessung). Werden verbale Angaben von Befragten erhoben, so wird die Aktivierung auf der subjektiven Erlebnisebene (z.B. Erregungswerte auf einer Ratingskala) gemessen. Schließlich wird bei der Aktivierungsmessung auf der motorischen Ebene das beobachtbare Verhalten der Konsumenten (Mimik, Gestik, Kopfbewegung) zugrunde gelegt. Im Zusammenhang mit der apparativen Messung der Aktivierung hat sich eine spezifische Forschungsrichtung entwickelt, deren Ansätze unter dem Begriff **Neuromarketing** zusammengefasst werden. Hierbei werden neurowissenschaftliche Technologien (z.B. Tomographie) zur Analyse der Aktivierung der Gehirnareale durch marketingspezifische Stimuli wie z.B. Werbeanzeigen eingesetzt. Welchen Erklärungsbeitrag das Neuromarketing zur Aktivierungsmessung im Speziellen und zum Konsumentenverhalten im Allgemeinen leisten kann, muss die zukünftige Forschung aufzeigen. Zum jetzigen Zeitpunkt ist jedoch zu konstatieren, dass die Interpretation der neuronalen Aktivitäten eine geringe Objektivität, Validität und Reliabilität aufweist und die praktische Relevanz des Neuromarketing noch skeptisch beurteilt werden muss (*Meffert/Burmann/Kirchgeorg* 2008: 110).

Eine Aktivierung wird gezielt durch **äußere Reize** ausgelöst (*Kroeber-Riel/Weinberg* 1999: 71ff.):

- Emotionale Reizwirkungen (Schlüsselreize wie „sex sells"/Kindchen-Schema; visuelle, akustische, taktile, olfaktorische Reize),
- Kognitive Reizwirkungen (gedankliche Konflikte, Widersprüche, Überraschungen; Verfremdungstechniken, z.B.: „Mann spricht mit Frauenstimme"),
- Physische Reizwirkungen (z.B. Größe und Farbe von Werbemitteln).

Ziel des Marketing muss es sein, passive Konsumenten durch Aktivierungstechniken zu erreichen. Ansatzpunkt ist die Steigerung der **Aufmerksamkeit** in einer Zeit der Informationsüberflutung; beim Konsumenten wird von einer Low-Involvement-Situation ausgegangen, d.h. er nimmt Werbung nur flüchtig wahr und die Aufmerksamkeit ist relativ gering. Aktivierungstechniken finden aber nicht nur in der Kommunikationspolitik Anwendung, sondern auch bei Produkt- und Ladengestaltung sowie Warenpräsentation. Als Quintessenz ist festzuhalten: Je höher die durch Marketing erzielte Aktivierung des Konsumenten ist, desto effizienter wird die Marketing-Botschaft verarbeitet, womit jedoch noch kein höherer Kommunikationserfolg garantiert wird. Das **Involvement** des Konsumenten, seine „Ich-Beteiligung", beeinflusst in hohem Maße den Grad der Aufmerksamkeit. Es wird nicht umsonst von High- bzw. Low-Involvement-Käufen gesprochen.

Emotionen werden auch als Gefühle bezeichnet. Als Beispiele sind Angst, Glück, Eifersucht und Sympathie zu nennen. Emotionen sind psychische Erregungen, die subjektiv wahrgenommen werden. Nach *Izard* (1994: 66) gibt es zehn primäre (angeborene) Emotionen: Interesse, Freude/Vergnügen, Überraschung/Schreck, Kummer/Schmerz, Zorn/Wut, Ekel/Abscheu, Geringschätzung/Verachtung, Furcht/Entsetzen, Scham, Schuldgefühl/Reue. Alle anderen Emotionen entstehen als Kombination oder Ableitung der primären Emotionen. Emotionen schließen die Konstrukte Aktiviertheit, Aufmerksamkeit und Involvement ein. Sie erhalten jedoch zusätzlich noch die Interpretation eines Sachverhaltes. Von den reinen Emotionen sind folgende Nuancierungen abzugrenzen. **Affekte** sind kurzfristig auftretende Gefühle der Akzeptanz (Impulskauf) oder Ablehnung eines Sachverhaltes. **Stimmungen** sind hingegen lang anhaltende, diffuse Emotionen, wie z.B. Niedergeschlagenheit und Sorglosigkeit.

In der Realität tritt eine Vielzahl von komplexen (primären oder abgeleiteten) Emotionen auf; dabei erscheint der Versuch einer Klassifizierung wenig zweckmäßig. Stattdessen macht es Sinn in Form einer **Emotionsanalyse** die Dimensionen zu erfassen, die allen Emotionen zuzurechnen sind: Erregung (Aktivierung), Richtung (angenehm/unangenehm), Qualität (Erlebnisinhalt) und Bewusstsein.

Die **Messung von Emotionen** erfolgt zum einen psychobiologisch (Blutdruck, Herzrate, Gehirnwellen etc.), zum anderen als subjektive Erlebnismessung (z.B. durch ein semantisches Differential, vgl. z.B. *Bergler* 1975, *Trommsdorff* 1975). Darüber hinaus kann auch eine Beobachtung des Ausdrucksverhaltens (Gestik, Mimik) stattfinden.

Im Marketing geht es vor allem um die Vermittlung **emotionaler Konsumerlebnisse**. Als spezifische Konsumerlebnisse sind zu nennen: Erotik, soziale Anerkennung, Freiheit/ Abenteuer, Natur/Gesundheit, Genuss, Lebensfreude, Geselligkeit etc. Denkbare Strategien führen zu Marketingaktivitäten ohne anbieterspezifische Erlebnisse (austauschbare Werbebilder, übliche Werbegeschenke) oder zu Marketingaktivitäten zur Unterstützung eines eigenständigen emotionalen Profils (z.B. MAGNUM, BACARDI, MARLBORO). Erlebniswirkungen werden durch Bilder, Musik oder Duftstoffe erzielt. Am effektivsten erscheinen Techniken, die mehrere oder alle Sinne des Menschen (Sehen, Hören, Riechen, Schmecken, Tasten) ansprechen, sog. multisensuale Konsumerlebnisse. Eine „Emotionalisierung" des Konsumverhaltens findet sich insbesondere im Bier- und Zigarettenmarkt. Ursache hierfür ist eine zunehmende Homogenität vieler Produktbereiche.

Motivationstheorien versuchen die Antriebe bzw. Ursachen des Verhaltens zu erklären. **Motivation** umfasst grundlegende Antriebskräfte (Emotionen, Triebe) und berücksichtigt eine kognitive Zielorientierung. Beim Individuum findet ein bewusster und willentlicher Prozess der Zielsetzung statt. Motive richten das Verhalten auf ein Ziel aus. Primäre Motive sind angeborene biologische Bedürfnisse wie Hunger, Durst und Schlaf. Sekundäre Motive sind erlernt. Intrinsische Motive liegen vor, wenn das Handeln zu einer Belohnung durch den Menschen selbst führt (z.B. Motivation durch Arbeitsinhalt). Extrinsische Motive beziehen sich auf die Belohnung durch die Außenwelt (Motivation durch Gehalt). *Maslow* (1975) unterscheidet in seiner Motivationshierarchie fünf Arten von Motiven (Bedürfnissen), wobei jede Bedürfnisstufe erst dann erreicht wird, wenn die darunter liegenden Bedürfnisse erfüllt sind. Diese strikte Rangfolge der Motive stellt auch die Hauptkritik an diesem Modell dar.

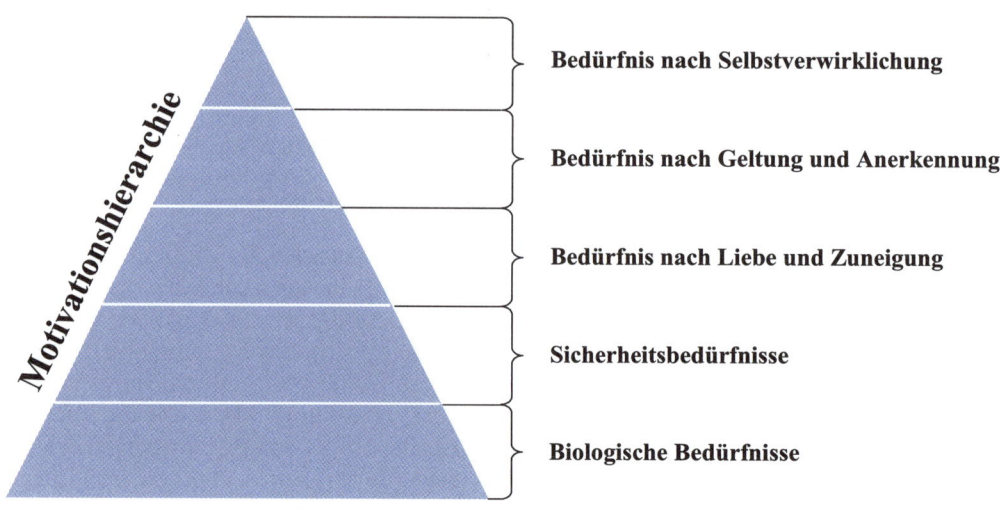

Abb. 8: Motivationshierarchie nach Maslow

Die **Messung der Motivation** muss gleichermaßen Antriebskomponenten wie kognitive Komponenten der Motivation erfassen. Neben der psychobiologischen Messung ergibt sich die Möglichkeit der standardisierten Befragung, z.B. anhand von Rating-Skalen. In der Praxis werden Einstellungsmessungen präferiert, da der Motivationsbegriff der kognitiven Theorie sich weitgehend mit dem Einstellungsbegriff deckt. Die Motivation zum Konsum ergibt sich durch die Beziehung zwischen den Antriebskräften und den Zielsetzungen bzw. Handlungsabsichten der Konsumenten. Als wirksame Antriebskräfte zum Konsum gelten: Prestige, Geselligkeit, Natürlichkeit, Erfolg, Jugendlichkeit. Aus dem Prestigestreben ergibt sich z.B. die ökonomisch paradoxe Motivation, mehr von einem Gut zu kaufen, wenn der Preis steigt (*Veblen*-, Snob-Effekt).

In Kaufsituationen können motivationale und kognitive **Konflikte** der Konsumenten auftreten. Ein motivationaler Konflikt ist z.B. die Selektion zwischen Automarke A (Prestigemotiv) und B (Sicherheitsmotiv). Ein kognitiver Konflikt liegt dann vor, wenn A gekauft wird und die Vorteile von B zum gedanklichen Konflikt führen (**kognitive Dissonanz**).

Einstellungen sind innere Bereitschaften eines Individuums, auf bestimmte Reize der Umwelt konsistent positiv bzw. negativ zu reagieren. Der Begriff der Einstellung hat eine beherrschende Rolle in der Marktforschung als **Image**. Unter Image wird in diesem Sinne das Bild, das sich jemand von einem Gegenstand macht, verstanden. Bei der Einstellung kommt zu den Motiven noch eine kognitive Gegenstandsbeurteilung hinzu. Beim Konsumenten muss eine subjektiv wahrgenommene Eignung eines Gegenstandes zur Befriedigung einer Motivation vorliegen. So ergibt sich eine Einstellung gegenüber einem Produkt bzw. einer Produktwerbung. Einstellungen werden nur dann verhaltenswirksam, wenn der Konsument involviert ist oder seinen verfestigten Vorlieben folgt. Es lassen sich bzgl. einer Einstellung **drei Komponenten** unterscheiden: Die affektive Komponente bezeichnet die gefühlsmäßige

Einschätzung eines Objektes, die kognitive Komponente beinhaltet das subjektive Wissen über das Einstellungsobjekt, die konative Komponente umfasst die mit der Einstellung verbundene Handlungstendenz (Wahl, Kaufabsicht). Es ist davon auszugehen, dass diese drei Komponenten miteinander konsistent sind, d.h. die Einstellung gegenüber einem Objekt beruht auf Fühlen, Denken und Handeln (*Kroeber-Riel/Weinberg* 1999: 169f.).

Zur **Messung von Einstellungen** werden vor allem Rating-Skalen als Messinstrumente eingesetzt. Messungen finden auf der psychobiologischen Ebene, auf der Ebene der Beobachtungen (z.B. eingestellte Sender von Autoradios oder Aufkleber an Autos) sowie der Ebene der subjektiven Erfahrungen statt. Dabei werden bevorzugt Befragungen eingesetzt. Ein bekanntes, die Komplexität einer Einstellung beachtendes Verfahren zur Messung (Multiattributmodell) wurde von *Fishbein* (1967) entwickelt. Mit diesem Modell werden die affektiven und kognitiven Aspekte einer Einstellung gegenüber ganz bestimmten Objekten ermittelt. Die Messung bezieht sich auf konkrete Merkmale des Einstellungsobjektes, wie z.B. Farbe oder Schnelligkeit eines Autos.

Beim *Fishbein*-Modell wird die Einstellung einer Person nach der folgenden Formel ermittelt:

Einstellungsmodell

***Fishbein*-Modell**

$$A_{ij} = \sum_{k=1}^{n} B_{ijk} * a_{ijk}$$

A_{ij}	=	Einstellung der Person i zum Objekt j
B_{ijk}	=	Wahrscheinlichkeit dafür, dass Objekt j nach Meinung des Befragten i eine bestimmte Eigenschaft k besitzt
a_{ijk}	=	Bewertung der Eigenschaft k beim Objekt j durch Person i

Abb. 9: Einstellungsmodell nach Fishbein (1967)

Soll beispielsweise die Einstellung eines Probanden zum OPEL ASTRA gemessen werden, so erfolgt dies für jede zugrunde gelegte Eigenschaft anhand von zwei Skalen. Für die Eigenschaft Zuverlässigkeit werden folgende Aussagen der Probanden ermittelt:

1. Dass ein ASTRA zuverlässig ist, halte ich für ... (Skala von „sehr wahrscheinlich" bis „sehr unwahrscheinlich").
2. Die Zuverlässigkeit des ASTRA bewerte ich mit ... (Skala von „sehr hoch" bis „sehr niedrig").

Das *Fishbein*-Modell wird in der Marketingforschung häufig angewendet, jedoch nicht immer korrekt. Darüber hinaus bieten die Messvorschriften des Modells Anlass zur Kritik. Als weiterer Ansatz zur mehrdimensionalen Messung von Einstellungen ist daher das Modell von *Trommsdorff* (1975) zu erwähnen, welches auf dem Ansatz von *Fishbein* aufbaut, jedoch dessen messtechnische Nachteile vermeidet. Dieses Modell setzt voraus, dass sich der Konsument an einem produktart-typischen Idealbild orientiert.

Es wurde bereits erwähnt, dass Einstellungen sich als relativ stabil erweisen und nur schwierig zu ändern bzw. zu beeinflussen sind. Dennoch können sich bestimmte Einstellungen eines Menschen im Zeitablauf wandeln. Zum einen erwirbt das Individuum durch unmittelbare Erfahrungen oder den Einfluss der Kommunikation neue Einstellungen (Lernen), zum anderen leitet es seine Einstellungen aus der Beobachtung seines eigenen Verhaltens ab (Selbstwahrnehmung), indem es von seinem Verhalten in bestimmten Situationen auf die dahinter stehenden Einstellungen schließt. Schließlich werden Einstellungen durch Aufnahme und Verarbeitung neuer Informationen gebildet, z.B. Ausgleich von kognitiven Inkonsistenzen, wenn neue Informationen in Beziehung zu vorhandenen gesetzt werden. Für das Marketing ist diesbezüglich interessant, wie (potentielle) Konsumenten Widerstände gegen die Beeinflussung durch Kommunikationsmaßnahmen entwickeln, d.h. sich bewusst einer Einstellungsbeeinflussung entziehen. Die Widerstände sind in erster Linie auf Irritation und Reaktanz zurückzuführen. Irritation entsteht, wenn eine Kommunikation als besonders peinlich, dümmlich, aufdringlich etc. empfunden wird. Dies ist hauptsächlich von der Gestaltung der Werbemittel abhängig. Ein irritierter Konsument lässt sich nur sehr schwierig beeinflussen. Den gleichen Effekt weist die Reaktanz auf: Wenn eine Person eine Bedrohung bzw. Einschränkung ihrer Verhaltensfreiheit wahrnimmt, entsteht eine Motivation (Reaktanz) sich der erwarteten Einengung zu widersetzen, d.h. zwanghafte Kommunikation wird nicht den gewünschten Effekt haben.

Im Marketing werden Einstellungswerte einmal zur Feststellung des Ist-Zustandes auf dem Markt verwendet, andererseits zu Empfehlungen von Soll-Zuständen. Bei den Ist-Werten fungiert die Messung von Einstellungen als Basis für die Erklärung und Prognose des Konsumentenverhaltens sowie zur Feststellung der Wirkung von bereits erfolgten absatzpolitischen Maßnahmen (Erfolgskontrolle). In der Produktpolitik wird versucht, die Einstellung zu einer Marke an bestimmte Produkteigenschaften zu koppeln, z.B. durch das Hervorheben besonderer „Wirkstoffe" in Waschmitteln. Ferner führt die Bildung von Marken auch zu einem bestimmten Image eines Unternehmens bzw. seiner Produkte (Einstellungstransfer, z.B. bei Familien- oder Dachmarken). Bereits die Marktsegmentierung kann jedoch nach Einstellungen der Konsumenten erfolgen. Sie wäre dann als psychographisch zu charakterisieren. Bei den Soll-Werten ergibt sich als Zielgröße für das Marketing häufig die Einstellung der Konsumenten zu einem Idealprodukt. Diese Einstellungsmessung dient dann als Grundlage für die Produktpositionierung.

Ein **Wert** ist eine Auffassung von Wünschenswertem, die für ein Individuum/eine Gruppe kennzeichnend ist und die Auswahl der zugänglichen Arten, Mittel und Ziele des Handelns beeinflusst (*Kluckhohn* 1962). Werte umfassen Einstellungen und sind zugleich dauerhafter im Vergleich mit diesen. Grundsätzlich lassen sich drei Dimensionen von Werten unterscheiden: Die erste Ebene umfasst Basiswerte des Menschen wie Frieden oder Gerechtigkeit. Die zweite Dimension besteht aus Bereichswerten, die in verschiedenen Lebensbereichen Geltung haben, z.B. im Arbeitsleben. Die dritte Ebene bezieht sich auf produktbezogene Werte. Durch den Konsum bestimmter Produkte werden Werte wie Sauberkeit oder Umweltfreundlichkeit dokumentiert. Werte werden über die Kultur einer Gesellschaft vermittelt und sind den Lebensstilen übergeordnet. Abb. 10 zeigt anhand der Typologie von *Schwartz* die Relevanz von Wertedimensionen für die Produktpolitik.

Wertdimension	Relevanz für Konsumentenverhalten
Konservatismus	Traditionelle Produkte; Produkte, die Recht und Ordnung fördern; Produkte, die in derselben sozialen Klasse genutzt werden
Emotionale Selbstbestimmung	Produkte, die ein genüssliches, aufregendes und vielseitiges Leben fördern
Intellektuelle Selbstbestimmung	Produkte, die Kreativität fördern; Freizeitprodukte
Hierarchie	Produkte, die den sozialen Status und Macht demonstrieren können
Selbstbehauptung	Innovative Produkte; Produkte zur Lebenshilfe
Verantwortung	Berücksichtigung sozialer Aspekte von Produkten
Harmonie	Umweltverträgliche Produkte; natürliche, gesunde Lebensmittel

Abb. 10: Wertetypologie nach Schwartz

Die **Persönlichkeit** eines Menschen umfasst alle bisher aufgeführten Konstrukte inklusive der im folgenden Abschnitt thematisierten Kognitionen. Die Persönlichkeit ist ein relativ stabiles und normalerweise nicht veränderbares Verhaltensmuster. Sie enthält darüber hinaus bestimmte Anlagen und Züge wie Intelligenz, Musikalität, Sportlichkeit etc. Im Marketing werden häufig Käufertypologien auf Basis der Persönlichkeit erstellt, wobei jedoch in der Regel nur auf einzelne Elemente/Konstrukte abgestellt wird (*Meffert/Burmann/Kirchgeorg* 2008: 132f.).

B. Kognitive Prozesse

Neben den zuvor beschriebenen aktivierenden Prozessen zählen auch die kognitiven Vorgänge zum Organismus. Durch diese gedanklichen bzw. rationalen Prozesse, erhält das Individuum Kenntnis von seiner Umwelt und von sich selbst. Das Verhalten wird durch Kognition gedanklich kontrolliert und gesteuert. Die kognitiven Prozesse werden eingeteilt in:

- Informationsaufnahme,
- Wahrnehmung und Produktbeurteilung,
- Lernen und Gedächtnis,
- Produktwahl und Kaufentscheidung.

Die gedankliche Verarbeitung von Reizen (von der Aufnahme des Reizes bis zur dauerhaften Speicherung der Information) erfolgt nach dem bekannten **Dreispeichermodell** mittels drei verschiedener Gedächtniskomponenten bzw. „Speicher":

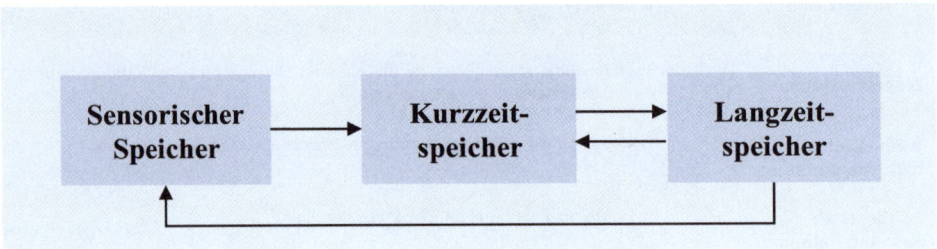

Abb. 11: Dreispeichermodell

Der sensorische Speicher (Ultrakurzzeitspeicher) nimmt Sinneseindrücke nur für eine ganz kurze Zeit auf. Seine Kapazität ist sehr groß, die Speicherdauer jedoch sehr kurz, maximal eine Sekunde. Der Kurzzeitspeicher übernimmt aus dem sensorischen Speicher nur einen Teil zur weiteren Verarbeitung; es findet somit eine Informationsreduktion statt. Die Reize werden entschlüsselt und in kognitiv verfügbare Informationen umgesetzt. Der Kurzzeitspeicher kann auch als menschlicher „Arbeitsspeicher" bezeichnet werden, er ist die zentrale Einheit der Informationsverarbeitung. Im Kurzzeitspeicher werden die neuen Informationen mit bereits vorhandenen Erfahrungen (im Langzeitspeicher) verglichen und in vorhandene Wahrnehmungsschemata eingeordnet. Die Informationen im Kurzzeitspeicher werden entweder schnell wieder gelöscht oder dauerhaft in den Langzeitspeicher übernommen. Der Kurzzeitspeicher hat eine beschränkte Kapazität; so werden z.B. beim flüchtigen Betrachten einer Werbeanzeige in einer Zeitschrift (ca. 5 Sekunden) maximal 20 Informationseinheiten (z.B. einzelne Wörter, Farben, Gegenstände) gespeichert. Der Langzeitspeicher ist mit dem menschlichen Gedächtnis gleichzusetzen: Hier werden Informationen langfristig gespeichert und Wissen aufgebaut. Einmal im Langzeitspeicher abgelegte Informationen werden nie wieder „vergessen", Informationen in den Gedächtnisspuren des Langzeitspeichers nie wieder gelöscht. Diese Aussage mag auf den ersten Blick verwundern, aber das Phänomen „Vergessen" entspricht nicht der Tatsache, dass einst gespeicherte Informationen plötzlich verschwunden sind, sondern drückt nur eine mangelnde Zugriffsfähigkeit aus, d.h. Überlagerungseffekte kommen zum Tragen, sodass bestimmte Informationen schier unauffindbar erscheinen. Das Wissen im Gedächtnis wird meist in Form von semantischen Netzwerken strukturiert (vgl. Abb. 13), indem neue Informationen in Beziehung zu vorhandenen gesetzt werden.

Bei der **Informationsaufnahme** wird zwischen interner und externer Aufnahme differenziert. Die erforderlichen Informationen der **internen** Informationsverarbeitung werden aus dem Langzeitgedächtnis abgerufen. Beim Individuum liegen gewisse Erfahrungswerte vor, eine gespeicherte Information wird ins Bewusstsein gerufen, beispielsweise die Qualität eines früher besuchten Restaurants. Für die **externe** Informationsaufnahme sind die von außen aufgenommenen Informationen von Bedeutung, d.h. eine Werbeanzeige wird gelesen, und evtl. neue Informationen abgespeichert. Eine weitere Unterscheidung geht darauf zurück, dass das Individuum entweder aktiv nach Informationen sucht oder aber die Informationen ohne Absicht und willentliche Bemühungen übernimmt. Sowohl die externe als auch die interne Informationsaufnahme kann aktiv oder passiv erfolgen. Der unterschiedliche Ablauf einer Informationsaufnahme hängt schließlich davon ab, ob aktivierende oder kognitive Kräfte einer Informationsbeschaffung zugrunde liegen: Die Stärke der hinter einer Informationsaufnahme stehenden (aktivierenden) Antriebskräfte bestimmt den Umfang und die Intensität der Informationsaufnahme, die kognitiven Entscheidungsregeln bestimmen die Auswahl der Informationsquellen (*Kroeber-Riel/Weinberg* 1999: 242f.).

Die umfangreiche Differenzierung der Informationsaufnahme zeigt die Komplexität dieses Sachverhaltes. Die Konsumentenforschung beschränkt sich daher meist auf **externe, visuelle Informationen**, z.B. wird den Probanden eine visuelle Vorlage (Werbeanzeige) präsentiert, und daraufhin werden sog. **Fixationen** herausgefiltert. Der Mensch nimmt eine visuelle Vorlage nämlich nicht mit einem Blick wahr, sondern der Blick tastet die Vorlage mit unregelmäßigen Sprüngen (Saccaden) ab. Der Blick verweilt auf für die Informationsaufnahme wichtigen Punkten und springt dann weiter. Das Verweilen des Blickes auf einem Punkt wird Fixation genannt. Bei der Messung von Fixationen wurde festgestellt, dass ein Text dann bevorzugt wahrgenommen wird, wenn er links oben oder rechts unten auf einer Seite steht. Ferner werden die Bilder einer Werbeanzeige gewohnheitsmäßig als erstes fixiert und meistens länger als der Text betrachtet. Es zeigt sich eine Überlegenheit des Bildes für die Informationsvermittlung via Werbung, gerade wenn von einem Low-Involvement der Konsumenten ausgegangen werden kann. Durch eine geeignete Platzierung von visuellen Informationseinheiten sowie ihre aktivierende Gestaltung ist demnach die Informationsaufnahme beeinflussbar.

Wahrnehmung ist ein Prozess der Informationsverarbeitung, durch den aufgenommene Umweltreize und innere Signale entschlüsselt werden und einen Sinn (Informationsgehalt) für das Individuum bekommen. Wahrnehmen heißt somit, Gegenstände, Vorgänge und Beziehungen in bestimmter Weise sehen, hören, tasten, schmecken, riechen, empfinden und diese subjektiven Erfahrungen interpretieren und in einen sinnvollen Zusammenhang bringen (*Kroeber-Riel/Weinberg* 1999: 265f.). Die Wahrnehmung des Individuums findet aktiv, subjektiv und selektiv statt: Wahrnehmung ist ein aktiver Vorgang der Informationsaufnahme und -verarbeitung. Jeder lebt in einer subjektiv wahrgenommenen Welt, nimmt demnach Objekte subjektiv unterschiedlich wahr. Schließlich muss die Wahrnehmung selektiv sein, denn aus einer Vielzahl von Informationen sucht sich das Individuum nur den Teil aus, der für ihn relevant ist. Die Bedeutung der selektiven Wahrnehmung kann am sog. *Hitchcock*-Effekt illustriert werden: Der berühmte britische Filmregisseur *Alfred Hitchcock* hatte es sich zur Gewohnheit gemacht, in all seinen Filmen selbst in einer kleinen Nebenrolle zu erscheinen. Dies war nach seinem Durchbruch als Regisseur auch den Filmzuschauern bekannt, was dazu führte, dass einige Zuschauer nur auf diesen Kurzauftritt warteten und dabei die Handlung fast nicht beachteten. *Hitchcock* löste diese Problematik, indem er in seinen späteren Filmen seinen Kurzauftritt immer in den ersten Minuten des Films platzierte. Dieses Beispiel zeigt, wie selektive Wahrnehmung dazu führen kann, dass der Kern einer Kommunikationsbotschaft gar nicht erfasst wird. Die Erkenntnisse zur Wahrnehmung haben für das Marketing insbesondere die Konsequenz, dass immer nur das subjektiv wahrgenommene Angebot der Konsumenten ihr Verhalten bestimmt. Ein schlechtes Image zu haben heißt dann, dass ein Unternehmen bzw. ein Produkt von einer Vielzahl von Konsumenten in ihrer subjektiven Wahrnehmung schlecht beurteilt wird.

Die **Produktbeurteilung** ist ein Unterbegriff zur Wahrnehmung. Sie bezieht sich speziell auf die Wahrnehmung von real oder bildlich dargebotenen Produkten. Sie kommt durch ein Sortieren und Bewerten der zur Verfügung stehenden Produktinformationen zustande. Ergebnis der Produktbeurteilung ist die wahrgenommene Qualität eines Produktes (*Kroeber-Riel/Weinberg* 1999: 275). Grundsätzlich findet bei der Produktbeurteilung ein Vergleich der aktuell aufgenommenen mit den gespeicherten Informationen statt. Aktuelle Informationen kommen in der Form der unmittelbaren Produktdarbietung (Regal, Schaufenster) bzw. der symbolischen Darbietung (Abbildung in Anzeige) zum Tragen. Dabei wird zwischen Produkt- und Umfeldinformationen unterschieden. **Direkte Produktinformationen** beziehen sich auf physikalisch-technische Eigenschaften des Produktes (Farbe, Form etc.) oder Merkmale des Produktangebotes (Preis, Garantie etc.). **Produktumfeldinformationen** sind zum einen die Angebotssituation, in der die Darbietung stattfindet (Ladengestaltung, Verkaufspersonal), zum anderen die wahrgenommene sonstige Situation, die in keinem Zusammenhang mit der Produktdarbietung steht, wie die Begleitung durch einen Freund.

Die **Schlüsselinformationen** (information chunks) sind die für die Produktbeurteilung entscheidenden Informationen. Sie substituieren und bündeln mehrere andere Informationen. Eine Schlüsselinformation wäre der Preis, wenn von ihm direkt auf die Qualität geschlossen wird, oder auch der Markenname. Neben diesen direkten Produktinformationen benutzt die Werbung emotionale Umfeldinformationen, um ein attraktives Wahrnehmungsklima zu schaffen und die Produktwahrnehmung in die gewünschte Richtung zu lenken. Ein Beispiel für ein emotionales Umfeld ist eine Werbeanzeige für ein Auto, die mit einer erotischen Frau aufgemacht ist.

Gespeicherte Informationen des Konsumenten beziehen sich auf das sog. Produktwissen. Das Individuum sucht bei der Reizwahrnehmung nach einem Schema, das für das Verständnis und die Beurteilung des Reizes geeignet ist. Die Wahrnehmung von Produkten oder Marken hängt wesentlich von den **Produkt- und Markenschemata** ab, über die der Konsument aufgrund seiner Erfahrungen verfügt. Informationen, die ein Schema ansprechen, werden schneller verarbeitet, erleichtern die Produktbeurteilung und werden besser erinnert. Ein gutes Beispiel für ein Schema ist die Vorstellung, dass Manager Männer sind, die smart und gut gekleidet aussehen und mit kleinen Aktenkoffern Flugzeugtreppen hinuntersteigen. Die Werbung macht sich solche Schemata zunutze und bildet Manager dementsprechend stereotyp ab, um eine gewünschte Wahrnehmung zu erzeugen. Neben dieser Strategie – Übereinstimmung der Werbebotschaft mit einem vorhandenen Schema – gibt es noch die Möglichkeit, Schemata der Konsumenten für die Produktbeurteilung zu ändern. Hierfür haben sich Marken als ideale Mittel herausgestellt. Ein populärer Markenname aktiviert ein Markenschema und beeinflusst so automatisch die gesamte Produktwahrnehmung. Die folgende Abbildung fasst die Komplexität einer Produktbeurteilung abschließend zusammen:

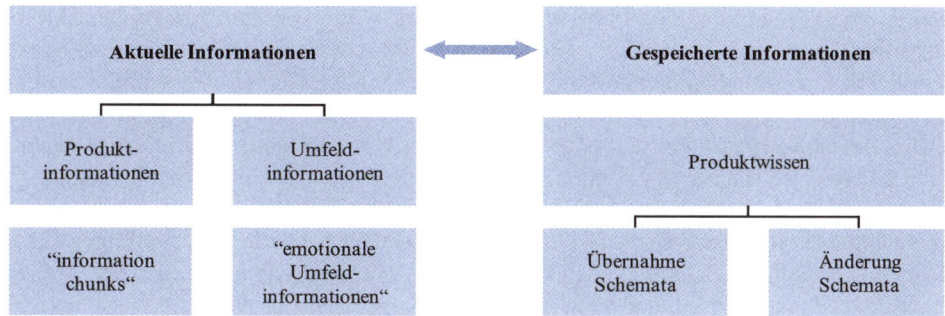

Abb. 12: Produktbeurteilung als kognitiver Prozess

In diesem Zusammenhang lohnt sich ein Blick auf drei **Denkschablonen**, die der Konsument bei der Produktbeurteilung verwenden kann. Denkschablonen liegen dann vor, wenn der Konsument in einer kognitiv vereinfachenden Weise von einem Eindruck auf einen anderen schließt. Erstens ist es möglich, dass ein Konsument von einem einzelnen Eindruck auf die Gesamtqualität eines Produktes schließt, was in diesem Abschnitt bereits als „information chunks" charakterisiert wurde. Ein bestimmter Preis oder Markenname bestimmt in diesem Sinne die wahrgenommene Produktqualität. Zweitens wird ein (induktiver) Schluss von einem einzelnen Eindruck auf einen anderen Eindruck als Irradiation bezeichnet, d.h. das Ausstrahlen und Hineinwirken von einem Wahrnehmungsbereich auf einen anderen. Hier ist zum einen das bereits erwähnte Einwirken des Produktumfeldes auf das Produkt (z.B. attraktive Damen werten einen PKW optisch auf) zu verorten, zum anderen kann z.B. auch ein bestimmter Geruch bei Reinigungsmitteln die Einschätzung der Reinigungskraft beeinflussen. Drittens gibt es das Phänomen des „Halo-Effekts", bei dem das Urteil über die Gesamtqualität die Wahrnehmung einzelner Eindrücke bzw. Eigenschaften beeinflusst. So beurteilen wir bei guten Freunden auch sichtbar negative Eigenschaften wesentlich moderater als bei Menschen, die wir generell nicht mögen. Dies gilt analog auch für Marken: Von markentreuen Konsumenten wird die Marke insgesamt sehr positiv bewertet und dies schlägt auf alle Eigenschaften der Marke durch, womit dieser eine hoher Vertrauensvorschuss gewährt wird.

Die klassischen Lerntheorien stellen das **Lernen** in Form von (gesetzmäßigen) Verknüpfungen zwischen beobachtbaren Reizen S (Stimulus) und beobachtbaren Reaktionen R dar (S-R-Theorien). Das Kontiguitätsprinzip erklärt das Lernen als Ergebnis des gemeinsamen Auftretens zweier Reize: Grundlage eines solchen Lernprozesses ist die räumliche und zeitliche Nähe der beiden Reize. Paradebeispiel ist das berühmte Hunde-Experiment von *Pawlow* sowie seine daraus entwickelte Theorie der **klassischen Konditionierung**. *Pawlow* kombinierte bei seinem Experiment einen neutralen Reiz (Glockenklang) mit einem unkonditionierten Reiz (Darbietung von Hundefutter), der zu einer bestimmten Reaktion (Speichelabsonderung) führte. Nach wiederholter gemeinsamer Darbietung beider Stimuli reagierten die Hunde bereits mit Speichelabsonderung, wenn nur die Glocke geläutet wurde. Im Marketing werden häufig Emotionen als unkonditionierte Reize eingesetzt (**emotionale Konditionierung**). Die Marke KROMBACHER (neutraler Stimulus) wird z.B. mit den unkonditionierten Stimuli Natur und Musik verbunden, was zur Wahrnehmung der Marke als „entspannend" und „natürlich" führt (*Baumgarth* 2008: 61). Nach dem Verstärkungsprinzip ist Lernen das Ergebnis der Verstärkung, die eine Reaktion erfährt (instrumentelle bzw. operante Konditionierung): Das Verhalten eines Individuums basiert demnach auf Umweltreizen, die von ihm als positiv (belohnend) oder negativ (bestrafend) empfunden werden. So gibt es positive Verstärker (Geld, soziale Anerkennung etc.) und negative Verstärker (z.B. soziale Missbilligung). Eine Belohnung findet dementsprechend statt, wenn entweder positive Verstärker dargeboten oder negative Verstärker entzogen werden, Bestrafungen bei umgekehrten Vorzeichen. Belohnte Aktivitäten werden vom Individuum tendenziell verstärkt. Je häufiger die Aktivität einer Person belohnt wird, mit desto größerer Wahrscheinlichkeit wird diese Person die Aktivität ausführen.

Mit den klassischen Theorien lässt sich das komplexe menschliche Verhalten nur unzureichend erklären. Es erfolgt zunehmend eine Ergänzung durch kognitive Ansätze, die Lernen als Aufbau von Wissensstrukturen betrachten. Sie beziehen sich vor allem auf die Funktion des Gedächtnisses, auf die Speicherung und den Gebrauch von Wissen. Der eigentliche Lernvorgang bezieht sich auf die Übernahme von Informationen in den sog. Langzeitspeicher. Der **kognitive Verarbeitungsprozess** läuft in **vier Phasen** ab (*Kroeber-Riel/Weinberg* 1999: 334):

1. Aufnahme von Reizen,
2. Übersetzung der Reize in gedankliche Einheiten, z.B. Bilder (Kodierung),
3. Übernahme der gedanklichen Einheiten in den Langzeitspeicher,
4. Abruf der gespeicherten Einheiten aus dem Gedächtnis.

Das vorhandene Wissen spielt dabei eine Schlüsselrolle für das Speichern. Das Lernen von neuem Wissen ist nur dadurch möglich, dass die aufgenommenen Informationen zu dem bereits gespeicherten Wissen in Beziehung gebracht werden. Dies führt zum Aufbau sog. **semantischer Netzwerke**. Ein Begriff X wird mit anderen Begriffen assoziiert und abgespeichert. Durch unterschiedliche Techniken der Zeichenzuordnung können die mit einer Marke verbundenen Vorstellungen (z.B. Begriffe, Bilder, Slogan oder Musik) an weitere Bezugsrahmen geknüpft werden. Solche Markenschemata lassen sich gut durch semantische Netzwerke darstellen. Die zu betrachtende Marke bildet den Mittelpunkt; von hieraus spannen Linien zu assoziierten Begriffen ein Netzwerk auf. Diese Begriffe oder allgemein Items werden durch Konsumentenbefragungen erhoben. Je näher diese Items im Netzwerk an die Marke platziert sind (in der Abbildung dunkel hinterlegt), desto häufiger wurden sie mit der Marke in Verbindung gebracht. Die nachfolgende Abbildung zeigt ein semantisches Netzwerk für die Schokoladenmarke MILKA.

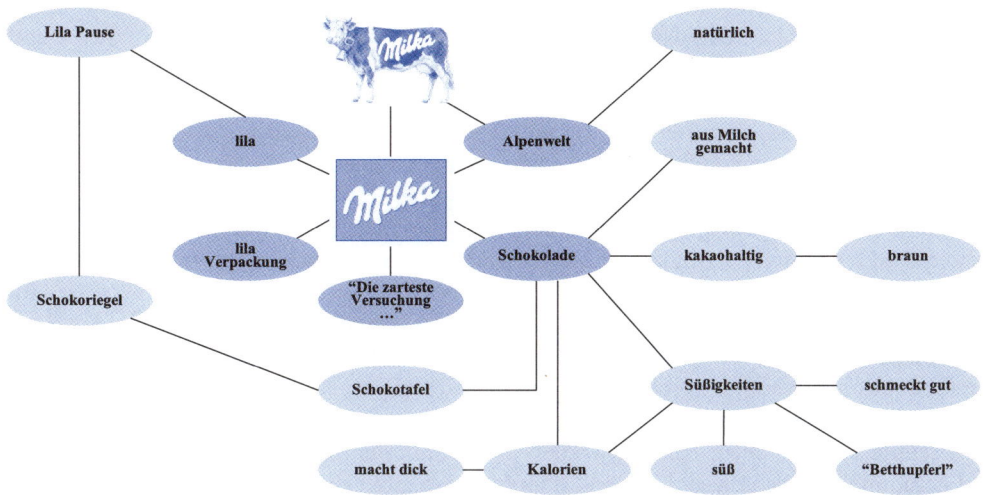

Abb. 13: Semantisches Netzwerk für die Marke MILKA (in Anlehnung an Esch/Wicke 2001: 48)

Die vom Konsumenten aufgenommenen Reize werden oft in Form von **inneren Bildern (key visuals)** kodiert. Je lebendiger ein inneres Bild wahrgenommen wird, desto stärker ist sein Einfluss auf das Verhalten. Die Werbung nutzt Bilder, die einen lebendigen Eindruck hervorrufen sollen, d.h. sie müssen assoziationsreich und eigenständig sein. Zum Aufbau eines klaren Vorstellungsbildes über ein Produkt ist im Allgemeinen eine wiederholte Darstellung von entsprechendem Bildmaterial erforderlich, wobei ein grundlegendes Bildmotiv beizubehalten ist (z.B. BECK'S-Schiff).

Das **Gedächtnis** ist der Langzeitspeicher für Informationen, der durch eine sehr große Kapazität und Speicherdauer gekennzeichnet ist. Die Leistung des Gedächtnisses kann durch freie Wiedergabe von Gelerntem (Reproduktion) ohne Hilfe (free recall), durch Reproduktion mit Gedächtnisstützen (aided recall) sowie durch Wiedererkennung (recognition) vorgelegter Materialien gemessen werden. Durch den Recall kann eine aktive, ungestützte Markenbekanntheit, durch Recognition eine passive, gestützte Markenbekanntheit ermittelt werden.

Die **Produktwahl** kann kognitiv kontrolliert oder emotional bestimmt sein. Ein sehr stark emotional gesteuerter Konsument verhält sich impulsiv. Er reagiert auf eine Produktdarbietung weitgehend automatisch. Beim Gewohnheitsverhalten ist eine stärkere kognitive Beteiligung vorhanden. Der Konsument folgt aktiv verfestigten Verhaltensplänen. Erst wenn der Konsument das Für und Wider einer Produktwahl überlegt und eine bewusste Auswahl trifft, kann von echten Entscheidungen gesprochen werden (*Kroeber-Riel/Weinberg* 1999: 358ff.).

Das Zusammenspiel bzw. die Ausprägung von emotionalen und kognitiven Determinanten einer Produktwahl wird in dem bereits erwähnten Konstrukt **Involvement** erfasst. Das Produktinvolvement wird im Wesentlichen von dem Interesse bestimmt, das jemand einem

Produkt entgegenbringt. Ein Involvement, das sowohl kognitiv als auch emotional ausgeprägt ist, führt zu einem **extensiven Kaufverhalten**. Hinter einem solchen Verhalten stehen Motive und Konflikte, die den Konsumenten zu stärkeren gedanklichen Aktivitäten bei Informationsaufnahme und -verarbeitung anregen. Ein Involvement, das weder kognitiv noch emotional geprägt ist, kennzeichnet Gewohnheitskäufe (**habitualisiertes Kaufverhalten**). Der Konsument folgt eingefahrenen Einkaufsschemata, ohne über die Produktauswahl nachzudenken und ohne sich emotional zu erwärmen. Ein Gewohnheitsverhalten kann jedoch auch stark emotional geprägt sein, ohne kognitive Prozesse. Dies ist der Fall, wenn Konsumenten starke emotionale Bindungen zu einer Marke (z.B. CHANEL) entwickeln, und diese Marke dann immer wieder ohne gedankliche Aktivitäten bei der Auswahl kaufen. Das **impulsive Verhalten** ist ein unmittelbar reizgesteuertes Auswahlverhalten, das in der Regel von Emotionen begleitet wird. Der Konsument reagiert weitgehend automatisch. Er wählt das Produkt ohne weiteres Nachdenken, einfach deswegen, weil es ihm gefällt und seinen besonderen Vorlieben entspricht. Schätzungsweise 10% bis 20% aller Käufe sind als echte Impulskäufe auszumachen. Hierbei werden neue Käuferfahrungen spontan und emotionalisiert gesammelt. Neben diesen „reinen" Impulskäufen gibt es in der Theorie noch die folgenden drei Impulskaufarten. Bei erinnerungsgesteuerten Impulskäufen stellt der Konsument in der Kaufsituation einen Bedarf fest, der ihm nicht mehr bewusst war. Ist der Konsument a priori bereit situativen Einflüssen spontan nachzugeben, wird von einem geplanten Impulskauf gesprochen. Bei einem suggestiven Impulskauf erfolgt eine argumentative Unterstützung von der Verkaufsseite. In der Praxis wird eine solche Unterscheidung aufgrund von Abgrenzungsschwierigkeiten meist nicht getroffen. **Limitiertes Kaufverhalten** beinhaltet verfestigte kognitive Verhaltensmuster. Sie können als Umsetzung von bereits vorgefertigten Entscheidungen in Kaufhandlungen aufgefasst werden. Der Konsument hat z.B. ein relevant set von Marken, aus denen er seine Kaufentscheidung trifft. Die Auswahl ist somit von Anfang an begrenzt.

Ein gewohnheitsmäßiges Kaufverhalten entsteht allgemein durch die Übernahme von Verhaltensmustern im Sozialisationsprozess (Kinder wachsen mit dem Trinken von COCA-COLA auf) oder durch Beibehalten von Entscheidungen, die sich bewährt haben (Ein zufriedener SPIEGEL-Leser wird den SPIEGEL immer wieder kaufen). Eine wichtige Voraussetzung für die Gewohnheitsbildung ist die Bewährung einer Produktmarke, die sich in der erlebten Markenzufriedenheit niederschlägt. Markentreue ist somit eine Folge habitualisierter Entscheidungen. Dies wurde insbesondere für den Autokauf nachgewiesen. Für das Marketing sind sowohl Impuls- als auch Gewohnheitskäufe interessant. Das impulsive Verhalten ist ein für das Marketing erzielbarer Soforteffekt. Durch momentane Reizung des Konsumenten wird direkt das Kaufverhalten ausgelöst. Das Gewohnheitsverhalten bringt für das Marketing einen Langzeiteffekt. Der Konsument folgt verfestigten Kaufplänen und bindet sich an Produkte.

Bei Kaufentscheidungen mit stärkerer kognitiver Kontrolle spielt die Hypothese zum **information overload** eine Rolle. Der Konsument benutzt zu seiner Entscheidung nur einen geringen Teil der angebotenen Informationen. Wird er dazu gebracht, darüber hinaus Informationen zu benutzen, so verringert sich die Entscheidungseffizienz. Damit sind auch die Grenzen der Informationsverarbeitung aufgezeigt, d.h. ein Konsument wird auf Reizüberflutung eher negativ reagieren. Die Produktauswahl folgt kognitiven Programmen. Soll zwischen Alternativen entschieden werden, so wird der kognitiv gesteuerte Konsument Kosten-Nutzen-Abwägungen anstellen. Dabei stützt er sich auf gewünschte Attribute, die sein Idealprodukt aufweisen sollen, und eliminiert dabei alle Produkte, bis nur noch eine Alternative übrig bleibt. In diesem Zusammenhang unterscheidet *Assael* (1987) vier Arten des Kaufverhaltens nach den Kriterien Beschäftigungsintensität und Markendifferenzierung.

	intensive Beschäftigung mit Kauf	**geringe** Beschäftigung mit Kauf
bedeutende Unterschiede zwischen angebotenen Marken	**komplexes** Kaufverhalten	**Abwechslung suchendes** Kaufverhalten
geringe Unterschiede zwischen angebotenen Marken	**dissonanzminderndes** Kaufverhalten	**habituelles** Kaufverhalten

Abb. 14: Arten des Kaufverhaltens (in Anlehnung an Assael 1987: 87)

Ein **komplexes Kaufverhalten** liegt dann vor, wenn Konsumenten sich mit einem Produktkauf persönlich intensiv beschäftigen und zudem zwischen den einzelnen angebotenen Marken erhebliche Unterschiede ausgemacht werden. Eine intensive Beschäftigung findet sich regelmäßig beim Kauf sog. High-Involvement-Produkte. Dies sind Produkte, die erstens relativ teuer sind und damit einem gewissen Kaufrisiko unterliegen, zweitens relativ selten gekauft werden, und drittens in hohem Maße die Persönlichkeit des Käufers widerspiegeln. Klassisches Beispiel ist der Kauf eines Automobils bzw. von Designeranzügen.

Ein **dissonanzminderndes Kaufverhalten** ist gegeben, wenn wiederum eine intensive Beschäftigung mit der geplanten Anschaffung erfolgt, zwischen den einzelnen Marken jedoch keine nennenswerten Unterschiede wahrgenommen werden. Ein solches Verhalten ist beim Kauf von Teppichen, Wasserbetten oder allgemein Möbeln zu beobachten. Die anvisierten Produkte sind zwar relativ teuer, doch der Konsument sieht zwischen den angebotenen Marken bzw. Fabrikaten keine großen Unterschiede. Oft sind ihm die Markennamen überhaupt nicht bekannt. Somit kommt es vergleichsweise schnell zum Kauf des Produktes. Ausschlaggebend sind oft Sonderangebote oder Nähe des Händlers zum Wohnort. Hierdurch kommt es jedoch nach dem Kaufabschluss häufig zu sog. Dissonanzen, d.h. Zweifeln an der Richtigkeit des Kaufes. Der Kunde versucht, diese Dissonanzen durch eine aktive Informationssuche über das Kaufobjekt zu vermindern und letztlich die Richtigkeit seiner Kaufentscheidung zu bestätigen.

Ein **habituelles Kaufverhalten** ergibt sich bei Produkten, mit deren Kauf sich der Konsument sehr wenig beschäftigt und bei denen keine bedeutenden Unterschiede zwischen Marken vorliegen, beispielsweise Salz oder Zucker. Wenn der Konsument hier immer zur gleichen Marke greift, so geschieht dies nicht auf Grund von Markenpräferenz, sondern schlicht aus Gewohnheit. Versorgungseinkäufe im Supermarkt laufen habituell ab. Der Konsument bewegt sich nach einem eingefahrenen Muster durch das Geschäft und legt die Lebensmittel in der bekannten Reihenfolge in seinen Einkaufswagen, er geht zur Kasse, bezahlt und verlässt das Geschäft schnellstmöglich. In diesem Zusammenhang wird auch von Low-Involvement-Käufen gesprochen. Aufwendige kognitive oder emotionale Prozesse laufen bei einem solchen Kaufverhalten nicht ab.

Ein **Abwechslung suchendes Kaufverhalten** (variety seeking) findet sich dort, wo Konsumenten sich nur in geringem Maße mit dem Kauf beschäftigen, obwohl zwischen den Marken erhebliche Unterschiede vorliegen. Der Konsument wechselt häufig die Marke, z.B. bei Schokoriegeln oder Lakritzen; er greift – bei Lakritzen – mal zu HARIBO und mal zu KATJES, um verschiedene Geschmacksrichtungen auszuprobieren oder einfach aus Lust an der Abwechslung.

Die Darstellung der Kaufentscheidung schließt den Bereich Organismus im Rahmen des S-O-R-Modells ab. Nachfolgend werden die auf den Organismus einwirkenden Stimuli näher betrachtet. Als Ursprung der Stimuli lassen sich die Erfahrungs- und Medienumwelt unterscheiden.

C. Erfahrungsumwelt

Die **Umwelt** des Menschen besteht aus allen Gegenständen, die sich im Wahrnehmungsbereich der menschlichen Sinne befinden. Die (Erfahrungs-)Umwelt wird zweckmäßigerweise eingeteilt in physische und soziale Umwelt. Zur physischen Umwelt zählt die natürliche Umwelt wie Berge und Seen sowie die vom Menschen geschaffene Umwelt wie Gebäude und Produkte. Zur sozialen Umwelt gehören die Menschen sowie Beziehungen (Interaktionen) zwischen ihnen.

Es werden ferner direkte von indirekten Beziehungen unterschieden: Direkte Beziehungen entstehen zur näheren Umwelt (Wohnhaus, Familie, Freunde, Stammkneipe), indirekte Beziehungen haben die Menschen zur weiteren Umwelt (selten besuchte Gebäude einer Stadt, Landschaften in unserer Umgebung, Kollegen anderer Abteilungen etc.). Sowohl die physische als auch die soziale Umwelt kann somit näher oder weiter sein. Hinzu tritt noch die sog. Medienumwelt. Während die Erfahrungsumwelt durch direkte Kontakte entsteht, wird die Medienumwelt den Menschen indirekt über Medien (insbesondere TV) vermittelt (*Kroeber-Riel/Weinberg* 1999: 409).

Mensch und Umwelt stehen in einer dynamischen Wechselbeziehung zueinander. Die Umweltpsychologie untersucht dabei das Verhältnis der Menschen zu ihrer physischen bzw. materiellen Umwelt. Die **physische Umwelt** löst konsistente Verhaltensweisen aus. Sie wirkt aufgrund ihrer physischen Reizattribute wie Farbe, Beleuchtung, Geruch etc. sowie ihrer symbolischen Bedeutung. Bevorzugtes Thema der Umweltpsychologie ist die Abhängigkeit des menschlichen Verhaltens von der physischen Umgebung, die durch Wohnungen, Fabriken, Büros, Schulen usw. geschaffen wird. Der Begriff Raum spielt dabei eine entscheidende Rolle, da die Umwelt stets räumlich organisiert ist. Menschen besitzen hervorragende Fähigkeiten, räumliche Umwelten wahrzunehmen und zu erinnern. Die so gewonnenen Informationen werden im Gedächtnis meist durch innere Bilder gespeichert. Der Mensch schafft sich **gedankliche Lagepläne**, d.h. subjektiv vereinfachte innere Bilder einer räumlichen Ordnung. Sie bilden z.B. die Warenanordnung in einem Geschäft ab. Diese umweltpsychologischen Erkenntnisse können in den Marketingbereich übertragen werden, um die räumliche Orientierung der Konsumenten beim Einkauf zu erklären. So wurde beispielsweise herausgefunden, dass die Standorte von Produkten, die am Rand eines Supermarktes platziert werden, besser erinnert werden. Der Kundenfluss in Einzelhandelsgeschäften verläuft ebenfalls entlang der Randlagen, meist dem Uhrzeigersinn entgegengesetzt. Zentrale Bereiche des Geschäftes werden in der Regel weniger bemerkt. Darüber hinaus fördern Markierungen wie Farbflächen und Tafeln das Zustandekommen von wirksamen Lageplänen.

Die physische Umwelt beeinflusst das Verhalten vor allem über emotionale Reaktionen. Ein prominentes **Verhaltensmodell** wurde von *Mehrabian* und *Russell* (1974) entwickelt. Die Umweltreize (S) lösen Gefühle aus, welche als intervenierende Reaktionen (I) das Verhalten (R) gegenüber der Umwelt bestimmen. Die unterschiedlichen Reaktionen gegenüber einer Umwelt hängen von Persönlichkeitsunterschieden (P) ab (Abb. 15).

Die **Umweltreize** (S) stellen eine Menge von Einzelreizen (Farben, Beleuchtung, Musik etc.) dar, die jedoch eine einheitliche Reizkonstellation bilden, also zusammenwirken. Das Reizvolumen wird durch die sog. Informationsrate gemessen. Die zentralen **Gefühlsdimensionen** (I), die allen emotionalen Reaktionen eigen sind und dafür sorgen, dass jemand sich von einer Umwelt angezogen oder abgestoßen fühlt, heißen Erregung – Nichterregung sowie Lust – Unlust. Erregung gibt dabei die Stärke der emotionalen Reaktionen an, Lust/Unlust die positive bzw. negative Richtung von Gefühlen. Die gleichen Variablen kennzeichnen auch unterschiedliche **Persönlichkeitstypen** (P). So gibt es lustbetonte, gegenüber erregenden Reizen aufgeschlossene (sensualistische) Konsumenten, auf der anderen Seite jedoch auch Reizabschirmer. Das Ergebnis der Umweltwirkungen (R) ist nach dem Modell eine **Annäherung** an die Umwelt **oder** eine **Vermeidung** der Umwelt.

Die Erkenntnisse des Modells finden praktische Relevanz durch die sog. **Umwelttechnik**, die versucht, eine emotional wirksame und anziehende Umwelt zu gestalten (z.B. bei Gebäuden, Wohnungen, Läden). Zu den wirksamsten Einzelreizen gehören die unterschiedlichen Farben. Rot liefert die stärkste Erregung, während Blau und Grün als besonders lustbetont gelten. Weitere Elemente der Umweltgestaltung sind Grünpflanzen, Licht und Musik. Wird das Modell auf die Gestaltung von Läden übertragen, so muss die Umwelttechnik bereits bei der Außengestaltung (z.B. Parkplatz, Eingangsbereich) einsetzen. Zentraler Fokus ist aber die Gestaltung des Interieurs (z.B. Warenpräsentation). Durch Berücksichtigung umweltpsychologischer Erkenntnisse können die Verweildauer der Kunden im Laden sowie das wahrgenommene Kauferlebnis positiv beeinflusst werden.

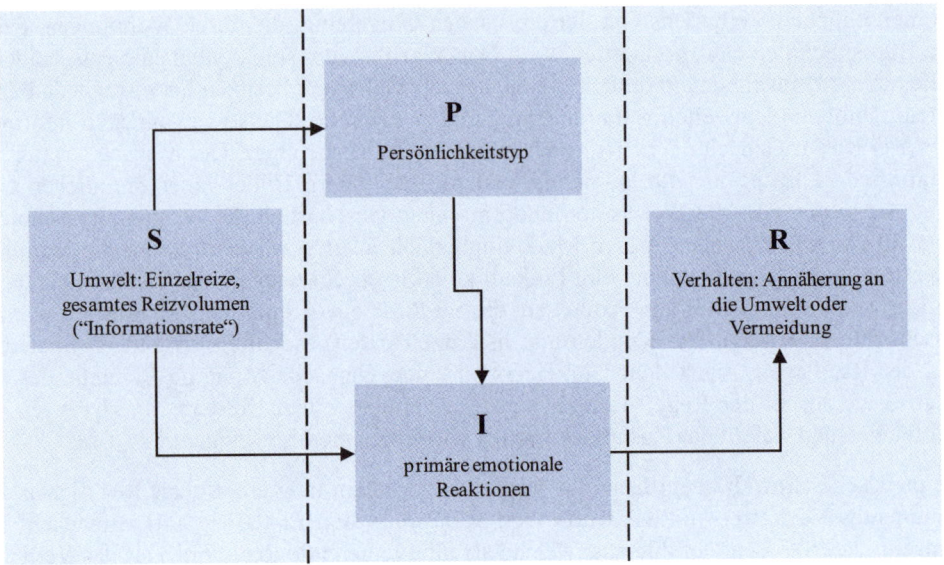

Abb. 15: M-R-Modell (in Anlehnung an Kroeber-Riel/Weinberg 1999: 418)

Die **nähere soziale Umwelt** umfasst die Personen und Gruppen, mit denen der Konsument in einem regelmäßigen persönlichen Kontakt steht: Freunde, Kollegen, Familie, Vereine etc. Das Konsumentenverhalten wird entscheidend von den Einflüssen der näheren sozialen Umwelt bestimmt (Familie, Bezugsgruppen). Die **weitere soziale Umwelt** umfasst alle Personen und Gruppierungen, zu denen der Konsument keine regelmäßigen Beziehungen unterhält. Hierzu zählen neben Kultur und Subkultur große soziale Organisationen wie Großstädte, Kirche, Parteien, Unternehmen etc. Der Einfluss dieser weiteren Umwelt ist besonders komplex, weil er indirekt wirkt. Ein wichtiger Begriff ist in diesem Zusammenhang der Lebensstil, der z.B. durch bestimmte soziale Milieus vermittelt wird.

Gruppen sind in der Soziologie nur solche Mehrheiten von Personen, zwischen denen Interaktionen stattfinden und die sich durch eine eigene Identität auszeichnen. Personenmehrheiten, auf die dies nicht zutrifft, werden soziale Kategorien oder Aggregate genannt. Eine **soziale Kategorie** wird definiert als eine Anzahl von Menschen, die ähnliche Merkmale aufweisen. Sie werden lediglich aufgrund dieser Merkmale zu einer sozialen Einheit zusammengefasst (soziale Schicht/Klasse, Zielgruppe im Marketing). Ein **soziales Aggregat** ist eine räumliche Ansammlung von Personen, die keine wechselseitigen Beziehungen zueinander haben. Es entsteht zwar eine beobachtbare, jedoch nicht eine strukturierte soziale Einheit (Publikum, Bewohner eines Stadtbezirks, Hotelgäste).

Als eine **soziale Gruppe** wird eine Mehrzahl von Personen bezeichnet, die in wiederholten und nicht nur zufälligen wechselseitigen Beziehungen zueinander stehen. Eine Gruppe hat eine eigene Identität, eine soziale Ordnung (Positionen), Verhaltensnormen sowie Werte und Ziele. Gruppen im engeren Sinne werden auch Primärgruppen genannt. (Gruppen innerhalb der weiteren sozialen Umwelt werden entsprechend als Sekundärgruppen bezeichnet.) Eine Bezugsgruppe ist eine Gruppe, nach der sich ein Individuum richtet. Sie ist deshalb für das Marketing von besonderer Bedeutung.

Die überwiegende Zahl der Haushalte besteht aus **Familien**. Die Kernfamilie besteht aus Eltern und Kindern und umfasst keine weiteren Verwandten. Eine Familie zeichnet sich durch eine von der jeweiligen Kultur festgelegte Rollenstruktur aus. Mit dem Trend zur Individualisierung hat sich das traditionelle Rollenverständnis in Gesellschaft und Familie grundlegend geändert. Viele Individuen verzichten auf eine Familie und bevorzugen das Singledasein. Frauen streben teilweise nach Unabhängigkeit von ihren Männern und gehen einer eigenen Berufstätigkeit nach. Die Bedeutung der Familie für individuelle und gemeinsame Kaufentscheidungen wird geringer. Stattdessen nimmt der Einfluss sog. Bezugsgruppen, also von außerhalb der Familie, zu. Der **Familienzyklus** ist eine demographische Variable, die bevorzugt dafür verwendet wird, das Verhalten von Konsumenten, die in Familienhaushalten organisiert sind, zu bestimmen. Der klassische – mittlerweile obsolete – Zyklus umfasst **vier Phasen** (*Kroeber-Riel/Weinberg* 1999: 439):

Phase I:		unverheiratet, jung (bis 27 Jahre),

Phase II:		verheiratet, mit jungen Kindern (bis 37 Jahre),

Phase III:		verheiratet, mit älteren Kindern (bis 47 Jahre),

Phase IV:		verheiratet, ohne Kinder (diese haben das Elternhaus verlassen).

Der Einfluss des Familienzyklus auf das Konsumentenverhalten gibt den simultanen Einfluss mehrerer sozio-ökonomischer Größen wieder (Zahl der Kinder, Alter der Eheleute, Einkommen etc.). Jede Phase repräsentiert eine bestimmte Konstellation von Einflussgrößen, die sich durch eine Kombination demographischer Variablen angeben lässt.

Die oben angegebene grundlegende Einteilung des Familienzyklus wurde in den letzten Jahren differenziert und neu definiert. Der traditionelle Familienbegriff wird dabei aufgegeben. Gesellschaftliche Veränderungen, die sich in den Begriffen Singles, zusammenlebende, unverheiratete Paare, gleichgeschlechtliche Lebensgemeinschaften etc. widerspiegeln, machten dies notwendig. Gliederungskriterien eines neueren Schemas sind Alter, Familienstand im weiteren Sinne sowie Zahl und Alter der im Haushalt lebenden Kinder. Kritische Punkte des Familienzyklus sind Heirat, Scheidung, Tod sowie das Hinzukommen oder Ausscheiden von Kindern.

Der Familienlebenszyklus wird im Marketing häufig als Segmentierungsvariable verwendet, denn er ist ein besserer Prädiktor für das Konsumentenverhalten als einfache demographische Merkmale wie Alter und Einkommen. Das Marketing richtet sich auf die speziellen Bedürfnisse „neuer" Zielgruppen wie Singles oder volle Nester aus.

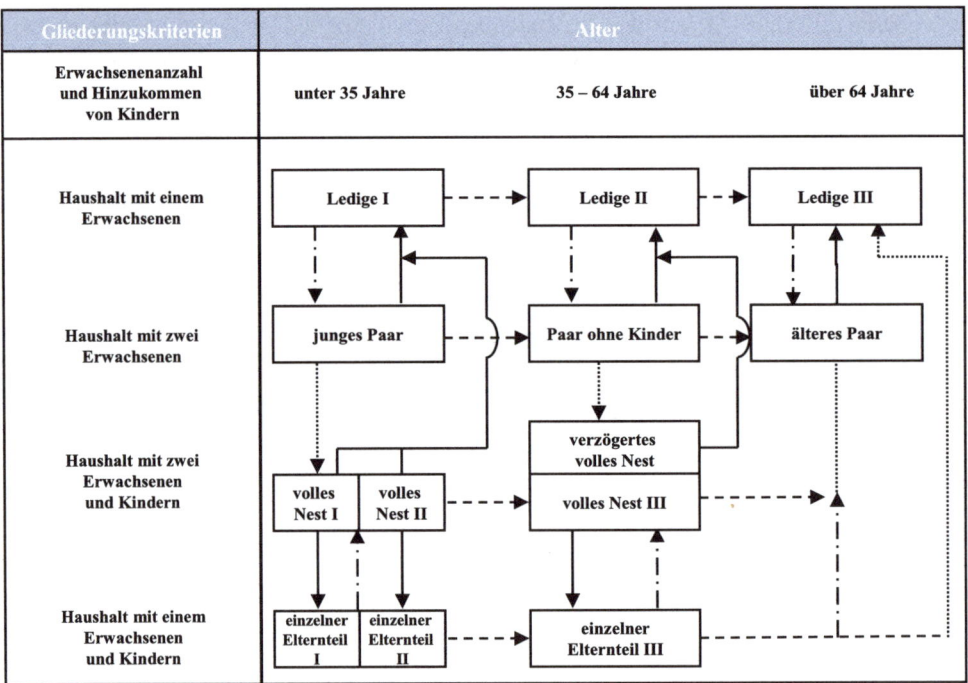

Gliederungskriterien	Alter		
Erwachsenenanzahl und Hinzukommen von Kindern	unter 35 Jahre	35 – 64 Jahre	über 64 Jahre

Abb. 16: Familienlebenszyklus (in Anlehnung an Kroeber-Riel/Weinberg 1999: 441)

In der Abbildung finden sich durch spaltenweises Lesen die Hauptphasen. In den Phasen volles Nest I und verzögertes volles Nest sind die Kinder unter sechs Jahre, in volles Nest II und III über sechs Jahre. Die gestrichelte (horizontale) Linie gibt die Alterung der Menschen an, die vertikalen Linien stehen für die folgenden Aspekte: durchgezogene Linie = Tod oder Scheidung, Strichpunkt-Linie = Heirat/Partnerschaft, gepunktete Linie = Kinder kommen hinzu oder fallen weg.

Interessant ist in diesem Kontext die **Rolle von Mann und Frau** bei gemeinsamen Kaufent-scheidungen. Die Konsumentenforschung kam zu folgenden Resultaten (*Kroeber-Riel/ Weinberg* 1999: 454):

- Der Einfluss des Mannes ist stärker, wenn es um den Kauf von Gebrauchsgütern geht, die außerhalb des Hauses benutzt werden (Rasenmäher) oder technisch sehr komplex sind (Autos). Auch wenn es um Finanzdienstleistungen geht, dominiert der Mann.
- Die Frau dominiert meist bei Kaufentscheidungen für Produkte, die im Haus benutzt werden (Küchengeräte, Möbel, Verbrauchsgüter).
- Bei Produkten mit gemeinsamer Nutzung und von großer Bedeutung nimmt das Treffen gemeinsamer Kaufentscheidungen zu.

Der Einfluss der **Kinder** auf Kaufentscheidungen ist ebenfalls nicht von der Hand zu weisen. Kleinere Kinder sind für Produkte ihrer Wahl wie Bonbons, Schokolade und Spielzeug bereits als entscheidende Zielgruppe für das Marketing anzusehen. Ältere Kinder (Jugendliche) fällen in erheblichem Ausmaß unabhängige und selbständige Kaufentscheidungen für Produkte ihres persönlichen Bedarfs (Musik, Zeitschriften, Snacks etc.). Die Eltern üben bei hochwertigen Gebrauchsgütern noch einen wesentlichen Einfluss auf die Kaufentscheidung aus. Jugendliche sind jedoch häufig sehr markenorientiert – insbesondere was Kleidung anbetrifft – und stark von Freunden bzw. Cliquen als Bezugsgruppen beeinflusst. Der Einfluss einer **Bezugsgruppe** bezieht sich allgemein auf das Verhalten gegenüber sozial auffälligen Produkten, d.h. das Produkt muss von anderen nicht nur gesehen, sondern auch beachtet werden (demonstrativer Konsum). Produkte, die jeder besitzt, werden von der Umwelt nicht mehr beachtet. Luxusgüter sind hingegen sozial auffällig. Weiterhin zeigt sich, dass die Markenwahl stärker vom Bezugsgruppeneinfluss bestimmt wird als die Produktwahl.

Typisch für die Kommunikation innerhalb einer Primärgruppe ist die **persönliche Kommunikation**, die direkt von Person zu Person gerichtet ist. Sie findet regelmäßig statt, sozialer Einfluss wird vermittelt und es gibt laufend Rückkopplungen (feedbacks) zwischen den Kommunikationspartnern. Die grundlegende Wirkung der persönlichen Kommunikation kann anhand eines Modells dargestellt werden, das die Verbreitung einer Nachricht in einem sozialen System (Diffusionsprozess) zum Gegenstand hat. Als Determinanten der Kommunikationswirkung gelten (*Kroeber-Riel/Weinberg* 1999: 493):

- Merkmale des Kommunikators (Glaubwürdigkeit),
- Merkmale des Kommunikanten (Einstellungen),
- Merkmale der Kommunikationssituation (geographische und soziale Distanz).

Das Ergebnis einer Kommunikation wird wesentlich davon beeinflusst, welche Glaubwürdigkeit ein Kommunikator (Sender) hat. Mit zunehmender Glaubwürdigkeit steigt die Wahrscheinlichkeit, dass eine Kommunikation wirksam wird. Komponenten seiner Glaubwürdigkeit sind sein Ansehen als Experte sowie seine Vertrauenswürdigkeit. Ob die vom Kommunikator vermittelte Nachricht auch ankommt, hängt entscheidend von der Beeinflussbarkeit sowie den Einstellungen der Kommunikanten (Empfänger) ab. Je stärker die Übereinstimmung der dargebotenen Informationen mit den vorhandenen Einstellungen ist, desto höher ist die Übernahmewahrscheinlichkeit für die Nachricht. Schließlich spielt die Kommunikationssituation eine wichtige Rolle. Sie umfasst alle Bedingungen, unter denen Kontakte zwischen Personen zustande kommen und ablaufen. Eine geographische Distanz erschwert die Kontaktaufnahme; bei abnehmender räumlicher Distanz steigt die Kontaktwahrscheinlichkeit. Die soziale Distanz wirkt ähnlich. Als wesentliche Ursachen sind die Abweichungen im sozialen Status der beteiligten Kommunikationspartner zu nennen.

Die Verbreitung einer Nachricht in einem sozialen Netzwerk wird von vier Wahrscheinlichkeitsgrößen bestimmt (*Kroeber-Riel/Weinberg* 1999: 496):

- Kontaktwahrscheinlichkeit (dass eine Person zu einer anderen Person Kontakt erhält),
- Informationswahrscheinlichkeit (dass diese Person die jeweilige Nachricht von der anderen Person erfährt),

- Übernahmewahrscheinlichkeit (dass diese Person die Nachricht akzeptiert),
- Weitergabewahrscheinlichkeit (dass diese Person die Nachricht weitergibt).

Die weitere soziale Umwelt wird insbesondere durch den Begriff **Kultur** repräsentiert. Eine Kultur spiegelt die Übereinstimmung der Verhaltensmuster vieler Individuen wider. Eine Kultur umfasst immer sehr große soziale Einheiten wie Länder oder Sprachgemeinschaften. Die Kultur ist ein Hintergrundphänomen, das unser Verhalten prägt, ohne dass wir uns dieses Einflusses bewusst sind. Sie enthält grundlegende Werte und Normen, für eine Gesellschaft wichtiges Wissen und typische Handlungsmuster, sie wird vermittelt sowohl durch die Erfahrungsumwelt als auch durch die Medienumwelt. Eine Muss-Norm, die über eine Kultur vermittelt wird, wäre z.B. das gesetzliche Verbot des Rauschgiftkonsums, an das sich alle Mitglieder der Gesellschaft halten müssen. Soll- bzw. Kann-Normen legen allgemeine Verhaltensstandards fest und lassen einen gewissen Verhaltensspielraum zu, z.B. das Leistungsprinzip oder bestimmte Dresscodes.

Im Gegensatz zum intergesellschaftlichen Begriff der Kultur bezeichnet die **Subkultur** einen intragesellschaftlichen Begriff, sprich: soziale Gruppierungen innerhalb einer Gesellschaft bzw. Kultur. Als Subkulturen können z.B. folgende Gruppierungen bezeichnet werden:

- Rassen, Religionen, Nationalitäten,
- Bewohner geographischer Gebiete (z.B. die Bayern),
- Altersgruppen (Jugendliche bzw. Teenager, Senioren),
- soziale Schichten (Arbeiterschicht, Mittelschicht etc.).

D. Medienumwelt

In den letzten Jahrzehnten werden die Menschen bzw. Konsumenten von einer zweiten Wirklichkeit immer mehr beeinflusst, der sog. Medienumwelt. Über die Massenmedien werden Stereotype, Idealbilder, Meinungen etc. transportiert und verbreitet. Die **Massenkommunikation** ist durch folgende Merkmale gekennzeichnet:

- Verbreitung von Informationen durch technische Hilfsmittel (Massenmedien),
- räumliche/zeitliche Distanz zwischen den Kommunikationspartnern (indirekte Kommunikation),
- einseitige Kommunikation ohne Rückkopplung,
- Kommunikation mit einem großen, anonymen, dispersen Publikum,
- öffentliche Kommunikation ohne begrenzte, personell definierte Empfängerschaft.

Zentrales Merkmal der Massenkommunikation ist die Einschaltung von **Medien**. Es wird zwischen Telekommunikation (TV, Radio, Internet) und Printkommunikation (Zeitungen, Zeitschriften etc.) unterschieden. Der verstärkte Einsatz dieser Medien sowie die rasante Entwicklung der Kommunikationstechnologie haben zu einer Informationsüberflutung geführt. Mehr als 95% der von den Medien angebotenen Informationen werden nicht beachtet. Die Wirkungen der Massenkommunikation lassen sich nur schwierig quantifizieren. Unmittelbare und indirekte Wirkung müssen gleichermaßen Berücksichtigung finden. So wird durch die Massenkommunikation oft persönliche Kommunikation initiiert. Grundsätzlich werden zwei Wirkungsarten unterschieden: Vermittlung von Information (Wissen) und Beeinflussung von Einstellungen und Meinungen. Informationen darüber, „was in der Welt los ist", werden überwiegend über die Massenmedien verbreitet. Erwachsene, die keiner spezifischen Aus- oder Weiterbildung mehr nachgehen, beziehen ihre Kenntnisse bevorzugt aus den Massenmedien. Der Informationsstand der Kommunikanten wird vor allem vom Konsum gedruckter Medien bestimmt. Druckmedien übertreffen das Fernsehen in der Informationswirkung deutlich. Das Fernsehen gilt – vor allem wegen seiner emotionalen Wirkung – als Unterhaltungsmedium. Der Einzelne setzt sich insbesondere mit jener Art von Massenkommunikation auseinander, deren Inhalt nicht in Widerspruch zu seinen Einstellungen und Meinungen steht. Informationen werden selektiv aufgenommen, z.B. durch die Wahl der Tageszeitung (FAZ versus BILD). Massenkommunikation wirkt in dem Sinne hauptsächlich dadurch, dass sie vorhandene Einstellungen und Meinungen bestätigt und verstärkt. Ferner bestimmen die Massenmedien weitgehend, mit welchen Themen sich das Publikum beschäftigt (**agenda setting**). Neben der Verstärkung vorhandener Einstellungen kann auch eine Veränderung bestehender Einstellungen angestrebt werden. Hierbei wird von der Überzeugungswirkung der Massenmedien bzw. dem systematischen Einsatz sog. Sozialtechniken (z.B. Propaganda) gesprochen.

Was nutzt die Massenkommunikation jetzt aber den Empfängern, dem Publikum? Zunächst ist ein **psychologischer Nutzen** zu konstatieren. Der Empfänger wird aktiviert und emotional stimuliert. Durch die zunehmende Medienkonkurrenz wird es jedoch immer schwieriger, die Aufmerksamkeit der Empfänger für eine bestimmte Sendung zu erreichen. Daneben dient die Massenkommunikation auch zur **gedanklichen Anregung** der Empfänger. Das inhaltliche Angebot ist letztlich der entscheidende Faktor für den persönlichen Nutzen, der sehr differenziert zu betrachten ist. Ein Motiv für den Mediengebrauch kann Unterhaltung und Entspannung sein, ein anderes Information und Bildung. Der Nutzen richtet sich also nach dem individuellen Motiv des Empfängers. **Werbung** als Bestandteil der Massenkommunikation wird definiert als versuchte Meinungsbeeinflussung mittels besonderer Kommunikationsmittel. Sie steht oft als Manipulationsversuch in der Kritik. Werbung ist jedoch eine legitime Sozialtechnik, ein universeller sozialer Vorgang, ohne den kein soziales System auskommt. Für den Konsumenten erfüllt Werbung folgende Funktionen:

- Zeitvertreib und Unterhaltung (lustige TV-Spots, z.B. MEDIA MARKT-Spot mit *Mario Barth*),
- emotionale Konsumerlebnisse (Natur, Erotik etc., z.B. KROMBACHER, LÄTTA),
- Informationen für Konsumentscheidungen (Qualität, Preis, Sicherheit, Service etc.; z.B. MERCEDES hinsichtlich Qualität),
- Normen und Modelle für das Konsumentenverhalten (fertige Verhaltensmodelle: Anspruchsniveaus, Standards; z.B. KNOPPERS: „Morgens halb zehn in Deutschland").

Wirkungskomponenten umfassen die von der Werbung angesprochenen Antriebskräfte der Konsumenten und die von ihr bewirkte gedankliche Steuerung des Verhaltens, also emotionale und kognitive Prozesse, die zusammen Einstellungen und Kaufabsichten implizieren. Als Bestimmungsgrößen oder Determinanten der Wirkung fungieren die Art der Werbung (emotional, informativ, gemischt) sowie das Involvement der Konsumenten (gering, hoch). Das Zusammenspiel von Wirkungskomponenten und -determinanten führt zu unterschiedlichen Wirkungsmustern. In Abhängigkeit von den Bedingungen, unter denen Werbung statt-

findet, löst die eine Werbung diese, die andere Werbung jene Teilwirkungen aus. Die Wirkungen von direkter persönlicher Kommunikation und indirekter Massenkommunikation
sind miteinander verflochten und üben gemeinsam den sozialen Einfluss auf den Einzelnen
aus. Ein typisches Beispiel ist der Sozialisationsprozess des Kindes. Es wird durch Fernsehen
und Bücher beeinflusst, aber direkt auch durch Eltern, Freunde und Lehrer. Wenn ein Kommunikator den Empfänger unmittelbar anspricht (ggf. über einen Kommunikationskanal) und
ihm einen Kommunikationsinhalt vermittelt, wird von einer **einstufigen Kommunikation**
gesprochen. Der einstufige Prozess bezieht sich auf persönliche und Massenkommunikation.
Der Kommunikator ist jeweils der aktive Kommunikationspartner, während das Publikum
bzw. die Kommunikanten weitgehend als passiv charakterisiert werden. Beim einstufigen
Prozess ist die Kommunikation immer direkt. Massenkommunikation und persönliche Kommunikation wirken getrennt nebeneinander, stehen zueinander in Konkurrenz. In der empirischen Forschung wurde die direkte Wirkung der Massenkommunikation relativiert, da sie
entgegen des einstufigen Modells ziemlich gering blieb. Es stellte sich stattdessen heraus, dass
nur ein kleiner, aktiver Teil der Bevölkerung die Informationen aufgriff und als **Meinungsführer** diese Informationen an den weniger aktiven Teil weiterleiteten. Hierdurch kam es zum
Modell der **zweistufigen Kommunikation**. Zuerst wirkt die Massenkommunikation auf die
Meinungsführer ein, dann wirken die Meinungsführer auf das übrige Publikum ein, das von der
Massenkommunikation nicht berührt wird. Meinungsführer übernehmen zum einen eine Re-
laisfunktion, sie fungieren als persönliche Übermittler von Nachrichten. Auf der anderen Seite
haben sie eine Verstärkungsfunktion inne, da ihr Einfluss außerordentlich groß ist.

Die mögliche Ermittlung und Ansprache der Meinungsführer durch das Marketing wird allerdings skeptisch beurteilt, denn ihre Bedeutung ist auf ganz bestimmte Konsumentscheidungen
beschränkt und darf nicht verallgemeinert werden. Ist der Konsument tatsächlich als passiv zu
charakterisieren, so muss die Massenkommunikation emotionaler angelegt werden, um ihn zu
erreichen. Ist der Konsument aktiv, also auf der Suche nach Informationen, ist für das Marketing wichtig zu erfahren, auf welche Informationen sich die Informationsbedürfnisse des Konsumenten beziehen. Ein Konsument wird bei Entscheidungen über den Kauf von Produkten mit
größerem Kaufrisiko die persönliche Kommunikation präferieren. Die Massenmedien dienen
zur ersten Problemorientierung und helfen nur bei Produkten mit geringem Kaufrisiko. Die
Werbung kann sich darüber hinaus die größere kommunikative Stoßkraft von Meinungsführern
zunutze machen und sich zunächst bevorzugt an diese wenden bzw. durch Verwendung der
Testimonialtechnik Meinungsführer direkt in die Werbung „einbauen".

2.2.1.2   Kaufprozess

Eine Person kann fünf verschiedene **Rollen im Kaufprozess** übernehmen. Der Initiator
schlägt als erster vor, ein bestimmtes Produkt zu erwerben. Einflussnehmer sind Personen,
deren Ansichten oder Ratschläge für die endgültige Kaufentscheidung von Gewicht sind. Der
Entscheidungsträger befindet letztlich darüber, ob, was, wie und wo gekauft wird. Der Käufer führt den Kauf tatsächlich aus, während der Benutzer das Produkt schließlich verwendet.
Hieraus wird ersichtlich, dass zum einen an komplexen Kaufprozessen viele Personen in
verschiedenen Rollen teilnehmen, zum anderen jedoch ein und dieselbe Person mehrere
Rollen im gleichen Prozess übernehmen kann. Kauft sich eine junge Frau spontan eine

Jeanshose, die sie beim Shopping in einer Boutique entdeckt hat, dann fallen alle oben genannten Rollen in dieser Konsumentin zusammen. Häufig werden jedoch zumindest noch die
Einflussnehmer zu Beteiligten des Kaufprozesses. In der Marketingliteratur wird der Kaufprozess häufig durch sog. **Phasenmodelle** beschrieben. Diese Modelle beziehen sich in der
Regel auf komplexere Vorgänge wie den Kauf eines Autos, PCs oder auch einer Jeans.
Wichtig ist hierbei die Bedeutung des Kaufobjektes für das Individuum, die sich in einem
hohen Involvement widerspiegelt. Es geht also nicht ausschließlich um besonders teure Produkte, sondern eher um für den einzelnen Konsumenten bedeutungsvolle Produkte, bei denen
er planmäßig vorgeht. Nach *Kotler/Keller/Bliemel* (2007: 295ff.) werden **fünf Phasen** des
Kaufprozesses unterschieden:

- Problemerkennung,
- Informationssuche,
- Bewertung der Alternativen,
- Kaufentscheidung,
- Verhalten nach dem Kauf.

Problemerkennung
Der Kaufprozess beginnt damit, dass der Konsument ein Problem bzw. eine **Bedürfnissitua-
tion** erkennt. Er verspürt eine Diskrepanz zwischen seinem tatsächlichen Ist-Zustand und
einem Wunschzustand, den er mithilfe eines Produktes erreichen kann. Eine Bedürfnissitua-
tion wird zum einen durch innere Reize ausgelöst, z.B. Hunger oder Durst. Zum anderen
kann das Bedürfnis durch einen äußeren Reiz geweckt werden. Der Konsument sieht ein
Produkt in einem Schaufenster oder sitzt vor dem Fernseher und schaut sich einen Werbespot
an. Die Aufgabe des Marketing liegt darin, externe Stimuli zu erzeugen, die beim Konsumenten eine Wunschvorstellung auslösen, um diese durch ein bestimmtes Produkt zu befriedigen.

Informationssuche
Der stimulierte Konsument versucht, weitere Informationen über das anvisierte Produkt zu
erhalten. Eine passive Suche äußert sich in einer erhöhten Wachsamkeit, die den Konsumenten empfänglicher für produktbezogene Informationen macht. Eine aktive Informationssuche besteht aus einer aufwendigen Beschaffung von Informationen. Der Konsument liest
Testzeitschriften oder holt sich Rat bei Freunden etc. Er versucht, aus allen ihm zur Verfügung stehenden Quellen Informationen zu ziehen. Neben der eigenen Produkterfahrung greift
er auf persönliche Quellen wie Familie, Freunde oder Nachbarn, auf kommerzielle Quellen
wie Werbung oder Verkäufer und öffentliche Quellen wie Verbraucherverbände zurück.

Die systematische Informationssammlung kann durch ein **Set-Modell** aufgezeigt werden.

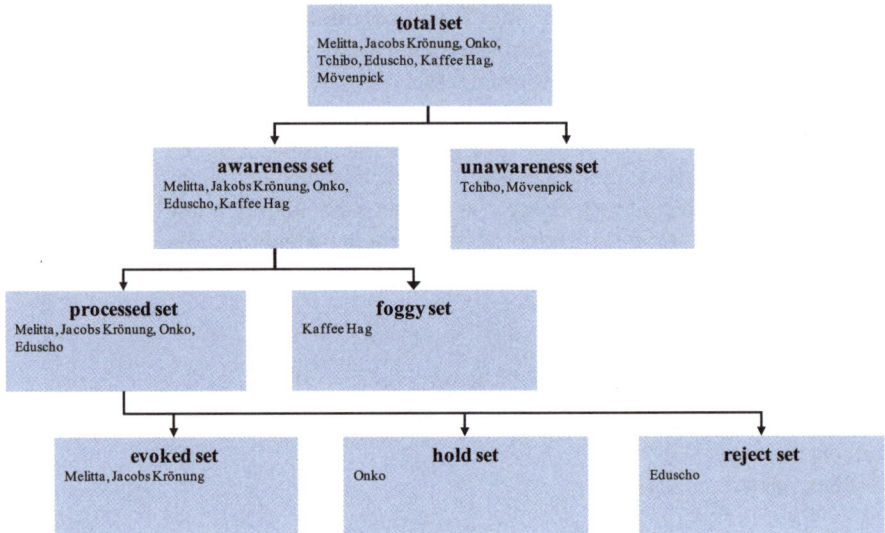

Abb. 17: Set-Modell am Beispiel von Kaffeemarken

Aus der Gesamtmenge aller zur Auswahl stehenden Marken (Produkte), dem **total set**, wird der Konsument nur eine Teilmenge zur Kenntnis nehmen können, die ihm bekannten Marken (**awareness set**). Von den Marken des awareness set wird wiederum nur ein Teil im Bewertungsprozess näher betrachtet (**processed set**); über den anderen Teil liegen dem Konsumenten nur unzureichende Informationen vor und die Informationsbeschaffung gestaltet sich aufwendig. Deswegen empfindet er diese Marken als nebulös (**foggy set**). Unter den verbliebenen Marken scheiden einige wegen negativer Produkterfahrung von vornherein aus (**reject set**), andere Marken werden im aktuellen Kaufprozess weder direkt verworfen noch erscheinen sie im Moment als akzeptabel (**hold set**). Produkte im hold set kämen in Zukunft für den Konsumenten in Frage, wenn Leistung oder Preis verbessert würden. Übrig bleiben letztlich nur wenige Marken, die in die engere Wahl kommen (**evoked set**). Diese akzeptierte Menge, aus denen die eigentliche Auswahl zum Kauf getroffen wird, wird in der Literatur auch als **relevant set** oder **accept set** bezeichnet. Im vorliegenden Lehrbuch wird der Begriff relevant set präferiert. Die Aufgabe des Marketing im Unternehmen besteht in diesem Kontext also darin, die Produkte bzw. Marken so zu positionieren, dass sie in das relevant set des Konsumenten gelangen, mithin überhaupt erst eine Chance erhalten, gekauft zu werden.

Bewertung der Alternativen

Aus den verbleibenden Marken trifft der Konsument die endgültige Kaufentscheidung, indem er die relevanten Informationen verarbeitet. Die Frage, wie dieser Entscheidungsprozess abläuft, kann nicht pauschal beantwortet werden. Die bekannten Modelle zum Bewertungsprozess des Konsumenten sind kognitiver Natur. Der Konsument beurteilt hiernach ein Produkt auf bewusste, rationale Weise. Beispielsweise bewertet ein Konsument ein Produkt nach den für ihn **relevanten Nutzenvorteilen**. In jedem Produkt erkennt er eine Reihe von Produktattributen, die ihm die gewünschten Nutzenvorteile verschaffen. Bei einem PC könnten dies Speicherkapazität, Graphikfähigkeit, Kompatibilität oder Verfügbarkeit von Software sein, bei einem Hotel Lage, Sauberkeit, Preisklasse etc. Der Konsument bildet nun durch eine (mathematische) Bewertungsregel seine Einstellung bzw. Präferenz zu den verschiedenen Markenalternativen heraus, indem er die für ihn relevanten Attribute mit einem Gewichtungsfaktor versieht und mit einer Punkteskala bewertet. Durch eine solche Methodik ergibt sich die Kaufentscheidung für das Produkt mit der höchsten Punktzahl. Ein derartiges methodisches Vorgehen findet in der Praxis eher unterbewusst statt.

Kaufentscheidung

In der Bewertungsphase bildet der Konsument seine Präferenz für ein Produkt bzw. eine Marke heraus und fasst in der Regel die Absicht dieses Produkt zu kaufen. Zwischen der Kaufabsicht und der tatsächlichen Kaufentscheidung können jedoch noch zwei Faktoren zum Tragen kommen. Zum einen kann die **Einstellung anderer Personen**, z.B. die eines Freundes oder die eines Kollegen, die Kaufentscheidung revidieren. Dies ist dann der Fall, wenn der Konsument auf die Meinung dieser Person bzgl. bestimmter Produktklassen großen Wert legt. Zum anderen können unvorhergesehene **situative Faktoren** die Kaufabsicht beeinflussen. Eine kurz vor dem Kaufakt eintretende Situation wie Verlust des Arbeitsplatzes oder der Vorrang anderer Anschaffungen kann dazu führen, dass der eigentlich geplante Kauf nun doch nicht getätigt wird. Die endgültige Kaufentscheidung hängt zudem stark vom subjektiv wahrgenommenen Risiko des Kaufes ab.

Verhalten nach dem Kauf

Das Marketing endet nicht mit dem Verkauf eines Produktes, sondern umfasst die sog. **After-Sales-Phase**. Wenn das gekaufte Produkt den Erwartungen des Konsumenten gerecht wird, so ist er zufrieden. Übertrifft es sogar seine Erwartungen, stellt sich Begeisterung ein. Hiermit steigt die Wahrscheinlichkeit von Wiederholungskäufen bzw. Markentreue. Je größer jedoch die Diskrepanz zwischen den Erwartungen und der tatsächlich erbrachten Produktleistung ist, desto höher wird die Unzufriedenheit des Konsumenten. In diesem Zusammenhang ist das Phänomen der **kognitiven Dissonanz** anzusiedeln, d.h. der Konsument zweifelt daran, ob seine Kaufentscheidung richtig war. Er fragt sich, ob er nicht vielleicht doch besser eine andere Marke hätte erwerben sollen. Bei vollkommener Zufriedenheit oder Begeisterung kommt es nicht zu solchen Zweifeln. Ein unzufriedener Kunde wählt verschiedene Handlungsalternativen. Der Dissonanzabbau kann durch einfache Rückgabe oder Wegwerfen des Produkts geschehen. Als sichtbare Handlungen können aktiv Beschwerden an das Unternehmen herangetragen werden. Vielfach negativer wirken jedoch unsichtbare Handlungen. Der enttäuschte Konsument berichtet in seinem sozialen Umfeld von seiner negativen Produkterfahrung, er warnt davor oder ruft im Extremfall zum Boykott des Produktes auf. Für das Marketing gibt sich hieraus die Notwendigkeit, kognitive Dissonanzen abzubauen und den Kunden in seiner Kaufentscheidung zu bestätigen, was durch einen effektiven After-Sales-Service geschehen kann.

2.2.2   Nicht Lesen
2.2.2   Konkurrenzanalyse

Die Globalisierung und die rasante Entwicklung der Informationstechnologien, welche die Bedeutung geographischer Grenzen in den Hintergrund drängen, führen zu zunehmendem Wettbewerb auf nationalen und internationalen Märkten. Genaue Kenntnisse über den Wettbewerb, d.h. relevante Informationen über die Konkurrenten, können mehr denn je einen Wettbewerbsvorteil darstellen. Zur systematischen Erhebung wettbewerbsrelevanter Informationen finden in der Praxis in erster Linie zwei Verfahren Verwendung. In diesem Zusammenhang macht es Sinn, zwischen den Begriffen Branche und Markt zu differenzieren. Branche bezieht sich angebotsseitig auf alle Unternehmen, die gleiche bzw. ähnliche Produkte anbieten; Markt bezieht sich auf die Nachfrageseite, also alle gegenwärtige und potentielle Käufer des Branchenproduktes. Die Konkurrenten eines Unternehmens können somit aus der Perspektive der Anbieterbranche, sog. Branchenkonzept, und des Abnehmermarktes, sog. Marktkonzept, identifiziert werden (*Kotler/Keller/Bliemel* 2007: 1084ff.). Das **Branchenkonzept** identifiziert Unternehmen einer Branche, die Produkte oder Produktkategorien anbieten, die untereinander in enger Wechselbeziehung – enge Substitutionsprodukte – stehen. Beurteilungskriterien zur Bestimmung der Branchenstruktur sind meist die Anzahl der Anbieter und der Differenzierungsgrad. Die folgende Abbildung zeigt mögliche Branchen anhand dieser beiden Dimensionen auf.

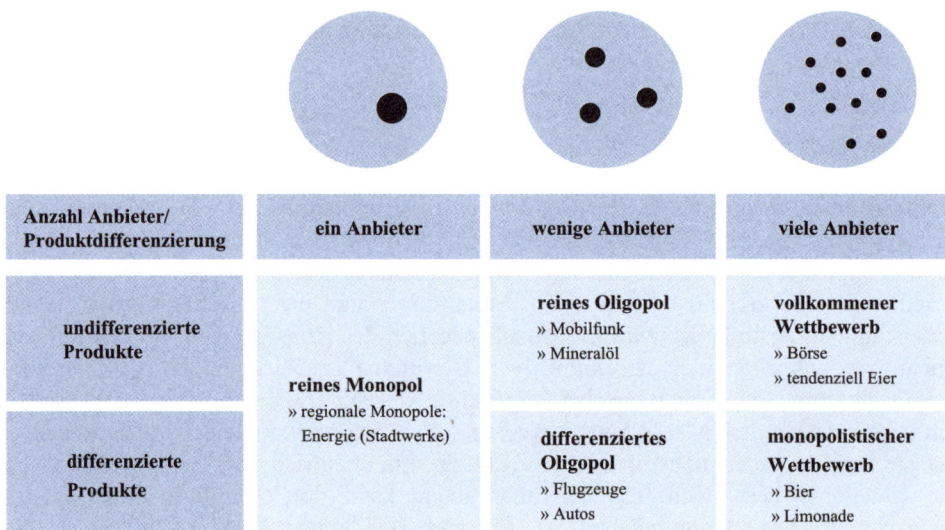

Anzahl Anbieter/ Produktdifferenzierung	ein Anbieter	wenige Anbieter	viele Anbieter
undifferenzierte Produkte	**reines Monopol** » regionale Monopole: Energie (Stadtwerke)	**reines Oligopol** » Mobilfunk » Mineralöl	**vollkommener Wettbewerb** » Börse » tendenziell Eier
differenzierte Produkte		**differenziertes Oligopol** » Flugzeuge » Autos	**monopolistischer Wettbewerb** » Bier » Limonade

Abb. 18: Branchenkonzept

Das **Marktkonzept** fasst den Konkurrenzgedanken weiter und definiert diejenigen Unternehmen als Konkurrenten, die um dieselben Kunden kämpfen. Hierin enthalten sind tatsächliche sowie mögliche Konkurrenten. Die Intensität des Wettbewerbs einer Branche kann allerdings nicht einzig nach dem Branchenkonzept und/oder dem Marktkonzept ermittelt werden. Eine Differenzierung zwischen horizontalem und vertikalem Wettbewerb berücksichtigt weitere zentrale Einflussfaktoren. Als **horizontaler Wettbewerb** wird der Wettbewerb von Unternehmen auf der gleichen Wertschöpfungsstufe bezeichnet. Zum Beispiel steht ALDI im horizontalen Wettbewerb mit LIDL im Discountermarkt. Der Wettbewerb von Unternehmen zwischen vorgelagerten und nachgelagerten Wertbeitragsstufen der Wertschöpfungskette wird **vertikaler Wettbewerb** genannt. Der Wettbewerb besteht hier um den Anteil an der gesamten Wertschöpfung.

Die Zusammenführung von Branchen- und Marktkonzept ergibt mögliche Wettbewerbsfelder, in denen sich Unternehmen positionieren können. Eine feinmaschigere Segmentierung ist darüber hinaus notwendig.

Die Definitionen beider Konzepte machen deutlich, dass Wettbewerber nicht nur diejenigen Unternehmen sind, die sich auf den ersten Blick als solche zu erkennen geben. Ganz im Gegenteil, auf umkämpften Märkten sehen sich Unternehmen einer Vielzahl von tatsächlichen und potentiellen Konkurrenten gegenüber. Ein bedeutender Wettbewerber von MERCEDES ist BMW. Aber stehen Luxuskarossen wie das SLR-Modell von MERCEDES nicht auch im Wettbewerb mit Luxusbooten von SUNSEEKER? Pauschal kann diese Frage nicht beantwortet werden. In jedem Fall macht sie deutlich, dass das Feld der Wettbewerber in vielen Fällen weiter gefasst werden muss, als Unternehmen dies häufig tun. Orientiert am Konzept der Produktsubstituierung lassen sich **vier Wettbewerbskategorien** definieren, um Wettbewerber zu identifizieren:

- Marken-Segment-Wettbewerb,
- Produktklassen-Wettbewerb,
- Funktionsträger-Wettbewerb,
- Generika-Wettbewerb.

Marken-Segment-Wettbewerber sind diejenigen Unternehmen, die demselben Kundenkreis vergleichbare Produkte oder Dienstleistungen zu entsprechenden Preisen anbieten. Im Falle von MERCEDES wären dies beispielsweise BMW und AUDI. Innerhalb des **Produktklassen-Wettbewerbs** identifiziert MERCEDES die Unternehmen als Wettbewerber, welche die gleiche Produktklasse im Markt platzieren. In diesem Fall wären das sämtliche Hersteller von Automobilen, d.h. unter anderem LADA, PORSCHE und TOYOTA. Nach der Wettbewerbskategorie des **Funktionsträger-Wettbewerbs** werden die Konkurrenten eines Unternehmens noch weiter gefasst. Demnach stehen Unternehmen im Wettbewerb, deren Produkte dieselbe Grundfunktion erfüllen. Im zuvor beschriebenen Falle wäre dies die Funktion Fortbewegung. Und zu den Wettbewerbern könnten Anbieter von Motorrädern gezählt werden, ggf. sogar Anbieter von Transportdienstleistungen wie die DEUTSCHE BAHN oder die LUFTHANSA. Die weiteste Sichtweise der vier Wettbewerbskategorien stellt der **Generika-Wettbewerb** dar. Hiernach gelten alle Unternehmen als Konkurrenten, die mit generischen Produkten um dieselbe Kaufkraft eines potentiellen Kunden kämpfen. MERCEDES kämpft infolgedessen beispielsweise gegen Anbieter von Eigentumswohnungen, Reisen etc. In der Praxis finden überwiegend die ersten beiden Kategorien Anwendung.

Die gezielte Erfassung von relevanten Konkurrenzdaten kann innerhalb von **fünf Analyse-phasen** durchgeführt werden. Diese sind im Einzelnen:

1. Existierende Ziele und Strategien sowie zugrunde liegende Ressourcen der Konkurrenten,
2. künftige Ziele und Strategien sowie zugrunde liegende Ressourcen der Konkurrenten,
3. Selbsteinschätzung der Konkurrenten und ihre Bewertung der Attraktivität des relevanten Marktes,
4. Stärken und Schwächen der Wettbewerber,
5. Ableitung des strategischen Profils der Konkurrenten.

Die Erhebung der relevanten Wettbewerbsinformationen kann den Ausgangspunkt eines kosteneffektiven **Wettbewerbsinformationssystems** darstellen, dessen Aufbau vorteilhaft ist, da es eine zeitnahe Reaktion auf die Marktdynamik oder deren Beeinflussung erlaubt.

Innerhalb der Konkurrenzanalyse können verschiedene **Analyseverfahren** verwendet werden. **Checklist-Verfahren** erlauben die systematische Gestaltung zur Entscheidungsfindung – hierin werden alle relevanten Wettbewerbsinformationen in Listen erfasst. Die Kumulation von Erfahrungswerten soll zur Gestaltung von Prüflisten führen, die alle entscheidungsrelevanten Faktoren berücksichtigen. Einerseits erlauben Checklist-Verfahren eine einfache und kostengünstige Durchführung der Konkurrenzanalyse. Auf der anderen Seite wirkt sich bei Checklist-Verfahren nachteilig aus, dass die abgefragten Informationen lediglich quantifizierbar und nicht qualifizierbar sind; ihre Aussagekraft ist aus diesem Grund begrenzt und ihre Relevanz innerhalb der Konkurrenzanalyse als gering zu bezeichnen. **Scoring-Modelle**, sog. Punktbewertungsverfahren, ermöglichen entgegen dem Checklist-Verfahren die Qualifizierung/Gewichtung der Analysedaten. Die Alternativen können an monetären und nicht-monetären Bewertungskriterien gemessen werden. Die Gewichtung der einzelnen Kriterien ermöglicht eine Gesamtbewertung jeder Alternative – diese kann als Entscheidungsgrundlage dienen. Problematisch erweist sich vielfach die Auswahl und Gewichtung der Kriterien. Zu den unterschiedlichen Varianten von Scoring-Modellen zählen u.a. die Nutzwertanalyse und das Benchmarking.

Die **Nutzwertanalyse** als systematisches Verfahren zur Nutzen-Kosten-Analyse dient zur Ermittlung des Wertes (Nutzwert) einer bestimmten Maßnahme oder eines Projektes. Komplexe Handlungsalternativen werden entsprechend der Präferenzen des Entscheidungsträgers bezüglich eines mehrdimensionalen Zielsystems geordnet. Grundidee des **Benchmarking** ist es, Unterschiede zum sog. Klassenbesten („Best-Practice"-Unternehmen) in einer Branche, z.B. in Bezug auf die Dimensionen Qualität, Geschwindigkeit und Kosten festzustellen und im Hinblick auf die eigene Leistungsfähigkeit zu bewerten. Die Leistungslücke in Bezug auf Produkte oder Prozesse soll auf Basis dieser Erkenntnisse systematisch geschlossen werden. Aus den gewonnenen Konkurrenzdaten wird im Rahmen der Strategieformulierung festgelegt, ob und inwieweit die gegenwärtigen Wettbewerbsstrategien zu verändern sind und welche strategischen Optionen sich ableiten lassen.

Die Konkurrenzanalyse kann entscheidende Informationen für ein Unternehmen liefern, so dass es als unabdingbar gilt, Daten der Wettbewerber im Planungsprozess eines Unternehmens zu berücksichtigen. Der Wettbewerb stellt allerdings nur einen Bereich des Mikro-/

Makroumfeldes dar. Im Mittelpunkt der Betrachtung muss nach wie vor der Kunde stehen, d.h. seine Wünsche und Bedürfnisse.

2.3   Branchenstrukturanalyse nach *Porter* Nicht Lesen

„Bei einer Wettbewerbsstrategie geht es darum anders zu sein. Und das bedeutet, bewusst eine unübliche Anzahl von Tätigkeiten zu wählen, die eine einzigartige Mischung an Werten verheißen" (*Porter* 1980: 12). Realistische Unternehmensziele basieren neben makro- und mikroanalytischen Elementen auf den Wettbewerbsbedingungen des relevanten Marktes. Das Konzept der Branchenstrukturanalyse nach *Porter* (1999: 33ff.) misst die Wettbewerbsintensität eines Marktes anhand von fünf Wettbewerbskräften (**Five-Forces-Modell**) und liefert hiermit ein Indiz über die Branchenattraktivität. Unter einer Branche wird eine Gruppe von Unternehmen verstanden, deren Produkte sich nahezu substituieren können. Wird einerseits vollkommene Konkurrenz vorausgesetzt, mindert gemäß *Porter* der Wettbewerb einer Branche die Ertragsrate des eingesetzten Kapitals tendenziell auf die Mindestertragsrate. Andererseits bestimmt die Summe der Stärken eines im Markt agierenden Unternehmens das Gewinnpotential in einer Branche, ausgedrückt im langfristigen Ertrag des eingesetzten Kapitals. Im Rahmen der Branchenstrukturanalyse müssen sich die Anbieter mit folgenden Fragen auseinandersetzen:

- Wie ist der Wettbewerb zwischen den bereits vorhandenen Unternehmen zu charakterisieren?
- Welche Markteintrittsbarrieren existieren, die sich für Newcomer als problematisch erweisen?
- Besteht die Möglichkeit, dass Substitute den Markt beeinflussen?
- Wie stellen sich Struktur und Verhalten der Abnehmer dar?
- Wie sind die Lieferanten aufgestellt?

Die folgende Abbildung stellt die Branchenstrukturanalyse nach *Porter* dar:

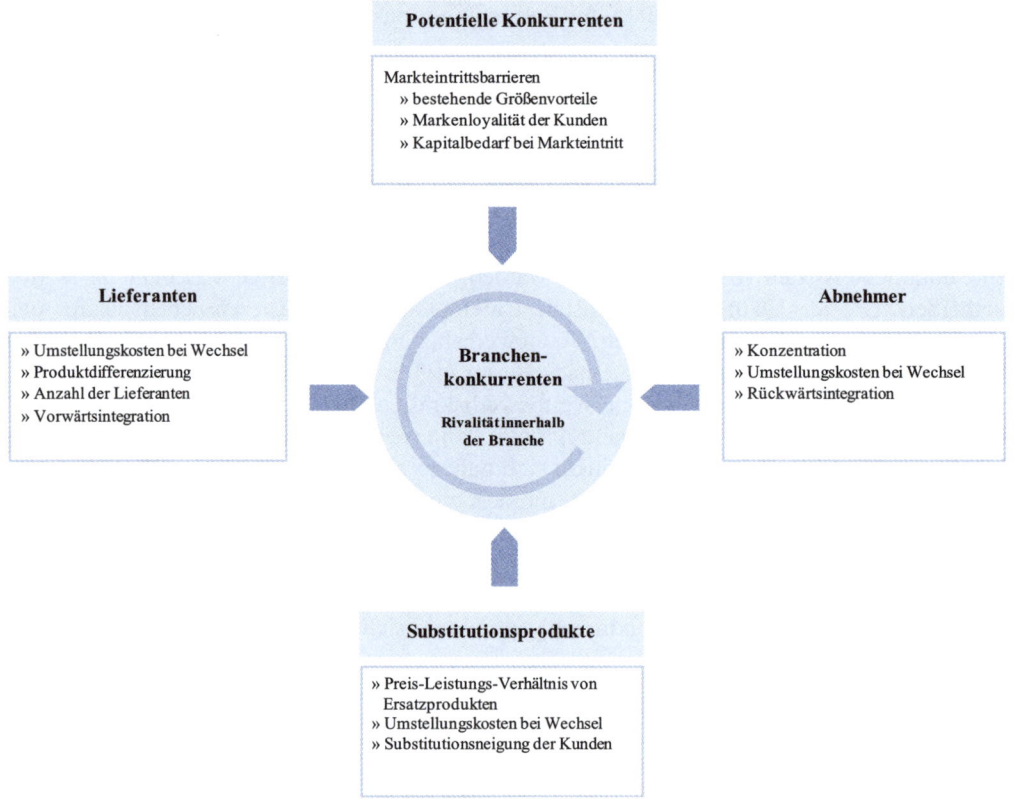

Abb. 19: Branchenstrukturanalyse nach Porter

Der Wettbewerb zwischen den Branchenteilnehmern, **Rivalität zwischen den bestehenden Unternehmen**, hängt von strukturellen Faktoren wie Marktgröße und Marktwachstum ab; registriert wird dieser in Form von Preiswettbewerb oder Marketingwettbewerb (Nicht-Preiswettbewerb). Ursache intensiver Rivalität können eine große Anzahl gleichwertiger Mitbewerber, langsames Branchenwachstum, hohe Fixkosten, überhöhte Kapazitäten sowie fehlende Differenzierung sein.

Drängen neue Akteure, **Bedrohung durch neue Konkurrenten**, auf den Markt, bringen diese Inputfaktoren wie Geldmittel, Know-how etc. in die Branche ein. Mit dem Markteintritt sind häufig Preisverfall, steigende Kosten der etablierten Wettbewerber und die Verringerung der Rentabilität verbunden. Der Markteintritt neuer Anbieter hängt nicht zuletzt von vorhandenen **Markteintrittsbarrieren** ab. Eintrittsbarrieren können u.a. Betriebsgrößenersparnisse (economies of scale und scope), Differenzierung/Markenbildung, Umstellungskosten für die Abnehmer, der versperrte Zugang zu Vertriebskanälen, staatliche Politik sowie der Kapitalbedarf sein.

Eigene Produkte konkurrieren mit den Leistungen anderer Wirtschaftszweige, die eine weitgehend identische Funktionalität aufweisen, **Bedrohung durch Ersatzprodukte und -dienste**. Je größer die Ähnlichkeit der Produkte und je geringer die Umstellungskosten für den Abnehmer, desto größer ist die ökonomische Gefahr, die von diesem Produkt ausgeht. Ersatzprodukte begrenzen somit das Gewinnpotential einer Branche.

Im Rahmen der Branchenstrukturanalyse ist die **Verhandlungsmacht der Abnehmer** nicht zu unterschätzen. Diese sind in der Lage, die Preise zu drücken, höhere Qualitäten und bessere Leistungen zu verlangen oder die konkurrierenden Anbieter gegeneinander auszuspielen. Das kann die Branchenrentabilität senken. Die Verhandlungsmacht der Abnehmer ist besonders groß, wenn es sich um ein Nachfragemonopol oder -oligopol (z.B. hohe Konzentration im Lebensmitteleinzelhandel) handelt sowie bei einem hohen Standardisierungsgrad der Produkte. Weiter besteht Gefahr seitens der Abnehmer, wenn die Branchenprodukte einen signifikanten Anteil an den Gesamtkosten der Abnehmer haben, ihre Umstellungskosten gering sind, die Branchenprodukte für die Leistung des Abnehmers unerheblich sind und die Abnehmer glaubhaft mit Rückwärtsintegration drohen.

Analog zu Kunden können auch Lieferanten einen wesentlichen Einfluss auf die Wettbewerbsbedingungen ausüben, **Verhandlungsmacht der Lieferanten**. Das Preis- und Konditionenniveau der Lieferanten hat enorme Bedeutung für die Kosten der Einsatzfaktoren (z.B. Rohstoffe) und kann somit die Rentabilität negativ beeinflussen. Lieferanten können sich beispielsweise in einer starken Verhandlungsposition befinden, wenn sie stärker konzentriert sind als die Branche selbst (Angebotsmonopol oder -oligopol). Zusätzlich verbessert sich ihre Verhandlungsmacht, wenn keine Substitutionsprodukte auf dem Markt sind und der Umsatzanteil der Branche am Gesamtumsatz des Lieferanten relativ unbedeutend ist. Eine Verhandlungsmacht der Lieferanten ist ferner gegeben, wenn ihr Produkt einen wichtigen Input für das Geschäft der Branche darstellt oder wenn sie durch differenzierte Produkte die Umstellungskosten für die Unternehmen der Branche erhöht. Zudem können Lieferanten in besonderen Fällen glaubhaft mit Vorwärtsintegration drohen.

Abb. 20 zeigt die Analyse am Beispiel der **Tafelschokoladenbranche**.

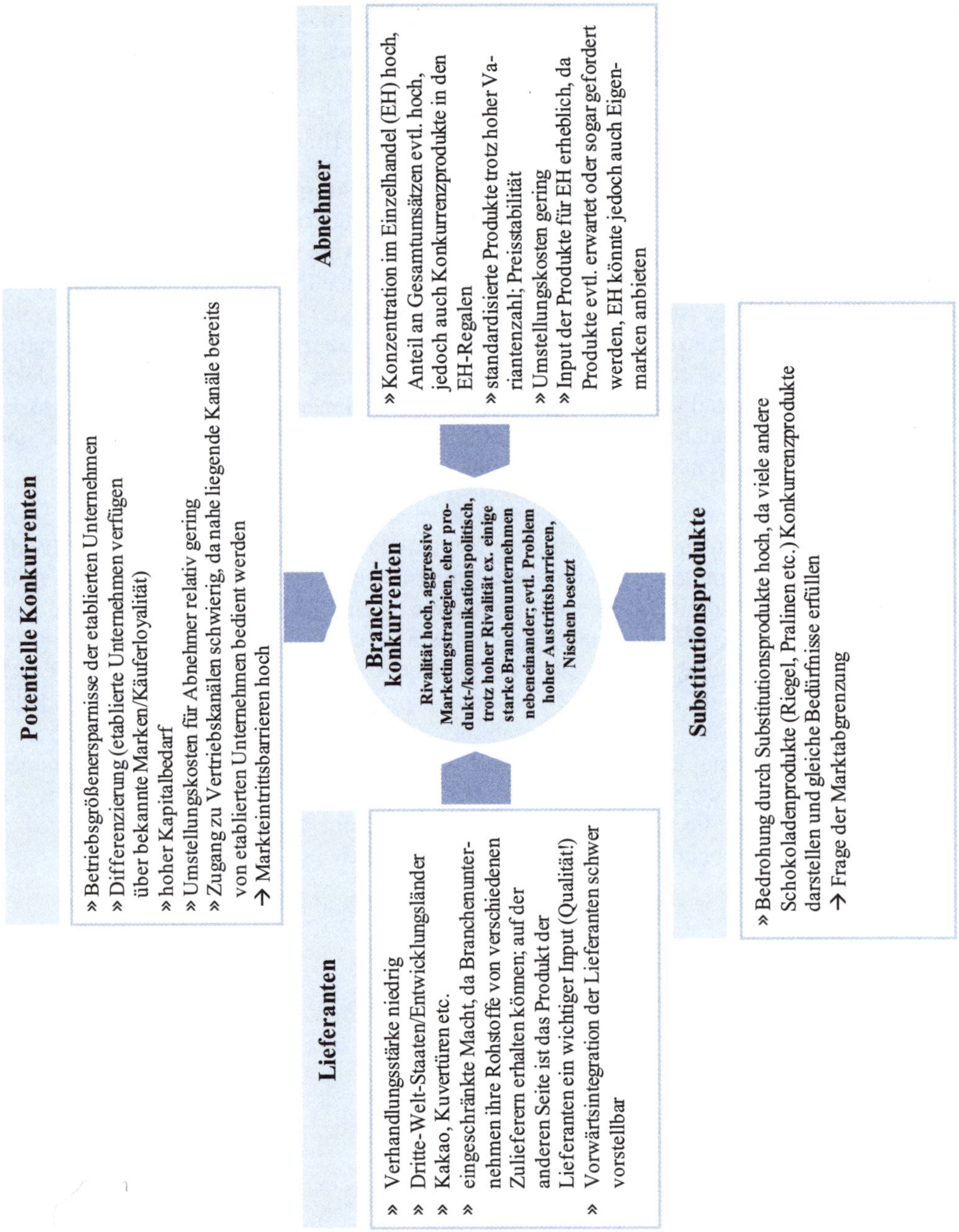

Potentielle Konkurrenten

» Betriebsgrößenersparnisse der etablierten Unternehmen
» Differenzierung (etablierte Unternehmen verfügen über bekannte Marken/Käuferloyalität)
» hoher Kapitalbedarf
» Umstellungskosten für Abnehmer relativ gering
» Zugang zu Vertriebskanälen schwierig, da nahe liegende Kanäle bereits von etablierten Unternehmen bedient werden
→ Markteintrittsbarrieren hoch

Abnehmer

» Konzentration im Einzelhandel (EH) hoch, Anteil an Gesamtumsätzen evtl. hoch, jedoch auch Konkurrenzprodukte in den EH-Regalen
» standardisierte Produkte trotz hoher Variantenzahl; Preisstabilität
» Umstellungskosten gering
» Input der Produkte für EH erheblich, da Produkte evtl. erwartet oder sogar gefordert werden, EH könnte jedoch auch Eigenmarken anbieten

Branchen-konkurrenten

Rivalität hoch, aggressive Marketingstrategien, eher produkt-/kommunikationspolitisch, trotz hoher Rivalität ex. einige starke Branchenunternehmen nebeneinander; evtl. Problem hoher Austrittsbarrieren, Nischen besetzt

Lieferanten

» Verhandlungsstärke niedrig
» Dritte-Welt-Staaten/Entwicklungsländer
» Kakao, Kuvertüren etc.
» eingeschränkte Macht, da Branchenunternehmen ihre Rohstoffe von verschiedenen Zulieferern erhalten können; auf der anderen Seite ist das Produkt der Lieferanten ein wichtiger Input (Qualität!)
» Vorwärtsintegration der Lieferanten schwer vorstellbar

Substitutionsprodukte

» Bedrohung durch Substitutionsprodukte hoch, da viele andere Schokoladenprodukte (Riegel, Pralinen etc.) Konkurrenzprodukte darstellen und gleiche Bedürfnisse erfüllen
→ Frage der Marktabgrenzung

Abb. 20: Branchenstrukturanalyse am Beispiel der Tafelschokoladenbranche

3   Umweltanalyse *Extern (Makroumwelt)*

Lesen

Das Unternehmen und seine Kunden, Lieferanten, Absatzmittler, Wettbewerber (Mikroumwelt) und sonstige Anspruchsgruppen bewegen sich alle in einem noch weiteren Umfeld
(**Makroumwelt**). Diese Makroumwelt beinhaltet nicht kontrollierbare Variablen und kann
vom Unternehmen nicht gesteuert werden. Die besondere Relevanz der Makroumwelt für
das Marketing begründet sich insbesondere mit ihrer zunehmenden Komplexität und Dynamik. Die Chancen und Risiken der Dynamik gilt es frühzeitig zu erkennen und bei der Ziel-,
Strategie- und Maßnahmenplanung zu antizipieren. Im Rahmen der Umweltanalyse wird
nach den jeweils dominierenden Trends gesucht, von denen zu erwarten ist, dass sie als zukünftige Rahmenbedingungen einen starken Einfluss auf das Unternehmen und seinen Markt
(Mikroumwelt) ausüben werden. Trends werden direkt spürbar, wenn sie das Verhalten einzelner Anspruchsgruppen prägen. Je früher sie erkannt und antizipiert werden, desto eher ist
ein Unternehmen in der Lage, ihre Auswirkungen abzuschätzen und sich darauf aktiv oder
proaktiv einzustellen. Die Makroumwelt kann nach folgenden **sechs Komponenten**
(DESTEP-Analyse: demographic, economic, socio-cultural, technological, ecological, political-legal environment) differenziert werden (*Kotler/Keller/Bliemel* 2007: 237ff.):

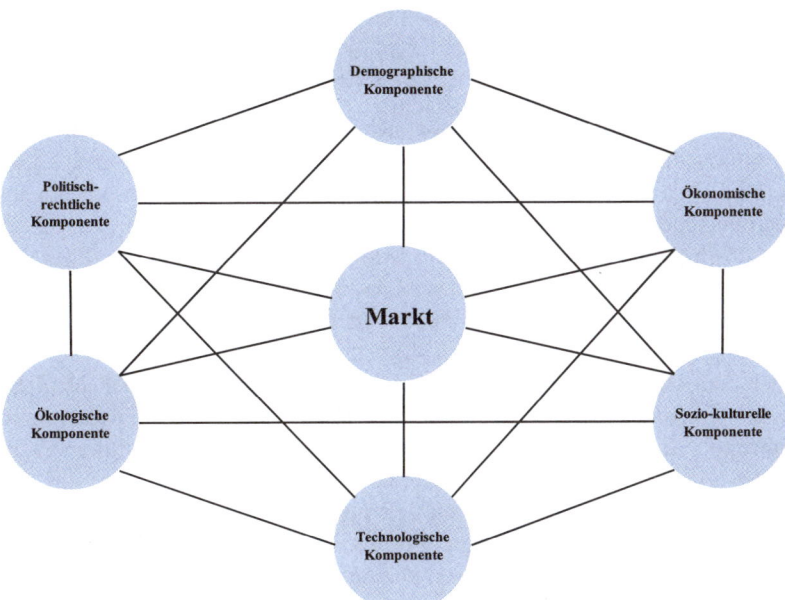

Abb. 21: Komponenten der Makroumwelt

Die **demographische Komponente** umfasst im Wesentlichen die Bevölkerungsentwicklung in den jeweiligen Märkten und wirkt auf die Struktur von Gesellschaften. Kurz- und mittelfristige Prognosen über die demographische Entwicklung einer Gesellschaft können heute als zuverlässig betrachtet werden und umfassen Daten zur Bevölkerung, wie z.B. geographische Verteilung, Altersstruktur, Mobilität, ethnische und religiöse Zusammensetzung, Geburten-, Heirats- und Sterberaten etc.

Die Trends in der demographischen Entwicklung sind gekennzeichnet durch großes Wachstum der Weltbevölkerung, schwache Geburtenziffern in Deutschland und anderen Industriestaaten, Überalterung der Bevölkerung durch steigende Lebenserwartungen, Veränderungen in der Familienstruktur zur Kleinfamilie und Singlehaushalten, geographische Bevölkerungsverlagerungen und einen höheren Bildungsstand. Eine wesentliche Entwicklung ist des Weiteren die Zersplitterung des Massenmarktes in zahlreiche Mikromärkte, die sich u.a. im Hinblick auf Alter, Geschlecht, Wohnort und Lebensstil, ethnische Zugehörigkeit und Bildungsniveau der Konsumenten unterscheiden. Jedes dieser Marktsegmente weist ganz bestimmte Präferenzen und Eigenschaften auf und kann im Rahmen einer differenzierten Marktbearbeitung individuell angesprochen werden.

In der **ökonomischen Komponente** der Umweltanalyse wird betrachtet, welche Einflussfaktoren auf die Güter- und Kapitalmärkte einer Volkswirtschaft wirken, indem sie dort das Angebots- und Nachfrageverhalten prägen. Hierbei sind Kaufkraft, Einkommensverteilung, Sparquote, Geldvermögen, Inflationsrate, Arbeitslosenquote, Zinsniveau, Konsumverhalten etc. zu analysieren. Als wichtigste wirtschaftliche Entwicklung ist die fortschreitende Globalisierung der Beschaffungs-, Absatz- und Finanzmärkte zu betrachten, deren Folgen sich nicht zuletzt in der weltweiten Finanzkrise 2008/2009 zeigten.

Die **sozio-kulturelle Komponente** befasst sich mit den Faktoren, welche die Werte und Normen von Gesellschaften beeinflussen. Veränderungen der Werte und Normen können teilweise erheblichen Einfluss auf das Unternehmen und aus Marketingsicht insbesondere auf die Kaufentscheidung haben. Die Grundwerte einer Gesellschaft, wie z.B. Arbeit, Ehe/Familie, Wohltätigkeit und Ehrlichkeit, sind im Allgemeinen beständig. Die kulturellen Grundwerte zeigen sich am Verhältnis des Menschen zu sich selbst, zu ihren Mitmenschen, den Institutionen, zur Gesellschaft und zur Natur. Daneben gibt es jedoch auch sekundäre Wertvorstellungen, die sich in Form von Kultur- und Zeitgeistphasen (z.B. Hippies, Yuppies) im Laufe der Zeit wandeln können. Des Weiteren gibt es in jeder Gesellschaft Subkulturen, d.h. unterschiedliche Gruppen mit gemeinsamen Werthaltungen, die sich aus ihrer speziellen Lebenserfahrung oder Lebenssituation ergeben. Beispiele für Subkulturen sind Teenager, Rockerbanden oder religiöse Gemeinschaften. Die sozio-kulturellen Trends sind z.B. Abwertung traditioneller Werte, Streben nach Selbsterfüllung und einem leichten Leben, Hedonismus, ausgeglichene Work-Life-Balance, offene Beziehungen, nachlassende religiöse und zunehmend weltliche Orientierung. Unternehmen müssen diese Trends verfolgen und ggf. antizipieren. Im Zuge dieser Trends ist oft von einem tief greifenden Wertewandel die Rede, der sich vielschichtig und zum Teil widersprüchlich darstellt. Auf der einen Seite ist eine zunehmende Individualisierung im Sinne des Strebens nach Selbstverwirklichung und Unabhängigkeit zu konstatieren, auf der anderen Seite als Folge der weltweiten Gefahr des Terrorismus ein erhöhtes Bedürfnis nach Gemeinschaft, Religion und Sicherheit. Schließlich ist vor dem Hintergrund des Klimawandels ein verstärktes ökologisches Bewusstsein zu beobachten, das sich in einem anhaltenden Bio- und Wellnesstrend sowie einem grundsätzlichen Wunsch nach einer nachhaltigen Entwicklung (sichtbar im vielzitierten LOHAS, Lifestyle of Health and Sustainability) zeigt.

Im Rahmen der **technologischen Komponente** sind Einflussfaktoren auf den Einsatz von Technologie zu untersuchen. Aufgrund immer kürzer werdender Produktlebenszyklen wächst der Druck auf die Unternehmen, was eine Beschleunigung des technischen Fortschritts mit sich bringt. Die technologischen Faktoren haben zumeist einen hohen Einfluss auf die Wertschöpfungsprozesse und die damit produzierten Güter der Unternehmen. Indikatoren hierbei sind u. a. die unterschiedlichen F&E-Aufwendungen der Unternehmen, aber auch die zunehmenden Reglementierungen des technischen Fortschritts durch den Staat in Form von Einschränkungen, Zulassungsverfahren oder Sicherheitsgarantien.

Die **ökologische Komponente** gewinnt stetig an Bedeutung, da aufgrund zunehmender Umweltverschmutzung das Umweltbewusstsein der Konsumenten steigt, was sich z.B. in der verstärkten Nachfrage nach Öko- und Recycling-Produkten widerspiegelt. Veränderungen wie die Verknappung von natürlichen Rohstoffen, schwankende Energiepreise oder die staatliche Umweltpolitik wirken jedoch ebenfalls auf das Angebotsverhalten der Unternehmen.

Die Beeinflussung der Abhängigkeits- und Machtstrukturen durch Rechte in Form von Gesetzen und Verordnungen ist Gegenstand der **politisch-rechtlichen Komponente** der Umweltanalyse. Die Zahl der Bestimmungen, die in den Wirtschaftsablauf eingreifen, erhöht sich ständig. Zu den wirtschaftsrechtlichen Gesetzen in Deutschland, die wesentlichen Einfluss auf das Marketing haben, gehören u. a. das Gesetz gegen Wettbewerbsbeschränkungen (GWB), das Gesetz gegen unlauteren Wettbewerb (UWG), das Urheberrechts- und das Patentgesetz, das Markengesetz sowie als Beispiel für produktspezifische Rechte das Arzneimittelgesetz. Ziele der Gesetze und Bestimmungen sind die Aufrechterhaltung des Wettbewerbs, der Schutz der Verbraucher sowie die Schaffung der Ausgewogenheit zwischen wirtschaftlichen und anderen Interessen (z.B. Umwelt). Wie gravierend und gleichzeitig unbeständig der Eingriff der Gesetzgebung sein kann, zeigt der Entscheid der Bundesregierung, die Atomstromgewinnung zu beenden. Des Weiteren sind als politisch-rechtliche Trends die wachsende Bedeutung des EU-Rechts im Rahmen der Rechtsharmonisierung, die Vielzahl von Interessenverbänden sowie der verstärkte Einfluss von Verbraucherbewegungen zu nennen.

Alle Komponenten der Makroumwelt sind untereinander vernetzt und können sich gegenseitig beeinflussen. Viele der Einflussfaktoren wirken nicht abrupt, sondern machen sich erst in einem schleichenden Prozess bemerkbar, was jedoch den Unternehmen ermöglicht, sich frühzeitig darauf einzustellen. So erhöht sich beispielsweise seit mehreren Jahrzehnten in vielen europäischen Ländern die Altersstruktur der Bevölkerung. Einige Finanzinstitute, die diesen Trend frühzeitig erkannt haben, entwickelten bereits in den 80er-Jahren für ihre Kunden Konzepte zur Altersversorgung.

Die **STEP-Analyse** reduziert die sechs zuvor beschriebenen Umweltkomponenten auf die folgenden **vier Faktoren**:

- Socio-Cultural Environment (demographische und sozio-kulturelle Komponente),
- Technological Environment,
- Economical Environment,
- Political-Legal Environment.

Die ökologische Komponente wird im Einzelfall den Faktoren Technological, Economical oder Political-Legal Environment zugeordnet.

Die folgende Abbildung zeigt die STEP-Analyse am Beispiel des **Fast-Food-Marktes**:

S	+	Lifestyle (aktiv, karriereorientiert/wenig Zeit), Trend zu Singlehaushalten
	-	ökologisches Bewusstsein der Gesellschaft, Kritik an der Strategie der Standardisierung/"McDonaldisierung" (*Ritzer*), Gesundheitstrend
T		irrelevant
E	+	sinkende Kaufkraft; Trend zum billigeren Essen
	-	konjunkturelle Schwächen/Rezession
P	+	Lockerung der Werbeverbote
	-	Auflagen, Kontrollen Gesundheitsamt; Wettbewerbsrecht

Abb. 22: STEP-Analyse für den Fast-Food-Markt

4   Stakeholderkonzept

Die Marketinganalyse zeigt auf, dass neben den tatsächlichen und potentiellen Kunden eine Reihe von anderen Interessen- oder Anspruchsgruppen von Relevanz für ein Unternehmen ist. Das Stakeholderkonzept versucht, alle relevanten Anspruchsgruppen zu identifizieren und zu kategorisieren. Ein **Stakeholder** („stake" = Interesse, Anliegen) ist eine Anspruchsgruppe, die mehr oder weniger konkrete Erwartungen an ein Unternehmen hat und Einfluss auf ein Unternehmen nimmt bzw. nehmen kann. Die Stakeholder sind somit in unterschiedlichem Ausmaß von der Unternehmenspolitik betroffen und verfügen über verschiedenartige Sanktionspotentiale.

In der Praxis empfiehlt sich ein situationsspezifisches und systematisches Vorgehen zur Identifikation der relevanten Stakeholder. Grundsätzlich ist die Bedeutung eines Stakeholders für ein Unternehmen desto größer, je weniger es sich dessen Ansprüchen entziehen kann (Abhängigkeitsgrad) und je größer das Sanktionspotential (Einflussgrad) der Anspruchsgruppe ist (*Bodenstein/Spiller* 2002: 63). Da der Kreis potentieller Stakeholder sehr groß ist, gilt es zuerst alle für den Erfolg der Unternehmenspolitik relevanten Stakeholder zu ermitteln. Ausgangspunkt bilden die bereits bekannten Stakeholder. Mithilfe von Checklisten oder Experteninterviews wird dann der Kreis der Anspruchsgruppen entsprechend erweitert. Als Visualisierung empfiehlt sich die Einordnung der Anspruchsgruppen in eine **Stakeholder-Map**. Dies ist ein Koordinatensystem mit beliebig zu wählenden Achsenbezeichnungen (bei einem Energieunternehmen z.B. pro/contra Kernenergie und Politik-/Wissenschaftsnähe), in dem das eigene Unternehmen und anschließend alle betreffenden Stakeholder platziert werden. Die Stakeholder können allgemein in die drei bereits thematisierten Analyseebenen eingeordnet werden.

Folgende Abbildung zeigt mögliche Stakeholder aus Unternehmen, Markt und Umwelt:

	Stakeholder	Ansprüche
Unternehmen	» Eigentümer	Einkommen, Gewinn
	» Management	Macht, Prestige, Entfaltung eigener Ideen
	» Mitarbeiter	soziale Sicherheit, Anerkennung, Selbstverwirklichung
	» Fremdkapitalgeber	solide Kapitalanlage, hohe Verzinsung
Markt	» Kunden	Preis-Leistungs-Verhältnis, hohes Serviceniveau
	» Lieferanten	stabile Lieferbeziehungen
	» Handel	Unterstützung am POS
	» Konkurrenten	Definition von Wettbewerbsstandards
Umwelt	» Verbände	z.B. Verbraucherschutz
	» Bürgerinitiativen	z.B. Umweltschutz
	» Medien	Artikulation der öffentlichen Meinung
	» Gewerkschaften	Mitbestimmung
	» Staat/Politik	Handlungsaufforderungen, Steuern, Sicherung inländischer Arbeitsplätze

Abb. 23: Stakeholder aus Unternehmen, Markt und Umwelt

Die Ansprüche der diversen Stakeholder sind unternehmensspezifisch und somit im Einzelfall zu konkretisieren; die in der Tabelle genannten Ansprüche sind allgemeingültiger Natur. Unternehmen müssen unter Umständen komplexe Anspruchsgruppennetze berücksichtigen, denen zur Durchsetzung ihrer Ansprüche folgende Handlungsoptionen zur Verfügung stehen (*Dyllick* 1990: 53ff.):

- Mobilisierung öffentlichen Drucks,
- Initiierung politischen Drucks,
- Mobilisierung der Marktkräfte (Konsumboykott),
- Aktivierung der Gesellschafter des Unternehmens,
- direkte Verhandlung mit dem Unternehmen.

Die Praxis (z.B. SHELL/Brent Spar 1995) zeigt, dass bestimmte Stakeholder über ein äußerst hohes Sanktionspotential verfügen und die Unternehmenspolitik nachhaltig beeinflussen können. Im Rahmen der Marketinganalyse sind die Anspruchsgruppen und ihre jeweiligen Ansprüche somit detailliert zu erfassen und bei der Umsetzung eines Marketingkonzeptes unbedingt zu beachten.

5   SWOT-Analyse

Lesen

Wurden bisher die Elemente der Marketinganalyse relativ isoliert voneinander betrachtet, folgt mit der SWOT-Analyse ein Ansatz zur integrierten Betrachtung der zentralen Unternehmens- und Umweltfaktoren (Mikro- und Makroumwelt). Ziel ist es, durch die Gegenüberstellung der unternehmensinternen Stärken (**S**trengths) und Schwächen (**W**eaknesses) sowie der unternehmensexternen Chancen (**O**pportunities) und Risiken (**T**hreats) strategische Optionen zu generieren. Die nachfolgende praxisorientierte Vorgehensweise der SWOT-Analyse erfolgt in **drei Schritten**:

1. Stärken-/Schwächen-Analyse
2. Chancen-/Risiken-Analyse
3. Zusammenfassung der beiden Analysen in einer Key-Issue-Matrix

Im Rahmen der **Stärken-/Schwächen-Analyse** werden die unternehmensbezogenen Faktoren genauer analysiert. Hier gilt es die finanziellen, physischen, organisatorischen und technologischen Ressourcen zu erfassen und zu bewerten (vgl. Kapitel II.1.2).

Die **Chancen-/Risiken-Analyse** ist eine Analyse der externen, d.h. nicht unternehmensbezogenen Faktoren. Die zentrale Aufgabe dieser Analyse liegt in der Erkennung von Diskontinuitäten. Diskontinuitäten sind schwer vorhersehbare Ereignisse, deren Eintritt zum einen eine Gefahr und zum anderen eine Chance darstellen kann (*Ansoff* 1976: 129ff.). Beispiele hierfür sind das Verhalten von Wettbewerbern, neue Technologien oder Veränderungen politischer Rahmenbedingungen, die sich aus der Analyse der Mikro- und Makroumwelt ergeben haben.

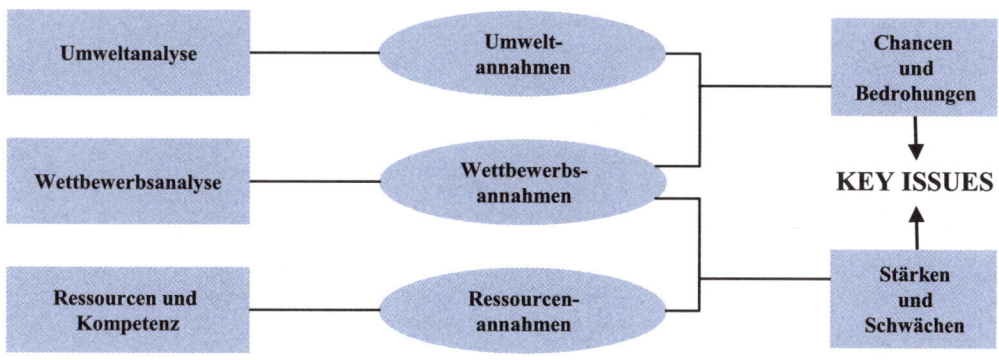

Abb. 24: Ebenen der SWOT-Analyse

Ein Unternehmen könnte beispielsweise zum folgenden Ergebnis einer SWOT-Analyse gelangen: Stärken des Unternehmens sind ein hoher Markenwert, ein vielfältiges Produktprogramm und eine hohe Finanzkraft. Schwächen stellen ein gering qualifiziertes Personal sowie veraltete Produktionsanlagen dar. Als Chancen werden schwacher Markenwettbewerb und eine steigende Nachfrage der Konsumenten nach den Produkten des Unternehmens gesehen, Risiken sind die Bedrohung durch Handelsmarken, die von der Politik geplanten Steuererhöhungen sowie eine schwache konjunkturelle Entwicklung.

Im letzten Schritt der SWOT-Analyse werden die zentralen Stärken/Schwächen und Chancen/Risiken in einer Vier-Felder-Matrix (**Key-Issue-Matrix**) zueinander in Beziehung gesetzt und strategische Optionen abgeleitet. Hierbei wird sich an dem Prinzip orientiert, sowohl Stärken und Chancen zu nutzen als auch Schwächen und Risiken zu minimieren.

Die **strategischen Optionen** lassen sich in vier Gruppen einteilen. Bei **SO**-Optionen werden Stärken des Unternehmens verwendet, um Chancen im Umfeld zu nutzen. **ST**-Optionen zielen darauf ab, durch den Einsatz der internen Stärken die externen Bedrohungen zu neutralisieren oder zumindest zu mildern. Durch **WO**-Optionen wird versucht, durch Partizipation an Chancen Schwächen zu beseitigen oder zu mildern. Durch den Abbau interner Schwächen wird bei **WT**-Optionen versucht, die Gefahren im Umfeld zu reduzieren. Da diese Kombination für ein Unternehmen die ungünstigste Konstellation darstellt, wird diesen Optionen zumeist eine hohe Bedeutung beigemessen.

Im Folgenden wird der Zusammenhang zwischen der SWOT-Analyse und der Key-Issue-Matrix am Beispiel einer Hundefuttermarke dargestellt.

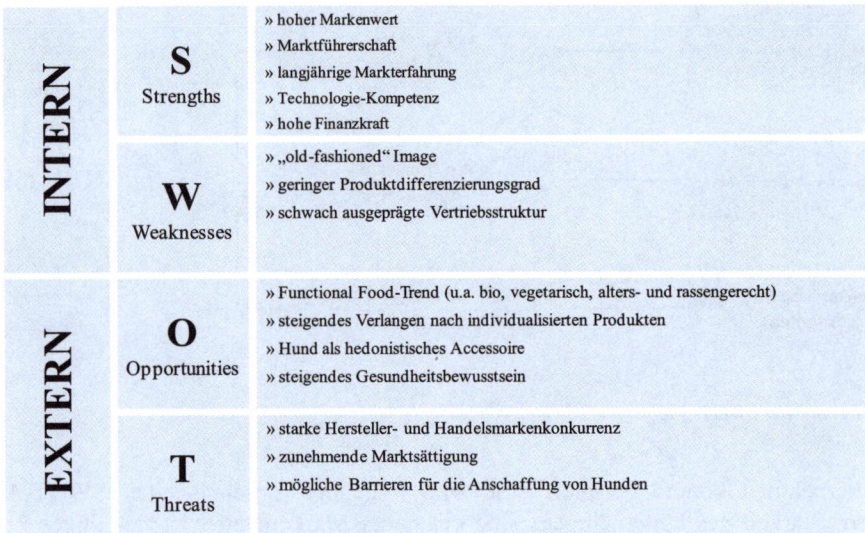

Abb. 25: SWOT-Analyse für eine Hundefuttermarke

Dieses Beispiel zeigt eine idealtypische SWOT-Analyse. Hierbei werden folgende Ausprägungen berücksichtigt, die generell zu beachten sind:

- Reduktion auf die wesentlichen Faktoren,
- Anordnung der Faktoren nach ihrer Wertigkeit.

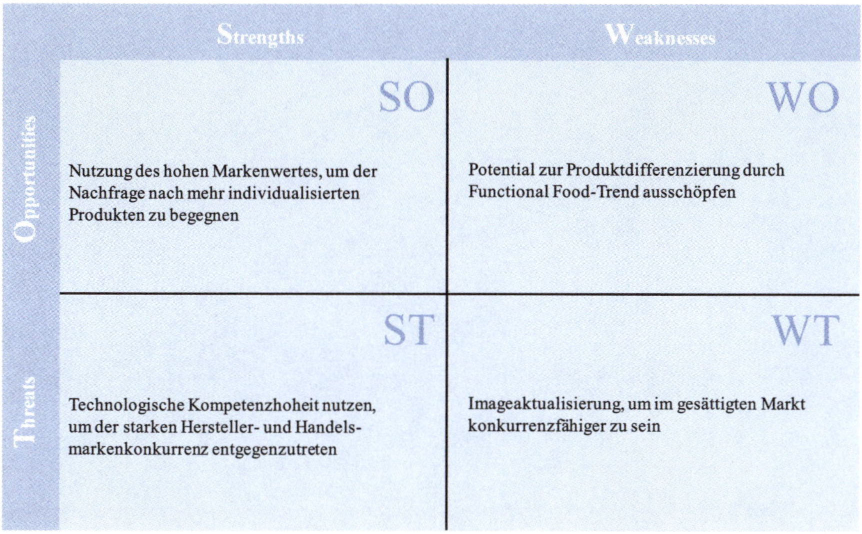

Abb. 26: Key-Issue-Matrix für eine Hundefuttermarke Ohne Key-Issue Losen

Die aufgeführte Key-Issue-Matrix fokussiert pro Feld die aus Sicht des Unternehmens relevanteste Kombination. Darüber hinaus können weitere Kombinationen Bestandteil einer Key-Issue-Matrix sein, wobei generell darauf zu achten ist, dass der Anspruch einer fokussierten Betrachtung nicht verloren geht.

Der große Vorteil der SWOT-Analyse ist die übersichtliche, integrierte Darstellung und die Komplexitätsreduktion durch die Fokussierung auf die wichtigsten Einflussfaktoren. Aus Sicht der Autoren stellt die SWOT-Analyse den idealen Abschluss der Analysephase des Marketingprozesses und damit den Ausgangspunkt für die weiteren Prozessebenen dar.

III   Strategisches Marketing

1   Zielsystem des Unternehmens

anschauen

Basis des strategischen Marketing ist das systematische Vorgehen im Zielmarkt unter Einbeziehung aller relevanten Entscheidungen. Der Marketingentscheidungsprozess ist dabei nie statisch zu sehen, sondern er unterliegt permanent den klassischen Phasen aller Entscheidungsprozesse:

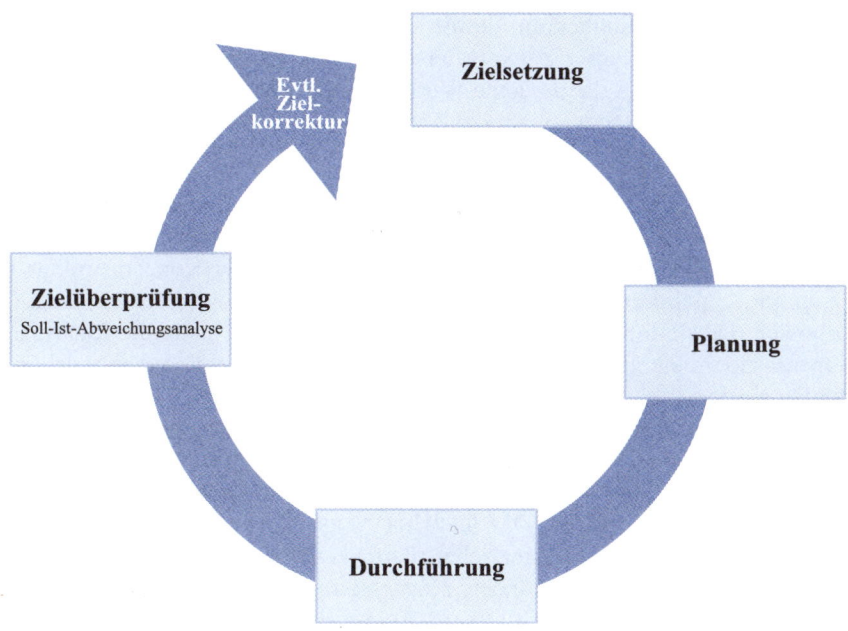

Abb. 27: Marketingentscheidungsprozess

Im Zeitablauf wiederholt sich dieser Prozess immer dann, wenn Abweichungen zwischen Zielsetzung (Soll-) und Ist-Situation festzustellen sind bzw. wenn aufgrund der zunehmenden Dynamik und Komplexität der Unternehmens-, Markt- und Umweltsituation neue Ereignisse eintreten.

Auf den folgenden Seiten wird das vielschichtige **Zielsystem** eines Unternehmens betrachtet. Dabei gilt es zu beachten, dass das Zielsystem eines Unternehmens keine standardisierte Musterstruktur darstellt, sondern dass jedes Unternehmen seine spezifische Zielhierarchie aufweist. Grundlegend für das spezifische System sind letztlich die verantwortlichen Entscheidungsträger (Top-Management) in dem betreffenden Unternehmen.

1.1   Unternehmensvision und -mission

Die **Unternehmensvision** kennzeichnet die Grundrichtung der Unternehmung, die sämtliches Denken und Handeln lenken soll. Hier sind die Leitsätze fixiert, an denen sich das gesamte Unternehmen zu orientieren wünscht. Diese Leitsätze beschreiben somit das Wertesystem der Unternehmung.

Die **Unternehmensmission** entspricht dem **Unternehmenszweck**, d.h. der Festlegung der grundsätzlichen Geschäftsausrichtung für die kommenden Jahre. Hierdurch kann die Konzentration auf das relevante Kerngeschäft des Unternehmens gelenkt werden. Im Zeitablauf muss die Ausrichtung im Hinblick auf die Erfolgsaussichten überprüft werden. Stellen sich diese innerhalb eines definierten Zeitkorridors nicht ein, ist eine Anpassung der Mission notwendig. Nicht selten zeigt die moderne Wirtschaftswelt innerhalb der Konzentrationsprozesse aber auch eine Rückbesinnung auf die Kernfelder der Unternehmung, wobei die Mission zeitgleich eine Neu-Ausrichtung erfährt.

Beispielsweise entwickelte *Edzard Reuter*, der als Vorstandsvorsitzender die DAIMLER-BENZ AG in den Jahren von 1987 bis 1995 leitete, die Vision eines Wandels vom Automobil- zum integrierten Technologie-Konzern, was u.a. eine Erweiterung der Konzernstruktur in Richtung Luft- und Raumfahrt zur Folge hatte. Diese Vision wurde aus verschiedensten Gründen nicht erfolgreich realisiert. Sein Nachfolger *Jürgen E. Schrempp* nahm die Rückführung der Unternehmensausrichtung auf den Automobilsektor vor, ergänzte diese aber auch gleichzeitig um die Dimension Weltmarkt zur neuen Vision, in Zukunft der führende Automobilhersteller der Welt zu werden. In diesem Zusammenhang erfolgte auch 1998 die Fusion der DAIMLER-BENZ AG und der CHRYSLER CORPORATION zur DAIMLERCHRYSLER AG und 2000 deren Beteiligung an der MITSUBISHI MOTORS CORPORATION. Aber auch diese Vision scheiterte an den Realitäten, so dass die DAIMLERCHRYSLER AG im November 2005 die restlichen Anteile an dem einstigen strategischen Partner MITSUBISHI MOTORS CORPORATION wieder verkaufte. Im Mai 2007 verkündete *Dieter Zetsche*, der seit Beginn des Jahres 2006 Vorstandsvorsitzender der DAIMLERCHRYSLER AG ist, die Übernahme eines Anteils in Höhe von 80,1% an der zukünftigen CHRYSLER Holding durch den Finanzinvestor CERBERUS und damit auch das Ende der transatlantischen Allianz mit der verlustreichen US-Tochter. Auf der außerordentlichen Hauptversammlung im Oktober 2007 erfolgte der Beschluss zur Um-firmierung in DAIMLER AG. Dieser Schritt dokumentierte zum einen die namensrechtliche Trennung von der alten Konzernstruktur und zum anderen die Rückbesinnung auf das Kern-geschäft als klassisches Automobilunternehmen. Experten schätzen, dass die gescheiterten Ausflüge der Vorstandsvorsitzenden *Reuter* und *Schrempp* in neue Visionswelten über 60 Milliarden Euro an Kapital vernichtet haben.

Der Umsetzungsprozess der Unternehmensvision wird stark von der vorherrschenden **Un-ternehmenskultur** beeinflusst, also der Art und Weise, wie das Unternehmen intern und extern alle Aktivitäten gestaltet. In diesem Sinne wird die Unternehmenskultur als gelebtes Wertesystem verstanden.

In diesem Kontext stellt die Unternehmensvision das elementare Meta-Ziel dar. Die Meta-Zielebene ist den operationalisierbaren Zielen übergeordnet und zugleich Leitlinie für das gesamte Zielsystem eines Unternehmens. Als prägnantes Beispiel soll die Unternehmensvi-sion von *A. G. Lafley* dienen, der als Präsident und CEO (Chief Executive Officer) bis 2009 den Weltkonzern PROCTER&GAMBLE leitete. Die PROCTER&GAMBLE Company, Cincinna-ti/USA, wurde 1837 von zwei Europäern gegründet, die in die Vereinigten Staaten ausge-wandert waren: *William Procter*, einem Kerzenzieher aus England, und *James Gamble*, ei-nem Seifensieder aus Irland. Das Unternehmen hat sich seit seiner Gründung u.a. durch bahnbrechende Entwicklungen im Konsumgütermarkt einen Namen gemacht. So stammen beispielsweise die ersten fluorhaltigen Zahnpasten und die ersten Höschenwindeln aus der Entwicklungsabteilung von PROCTER&GAMBLE. Heute gehört PROCTER&GAMBLE zu den führenden internationalen Markenartikelunternehmen der Welt – mit mehr als 300 Marken und rund 100.000 Mitarbeitern weltweit. In Deutschland ist PROCTER&GAMBLE seit 1960 tätig. Marken im Portfolio des Unternehmens sind u.a. die Waschmittel ARIEL und DASH, der Weichspüler LENOR, die Reinigungstücher SWIFFER, PANTENE PRO-V für Haarpflege und Haarstyling, WICK Erkältungsprodukte, ALWAYS Hygieneartikel, PAMPERS zur Babypflege, im Nahrungsbereich Snacks unter der Marke PRINGLES sowie GILLETTE für Rasurprodukte. Markenartikel von PROCTER&GAMBLE sind in nahezu jedem Haushalt zu finden.

A. G. Lafley beschrieb die **Unternehmensvision von PROCTER&GAMBLE** (2001) wie folgt:

- Das beste Verbraucherprodukte- und Dienstleistungsunternehmen der Welt zu sein und als solches angesehen zu werden – sowohl von den Verbrauchern, Handelspartnern und anderen Interessengruppen als auch von den Wettbewerbern.
- Die führenden Marken zu haben – in jeder Kategorie und in jedem Land, in dem wir vertreten sind – und die Anzahl der Milliarden-Dollar-P&G-Marken von zehn auf zwan-zig zu verdoppeln.
- Im Vergleich mit den Wettbewerbern die Besten zu sein, besonders in den wichtigsten Bereichen: Preis-Leistungs-Verhältnis, Produktleistungen, Qualität und Wert, führend bei Innovationen, Markenentwicklung, Verbraucher-Marketing und Handelsbeziehungen, Kosten- und Kapital-Effizienz.
- Das Unternehmen zu sein, in dem die besten Leute arbeiten wollen, denn es bietet heraus-fordernde und erfolgreiche Karrieren.

- Den Aktionären, einschließlich der Mitarbeiter-Aktionäre, langfristig führende Renditen zu bieten.

Als neueres Beispiel für eine erweiterte Unternehmensvision soll der ähnlich wie P&G global agiernde Konsumgüterkonzern UNILEVER (2010) dienen:

Unternehmensvision

UNILEVER-Produkte berühren das Leben von mehr als 2 Milliarden Menschen jeden Tag – indem sie ihnen ein gutes Gefühl geben, glänzendes Haar und ein hervorragendes Lächeln zaubern, indem sie ihre Häuser frisch und sauber halten oder indem sie eine große Tasse Tee, eine sättigende Mahlzeit oder einen gesunden Imbiss genießen.

Vier Säulen

Diese Vision wird von UNILEVER um vier Säulen ergänzt, welche die langfristige Richtung des Unternehmens skizzieren:

- Wir arbeiten jeden Tag für eine bessere Zukunft.
- Wir helfen Leuten, sich gut zu fühlen, gut auszusehen und mehr vom Leben zu haben mit Marken und Leistungen, die gut für sie und gut für andere sind.
- Wir inspirieren Menschen jeden Tag zu kleinen Taten, die zusammen eine große Wirkung auf die Welt haben können.
- Wir werden neue Wege für unser Geschäft entwickeln, die es uns ermöglichen, die Größe unseres Unternehmens zu verdoppeln, während wir die Auswirkungen auf die Umwelt verringern.

Fünf Leitlinien

Die Vision wird von UNILEVER zusätzlich um fünf Leitlinien erweitert, welche die grundlegenden Werte des Unternehmens aufzeigen:

- Immer mit Integrität arbeiten
  Schon immer liegt es uns als verantwortungsvolles Unternehmen am Herzen, unsere Geschäfte mit Integrität und Rücksicht auf die vielen Menschen, Organisationen und Umwelt zu führen.
- Positiver Einfluss
  Unser Ziel ist, auf vielfältige Weise positiv Einfluss zu nehmen: durch unsere Marken, unsere geschäftlichen Aktivitäten und Beziehungen, durch freiwillige Beiträge und durch die verschiedenen anderen Aktionen, mit denen wir uns in der Gesellschaft engagieren.
- Dauerhafte Verpflichtung
  Wir bekennen uns zu einer ständigen Verbesserung unserer Einflüsse auf die Umwelt und arbeiten an unserem längerfristigen Ziel, ein nachhaltiges Geschäft zu entwickeln.
- Klare Regeln
  Unsere Unternehmensgrundsätze legen unsere Vorstellung fest, wie wir unser Geschäft führen. Dies wird durch unsere Geschäftsgrundsätze unterstützt, in denen die betrieblichen Standards beschrieben sind, denen jeder bei Unilever weltweit folgt. Sie unterstützen auch unseren Ansatz für Unternehmenskontrolle und Unternehmensverantwortung.

- Zusammenarbeit mit anderen
  Wir wollen mit Lieferanten arbeiten, die Werte haben, die unseren eigenen ähnlich sind und die nach denselben Standards wie wir arbeiten. Unser Code für Geschäftspartner, der an unseren eigenen Geschäftsgrundsätzen ausgerichtet ist, umfasst zehn Grundsätze, die Geschäftsintegrität und Verantwortlichkeiten in Zusammenhang mit Mitarbeitern, Verbrauchern und Umwelt betreffen.

Bei diversen Unternehmen werden Vision und Leitlinien noch weiter ergänzt. Im Rahmen einer **Corporate Social Responsibility (CSR)** fixieren Unternehmen in der heutigen Zeit zunehmend alle Bestrebungen im Hinblick auf Nachhaltigkeit (sustainability) als zentrale Dimension. HENKEL (2010) formuliert diese Dimension wie folgt:

Mit unseren Geschäftsaktivitäten und unseren Produkten schaffen wir einen spürbaren Wertbeitrag für die Gesellschaft. Unsere Aktivitäten richten wir entlang der Wertschöpfungskette systematisch auf die für uns relevanten Herausforderungen einer nachhaltigen Entwicklung aus. Diese haben wir fünf übergreifenden Fokusfeldern zugeordnet: „Energie und Klima", „Wasser und Abwasser", „Materialien und Abfall", „Gesundheit und Sicherheit" sowie „gesellschaftlicher und sozialer Fortschritt".

Den Abschluss der Meta-Zielebene bildet der **Code of Conduct** (Verhaltenskodex). Dieser fasst die wesentlichen Verhaltensregeln für alle Mitarbeiter des Unternehmens zusammen und bildet eine wesentliche Grundlage für die Unternehmenskultur.

Die dargestellten Beispiele zeigen die heute vielfach übliche Erweiterung der Vision im engeren Sinne auf, die typischerweise aus mehreren Bestandteilen besteht. Die Prägnanz der zuerst beschriebenen Unternehmensvision von PROCTER&GAMBLE geht hierbei nach Ansicht der Autoren jedoch verloren.

Trotz dieser kritischen Betrachtung hat das Erfassen und Herausstellen der Unternehmensvision immer mehr an Bedeutung gewonnen und ist heute längst als Führungsinstrument und Erfolgsfaktor einer Unternehmung anerkannt.

Thomas J. Watson jun., ehemaliger Aufsichtsratsvorsitzender von IBM und Sohn des IBM Gründers *Thomas Watson sen.*, hat schon in den 60er Jahren in diesem Zusammenhang folgende Meinung vertreten: „Ich bin fest überzeugt, dass jedes Unternehmen, um zu überleben und erfolgreich zu sein, einen soliden Bestand an Grundüberzeugungen braucht, von denen es sich bei allen Entscheidungen und Maßnahmen leiten lässt. Sodann glaube ich, dass der wichtigste Einzelfaktor für den Unternehmenserfolg das getreuliche Festhalten an diesen Grundüberzeugungen ist. Die grundlegende Philosophie, der Geist und der innere Schwung eines Unternehmens haben mit seinem Abschneiden im Wettbewerb viel mehr zu tun als technologische oder wirtschaftliche Ressourcen, Organisationsstruktur, Innovation und Timing" (*Watson* 1963). Diese Grundüberzeugungen bzw. Leitwerte können als übergeordnete Zielsetzung bzw. Oberziele verstanden werden. Unternehmensvision bedeutet aber auch die Umsetzung der Überzeugungen in die Alltagsarbeit der Mitarbeiter auf allen Unternehmensebenen. Das Geheimnis erfolgreicher Unternehmen liegt darin, dass die Mitarbeiter von der Führungsspitze bis in alle Abteilungen an dieses Unternehmen glauben, dass in diesen Unternehmen eine hervorragende Kommunikation und eine kreative Atmosphäre herrschen.

Die Unternehmensvision macht eine Identifikation der Mitarbeiter mit dem Unternehmen erst möglich. Um das zu realisieren, muss auch das Zielsystem der Unternehmung, das aus den übergeordneten Zielsetzungen (Oberzielen) abgeleitet wird, jede Ebene des Unternehmens erreichen. Basis für die Festlegung dieses umfassenden Zielsystems ist dabei eine detaillierte Analyse der Marketingsituation.

1.2   Unternehmensziele

Unternehmensziele sind der Ausgangspunkt jeder unternehmerischen Tätigkeit. **Typische Unternehmensziele** sind: Umsatz, Gewinn, Rentabilität, Shareholder Value, Marktstellung, Wachstum, Sicherung der Wettbewerbsfähigkeit. Weitere mögliche Unternehmensziele sind Unternehmensimage/-prestige, Unabhängigkeit, Umweltschutz, Produktivitätssteigerungen, Kostensenkungen, Kundenzufriedenheit und soziale Verantwortung.

Diese Aufstellung dient als Überblick. Sie erhebt keinen Anspruch auf Vollständigkeit und stellt keine Rangfolge dar. Wie bereits erwähnt, sind unternehmerische Zielsysteme stets unternehmensindividuell. Die Sicherung der Wettbewerbsfähigkeit und die langfristige Gewinnerzielung zählen meist zu den Top-Unternehmenszielen. Ziele müssen **zwei Grundbedingungen** erfüllen:

- Sie müssen realistisch sein, um entsprechend dem vorhandenen Potential und den gegebenen Möglichkeiten arbeiten zu können.
- Genauso müssen sie aber auch eine gewisse Portion Herausforderung enthalten, um einen Ansporn zu geben, um den Geist des Wettbewerbs und der Anstrengung im Unternehmen zu fördern.

Die Unternehmensziele legen gewünschte Zustände fest, die in Zukunft erreicht werden sollen, und die unternehmenskulturellen Normen sind die Spielregeln, die weitgehend prägen, wie diese Ziele realisiert werden können oder sollen. Entscheidend ist dabei eine umfassende Mitarbeiterorientierung, die jederzeit und überall unübersehbar zum Ausdruck kommt. Ein Zielsystem kann nur dann zu einer unternehmensspezifischen Stärke werden, wenn es ganzheitlich und ohne Widerspruch ist sowie den Mitarbeitern eindeutig und verständlich vermittelt wird. Das Zielsystem muss bekannt sein, die einzelnen Hierarchie- und Abteilungsebenen motivieren und für das gesamte Unternehmen handlungsleitend wirken. *Mark Twain* wird die sarkastische Bemerkung zugeschrieben: „Wer nicht weiß, wo er hin will, wird sich wundern, dass er ganz woanders ankommt!" Das gilt auch für Unternehmensziele.

Damit die komplexen Zielstrukturen einer Unternehmung die hier genannten Kriterien erfüllen, kommt der **Zielplanung** und **Zielfestlegung** eine Hauptbedeutung zu, bei der zwei Grundrichtungen unterschieden werden: Im Rahmen der **Bottom-Up**-Planung werden für einzelne Unternehmensbereiche (z.B. Strategische Geschäftseinheiten) die Marketingziele –

wie Absatz, Umsatz, Marktanteil, Bekanntheitsgrad usw. – in den Vordergrund gestellt, danach wird daraus der geplante Erfolgsbeitrag der Unternehmensbereiche ermittelt und auf dieser Basis werden die Unternehmensziele festgelegt. Umgekehrt werden bei der **Top-Down**-Planung die Ziele der unteren Ebene aus den Unternehmenszielen – wie z.B. Gewinn, Rentabilität, Wachstum usw. – und bestimmten Rahmenbedingungen – wie z.B. Kapazitäten, Know-how und angestrebten Qualitätsstandards – abgeleitet.

Um ein geschlossenes Zielsystem zu erhalten, müssen aus generellen Oberzielen **operationale Unterziele** gebildet werden, die eindeutig festlegen, was (Zielinhalt), in welchem Umfang (Zielausmaß) und in welchem Zeitraum (Zielperiode) anzustreben ist, beispielsweise die Steigerung des Umsatzes (definierter Inhalt) um 5% (angestrebtes Ausmaß) im Jahr 2011 (zeitlicher Bezug).

Operationale Ziele sind so genau messbar und nachprüfbar, was einen entscheidenden Erfolgsfaktor für die Steuerung von Unternehmen darstellt. Durch die Aufsplittung der Oberziele in operationale Unterziele entsteht eine **Mittel-Zweck-Beziehung**, da die Unterziele als Mittel zur Erreichung der Oberziele dienen. Diese Zielstruktur muss in einer komplementären Beziehung stehen, das heißt, die Ziele müssen sich auf allen Ebenen ergänzen und dürfen sich nicht gegenseitig behindern oder aufheben. Zielkonflikte, aber auch neutrale Zielbeziehungen sind zu vermeiden. Komplementäre Ziele sind so definiert, dass mit einem steigenden Zielerreichungsgrad des einen Ziels auch der Zielerreichungsgrad des anderen Ziels steigt (z.B. Gewinn und Rentabilität).

1.3 Marketingziele

Die Marketingziele tragen als **Bereichsziele** zur Erfüllung der Unternehmens(ober)ziele bei (Mittel-Zweck-Beziehung). Neben dem Marketing unterstützen auf dieser Ebene alle weiteren Funktionsbereiche des Unternehmens (Materialwirtschaft, Logistik, Produktion, usw.) die Realisierung der Oberziele.

Innerhalb des Marketingbereichs lassen sich **zwei Kategorien** unterscheiden. Während die **ökonomischen Ziele** die härteren wirtschaftlichen Messziffern beinhalten, legen die **psychologischen Ziele** weichere Zielgrößen fest. Aber auch hier besteht die bereits beschriebene Mittel-Zweck-Beziehung zwischen den beiden Zielkategorien, denn die psychologischen Ziele unterstützen in einem hohen Maße die ökonomischen Ziele. So stellen für PORSCHE ein hoher Bekanntheitsgrad der Marke, die höchste Einstufung in den Image- und Kompetenzfaktoren Fahrzeugqualität und -zuverlässigkeit im gesamten Automobilmarkt (TÜV 2009) die Basis für erstklassige Absatz- und Umsatzergebnisse dar, die das Unternehmen PORSCHE seit vielen Jahren erreicht.

<table>
<tr><td colspan="2" align="center">**Marketingziele**</td></tr>
<tr><td align="center">**Ökonomische Ziele**</td><td align="center">**Psychologische Ziele**</td></tr>
<tr><td>

» Absatz
» Umsatz
» Deckungsbeitrag
» Rentabilität
» Marktanteil
» Gewinn
» Preisniveau
» Distributionsgrad

</td><td>

» Bekanntheitsgrad
» Imagefaktoren
» Kundenzufriedenheit
» Kundenbindung/Markentreue
» Käuferpenetration/Kaufintensität
» Kompetenzniveau

</td></tr>
</table>

Abb. 28: Marketingziele

Die beiden beschriebenen Kategorien stellen die grundlegende Marketingzielsetzung dar. Durch die Formulierung von **Instrumentalzielen** als Unterziele des Marketingbereichs findet die Konkretisierung auf einer weiteren Ebene statt (Mittel-Zweck-Beziehung). Dies ist nun die dritte Stufe des Zielsystems der Unternehmung, auf der Ziele für das Marketinginstrumentarium fixiert werden. Im Marketing umfassen diese Instrumentalziele die klassischen Mix-Faktoren: Produktpolitik, Kontrahierungspolitik, Distributionspolitik und Kommunikationspolitik. Auch auf dieser Ebene ist es eminent wichtig, dass die einzelnen Teilziele konsistent aufeinander abgestimmt sind und die Ziele des gesamten Marketing konsequent unterstützen.

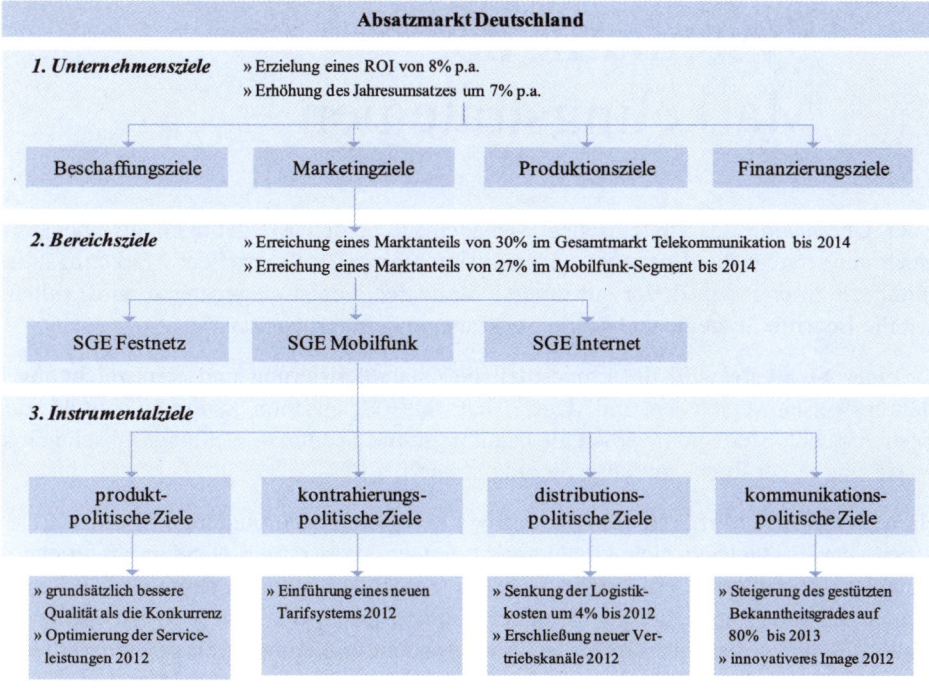

Abb. 29: Zielsystem einer Telekommunikationsunternehmung

Bei der Betrachtung des abgebildeten Zielsystems ist anzumerken, dass innerhalb der Instrumentalziele z.B. das Teilziel „Steigerung des Bekanntheitsgrades auf 80% bis 2013" bereits vollständig operationalisiert ist, während z.B. das Teilziel „Grundsätzlich bessere Qualität als die Konkurrenz" weiter präzisiert werden muss. Die Präzisierung dieses Teilziels erfolgt z.B. auf Grundlage eines konsequenten Qualitätsmanagement (Total Quality Management), das wiederum ein System von sich ergänzenden Teilzielen beinhaltet.

In einer Unternehmung sind die Zielstrukturen im Marketing in erster Linie abhängig von der Organisationsgliederung und dem Gefüge der Leistungsbereiche. So können sich die Marketing- und Instrumentalziele auf einzelne Produkte, zusammengefasste Produktgruppen oder ganze strategische Geschäftseinheiten beziehen. Hierin spiegelt sich die Strategieorientierung der Unternehmung wider.

2 Systematik der Marketingstrategien

Mit der Übernahme des strategischen Management in den Marketingkontext begann der Versuch, die strategische Ebene zu systematisieren bzw. den Begriff der Marketingstrategie definitorisch zu erfassen. Bevor auf diverse Strategieoptionen eingegangen wird, sollen zunächst die Begriffe Strategie und Marketingstrategie definiert werden.

Unter einer **Strategie** wird die grundsätzliche Charakterisierung und Kennzeichnung von Verfahrensweisen verstanden, mit denen sich eine Organisation in ihrem Umfeld zu behaupten versucht. Strategien werden als handlungsanweisend bzw. richtungsweisend angesehen – sie sind in der Regel auf lange Sicht konzipiert.

Nach *Becker* (2006: 140ff.) stellen **Marketingstrategien** die Verbindung zwischen Ziel- und Mixebene dar. Festgelegte Ziele können nicht einfach in operatives Handeln umgesetzt werden, sondern ein zielorientiertes systematisches Vorgehen bedarf der strategischen Lenkung. Strategien legen den notwendigen Handlungsrahmen fest, um auf diese Weise sicherzustellen, dass alle operativen Instrumente auch konsequent und stimmig eingesetzt werden. Resümierend kann der Begriff der Marketingstrategie wie folgt skizziert werden:

- Festlegung eines allgemeinen Handlungsrahmens,
- Grundsatzentscheidungen über Marktauswahl, -bearbeitung und -verhalten,
- keine Einzelmaßnahmen, sondern grundsätzliche Stoßrichtungen,
- Fokussierung auf Zielmärkte bzw. strategische Geschäftsfelder und -einheiten,
- Festlegung von Prioritäten in Bezug auf den Einsatz vorhandener Ressourcen.

In der Standardliteratur zum Marketing gibt es – im Gegensatz zum Marketing-Mix – bei den Marketingstrategien keine herrschende Meinung, geschweige denn eine Einigung, was eine Systematik der Strategieebene anbetrifft. Wohl tauchen immer wieder die gleichen Strategietypen auf, teilweise mit anderer Bezeichnung. Bevor die Systematik des vorliegenden Lehrbuchs vorgestellt wird, folgt ein kurzer Überblick über vorhandene **Ansätze zur Systematisierung von Marketingstrategien**.

Bei *Kotler/Bliemel* (2001: 415ff.) ist eine Systematik nicht erkennbar. Marktsegmentierung und die darauf aufbauenden grundlegenden Strategien der Differenzierung und Positionierung werden zu Recht ausführlich thematisiert. Warum jedoch die Einführung neuer Produkte sowie der Produktlebenszyklus als Strategien vorgestellt werden, bleibt teilweise unklar, da hier eindeutig auf die operative Ebene (Produktpolitik) abgestellt wird. Positiv zu würdigen sind die marktpositionsbezogenen Strategien für Marktführer, Herausforderer, Mitläufer und Nischenbesetzer. Die Marketingstrategien für globale Märkte haben zwar ihre Berechtigung, sind jedoch in erster Linie der geographischen Marktsegmentierung zuzuordnen.

Meffert (2000: 233ff.) unterscheidet in seiner relativ knapp gehaltenen strategischen Ebene zum einen sog. Normstrategien wie die Portfolio- oder Marktlebenszyklusanalyse, also bewährte Strategiemodelle, zum anderen marktteilnehmergerichtete Strategien als eigene Systematik. Im Rahmen der abnehmer-, konkurrenz-, absatzmittler- und anspruchsgruppengerichteten Strategien werden bekannte Ansätze wie *Porter*s generische Strategien, aber auch marktverhaltensbezogene Konflikt- und Kooperationsstrategien behandelt, denen es jedoch an Eigenständigkeit und Marketingspezifizität fehlt. Das Stakeholderkonzept (Kapitel II 4) scheint hierbei Grundlage für seine Ausführungen gewesen zu sein.

Nieschlag/Dichtl/Hörschgen (2002: 175ff.) unterteilen das „strategische Erfahrungswissen" in strategische Denkmodelle und Standardstrategien. Strategische Denkmodelle basieren dabei immer auf einer Matrix und somit auf zwei Bezugsgrößen. Die Autoren nennen in diesem Zusammenhang u.a. die Produkt-Markt-Matrix (*Ansoff*), die Wettbewerbsmatrix (*Porter*) sowie die Outpacing Strategies (*Gilbert/Strebel*), darüber hinaus jedoch auch weniger prominente Modelle wie die Wettbewerbsvorteilsmatrix der BCG und das strategische Spielbrett von MCKINSEY. Im Gegensatz zu den strategischen Denkmodellen beruhen die von den Autoren aufgeführten Standardstrategien nur auf einem zentralen Leitgedanken. Genannt werden im Einzelnen Marktsegmentierung, Internationalisierung, Markenstrategie, Discountstrategie, Zeitorientierung und Kooperationsstrategie. Während die Unterscheidung zwischen Modellen und Strategietypen und die von den Autoren gewählte Methodik des strategischen Marketing insgesamt einleuchtet, wirkt die Auswahl der Standardstrategien doch recht willkürlich und unstrukturiert.

Weis (1999: 65) sieht die Differenzierungsstrategie bzw. das undifferenzierte Massenmarketing im Sinne von *Kotler* als grundlegende Gesamtmarketing-Strategien. Daneben thematisiert er die Produkt-Markt-Matrix von *Ansoff* und die generischen (Wettbewerbs)strategien von *Porter*. Darüber hinaus spricht *Weis* im Rahmen einer Entwicklungsrichtung von Unternehmen von Wachstums-, Stabilisierungs- und Schrumpfungsstrategie, im Rahmen des Marktverhaltens von Angriffs- und Verteidigungsstrategie. Letztgenannte Strategietypen sind jedoch im Sinne eines konzeptionellen Marketing unbrauchbar, da sie einer Methodik entbehren und zu allgemein gehalten sind.

Sehr systematisch geht *Becker* (2006: 147ff.) vor; er entwirft ein Strategieraster mit vier aufeinander abzustimmenden abnehmerorientierten Strategietypen:

- Marktfeldstrategien (entsprechen der *Ansoff*schen Produkt-Markt-Matrix),
- Marktstimulierungsstrategien (entsprechen weitgehend *Porter*s generischen Strategien),
- Marktparzellierungsstrategien (entsprechen den Segmentierungsstrategien),
- Marktarealstrategien (lokale, regionale, überregionale, nationale, multinationale, internationale, globale Markterschließung).

Kritikwürdig erscheint der Aspekt, dass die geographische Segmentierung in Form einer Arealstrategie als eigenständiger Strategietyp erfasst wird, sowie die Vernachlässigung anderer Anspruchsgruppen als die Abnehmer. Abgesehen davon sind *Becker*s Strategietypen jedoch gut durchdacht, überschneidungsfrei und vor allem eingebettet in eine Gesamtkonzeption.

Die skizzierten Strategieansätze offenbaren zwei Sachverhalte. Auf der einen Seite fehlt eine einheitliche Kategorisierung der Strategietypen, auf der anderen Seite wird die Strategieebene unvollständig erfasst. Darüber hinaus fällt auf, dass bestimmte Strategien überall erwähnt und thematisiert werden, die sich in Wissenschaft und Praxis bewährt haben. Das vorliegende Lehrbuch orientiert sich an diesen Erkenntnissen und bietet einen vollständigen systematischen Überblick über die wichtigsten und insbesondere praxisrelevanten Marketingstrategien.

In Kapitel III 3 werden bewährte **Strategiemodelle** wie z.B. die Produkt-Markt-Matrix von *Ansoff* oder das BCG-Portfolio vorgestellt. Diese analytischen Modelle führen zu sog. Normstrategien, d.h. klaren Handlungsanweisungen für Unternehmen. Kapitel III 4 bezieht sich auf *Kotlers* **S-T-P-Strategien**: Dahinter verbergen sich die weitgehend anerkannten Verfahren der Marktsegmentierung (**S**egmenting), die daraus abgeleitete Zielgruppenbestimmung (**T**argeting) und Marktpositionierung (**P**ositioning). In Kapitel III 5 werden schließlich die konkurrenz- bzw. wettbewerbsbezogenen Strategien behandelt. Als **Wettbewerbsstrategien** werden in diesem Buch neben den berühmten generischen Strategien nach *Porter* auch die Strategien nach *Kotler* klassifiziert, die sich als einzige explizit mit den Marktpositionen bzw. -rollen von Unternehmen beschäftigen.

3   Strategiemodelle

Der Strategiebegriff ist grundsätzlich differenziert zu betrachten und findet auf unterschiedlichen Organisationsebenen Anwendung. Häufig wird von den folgenden drei Ebenen ausgegangen:

- Gesamtunternehmen/Konzern
- Strategische Geschäftseinheiten (SGE)
- Produktlinien (Marken)

Auf oberster Ebene wird die Strategie des Gesamtunternehmens festgelegt. Traditionell werden aus dieser **Unternehmensstrategie** Funktionalstrategien (z.B. Beschaffungsstrategie, Produktionsstrategie, Logistikstrategie, Finanzstrategie etc.) abgeleitet. Nach dieser Vorgehensweise stellt auch die Marketingstrategie eine Funktionalstrategie dar. In der Wissenschaft hat in den letzten 20 Jahren eine Angleichung der Begriffe Unternehmens- und Marketingstrategie stattgefunden, die im Extremfall zu einer Gleichsetzung führt. Die heute vorherrschende Auffassung ist sowohl in der Wissenschaft als auch in der Praxis, dass die Marketingstrategie die dominierende Funktionalstrategie bildet und damit eine exponierte Stellung erhält.

Die insb. in der Markenartikelindustrie vorherrschende Konzernstruktur mit ihrer Diversifizierung führt zur Bildung von strategischen Geschäftseinheiten, um definierte Geschäftsfelder weitgehend autonom zu bearbeiten. Daraus folgt auf dieser Ebene die korrespondierende Fixierung von **Geschäftsfeldstrategien.**

Die Geschäftseinheiten bestehen meist aus diversen Produktlinien (ranges), die als Marken geführt werden. Konsequenterweise erfolgt auf dieser Ebene die Bestimmung der entsprechenden klassischen **Markenartikelstrategien.** Klassisch bedeutet in diesem Zusammenhang eine eindeutige Differenzierung und Positionierung (vgl. Kapitel III 4.3) im Zielmarkt.

Auch bei der Zielmarktdefinition ist die bereits dargestellte Dreistufigkeit zu berücksichtigen. Auf Konzernebene wird hier die Festlegung des relevanten Kerngeschäftes begründet. Auf diesem hohen Aggregationsniveau geht der Detaillierungsgrad über den Marktbegriff hinaus. Das jeweils relevante Geschäftsfeld wird auf der Ebene der Geschäftseinheiten bereits detaillierter definiert, entspricht aber immer noch nicht dem Marktbegriff. Die Bestimmung des relevanten Marktes findet auf Produktlinienebene statt und bildet die Basis für die Marktsegmentierung (vgl. Kapitel III 4.1).

Aggregationsniveau			Detaillierungsgrad
	Gesamtunternehmen	Unternehmensstrategie	Relevantes Kerngeschäft
	Strategische Geschäftseinheiten	Geschäftsfeldstrategie	Relevantes strategisches Geschäftsfeld
	Produktlinien (Marken)	Markenartikelstrategie	Relevanter Markt → Basis für Marktsegmentierung (STP)

Abb. 30: Strategiedimensionen

3.1 Bildung strategischer Geschäftsfelder

Die Umwelt eines Unternehmens ist in der Regel zu umfassend und vielschichtig, um sie einheitlich bearbeiten zu können. Diversifizierte Unternehmen erfordern daher eine differenzierte Analyse ihres relevanten Kerngeschäftes. Wenn ein Unternehmen wie NESTLE in Feldern wie Milchprodukte, Getränke, Süßwaren, Fertigprodukte, Tiernahrung, Pharmazeutika und Kosmetik agiert, ist es nachvollziehbar, dass in jedem dieser Felder unterschiedliche Rahmenbedingungen und Gesetzmäßigkeiten herrschen und somit auch speziell auf diese Felder zugeschnittene Strategien erforderlich sind. Dabei ist zu berücksichtigen, dass diese aufeinander abzustimmen sind, um aus Sicht des Gesamtunternehmens einen Risiko- und Finanzmittelausgleich innerhalb des Unternehmens zu gewährleisten. Die Aufteilung des Tätigkeitsbereiches (relevantes Kerngeschäft) erfolgt mit Hilfe des **Konzepts der strategischen Geschäftsfelder (SGF)**. Hierbei wird das gesamte Tätigkeitsspektrum in intern homogene Geschäftsfelder aufgeteilt, die sich jedoch untereinander in ihren abnehmerbezogenen und sonstigen Charakteristika, z.B. Wettbewerbsintensität oder Technologie, unterscheiden. Als grundlegende Eigenschaften strategischer Geschäftseinheiten gelten die Kriterien der Marktaufgabe, der Eigenständigkeit und des Erfolgsbeitrags. Eine strategische Geschäftseinheit – die mit einem strategischen Geschäftsfeld korrespondierende organisatorische Einheit – weist demnach folgende Kennzeichen auf:

- Eine eigene, von anderen Geschäftseinheiten unabhängige Marktaufgabe (Unique Business Mission), die auf die Lösung abnehmerrelevanter Probleme ausgerichtet ist,
- am Markt als vollwertiger Konkurrent mit eindeutig identifizierbaren Konkurrenzunternehmen partizipieren und nicht etwa die Funktion eines internen Lieferanten übernehmen,
- Formulierung und Implementierung eines weitgehend eigenständigen strategischen Plans,
- Leistung eines spürbaren Beitrags zur Steigerung des Erfolgspotentials des Gesamtunternehmens.

Um die strategischen Geschäftsfelder eines Unternehmens ableiten zu können, ist zunächst das relevante Kerngeschäft festzulegen, das in der Zukunft Gegenstand aller absatzpolitischen Bemühungen sein soll. In der Literatur finden sich hierzu unterschiedliche Ansätze (*Levitt* 1960, *Hinterhuber* 2004a, *Bauer* 1989). In der Praxis werden SGF häufig vereinfachend rein produktbezogen abgegrenzt. Empfehlenswert ist zumindest eine Produkt-Markt-Kombination (z.B. Immobilienberatung für Privatkunden). Der umfassendste Ansatz geht auf die Arbeit von *Abell* (1980: 18ff.) zurück. Ausgangspunkt seiner Überlegungen ist die These, dass ein Produkt als physisches Gegenstück der Anwendung von Technologie zur Lösung von bestimmten Problemstellungen für eine spezifische Zielgruppe zu betrachten ist. Vor diesem Hintergrund schlägt *Abell* eine **dreidimensionale Abgrenzung** des SGF anhand der folgenden Dimensionen vor:

- Funktionen, beziehen sich auf das Produkt und legen fest, welche Bedürfnisse durch das Produkt befriedigt werden sollen,
- Abnehmergruppen, stellen die Zielgruppe dar, deren Bedürfnisse angesprochen werden sollen,
- Technologie, beschreibt alternative technologische Anwendungen, wie diese Bedürfnisse befriedigt werden können. Hierbei steht die technologische Basis im Vordergrund, die in der Literatur teilweise auch als Kundenkontaktsituation interpretiert wird.

Das folgende Schuh-Beispiel verdeutlicht die Abgrenzung nach *Abell*:

- Funktion = orthopädische Schuhe,
- Abnehmergruppe = Senioren,
- Technologie = Gel-Pad.

Das hier dargestellte strategische Geschäftsfeld lautet somit: orthopädische Schuhe für Senioren mit Gel-Technologie.

Entlang dieser Dimensionen lassen sich sog. dreidimensionale Würfel aufspannen, die jeweils ein spezielles, potentielles Geschäftsfeld darstellen.

Die nachfolgende Abbildung stellt einen groben strategischen Suchraum für die Versicherungswirtschaft dar:

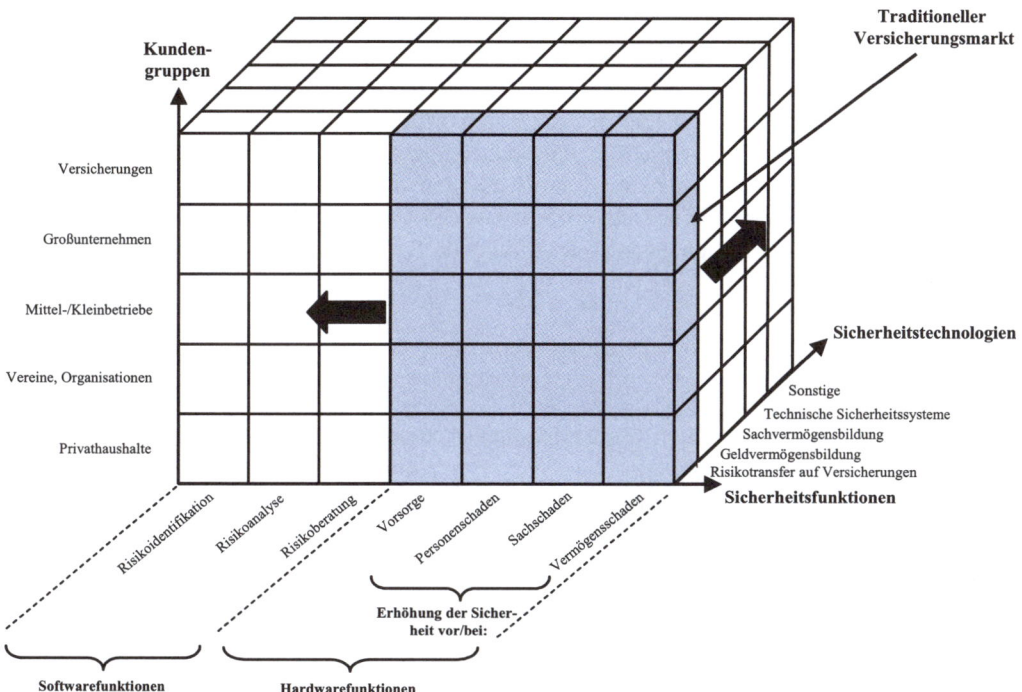

Abb. 31: Dreidimensionaler strategischer Suchraum für Sicherheitsnachfrage (Birkelbach 1988: 234)

Für die Konkretisierung der Dimensionen empfiehlt es sich, zunächst von einem hohen Abstraktionsgrad der Achsenbezeichnung auszugehen und diesen in einem stufenweisen Prozess zu konkretisieren (*Krups* 1985: 47ff.). Auf diese Art werden möglichst viele potentielle Geschäftsfelder berücksichtigt und erfolgsversprechende Alternativen nicht von vornherein ausgegrenzt.

Mit der Konkretisierung des dreidimensionalen Suchraums wird die Voraussetzung zur Lokalisierung und Auswahl der strategischen Geschäftsfelder geschaffen. Dabei ist zu berücksichtigen, dass die **Anzahl potentieller Geschäftsfelder** mit zunehmender Differenzierung der Dimensionen exponentiell steigt. Zudem besteht dann die Gefahr, in den Bereich der Marktsegmentierung zu gelangen. Eine simultane Abgrenzung des Geschäftsfeldes auf allen drei Dimensionen ist nahezu unmöglich. Daher ist vorher festzulegen, in welcher Reihenfolge die einzelnen Dimensionen bei der Abgrenzung berücksichtigt werden. Die Reihenfolge „Abnehmer-Funktion-Technologie" spiegelt den klassischen Marketingansatz wider, bei dem die Abnehmerbedürfnisse im Mittelpunkt stehen. An der Machbarkeit des Produktes aus Sicht des Unternehmens orientiert sich die Reihenfolge „Funktion-Technologie-Abnehmer". Trotz der wissenschaftlich akzeptierten Herangehensweise von *Abell* hat sich dieser Ansatz aufgrund der skizzierten Komplexität in der Praxis nicht durchgesetzt.

Vom Begriff des strategischen Geschäftsfeldes ist der häufig synonym verwendete Begriff der **strategischen Geschäfteinheit (SGE)** zu unterscheiden. Die SGF finden ihre organisatorische Verankerung in den SGE. Eine strategische Geschäfteinheit ist für die Bearbeitung eines oder mehrerer Geschäftsfelder direkt verantwortlich. Die strategischen Geschäftsfelder werden allein nach marktorientierten, unternehmensexternen Aspekten gebildet, während SGE unternehmensinterne organisatorische Einheiten darstellen. Beide müssen nicht notwendigerweise übereinstimmen, sondern eine Geschäfteinheit kann durchaus mehrere Geschäftsfelder umfassen und umgekehrt. Das folgende Beispiel von UNILEVER greift die Systematik von Abb. 30 auf:

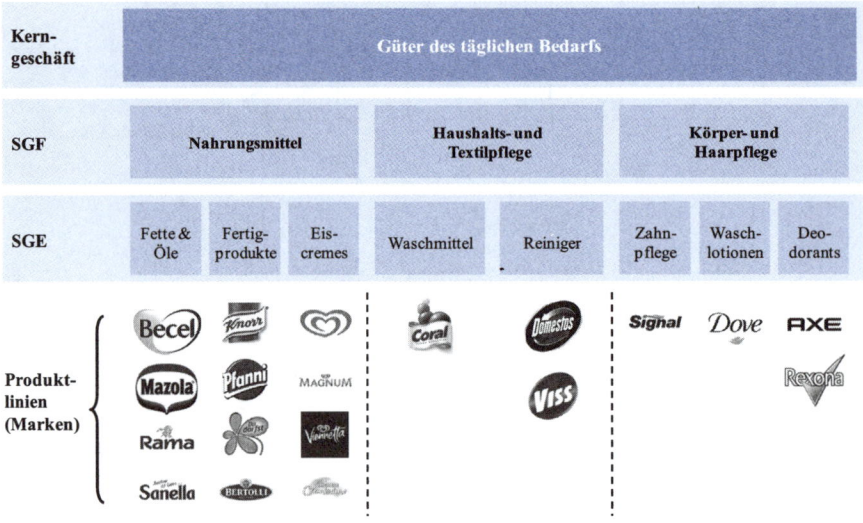

Abb. 32: Strategiedimensionen am Beispiel von UNILEVER

Bezüglich dieser Abbildung ist anzumerken, dass aus didaktischen Gründen auf Basis ausgewählter Marken von UNILEVER die im vorliegenden Lehrbuch vorgestellten Strategiebegriffe modellhaft verwendet werden.

3.2 Marktabdeckungsstrategie

Durch die Geschäftsfeldwahl und die Bildung von strategischen Geschäftseinheiten wird gleichzeitig festgelegt, in welchem Umfang der relevante Markt bearbeitet bzw. abgedeckt werden soll. Als Entscheidungshilfe kann hier das Strategieschema von *Porter* (1992) herangezogen werden. Bei der Marktabdeckung kann generell zwischen **zwei strategischen Optionen** unterschieden werden:

- Gesamtmarktstrategie,
- Teilmarktstrategie.

Die beiden Strategien werden im Konzept von *Porter* mit der Festlegung von Differenzierungs- oder Kostenvorteilen kombiniert und in Kapitel III 5.1 näher erläutert. Etablierte, finanzstarke Unternehmen wie 3M oder GENERAL ELECTRIC versuchen eine vollständige Marktabdeckung zu erreichen. Charakteristische Merkmale dieser Gesamtmarktstrategie sind ein eher breites Produktangebot, die Nutzung von Know-how-Synergien sowie Skaleneffekte, um Wettbewerbsvorteile und Eintrittsbarrieren gegenüber den Wettbewerbern aufzubauen.

Alternativ kann eine Teilmarktabdeckung gewählt werden. Hierbei versucht das Unternehmen durch Spezialisierung Wettbewerbsvorteile gegenüber jenen Unternehmen zu erlangen, die eine breitere Marktabdeckung anstreben. Folgende **Arten der Spezialisierung** lassen sich unterscheiden:

- Zielgruppenspezialisierung – die Marktbearbeitung erfolgt mit einer vollständigen Produktpalette, die lediglich einer bestimmten Abnehmergruppe angeboten wird.
- Funktions- bzw. Bedürfnisspezialisierung – die Marktbearbeitung erfolgt mit einem Produkt bzw. mit einem engen Produktprogramm, welches allen Abnehmergruppen angeboten wird.
- Technologiespezialisierung – auf Grundlage einer speziellen Technologie werden alle Abnehmergruppen mit einem breiten Produktprogramm bearbeitet.
- Kombinierte Spezialisierung – hierbei erfolgt die Marktbearbeitung z.B. mit einem engen Produktprogramm, welches lediglich einer Abnehmergruppe unter Verwendung einer bestimmten Technologie angeboten wird.

Selbst bei einer Entscheidung für eine Spezialisierung kann das gewählte Geschäftsfeld noch zu umfangreich sein, um es mit den begrenzten Unternehmensressourcen erfolgreich bearbeiten zu können. In diesem Fall ist eine Segmentierung innerhalb des ausgewählten Geschäftsfeldes erforderlich.

3.3   Marktfeldstrategie

Nach Festlegung der strategischen Geschäftsfelder und somit des Grades der Marktabdeckung wird im Folgenden die generelle **strategische Stoßrichtung** der strategischen Geschäftseinheiten bestimmt. Diese soll die langfristige Erreichung der Unternehmensziele
sicherstellen. Für eine grobe Strukturierung möglicher Strategiealternativen kann die klassische *Ansoff*-Matrix herangezogen werden (*Ansoff* 1966: 13ff.). In der nachfolgenden Abbildung sind alternative strategische Stoßrichtungen in Form von Basisstrategien dargestellt:

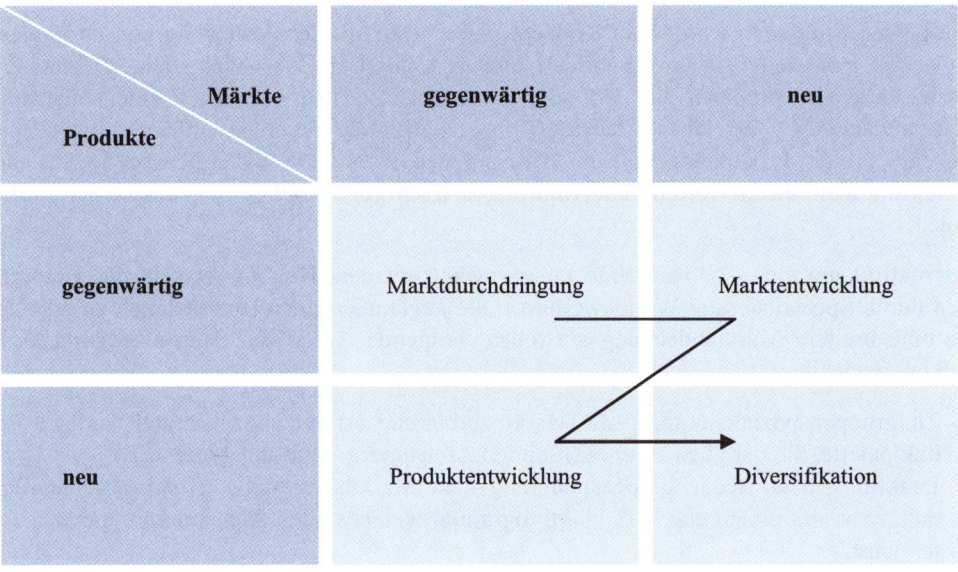

Abb. 33: Produkt-Markt-Matrix und Marktfeldstrategien nach Ansoff

Als wesentliches Entscheidungskriterium für die Auswahl der zu verfolgenden Strategien der
Ansoff-Matrix kann der Grad der **Synergienutzung** angesehen werden. Während die Markt-
durchdringungsstrategie das höchste Synergiepotential aufweist, lassen sich im Falle der
Diversifikation kaum noch Synergien zum bestehenden Geschäft nutzen. Diese Reihenfolge
ist in der Produkt-Markt-Matrix mit dem Pfeil in der Mitte gekennzeichnet. Häufig wird auch
der Begriff einer „**Z-Strategie**" verwendet, da sich die unter Synergiegesichtspunkten güns-
tigste Strategiereihenfolge als „Z" in der Produkt-Markt-Matrix darstellen lässt.

Die Strategie der **Marktdurchdringung** bildet historisch gesehen die marketingstrategische
Urzelle eines jeden Unternehmens und einer jeden Marke. Unter Ursprungsmarke ist immer
eine Einzelmarke zu verstehen. Die Marktdurchdringung beinhaltet die Ausschöpfung des
Absatzpotentials vorhandener Produkte in bestehenden Märkten und konzentriert sich somit

auf die Verstärkung der bisherigen Marketingmaßnahmen. Es sind grundsätzlich drei Ansatzpunkte möglich, die auch kombiniert werden können:

- Erhöhung (Intensivierung) der Produktverwendung bei bestehenden Kunden, z.B. durch Schaffung neuer Anwendungsgebiete (Bsp. Anpreisung OBSTGARTEN-Joghurt von DANONE als Brotaufstrich in der TV-Werbung) oder durch Erhöhung der Verwendungsmenge (Bsp. ACTIMEL, der tägliche Gesundheitsdrink),
- Gewinnung von Kunden, die bisher bei der Konkurrenz gekauft haben, z.B. durch Promotions, die einen Preisvorteil beinhalten,
- Gewinnung bisheriger Nichtverwender der Produkte, z.B. durch Promotions wie Verkostungen.

Bei der Strategie der **Marktentwicklung** wird angestrebt, für die gegenwärtigen Produkte einen oder mehrere neue Märkte zu finden. Der Versuch, neue Marktchancen für bestehende Produkte aufzudecken, umfasst folgende Ansatzpunkte:

- Erschließung zusätzlicher Absatzmärkte durch regionale, nationale oder internationale Ausdehnung,
- Gewinnung neuer Marktsegmente, z.B. durch speziell auf bestimmte Zielgruppen abgestimmte Produktversionen (marginale Produktvarianten zur psychologischen Produktdifferenzierung) oder kommunikative Maßnahmen (JÄGERMEISTER: Gewinnung einer jüngeren Zielgruppe). Ein Beispiel für eine Marktentwicklung ist auch die Strategie des Babynahrungsherstellers HIPP, der aufgrund des Geburtenrückgangs in Deutschland (demographische Umwelt) seine Produkte für die Zielgruppe der jungen Erwachsenen, bevorzugt Frauen um die 30 Jahre, anbot. Dabei fand keine Designänderung statt; die Baby-Gläschen wurden für neue Mischungen wie „Frucht und Joghurt" verwendet und die Dachmarke HIPP mit „Hippness" in Verbindung gebracht. Das Beispiel zeigt, dass marginale Änderungen für die Strategie der Marktentwicklung durchaus angebracht sind.

Die Strategie der **Produktentwicklung** zielt darauf ab, neue Produkte für bestehende Märkte zu entwickeln. Hierbei lassen sich folgende Ansatzpunkte unterscheiden:

- Entwicklung von Innovationen im Sinne von echten Marktneuheiten, z.B. Pharmamärkte mit neuen Medikamenten oder die IT-Branche – diese werden heute immer seltener,
- Entwicklung von quasi-neuen Produkten (Produktvariationen, Produktdifferenzierungen),
- Produkterweiterung durch die Entwicklung einer neuen Produktkategorie, beispielsweise die Bierbrauereien mit ihren Bier-Mix-Getränken (DIMIX, CAB etc.).

Eine **Diversifikationsstrategie** ist durch Einführung neuer Produkte auf neuen Märkten charakterisiert. Je nach Grad der mit dieser Strategie verfolgten Risikostreuung lassen sich drei Diversifikationsformen unterscheiden:

- Bei der **horizontalen Diversifikation** wird das bestehende Produktprogramm um Produkte erweitert, die noch im sachlichen Zusammenhang mit dem bestehenden Programm stehen, z.B. bietet ein PKW-Hersteller auch leichte LKW an oder ein Bierbrauer auch Mineralwasser.

- Die **vertikale Diversifikation** stellt eine Erhöhung der Wertschöpfungstiefe dar. Diese kann sowohl in Richtung Absatz der bisherigen Produkte als auch in Richtung Herkunft der Rohstoffe und Produktionsmittel vorgenommen werden. Bei einer Vorwärtsintegration kann ein Produktionsunternehmen die Handelsstufe übernehmen, indem eigene Verkaufsfilialen gegründet werden. Bei einer Rückwärtsintegration orientiert sich ein Handelsunternehmen in Richtung Produktionsstufe, z.B. betreibt ALDI eigene Kaffeeröstereien.

- Bei der **lateralen Diversifikation** begibt sich das Unternehmen in völlig neue Produkt- und Marktgebiete, wobei das Unternehmen aus dem Rahmen seiner traditionellen Branche ausbricht und in weit abliegenden Aktivitätsfeldern tätig wird. Ein Beispiel für eine erfolgreiche laterale Diversifikation ist der Übergang der OETKER-Gruppe aus dem Ursprungsmarkt Backwaren in den Finanzmarkt (BANKHAUS LAMPE) und in den Markt für Schifffahrt (Reederei HAMBURG SÜD).

Die Produkt-Markt-Matrix steht und fällt mit der Definition des angestammten Marktes. Wird der Markt beispielsweise als Jeansmarkt definiert, stellt die Einführung einer neuen Jeanshose eine Produktentwicklung dar und die Einführung einer Stoffhose eine horizontale Diversifikation. Liegt jedoch die Definition des Jeanshosenmarktes zugrunde, wäre bereits die Einführung einer Jeansjacke eine horizontale Diversifikation.

3.4   Gap-Analyse

Die von *Ansoff* entwickelte Gap- bzw. Lückenplanung folgt dem Grundgedanken einer Extrapolation der Vergangenheitsentwicklung in die Zukunft, die mit einer Zielprojektion konfrontiert wird. Das Vorgehen entspricht einer **Schwachstellenanalyse**, wobei Gaps (Lücken) zwischen einer quantitativ bestimmbaren Zielgröße und dem Zielerreichungsgrad über mehrere Jahre prognostiziert werden. Die diagnostizierten Gaps sind Grundlagen der strategischen Alternativensuche. Zur Strukturierung dieser Suche dient die zuvor erläuterte Produkt-Markt-Matrix. Abb. 34 zeigt die Gap-Analyse in Verbindung mit der Produkt-Markt-Matrix.

Die Gap-Analyse gibt zweifellos wichtige Hinweise für die strategische Stoßrichtung und war das vorherrschende strategische Denkraster der 60er Jahre. Folgende **Kritikpunkte** lassen sich jedoch anmerken:

- Die strategischen Stoßrichtungen sind einseitig und unvollständig. Desinvestitions- bzw. Rückzugsstrategien bleiben unberücksichtigt.
- Die Denkmodelle sind zu sehr an einer Extrapolation und Verbesserung bestehender Zustände orientiert.
- Interne Stärken und Schwächen sowie Marktchancen und -risiken werden zwar implizit bei der strategischen Alternativensuche zugrunde gelegt, jedoch durch die Gap-Analyse nicht systematisch aufgespürt.

Trotzdem gibt das Konzept der Gap-Analyse in Zusammenhang mit einer Strategiebewertung einige Anhaltspunkte zur Lösung von Planungsproblemen.

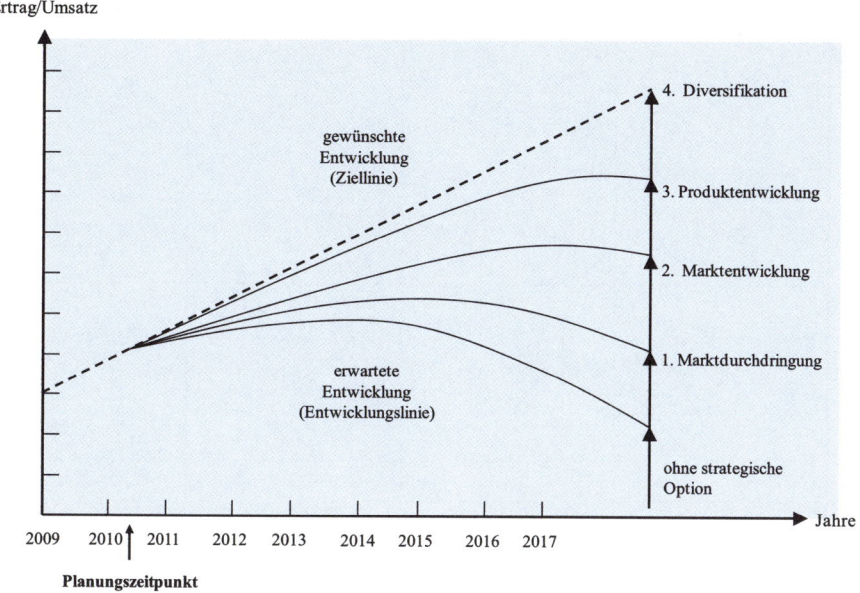

Abb. 34: Gap-Analyse

3.5 Marktlebenszyklusanalyse

Das Konzept des Markt- oder Produktlebenszyklus ist einerseits Voraussetzung für die Lückenplanung, andererseits dient es als eigenständiges Instrument zur Formulierung von Strategien. Wie erstmalig bei der Untersuchung von Markenartikeln belegt wurde, durchlaufen Produkte zwischen ihrer Einführung und ihrem Ausscheiden aus dem Markt mehrere Phasen, die sich in Form eines Lebenszyklus rekonstruieren lassen. Auf der Basis dieser Beobachtung entstanden Produkt-Lebenszyklus-Modelle, die analog zum biologischen Gesetz des „Werdens und Vergehens" Regelmäßigkeiten in der Entwicklung von Produkten unterstellen (vgl. Kapitel IV 2.2.2). Der Produktlebenszyklus befasst sich mit einem bestimmten Produkt und weniger mit den entsprechenden Märkten. Folglich wird mehr ein produkt- als ein marktorientiertes Bild gezeichnet. Der Markt durchläuft jedoch ebenfalls Phasen (**Markt-evolution**) (*Kotler/Bliemel* 2001: 606ff.). Der Marktlebenszyklus stellt somit den zeitlichen Verlauf eines gesamten Marktes in den Vordergrund und ergibt sich aus einer Aggregation spezifischer Produktlebenszyklen. Hierdurch wird die Aussagekraft dieses Lebenszyklusmodells gesteigert und eine strategische Nutzung ermöglicht. Folgende Graphik stellt den idealtypischen Verlauf eines Marktlebenszyklus dar:

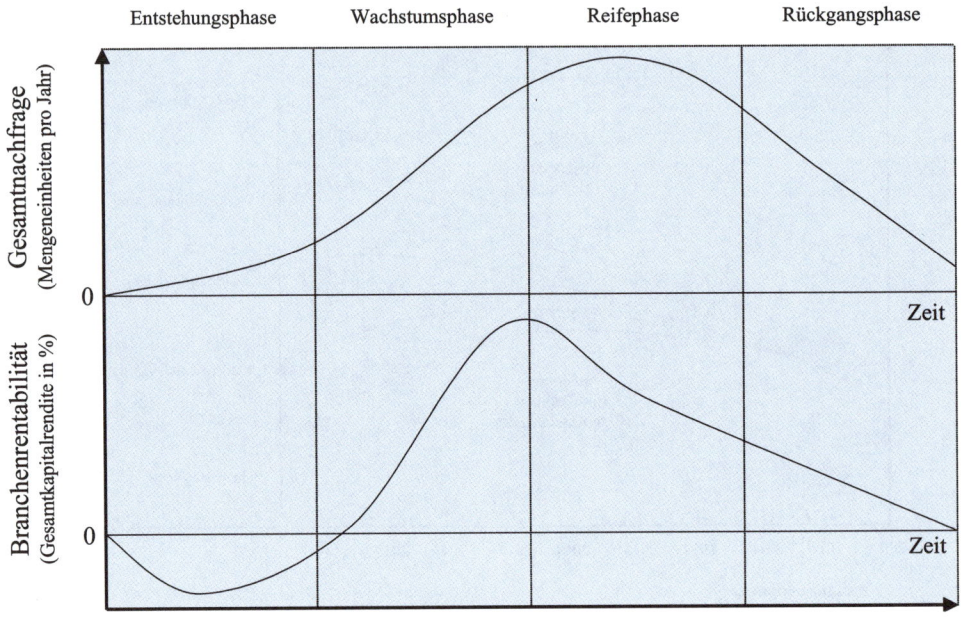

Abb. 35: Idealtypischer Verlauf eines Marktlebenszyklus (in Anlehnung an Meffert/Burmann/Kirchgeorg 2008:68)

Die **vier Phasen** sind wie folgt zu charakterisieren:

- Entstehung
  Hierbei handelt es sich um einen latenten Markt, auf dem Bedürfnisse erkannt und durch ein Produkt befriedigt werden. Dieser entstehende Markt ist durch diffus gestreute Präferenzen gekennzeichnet.
- Wachstum
  In dieser Phase des Marktlebenszyklus steigt der Absatz/Umsatz des relevanten Produktes. Der bestehende Markt wird von weiteren Unternehmen penetriert und unbesetzte Bereiche des Marktes werden okkupiert.
- Reife
  Die Marktteilnehmer decken alle bedeutenden Segmente ab und dringen zunehmend in Konkurrenzsegmente ein, wodurch der Wettbewerbsdruck steigt und die Erlöse in den Segmenten sinken. Diese Entwicklung führt mittelfristig zu immer kleineren Segmenten (Nischen); dieser Sachverhalt wird als Marktfragmentierung bezeichnet. Langfristig konsolidiert sich der Markt durch den Austritt von nicht-marktfähigen Teilnehmern bzw. Produktverbesserungen und -variationen der verbleibenden Unternehmen.
- Rückgang
  Die Nachfrage nach den marktrelevanten Produkten geht zurück, eine neue Technologie löst die bestehende ab und eine Marktevolution bzw. -revolution kann stattfinden. Letzteres ist im Falle der DVD nachvollziehbar, die sukzessive durch Blu-ray Discs ersetzt werden.

Die Marktlebenszyklusanalyse kann zur Typologisierung strategisch relevanter Situationen herangezogen werden und liefert Hinweise für die Ableitung von **Normstrategien**. Diese grundsätzlichen Ausrichtungen vermitteln Unternehmen einen gewissen Rahmen bezüglich einer sinnvollen strategischen Orientierung ihrer Marketingaktivitäten in verschiedenen Marktlebenszyklen.

Die strategische Relevanz der Marktsituation für den Unternehmenserfolg geht auf das **Structure-Conduct-Performance-Paradigma** zurück (*Mason* 1939, *Bain* 1959). Dieses Paradigma besagt, dass die Struktur eines Marktes einen hohen Einfluss auf das Verhalten und den Erfolg der Anbieter in diesem Markt hat. Anhand von zahlreichen empirischen Untersuchungen wurde diese Grundannahme abgeleitet.

Ausgangspunkt zahlreicher empirischer Analysen ist das **PIMS-Programm** (PIMS = Profit Impact of Market Strategies). Dieses stellte die umfassendste Datensammlung zur empirischen Fundierung von Geschäftsfeldstrategien dar. Die Zielsetzung des PIMS-Programmes war die Gewinnung von gültigen Aussagen über die Einflussfaktoren des Geschäftserfolges einer SGE. Das PIMS-Programm entwickelte sich aus einem ursprünglich unternehmensinternen Projekt der GENERAL ELECTRIC COMPANY, mit dem das Unternehmen die eigenen strategischen Erfahrungen analysierte. Seit 1972 existierte das PIMS-Programm als unternehmensübergreifendes Projekt, zunächst unter der Führung des MARKETING SCIENCE INSTITUTE, und seit 1975 als selbständige, nicht erwerbswirtschaftliche Gesellschaft in Form des STRATEGIC PLANNING INSTITUTE in Cambridge, Mass.

Die Datenbank umfasste in Spitzenzeiten Daten von über 3.000 SGE aus über 450 Unternehmen. Das Projekt startete Ende der 1950er Jahre und wurde 1999 eingestellt. Das PIMS-Programm gilt als Basis für das Erfahrungskurvenkonzept, Lebenszyklusmodelle und Portfolio-Ansätze.

Eine Vielzahl von wissenschaftlichen Studien auf der Grundlage der PIMS-Daten stützt die These der Existenz von sog. „Laws of Marketplace" als allgemeingültige, branchenübergreifende, strategische Prinzipien. Trotz zahlreicher Kritik an dem PIMS-Ansatz besteht unter den Strategieexperten weitgehend Einigkeit darüber, dass das PIMS-Programm einen bedeutenden Beitrag zur Weiterentwicklung des strategischen Denkens geleistet hat.

Für jede Geschäftseinheit werden ca. 500 Einzelinformationen erfasst und zu 200 Kerngrößen verdichtet. Die erhobenen Daten lassen sich in **sechs Gruppen** einteilen:

- Merkmale des geschäftlichen Umfeldes
  Langfristiges und kurzfristiges Marktwachstum, Preisentwicklung, Anzahl und Größe der Kunden, Kaufhäufigkeit und -umfang u.a.
- Wettbewerbsposition der strategischen Geschäftseinheit
  Marktanteil, relativer Marktanteil (in Relation zu den drei größten Wettbewerbern), relative Produktqualität u.a.
- Merkmale der Leistungserstellung
  Investitionsintensität, Ausmaß vertikaler Integration, Kapazitätsauslastung, Produktivität u.a.

- Budgetaufteilung
  Budget für Werbung und Verkaufsförderung, Budget für persönlichen Verkauf u.a.
- Strategie der strategischen Geschäftseinheit
  Änderungen bei Variablen wie relativer Preis, relative Marketingaufwendungen u.a.
- Erfolg
  Return on Investment (ROI), Return on Sales (ROS), Cash-flow, Wachstumskennzahlen
  u.a.

Zur Ermittlung der zentralen Erfolgsfaktoren werden diese Daten auf Zusammenhänge mit den beiden Erfolgskennzahlen ROI und ROS untersucht.

Als wesentliche Kritikpunkte werden häufig die Subjektivität und die mangelnde Vollständigkeit der verwendeten Variablen sowie die zu einseitige Ausrichtung am ROI als Erfolgskennzahl aufgeführt (*Barzen/Wahle* 1990). Des Weiteren ermöglicht das PIMS-Programm keinen direkten Vergleich zu einzelnen Hauptwettbewerbern.

Die Beschreibungsmodelle des Entwicklungsprozesses des Marktes sind mit dem Konzept des Produktlebenszyklus vergleichbar und weisen daher auch dessen Schwächen auf (vgl. Kapitel IV 2.2.2). Beispielsweise sind die Phasenabgrenzung und -identifikation nicht eindeutig und die Aussagen nicht allgemeingültig. Des Weiteren ließen sich die unterstellten Marktlebenszyklen empirisch nur selten bestätigen (*Polli/Cook* 1967). Dies verdeutlichen die folgenden Beispiele empirisch beobachteter Marktlebenszyklusverläufe:

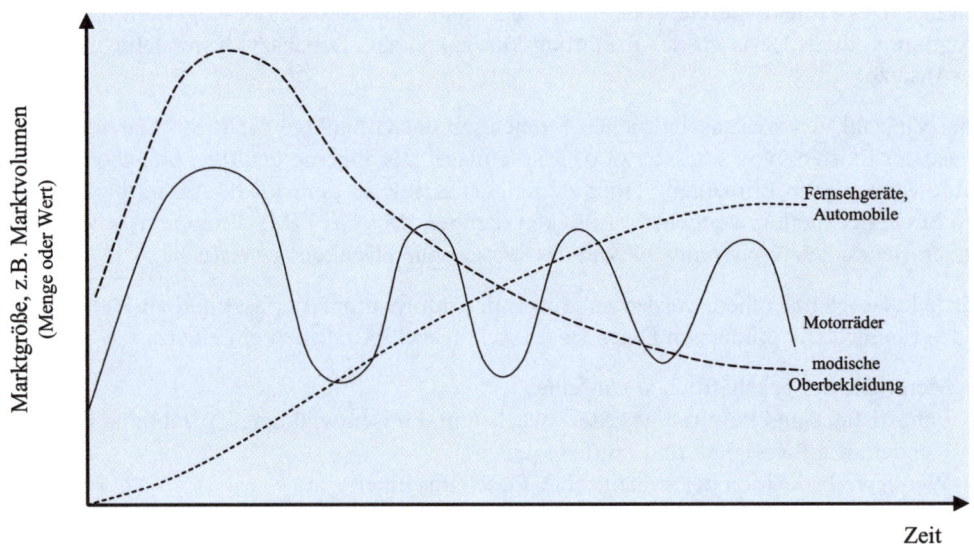

Abb. 36: Marktlebenszyklusverläufe (Meffert/Burmann/Kirchgeorg 2008: 68)

Trotz zahlreicher Kritikpunkte ist das Marktlebenszyklusmodell ein wichtiges Konzept zur Unterstützung marketingstrategischer Entscheidungen. Der wesentliche Nutzen liegt darin, sinnvolle strategische Verhaltensweisen in verschiedenen Lebenszyklusphasen aufzuzeigen.

3.6   Erfahrungskurvenanalyse

Die Erfahrungskurvenanalyse baut auf der zentralen Rolle des Marktanteils und des Marktwachstums als wesentliche Einflussgrößen auf den Unternehmenserfolg auf. Erstmals wurde der Erfahrungskurveneffekt von der BOSTON CONSULTING GROUP in den 60er Jahren anhand von empirischen Untersuchungen über die Preis- und Kostenentwicklung in verschiedenen Branchen festgestellt (*Henderson* 1974).

Der **Erfahrungskurveneffekt** besagt, dass die realen, d.h. inflationsbereinigten Stückkosten eines Produktes durchschnittlich um einen relativ konstanten Betrag von 20% bis 30% zurückgehen, sobald sich die in kumulierten Produktionsmengen ausgedrückte Produkterfahrung verdoppelt. Der Effekt stellt jedoch nur Kostensenkungspotentiale dar, die erst ausgeschöpft werden müssen, um wirksam zu werden. Die folgende Abbildung stellt den Kostenverlauf in Abhängigkeit von der kumulierten Menge graphisch dar:

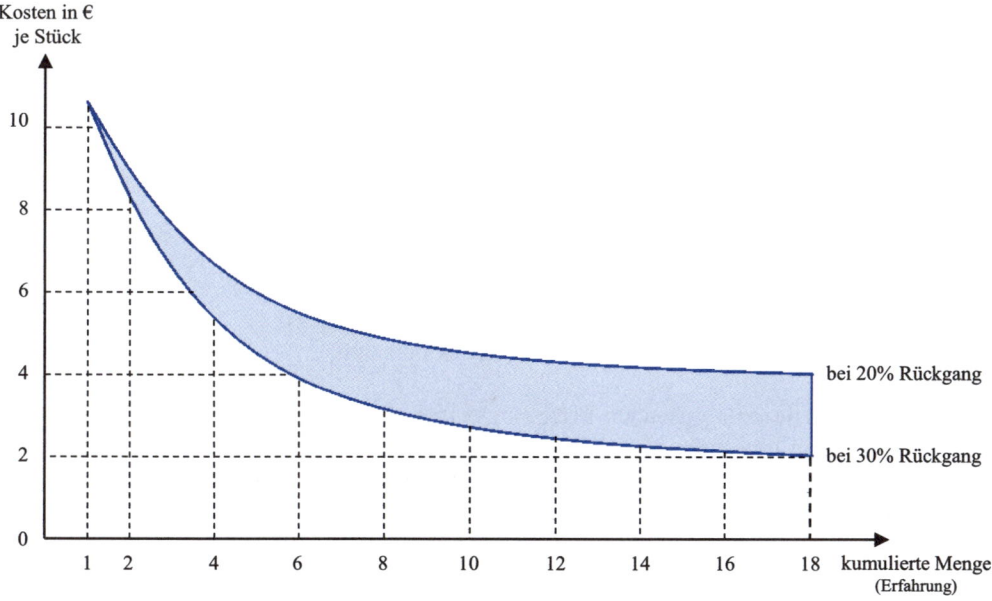

Abb. 37: Die Erfahrungskurve bei linear eingeteilten Ordinaten (in Anlehnung an Coenenberg 1999: 203)

Als Gründe für das im Rahmen der Erfahrungskurvenanalyse postulierte und vielfach empirisch nachgewiesene Kostensenkungspotential lassen sich im Wesentlichen **zwei Einflussfaktoren** nennen:

- **Lerneffekte**
  Es wird davon ausgegangen, dass Arbeiter ihre Fertigkeiten sukzessive verbessern und damit Übungsgewinne realisieren. Dieser Effekt wird häufig als einziger Lerneffekt berücksichtigt. Die Erfahrungskurve beschreibt jedoch die zahlungswirksamen Kostensenkungen in Bezug auf alle Kostenarten, also auch auf Vertriebs-, Forschungs- und Entwicklungskosten etc.
- **Skaleneffekte** (Economies of Scale)
  Skalen bzw. Größendegressionseffekte entstehen z.B., wenn bei wachsenden Kapazitäten günstigere Anlagen, bessere Werkzeuge etc. genutzt und bestimmte Vertriebsmethoden effizienter angewandt werden. Selbiges gilt auch für Bereiche wie die Arbeitsvorbereitung oder die Forschung und Entwicklung.

Gelingt es einem Unternehmen, einen großen Marktanteil zu erreichen, gewinnt es durch jede Verdoppelung seiner kumulierten Produktionsmenge einen Kostenvorteil gegenüber der Konkurrenz. Das Unternehmen mit dem höchsten Marktanteil besitzt bei gleichem Markteintrittszeitpunkt grundsätzlich ein höheres Kostensenkungspotential als die Konkurrenten. Des Weiteren steigt mit wachsendem Marktanteil das Gewinnpotential, sofern es nicht zur Senkung des Marktpreises kommt.

Im Rahmen der strategischen Unternehmens- und Marketingplanung ist der Erfahrungskurvenanalyse eine besondere Bedeutung beizumessen, da sich durch die Kenntnis der geltenden Erfahrungskurve folgende **Sachverhalte** prognostizieren lassen (*Bamberger* 1981: 99f.):

- Langfristige Kostenentwicklung,
- langfristige Preisentwicklung (unter der Prämisse, dass sich die Preisentwicklung zumindest langfristig an der Kostenentwicklung orientiert),
- langfristige Gewinnpotentiale,
- Kosten- und Gewinnauswirkungen einer Marktanteilsveränderung,
- Kostenentwicklung und somit der preispolitische Spielraum der Konkurrenten, sofern deren Marktanteil bzw. Produktionsmengen bekannt sind.

Die Kenntnis der jeweils geltenden Erfahrungskurve erlaubt die Ableitung von Normstrategien im Sinne von Investitions- und Desinvestitionsentscheidungen. Die grundlegende **Strategieempfehlung** auf Basis der Erfahrungskurvenanalyse lautet, hohe Marktanteile anzustreben, um über hohe Stückzahlen Kostenvorteile gegenüber der Konkurrenz zu erzielen. Die Verfolgung einer solchen volumen- und kostenorientierten Strategie bedingt eine weitgehende Standardisierung der Produkte, welche die Erzielung von mengenbedingten Kostendegressionseffekten erleichtert bzw. erst ermöglicht. Hier zeigt sich ein zentraler Nachteil, da sich das Unternehmen durch die Standardisierung tendenziell die Möglichkeiten nimmt, auf die besonderen Bedürfnisstrukturen in einzelnen Marktsegmenten einzugehen. Weitere Probleme zeigen sich in der exakten Operationalisierung der Kostenkomponenten. Das Konzept erfordert die Identität eines genau abgegrenzten Produktes über einen längeren Betrachtungszeitraum, was jedoch für viele Produktkategorien (z.B. Modeartikel) eher schwierig ist. Darüber hinaus hängt die Relevanz von der Lebenszyklusphase bzw. dem Wachstum des jeweiligen Marktes ab. In jungen bzw. schnell wachsenden Märkten ist eine signifikante Zunahme der kumulierten Menge eher zu realisieren als in reifen und stagnierenden Märkten.

3.7   Portfolio-Analyse

Das weitverbreitetste Denkschema der 70er Jahre ist die Portfolio-Analyse. Aus der Finanztheorie wurden die Überlegungen von *Markowitz* (1959) auf das strategische Management übertragen, der in seiner Portfolio Selection Theory erstmalig die Zusammensetzung eines optimalen Wertpapierportefeuilles bestimmte.

Der Ausgangspunkt der Portfolio-Analyse ist die Positionierung von Geschäftsfeldern, Produktlinien oder sonstigen Analyseobjekten in eine **zweidimensionale Matrix**. Eine der beiden Dimensionen wird zumeist von der **Umwelt** definiert und ist somit von solchen Faktoren bestimmt, die vom Unternehmen nicht direkt beeinflusst werden können (z.B. Marktwachstum, Produktlebenszyklusstatus). Die zweite Dimension wird von Faktoren bestimmt, die vom **Unternehmen** direkt beeinflusst werden können (z.B. Marktanteil, relativer Wettbewerbsvorteil). Bei beiden Dimensionen handelt es sich um sog. interne und externe Determinanten des Markterfolges des Unternehmens.

Ziel der Portfolio-Analyse ist die **Ableitung von Normstrategien** für einzelne Geschäftseinheiten zur Schaffung einer ausgewogenen Struktur aller Geschäftsfelder einer Unternehmung. Die Normstrategien sind dahingehend zu entwickeln, dass das Unternehmen zukünftig über eine ausgewogene Geschäftsstruktur verfügt. Ein Kriterium der Ausgewogenheit kann hierbei z.B. der **Cash-flow** sein. Cash-flow verzehrende Geschäftseinheiten sollten in ausreichendem Maße Cash-flow erzeugenden Geschäftseinheiten gegenüberstehen. Umgekehrt sollte es aufzubauende Cash-flow verzehrende Einheiten geben, die Gegenstand eines Mitteltransfers von auslaufenden, noch Cash-flow generierenden Geschäftseinheiten sind.

In der Ausgestaltung der Portfolio-Matrix gibt es eine Vielzahl von Varianten. Die beiden bekanntesten **Portfolioansätze** sind das Marktanteils-Marktwachstums-Portfolio (BCG-Portfolio) der BOSTON CONSULTING GROUP sowie das Wettbewerbsvorteils-Marktattraktivitäts-Portfolio (MCKINSEY-Portfolio) von MCKINSEY&COMPANY. Beide Ansätze basieren auf identischen Grundüberlegungen, die Vorgehensweisen zur Erstellung des jeweiligen Portfolios weichen jedoch voneinander ab.

Im Gegensatz zum MCKINSEY-Portfolio werden bei der Erstellung des BCG-Portfolios ausschließlich die Dimensionen Marktwachstum und relativer Marktanteil verwendet (einfaktorielle Bewertung). Beim MCKINSEY-Portfolio hingegen werden die Dimensionen durch Konglomerate ganzer Einflussfaktorenbündel beschrieben, die anschließend zu den Dimensionen relativer Wettbewerbsvorteil und Marktattraktivität aggregiert werden (mehrfaktorielle Bewertung). Nachfolgend werden beide Portfolio-Ansätze näher betrachtet.

Die theoretischen Grundlagen des **Marktanteils-Marktwachstums-Portfolios** (*Henderson 1971*) bilden das Konzept der Erfahrungskurve und das Produktlebenszykluskonzept. Die nachfolgende Abbildung stellt diesen Zusammenhang graphisch dar:

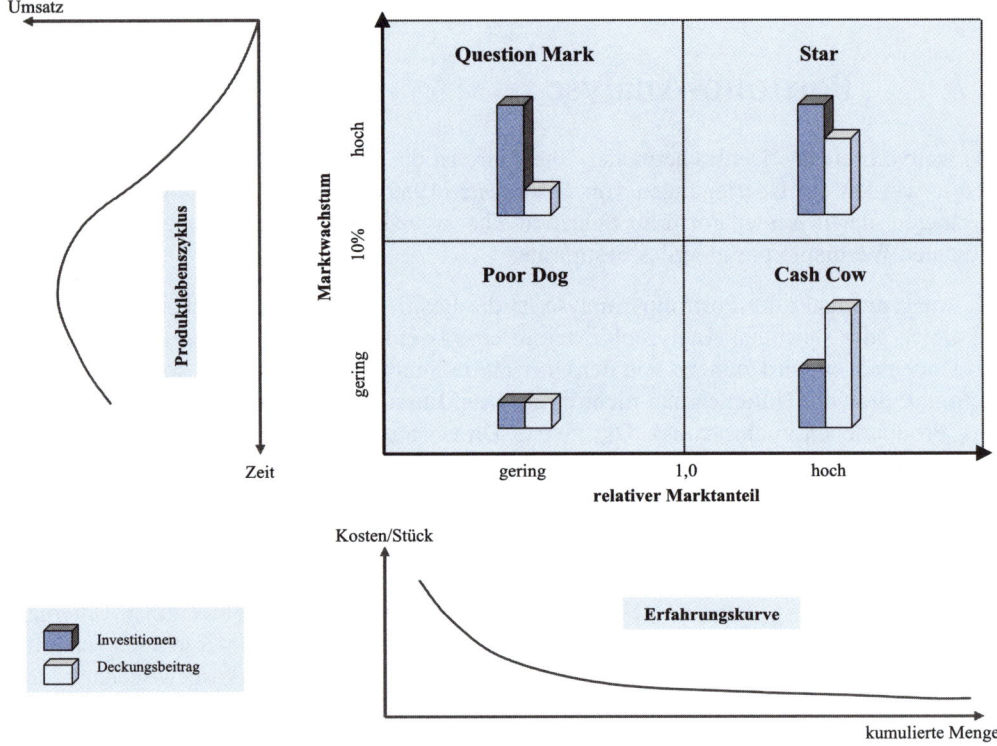

Abb. 38: Marktanteils-Marktwachstums-Portfolio der BOSTON CONSULTING GROUP

Die Positionierung der einzelnen Geschäftseinheiten erfolgt innerhalb der beiden Dimensionen Marktwachstum und relativer Marktanteil. Die Achse **Marktwachstum** wird nach den jeweiligen Wachstumschancen zweigeteilt. In Bezug auf die Trennung zwischen hohem und niedrigem Marktwachstum sind unterschiedliche Grenzen denkbar. Die von der BOSTON CONSULTING GROUP empfohlene Unterteilung bei 10% beruht auf der Annahme, dass bei einer Rendite von 10% pro Jahr auf das investierte Kapital und einem Marktwachstum von 10% kein weiterer Finanzmittelbedarf besteht und ein Unternehmen seine Wettbewerbsposition halten kann. Sollte diese Annahme nicht zutreffen, ist ein Grenzwert zu wählen, der die tatsächlichen Rahmenbedingungen besser widerspiegelt. Bei einem stark diversifizierten Portfolio kann dies z.B. das Wachstum des Bruttoinlandsproduktes oder das durchschnittliche Wachstum aller bearbeiteten Marktsegmente sein. Die Trennung der Achse **relativer Marktanteil** sollte als fest vorgegebener Grenzwert bei einem relativen Marktanteil von 1,0, d.h. bei dem Wert, an dem der eigene Marktanteil gleich dem Marktanteil des Hauptkonkurrenten ist, erfolgen. Denn auf diese Weise wird sichergestellt, dass es nur einen Anbieter pro Geschäftsfeld geben kann, der einen so großen relativen Marktanteil besitzt, dass er die Marktführerschaft inne hat und somit annahmegemäß die Voraussetzung für die Erzielung von Erfahrungseffekten erfüllt. Innerhalb der somit entstehenden Vier-Felder-Matrix werden anschließend die zu analysierenden Geschäftseinheiten platziert. Die Geschäftseinheiten werden häufig als Kreise dargestellt, wobei dann die Kreisgröße den Umsatzanteil der Einheit am Gesamtumsatz des Unternehmens wiedergibt.

Aus der Platzierung der einzelnen Geschäftseinheiten innerhalb der jeweiligen Felder im Portfolio lassen sich strategische Stoßrichtungen – sog. Normstrategien – ableiten. Für die vier Felder des BCG-Portfolios lassen sich folgende **Normstrategien** unterscheiden:

Question Marks verfügen über einen geringen relativen Marktanteil, sind jedoch in einem stark wachsenden Markt platziert. Ihre Stellung ist daher ambivalent zu sehen. Einerseits sind sie für die Unternehmung gefährlich, da sie aufgrund des starken Marktwachstums einen hohen Finanzmittelbedarf aufweisen, ohne ihrerseits Finanzmittelüberschüsse zu erwirtschaften. Andererseits bieten Question Marks auch große Chancen, wenn es gelingt, den Marktanteil stark zu erhöhen. Im Rahmen der **Selektionsstrategie** sind zunächst alle Chancen zur Marktanteilssteigerung zu nutzen. Bestehen z.B. durch Kooperationen auch mit anderen Unternehmen keine Möglichkeiten, den Marktanteil zu erhöhen, ist es in der Regel zweckmäßiger, diese Geschäftseinheit aufzugeben.

Stars sind Geschäftseinheiten mit überdurchschnittlichem Marktwachstum und dem Potential zur Schaffung einer dominierenden Marktposition. Sie erfordern in der Regel mehr Investitionsmittel als sie selbst in Form von Cash-flow kurz- bis mittelfristig hervorbringen können. Zur Sicherung des hohen Marktanteils oder zum Ausbau des Marktanteils ist eine **Investitionsstrategie** zu verfolgen, bei der die erwirtschafteten Finanzmittel sofort reinvestiert werden. Diese Geschäftseinheiten haben die Chance, sich zu Cash Cows zu entwickeln und den zukünftigen Cash-flow der Unternehmung zu generieren.

Cash Cows sind Geschäftseinheiten mit hohem relativen Marktanteil auf kaum wachsenden oder stagnierenden Märkten. Diese Geschäftseinheiten sichern den gegenwärtigen Erfolg des Unternehmens. Im Rahmen der **Abschöpfungsstrategie** werden die hier erwirtschafteten Finanzüberschüsse für den Aufbau von Nachwuchsgeschäften und zur Absicherung der Stars verwendet. Investitionen erfolgen nur soweit sie zur Marktanteilserhaltung erforderlich sind.

(Poor) Dogs sind jene Geschäftseinheiten, die sowohl ein niedriges Marktwachstum als auch einen niedrigen relativen Marktanteil aufweisen. Für diese Geschäftseinheiten ist eine **Rückzugsstrategie** zu empfehlen, da sie in der Regel weder gegenwärtig Gewinne erwirtschaften noch zu einer zukünftigen Wertsteigerung beitragen. Neben der Eliminierung der Geschäftseinheiten können Gründe für die Weiterführung der Dogs sprechen. Hierzu zählen beispielsweise die Imagekomponente, Verbundeffekte und der Beitrag zur Fixkostendeckung für die Gesamtunternehmung.

Eine Weiterentwicklung des Marktanteils-Marktwachstums-Portfolio stellt das **Wettbewerbsvorteils-Marktattraktivitäts-Portfolio** von MCKINSEY&COMPANY dar. Das

MCKINSEY-Portfolio unterscheidet sich vom BCG-Portfolio durch die Unterteilung der Matrix in neun statt vier Felder, wodurch die Normstrategien differenzierter formuliert werden können. Des Weiteren stellen die beiden Achsen das Aggregat einer durch den Anwender selbst zu bestimmenden Anzahl quantitativer und qualitativer Faktoren dar. Einer solchen mehrfaktoriellen Bewertung liegen in der Regel umfangreiche Faktorenlisten zu Grunde.

Die Umweltachse **Marktattraktivität** setzt sich dabei z.B. aus Faktoren wie Marktwachstum, Marktgröße, Marktrisiko, Branchenrentabilität oder Konkurrenzsituation zusammen. Die Unternehmensachse **relativer Wettbewerbsvorteil** umfasst hingegen Faktoren wie relativer Marktanteil, Produktqualität, F&E-Potential oder Qualifikation der Führungskräfte (*Hinterhuber* 2004a: 158f.). Aus den Faktorenlisten werden die relevanten Faktoren ausgewählt, im Rahmen einer Nutzwertanalyse gewichtet, einzeln bewertet und zu einer Gesamtbewertung summiert.

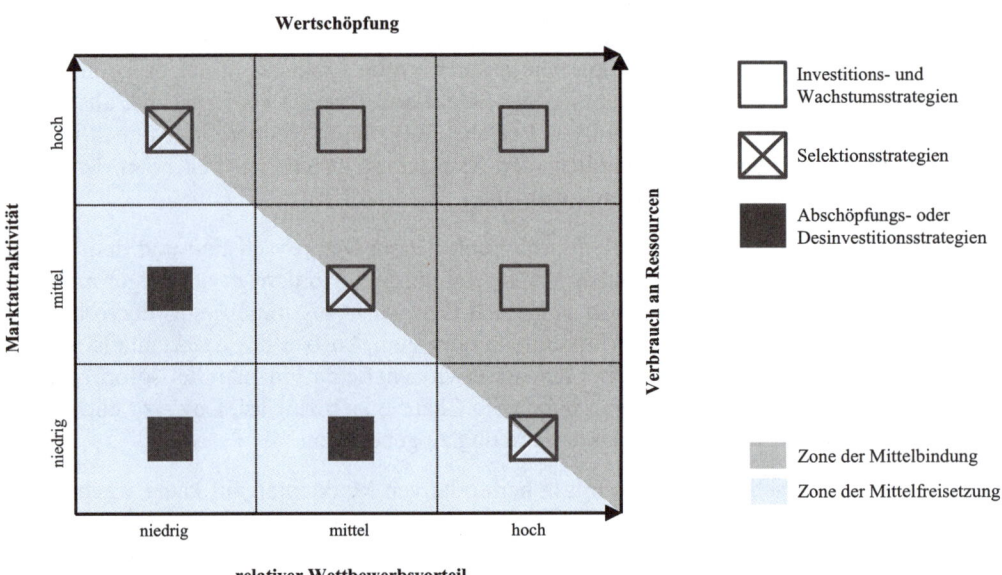

Abb. 39: Wettbewerbsvorteils-Marktattraktivitäts-Portfolio von MCKINSEY&COMPANY

Durch die Platzierung der Geschäftseinheiten in die neun Felder können differenzierte Aussagen über die Normstrategien getroffen werden. **Investitions- und Wachstumsstrategien** zielen auf den Aufbau von Wettbewerbsvorteilen. Die hier platzierten Geschäftseinheiten lassen ein hohes Erfolgspotential erkennen, welches zur Realisierung hohe Investitionen erfordert, die anfangs zu negativen Cash-flows führen und Kapital binden. **Abschöpfungs- und Desinvestitionsstrategien** werden bei den Geschäftseinheiten angewandt, die zwar momentan noch einen hohen Cash-flow erwirtschaften, jedoch langfristig nur geringe Entwicklungspotentiale aufweisen. Bei den **Selektionsstrategien** ist abzuwägen, ob eine offensive Wachstumsstrategie, eine Cash-flow-abziehende Abschöpfungsstrategie oder eine Übergangsstrategie anzuwenden ist, die auf die zeitweilige Aufrechterhaltung des Status quo abzielt.

Generell liegen die **Vorteile** der Portfolio-Analyse in der integrativen Gesamtsicht auf die Geschäftseinheiten und dem einheitlichen Maßstab (z.B. Cash-flow), nach dem diversifizierte Unternehmen unterschiedliche Geschäftseinheiten analysieren und vergleichen. Des Weiteren besteht eine hohe Akzeptanz in der Praxis, nicht zuletzt aufgrund der Anschaulichkeit, der leichten Operationalisierbarkeit und des hohen Kommunikationswertes. Ein **Nachteil** der Portfolio-Analyse ist die hohe Komplexitätsreduktion; diese birgt das Risiko in sich, wichtige Faktoren zu vernachlässigen. Im Falle des BCG-Portfolios ist zu bezweifeln, ob die Umwelt- und Unternehmenskomponente angemessen über die Faktoren Marktwachstum und relativer Marktanteil berücksichtigt werden. Die Wettbewerbskomponente wird hierbei vernachlässigt. Die aus den Analysen abzuleitenden Normstrategien sind zu global. Anhaltspunkte, inwiefern die Strategie inhaltlich auszugestalten ist, werden nicht gegeben. Darüber hinaus werden Abhängigkeiten zwischen den einzelnen Geschäftseinheiten nicht berücksichtigt. Aufgrund der theoretischen Annahmen gelten die Kritikpunkte zum Erfahrungskurvenkonzept und zum Produktlebenszyklus auch analog für die Portfolio-Analyse.

4 STP-Strategien

Ein Kernbegriff des Marketing ist die **Zielgruppe**. Der Gesamtmarkt ist oftmals zu groß bzw. er besteht aus sehr heterogenen Gruppen von Konsumenten, die oftmals nicht alle erreicht werden können, schon gar nicht mit einem eindimensionalen Angebot. Aus diesem Grund ist eine Aufteilung des Marktes in Segmente, die Auswahl von relevanten Zielgruppen und deren passgenaue Bearbeitung eine strategische Option, die für marketingorientierte Unternehmen unumgänglich erscheint.

In diesem Kapitel wird nach einer kurzen definitorischen Abgrenzung das STP-Marketing (*Kotler/Keller/Bliemel* 2007: 357ff.) ausführlich dargestellt. **STP** steht für segmenting, targeting, positioning als Schritte der Marktbearbeitung. Der erste Schritt ist die **Marktsegmentierung** (4.1), die Unterteilung des Marktes in klar abgegrenzte Käufergruppen. Dies geschieht mithilfe von geeigneten Segmentierungskriterien. Der zweite Schritt ist die **Zielgruppenbestimmung** (4.2), die Festlegung und Auswahl der/des attraktivsten Marktsegmente(s). Der dritte Schritt ist die **Differenzierung und Positionierung** (4.3), der Aufbau einer tragfähigen Wettbewerbsposition für jedes Zielsegment, also die eigentliche Bearbeitung der Zielgruppe(n).

4.1   Marktsegmentierung – Segmenting

4.1.1   Strategische Geschäftsfelder versus Marktsegmente

Die in Kapitel III 3.1 beschriebenen strategischen Geschäftsfelder und die an dieser Stelle thematisierten Marktsegmente ähneln sich und führen häufig zu einer synonymen Verwendung. Die Bildung von strategischen Geschäftsfeldern bedeutet ein Aufteilen des Gesamtmarktes in intern homogene „Segmente", die sich – in den Anforderungen der jeweiligen Zielkunden – deutlich voneinander unterscheiden. Damit liegt eine enge Verknüpfung mit der Marktsegmentierung vor. In beiden Fällen findet eine Aufspaltung des Gesamtmarktes in intern homogene und extern heterogene Teile des Marktes statt. Dennoch verbietet sich eine Gleichsetzung der Begriffe bzw. Verfahren. Der Unterschied liegt im **Aggregationsniveau**. Bei der Abgrenzung strategischer Geschäftsfelder wird auf relativ grobe, direkt beobachtbare Kriterien zurückgegriffen, während bei der Segmentierung viel detaillierter vorgegangen wird. Es ist möglich, innerhalb der grob gebildeten Geschäftsfelder eine Marktsegmentierung nach unterschiedlichen Abnehmergruppen durchzuführen.

Trotz dieser Abgrenzung bleibt zu konstatieren, dass Überschneidungen zwischen Geschäftsfeldbildung und Marktsegmentierung dann nicht zu vermeiden sind, wenn die strategischen Geschäftsfelder anhand zu vieler Dimensionen gebildet werden. In der Praxis wird häufig nur dann von Geschäftsfeldern bzw. -einheiten gesprochen, wenn von einem Unternehmen nicht unterschiedliche Segmente, sondern völlig unterschiedliche Märkte bedient werden. Dies ist bei Konzernen wie z.B. MARS der Fall, wo u.a. die Geschäftsfelder Süßwaren (MARS, SNICKERS etc.) und Tierfutter (SHEBA, CESAR etc.) existieren.

Die Marktsegmentierung ist ein Basiselement des Marketing, das seinen Ursprung in der klassischen Abgrenzung von Märkten hat. Diese abgegrenzten Gesamtmärkte bestehen jedoch aus einer Vielzahl von Konsumenten mit sehr unterschiedlichen Anforderungen bzgl. der angebotenen Produkte. Werden Konsumenten mit ähnlichen Bedürfnissen als homogene Gruppen erfasst, so erfolgt eine Aufteilung des Gesamtmarktes in einzelne Teilmärkte bzw. Segmente. Die Segmentierung schafft erst die Möglichkeit, heterogenen Kundenbedürfnissen gerecht zu werden.

Marktsegmentierung ist nach *Meffert/Burmann/Kirchgeorg* (2008: 182) „die Aufteilung eines Gesamtmarktes in bezüglich ihrer Marktreaktion intern homogene und untereinander heterogene Untergruppen (Marktsegmente) sowie die Bearbeitung eines oder mehrerer dieser Marktsegmente". Die Marktsegmentierung besteht damit zum einen aus der **Markterfassung** und somit dem Prozess der Marktaufteilung, zum anderen aus der **Marktbearbeitung**, d.h. der Auswahl von Segmenten und der zielgenauen Selektion von Marketinginstrumenten. In diesem Sinne sind Marktsegmente immer nachfrageseitig zu verstehen („Nachfragesegmente"), es handelt sich hierbei immer um Gruppen von Konsumenten. Davon strikt zu trennen sind **Teilmärkte** im Sinne von „Angebotssegmenten": Dieser Begriff wird verwendet, wenn ein Markt unter Berücksichtigung von Produktmerkmalen angebotsseitig in Untermärkte zerlegt wird. So lässt sich z.B. der Gesamtmarkt für Bürobedarf in die Teilmärkte

Ordner, Register, Sortiersysteme etc. oder der Gesamtmarkt für Automobile in Kleinwagen, Cabrios, Vans etc. unterteilen. Von Marktforschungsagenturen, die den Unternehmen Daten über Märkte bzw. Teilmärkte zur Verfügung stellen, wird der Körperpflege- und Kosmetikmarkt üblicherweise in die folgenden Teilmärkte aufgegliedert: Hautpflege, Haarpflege, Seifen/Bade- und Duschzusätze, dekorative Kosmetik, Herrenkosmetik, Deomittel. Der Haarpflegemarkt kann dann bei Bedarf noch weiter unterteilt werden: Shampoos, Spülungen, Kuren, Sprays/Lacke, Schaumfestiger, Gele/Creme/Wachse.

4.1.2   Segmentierungsgrad

Bevor ein Unternehmen sich mit relevanten Segmentierungsverfahren auseinandersetzt, stellt sich die Frage nach der Intensität der Segmentierung bzw. ob überhaupt eine Aufteilung des Gesamtmarktes erfolgen soll. *Kotler/Keller/Bliemel* (2007: 358ff.) sprechen vom sog. Segmentierungsgrad und unterscheiden folgende **Abstufungen**:

- Null-Segmentierung (0%),
- Segmentbildung (Segmentierung im engeren Sinne),
- Nischenbildung,
- atomisierte Segmentierung (100%).

Bei der **Null-Segmentierung** wird kein Unterschied zwischen allen potentiellen Käufern in einem Markt gemacht, dies wird daher auch als Massenmarktstrategie bezeichnet. Ein Unternehmen, das **Massenmarketing** (undifferenziertes Marketing) betreibt, sieht produktbezogen keine Notwendigkeit in einer Marktaufteilung. Das angebotene Produkt soll alle potentiellen Käufer ansprechen. Die Strategie zielt auf eine undifferenzierte Bearbeitung von Massenmärkten ab, um die größtmögliche Anzahl der Abnehmer zu erreichen. Hinter einer solchen Vorgehensweise steht die Massenproduktion im Sinne von *Henry Ford* und seinem berühmten T-MODELL, später in Deutschland auch der VW-KÄFER. Eine Massenmarktstrategie führt zu besonders niedrigen Herstellungskosten und teilweise auch Verkaufspreisen (u.a. durch den Erfahrungskurveneffekt), womit ein großes Marktpotential geschaffen wird. Produktbeispiele für Massenmarketing sind z.B. Papier, Mehl und Streichhölzer. Die klassische Massenmarktstrategie wird in der Praxis immer weniger angewendet, weil sie letztlich den Grundprinzipien des Marketing widerspricht. Sie wurde als Standardstrategie historischer Markenartikel eingesetzt (ODOL, 4711, PERSIL etc.). In der heutigen Zeit verläuft die Massenmarktbearbeitung durch Markenbildung durchaus segmentorientiert und hinter bestimmten Marken- stehen auch entsprechende Käuferprofile. Selbst homogene Märkte wie der Strommarkt wurden durch YELLO segmentiert (Segment der markenaffinen Privat- und Geschäftskunden) und auch das Paradebeispiel für ein Massenprodukt, Toilettenpapier, wird z.B. durch CHARMIN individualisiert bzw. auf Segmente zugeschnitten.

Segmentbildung bezeichnet die eigentliche Segmentstrategie (differenziertes Marketing). Ein Marktsegment besteht aus einer größeren identifizierbaren Kundengruppe innerhalb eines Marktes und wird durch relevante Segmentierungskriterien abgegrenzt. Ein Unternehmen erkennt bei einer Analyse des relevanten Marktes bzgl. möglicher Segmentierungskriterien Unterschiede zwischen diversen Käufergruppen. Diese Unterschiede liegen z.B. im Alter oder Einkommen der Konsumenten. Werden Kunden über 50 Jahre mit einem höheren Einkommen als attraktives Marktsegment ausgewählt, so gilt es, für diese Kunden entsprechende Angebote zu kreieren und zu vermarkten. Eine zielgenaue Bearbeitung des Segments mit allen Marketinginstrumenten wird somit möglich. Segment-Marketing ist in vielen Produktklassen bzw. Branchen wie Mode, Kosmetik, Haarpflege, Automobile etc. üblich und erfolgreich. Segmentstrategien entsprechen dem klassischen Zielgruppengedanken des Marketing und werden im weiteren Verlauf dieses Kapitels eingehend thematisiert.

Nischenbildung (konzentriertes Marketing) geht noch einen Schritt weiter als die klassische Segmentierung. Nischen sind Untersegmente, d.h. feiner definierte kleinere Kundengruppen innerhalb eines größeren Marktsegmentes. Eine Marktnische ist dann erfolgsversprechend, wenn zwischen den Bedürfnissen der Kunden große Unterschiede existieren bzw. wenn ganz besondere Ansprüche von Kunden bestehen. Hier ergeben sich Chancen für Unternehmen, die Nischen identifizieren, die bisher noch nicht oder nur unzureichend bedient werden. Im Dienstleistungsbereich wird Nischen-Marketing vielfach angewendet (Mülltonnenreinigung, Kfz-Anmeldeservice, Botendienste für Senioren etc.), aber auch in der Konsumgüterindustrie werden Nischen entdeckt und besetzt, z.B. Automobile der Spitzenklasse wie der MAYBACH für besonders gut situierte Käufer. Nischenmarketing findet häufig auch durch die Begrenzung des Angebotes auf eine Stadt oder einen Stadtteil statt. Der Vollständigkeit halber sei noch angemerkt, dass der Übergang zwischen Segment und Nische fließend ist. Eine genaue größenbezogene Abgrenzung ist nicht möglich.

Bei einer **atomisierten Segmentierung** handelt es sich um individualisiertes Marketing, wobei jeder einzelne Kunde als ein Marktsegment betrachtet und behandelt wird. Der Markt wird bis auf die kleinste Einheit (**Segment of One**) zerlegt. Die kundenindividuelle Anfertigung von Produkten ist im Handwerk bereits sehr lange üblich (Einzel- oder Auftragsfertigung). Der Schneider fertigt Kleider nach Maß, der Schreiner entsprechend Tische oder Stühle. Die Endprodukte sind Unikate für individuelle Kunden. Der Kunde wirkt an der Gestaltung des von ihm gewünschten Produktes mit. Im B2B-Marketing ist Individual-Marketing die Regel, die Segmentierung nach Kriterien des Konsumgütermarktes macht hier keinen Sinn, beispielsweise im Flugzeug- oder Anlagenbau. Im B2C-Bereich lassen sich im Rahmen von CRM-Konzepten jedoch Tendenzen erkennen, unterhalb der Nische zu operieren. Mithilfe von **Mass Customization**, der Massenfertigung individuell gestalteter Produkte, ist es möglich, Kunden individuell zu bedienen und trotzdem kostengünstig zu produzieren. Dies gelingt, indem ein Grundmodell eines Produktes, z.B. ein Fahrrad (GAZELLE), entwickelt und dem Kunden die Möglichkeit gegeben wird, gewünschte Eigenschaften (Farbe, Lenker, Gangschaltung etc.) selbst zu bestimmen. In dieser Art ist DELL in der Lage, viele unterschiedliche Konfigurationen von PC-Systemen bereitzustellen. Im Dienstleistungsbereich sind Gastronomiekonzepte zu nennen, die es durch Salattheken bzw. Buffets ermöglichen, kundenindividuelle Speisen anzubieten. Finanzdienstleister verkaufen zunehmend Bausteinkonzepte, wobei der einzelne Kunde die Vertragselemente auswählt, die er wünscht. Das Individual-Marketing kommt in dieser Form der Kundenorientierung am nächsten. Kann der Kundennutzen auch möglicherweise durch Individual-Marketing optimiert werden, so ist eine solche Vorgehensweise für viele Unternehmen nicht praktikabel bzw. lohnenswert, da der Aufwand in Produktion und Distribution häufig zu groß und damit kostentreibend ist.

4.1.3   Verfahren der Marktsegmentierung

Bevor mit einer Segmentierung begonnen werden kann, muss der relevante Markt, wie in *Lesen* Kapitel II 2.1 gezeigt, angebots- und nachfrageorientiert abgegrenzt werden. Zur Aufteilung dieses relevanten Gesamtmarktes in Marktsegmente bedarf es der Selektion geeigneter Segmentierungskriterien, die zu homogenen Käufergruppen führen. Diese **Segmentierungskriterien** müssen bestimmte **Anforderungen** erfüllen (u.a. *Freter* 1983: 43f., *Backhaus* 1995: 158f.):

- Kaufverhaltensrelevanz (Kriterien = Indikatoren für das zukünftige Konsumentenverhalten),
- Messbarkeit (mithilfe bewährter Marktforschungsmethoden),
- Erreichbarkeit (der Konsumenten innerhalb des Zielsegmentes),
- zeitliche Stabilität (der Segmentinformationen, zumindest für die Planungsperiode),
- Wirtschaftlichkeit (der Segmentierung; Kosten-Nutzen-Analyse).

Die Vielzahl der in Wissenschaft und Praxis angewandten Segmentierungskriterien lässt sich in **vier grobe Verfahren** kategorisieren. Diese Verfahren mit den dazugehörigen Kriterien haben sich in Theorie und Praxis bewährt und werden im Folgenden einzeln dargestellt:

4.1.3.1   Geographische Segmentierung

Häufig wird zunächst das geographische Segmentierungsverfahren gewählt, da diese Kriterien sehr leicht zu erfassen sind. Der relevante Markt wird in verschiedene geographische Einheiten eingeteilt, um regionale Unterschiede zu berücksichtigen. Unterschieden wird die **makro-** und **mikrogeographische** Marktsegmentierung. Die Makroebene beginnt mit der Segmentierung einzelner Staaten und endet bei einzelnen Orten bzw. Städten, die Mikroebene beginnt unterhalb des Stadtniveaus.

Im Rahmen der **makrogeographischen** Segmentierung stellt die Auswahl zu bearbeitender **Nationen** bzw. **Staaten** den ersten Schritt dar, wobei die Länderauswahl de facto die Ebene der Segmentierung überschreitet. In der Regel setzt die Segmentierung innerhalb der Landesgrenzen eines Staates an. Auf die Besonderheiten des internationalen Marketing soll hier nicht eingegangen werden. Es folgt die Aufteilung des Marktes (Landes) nach Kriterien wie **Bundesländer**, **Regionen**, **Städte**, **Kreise** und **Gemeinden**.

Geographische Segmentierung

» Makrogeographische Segmentierung
    » Nation/Staat
    » Bundesländer/Regionen, ACNielsen-
      Gebiete
    » Kreise, Städte, Gemeinden
» Mikrogeographische Segmentierung
    » Stadtteile
    » Wohngebiete
    » Straßen/Nachbarschaften

(Sozio-) demographische Segmentierung

» Alter
» Geschlecht
» Familienlebenszyklus
» Sozioökonomische Kriterien
    » Ausbildung
    » Beruf
    » Einkommen
» Nationalität
» Religion

Psychographische Segmentierung
» (Produktspezifische) Einstellungen » Werte » Lifestyle (A-I-O) » Persönlichkeit

Verhaltensbezogene Segmentierung
» Anlässe » Nutzennachfrage (Benefit) » Mediennutzung » Preisverhalten » Einkaufsstättenwahl (Geschäftstreue,   Geschäftswechsel) » Verwenderstatus (Käufer, Nicht-Käufer) » Verwendungsrate (Viel-, Wenig-Käufer) » Markenwahl

Abb. 40: Verfahren der Marktsegmentierung

Eine in Deutschland übliche regionale Aufteilung ist die Einteilung in NIELSEN-Gebiete, entwickelt vom Marktforschungsinstitut ACNIELSEN (Abb. 41).

Ferner wird zwischen Stadt- und Landbevölkerung differenziert oder zwischen verschiedenen Ortsgrößen unterschieden, da hier kaufverhaltensrelevante Unterschiede nachgewiesen werden können. Die regionale Aufteilung ist u.a. im Bereich der Ess- und Trinkgewohnheiten eine wichtige Segmentierung. In Norddeutschland werden seit jeher mehr klare Schnäpse getrunken, während im Süden der Konsum von Weißwürsten typisch ist. Je nach Region werden in Deutschland zudem unterschiedliche Varianten des gleichen Produktes bevorzugt, z.B. bei Bier (Pils, Alt, Kölsch, Weizen). Hinzu kommen regionale Spezialitäten, die außerhalb der entsprechenden Region Seltenheitscharakter besitzen (z.B. Kuckucksuhren aus dem Schwarzwald).

Des Weiteren ist eine regionale Segmentierung bzw. Begrenzung häufig notwendig für Kleinbetriebe in Dienstleistung, Handel oder Handwerk. Ein Fachgeschäft wird in der Regel einen ortsgebundenen Kundenstrom aufweisen, ein Pizza-Taxi wird aufwandstechnisch nur bis zu einer bestimmten Distanz beliefern. Hier ist die geographische Segmentierung mit der räumlichen Marktabgrenzung gleichzustellen.

Abb. 41: NIELSEN-Gebiete

Die makrogeographische Segmentierung hat den Vorteil, dass die hierzu notwendigen Daten zumeist in Form von Sekundärmaterial vorliegen, womit die Informationen schnell und kostengünstig verfügbar sind. Zudem können hierdurch bereits wertvolle Hinweise auf eine gezielte regionale Ausrichtung der Marketinginstrumente gewonnen werden. Der Kaufverhaltensbezug ist jedoch relativ schwach ausgeprägt.

Die **mikrogeographische** Segmentierung versucht, diese Defizite auszugleichen. Sie setzt bei Wohngebietszellen unterhalb des Stadtniveaus an. Durch die Verknüpfung unterschiedlicher Datenquellen können sehr kleine Marktsegmente identifiziert werden: **Stadtteile**, **Wohngebiete**, sogar einzelne **Straßen**. Der Dateninput setzt sich aus regionalen Kenndaten wie Demographie, Beschäftigungs-, Wirtschafts- und Infrastruktur sowie Angaben zu sozialen Milieus oder Lebensstilen zusammen. Durch die Verknüpfung mit anderen Segmentierungskriterien können so kleinste Segmente lokalisiert und gezielt bearbeitet werden.

Hinter der mikrogeographischen Segmentierung steht die Grundidee der **Nachbarschafts**-Affinität (*Meffert/Burmann/Kirchgeorg* 2008: 193): Es wird vermutet, dass Personen mit gleichem oder ähnlichem sozialen Status oder Lebensstil benachbart oder in ähnlichen regionalen Bezirken wohnen. Lässt sich eine Verbindung zum Kaufverhalten dieser Nachbarschaften aufzeigen, sind gezielte Marketingaktivitäten möglich. Typisch sind in diesem Zusammenhang Studenten- oder Arbeiterviertel. Eine sehr detaillierte Regionaltypologie nach Wohngebieten liegt mit dem ACORN-Ansatz vor (A Classification of Residential Neighbourhoods), welche die BRD in ca. 10.000 Orte und Ortsteile gliedert, die durch ungefähr 60 Kenndaten beschrieben sind. Anwendung findet dieses System beispielsweise im Einzelhandel zur Bildung von lokalen Sortimentsschwerpunkten.

Grundvoraussetzung für die Effektivität der mikrogeographischen Segmentierung ist ein fundiertes **Database-Marketing**, das durch laufende Pflege und Aktualisierung des Datenbestands gekennzeichnet ist. Dem Vorteil der hohen Aussagekraft einer solch feinen Segmentierung steht der Nachteil der aufwendigen, kostenintensiven Datenbeschaffung gegenüber. Hinzu kommt, dass wichtige differenzierte Daten zum Kaufverhalten oftmals nicht vorliegen.

4.1.3.2   Demographische Segmentierung

Das klassische Verfahren der Marktsegmentierung ist die demographische Segmentierung, d.h. die Aufteilung eines Marktes auf der Basis demographischer Kriterien wie Alter, Geschlecht, Familienlebenszyklus, Ausbildung, Beruf, Einkommen, Nationalität und Konfession. Die demographische Marktsegmentierung findet in der Regel anhand mehrerer Kriterien statt. Die demographischen Kriterien werden im Rahmen der Marktsegmentierung am häufigsten eingesetzt, da sie zum einen relativ leicht zu erfassen sind, und zum anderen eine Korrelation mit dem Kaufverhalten vermutet wird. Diese Korrelation ist heute jedoch in vielen Märkten nicht mehr unbedingt gegeben, sodass die moderneren Verfahren der psychographischen und verhaltensbezogenen Segmentierung zusätzlich eingesetzt werden, um fundiertere Aussagen zum Käuferverhalten treffen zu können. Im Folgenden werden die wichtigsten demographischen Kriterien einzeln dargestellt sowie Praxisbeispiele aufgezeigt.

Alter

Unternehmen, deren Produktprogramm sich an spezifischen Altersgruppen ausrichtet (Kinder, Teenager, Senioren), segmentieren vordergründig nach dem Alter der Zielsegmente. Bedürfnisse und Kaufverhalten ändern sich mit dem Alter. Beispiele für eine solche Segmentierung sind der Freizeit-, Möbel-, Bekleidungs- oder Spielzeugmarkt. Der Spielzeughersteller LEGO nimmt eine sehr feinmaschige Alterssegmentierung vor, indem der Markt der 0- bis 16-jährigen differenziert bearbeitet wird.

Alter	Serie	Themenbereiche
bis 24 Monate	LEGO Primo	Baby-/Kleinkinderspielzeug
1,5 bis 6 Jahre	LEGO Duplo	Stadt, Feuerwehr, Bauernhof etc.
5 bis 12 Jahre (Mädchen)	LEGO Scala	Puppen, Haus, Garten
3 bis 16 Jahre	LEGO System	Stadt, Weltraum, Baustelle etc.
7 bis 16 Jahre	LEGO Technik	Modellbau

Abb. 42: LEGO-Produktprogramm (in Anlehnung an Vossebein 2000: 27)

Auch Lebensmittelhersteller segmentieren nach dem Kriterium Alter: So stellt HIPP Baby-nahrung und Alterskost und FERRERO z.B. mit MON CHÉRI eine Praline für Erwachsene her. PIRATOS von HARIBO werden als Erwachsenenlakritz klassifiziert und FRUCHTZWERGE von DANONE sprechen gezielt Kinder an. Getränkehersteller versuchen mit Biermixgetränken wie DIMIX oder CAB eine jugendliche Zielgruppe zu erreichen.

Die Marke JÄGERMEISTER hat in den letzten Jahren eine besondere Entwicklung in ihrer altersbezogenen Zielgruppenstruktur vollzogen. Die 1934 von *Curt Mast* kreierte Kräuterspi-rituose mit dem Hubertus-Hirschkopf als unverwechselbares Markenzeichen war lange durch die Unikats-Kampagne „Ich trinke JÄGERMEISTER, weil …" geprägt und hatte Ende der 90er Jahre eine Zielgruppe im Alter ab 50 Jahren. 1999 erfolgte mit der „Achtung Wild!"-Kampagne die sehr erfolgreiche Verjüngung der Marke mit der Fokussierung auf die Ziel-gruppe der 18- bis 30jährigen, ohne dabei die bisherigen Stammverwender zu verlieren. 2010 startete JÄGERMEISTER erneut eine Markenoffensive mit der verstärkten Ansprache der Ziel-gruppe 30 bis 49 Jahre unter dem Claim „Echt. JÄGERMEISTER.". Im Rahmen der Weiterent-wicklung der Markenkommunikation wurde der authentische und natürliche Charakter der Marke in den Vordergrund gerückt mit der Zielsetzung, weiterhin die partyaffinen jungen Erwachsenen (18-30 Jahre) zu erreichen, aber im Rahmen der Neuausrichtung die an-spruchsvollen Genießer (30-49 Jahre) anzusprechen. Hierdurch gelang auch der kommunika-tive Anschluss an die Zielgruppe ab 50 Jahren. Dieses Beispiel zeigt, dass es möglich ist, eine Marke zu verjüngen und zugleich die Herkunft und Tradition zu bewahren. Heute ist JÄGERMEISTER eine der wenigen Marken, deren Zielgruppe Konsumenten im Alter von 18 bis 80 Jahren aufweist.

Diese Auswahl zeigt die nach wie vor große Bedeutung des Alters für die Marktsegmentierung, wobei jedoch das biologische Alter nicht überbewertet werden darf. Nach dem Motto „man ist so alt, wie man sich fühlt" sollte auf das psychologische Alter der Konsumenten abgestellt werden. Die in der Werbung zu beobachtenden „jungen Alten" wollen nicht als Senioren angesprochen werden.

Geschlecht

Das Geschlecht als Segmentierungskriterium findet insbesondere bei Produktgruppen Anwendung, die in direktem Zusammenhang mit dem Geschlecht stehen, z.B. Kleidung, Schmuck, Haarpflege, Kosmetika, Zeitschriften. Während bei traditionell geschlechtsdominierten Produkten wie After-Shave, Tampons und BH's eine Ausweitung auf das andere Geschlecht ausgeschlossen ist, finden sich heute in vielen Bereichen Angleichungen von Produkten (Unisex-Produkte), z.B. „CK ONE" (CALVIN KLEIN) oder spezifizierte Produkte wie GILLETTE VENUS (Frauenrasierer). In diesem Zusammenhang ist auch der Trend zu mehr Körperbewusstsein bei Männern zu erwähnen, der zu einer höheren Nachfrage von Männern nach Kosmetik- oder Haarpflegeprodukten (NIVEA FOR MEN, DOVE MEN+CARE) geführt hat. In anderen Märkten, die bisher nachfrageseitig eher als geschlechtsneutral empfunden wurden, findet im Umkehrschluss eine Fokussierung auf ein Geschlecht statt. Als Beispiel kann die Automobilindustrie angeführt werden, die sich seit längerem bemüht, Fahrzeuge den Wünschen der weiblichen Fahrer anzupassen, und somit „Frauen-Autos" (z.B. SEAT) kreiert.

Familienlebenszyklus

Der Familienlebenszyklus wurde bereits im Rahmen der Konsumentenanalyse erläutert. **Familienstand**, **Zahl der Kinder** und **Haushaltsgröße** werden hier nicht als eigenständige Kriterien genutzt, sondern kombiniert als „Position im Familienlebenszyklus" (hinzu kommt noch das **Alter** der Haushaltsmitglieder). Diese Position korreliert mit den Bedürfnissen nach spezifischen Produkten bzw. Dienstleistungen. Die folgende Übersicht zeigt relevante Positionen mit entsprechenden Kauf- und Verhaltensmustern, wobei vorweg angemerkt werden muss, dass sich der Familienlebenszyklus nicht mehr durch starre Phasen von konstanter Dauer kennzeichnen lässt. In diesem Zusammenhang sind der Trend zur Singlegesellschaft, das deutlich spätere Heiratsalter und damit einhergehend die spätere Familiengründung („verzögertes volles Nest") bzw. der Verzicht auf Kinder („dinks" = double income, no kids) zu erwähnen. Der folgende Familienlebenszyklus ist daher als idealtypisch zu verstehen.

Position/Phase	Kaufverhalten
Junge Singles mit eigener Wohnung	wenig finanzielle Verpflichtungen, freizeit- und modeorientiert; Kauf von Kleidung, Urlaubsreisen, Gebrauchtwagen, Grundausstattung der Wohnung (IKEA)
Junge (Ehe-)Paare ohne Kinder	finanziell gut situiert; Kauf vieler Gebrauchsgüter für die Wohnung, hohe Mietausgaben, Reisen
Volles Nest I (jüngstes Kind <3 Jahre)	liquide Mittel sind knapp, da ein Ehepartner kein Einkommen mehr erzielt; neidisch auf Ehepaare ohne Kinder; Kauf von Kindermöbeln, -spielzeug, Geschirrspüler; starker Einfluss der Werbung
Volles Nest II (mit älteren Kindern <16 Jahre)	finanziell wieder besser gestellt; abnehmender Einfluss der Werbung; Kauf von Markenkleidung für Kinder, Ersatz- und Erweiterungsmöbeln, Fahrrädern, Musikinstrumenten etc.
Leeres Nest I (Kinder aus dem Haus, ein Ehepartner ist noch berufstätig)	hohes Einkommen, kaum Interesse an neuen Produkten; Kauf von kulturellen Gütern (Bildungsreisen, Theater, Bücher etc.), Produkte für eine gesunde Lebensführung, Neuwagen (bei evtl. Auszahlung der Lebensversicherung)
Leeres Nest II (Kinder aus dem Haus, beide Ehepartner pensioniert)	spürbarer Einkommensrückgang, Sicherung des Eigenheims; Kauf von medizinischen Produkten
Alleinstehend, im Ruhestand, verwitwet	starker Einkommensrückgang; hoher Bedarf an medizinischen Produkten; soziale (immaterielle) Bedürfnisse wichtiger als materielle

Abb. 43: Positionen im Familienlebenszyklus

Sozioökonomische Kriterien

Die sozioökonomischen Kriterien umfassen die (Aus)bildung, den Beruf und das Einkommen der Konsumenten. Zusammengefasst werden diese drei Kriterien auch als **soziale Schichtung** verwendet. Hierzu ist anzumerken, dass diese kombinative Verwendung kritisch betrachtet werden muss, da eine hohe Qualifikation zwar häufig, aber nicht unbedingt mit einem hohen Einkommen einhergeht. Daher ist der Einsatz der Einzelkriterien zu bevorzugen. Die Segmentierung nach dem **Bildungsgrad** ist z.B. bei Zeitungen bzw. Zeitschriften (FAZ, HANDELSBLATT, SPIEGEL) sowie bei Urlaubsreisen (Bildungsreisen) zu beobachten. Das Segmentierungskriterium **Beruf** lässt sich insbesondere dann verwenden, wenn die Nachfrage nach einer bestimmten Produktgruppe in einem engen Zusammenhang zum ausgeübten Beruf steht (z.B. Arbeitskleidung, Werkzeuge, Fachzeitschriften). Die Segmentierung eines Marktes nach dem **Einkommen** ist in vielen Branchen gängige Praxis, z.B. in der Automobil-, Bekleidungs-, Kosmetik- oder Touristikbranche. Das Einkommen ist ein bedeutsamer Indikator für die Kaufkraft der jeweiligen Zielgruppe. Vor allem die Automobilhersteller bieten Modelle in verschiedenen Preisklassen an, um unterschiedliche Einkommenssegmente gezielt anzusprechen (VOLKSWAGEN), oder fokussieren ausschließlich privilegierte Segmente (PORSCHE). Bei Gütern des täglichen Bedarfs zeigt das Einkommen jedoch nur einen geringen Bezug zum Kaufverhalten. So kaufen auch einkommensschwache

Familien Markenprodukte (z.B. NUTELLA), während gerade Personen mit hoher Kaufkraft gezielt zu Handelsmarken greifen, um hier zu sparen. Beim Kauf von Gebrauchsgütern spielt das Einkommen eine deutlich größere Rolle, da sich einkommensstarke Segmente eher teure Autos, Reisen, Hifi-Anlagen etc. leisten können.

Nationalität

In Ländern, in denen die Wohnbevölkerung aus vielen unterschiedlichen Nationalitäten besteht und sich unterschiedliche nationale bzw. kulturelle Identitäten aufrechterhalten, kann eine Segmentierung nach der nationalen Herkunft sinnvoll sein. Für Deutschland könnte die türkische Bevölkerung aufgrund ihrer Größe ein lohnendes Segment darstellen, was in bestimmten Bereichen, z.B. Printmedien, Mobilfunk oder Fahrschulen, durch die Verwendung der türkischen Sprache bereits erkannt und genutzt wird. Insgesamt spielt dieses Segmentierungsmerkmal jedoch eine untergeordnete Rolle.

Religion

Das Kriterium der Religionszugehörigkeit ist häufig eng mit dem der Nationalität verbunden. So könnte ein Unternehmen im Bereich der Gastronomie sein Angebot speziell auf Moslems ausrichten, denen der Konsum bestimmter Nahrungsmittel untersagt ist. Dieses Segmentierungsmerkmal ist in der BRD ebenfalls nur von geringer Bedeutung.

Es bleibt zu konstatieren, dass die demographische Segmentierung heute zum einen fast immer aus einer Kombination mehrerer Kriterien besteht, zum anderen häufig durch psychographische oder verhaltensbezogene Kriterien ergänzt wird. Ferner wird die Soziodemographie immer dann eingesetzt, wenn es gilt, Segmente zu beschreiben, die auf Basis anderer Verfahren gebildet wurden. Das deskriptive Element der Demographie ist daher weiterhin unverzichtbar.

4.1.3.3   Psychographische Segmentierung

Die psychographische Marktsegmentierung erfolgt nach den in Kapitel II 2.2.1.1 diskutierten, nicht beobachtbaren psychologischen Konstrukten, wobei in der Praxis die sog. **Lifestyle**-Segmentierung vorherrscht. Daneben werden die Einzelkonstrukte **Einstellungen**, **Werte** und **Persönlichkeit** verwendet. Die psychographischen Kriterien sind deutlich näher am konkreten Kaufverhalten als die demographischen, dafür ist jedoch ihre Erfassbarkeit äußerst schwierig. Vielfach werden die psychographischen Merkmale daher um demographische ergänzt und zusammen zur Beschreibung von Segmenten verwendet.

Einstellungen

Von der positiven oder negativen Einstellung gegenüber einem Objekt (hier: Produkt, Marke) wird auf eine bestimmte Verhaltensweise (hier: Kauf versus Nichtkauf) geschlossen. Daher leuchtet der Nutzen des Konstruktes Einstellung für die Marktsegmentierung ein. Es empfiehlt sich eine Unterscheidung in allgemeine und produktspezifische Einstellungen (*Freter* 1983: 75). **Allgemeine Einstellungen** beziehen sich auf generelle Haltungen eines

Menschen, z.B. zur Gesundheit, Bildung, Freizeit etc. Diese Einstellungen sind jedoch zu unspezifisch, um daraus ein bestimmtes Kaufverhalten abzuleiten. Von größerer Bedeutung sind die allgemeinen Einstellungen als Komponente der Lebensstil-Segmentierung. Ein stärkerer Bezug zum Kaufverhalten kann durch die Verwendung **produktspezifischer Einstellungen** hergestellt werden, wobei Einstellungen zu bestimmten Produktbereichen (zum Auto, zu Süßigkeiten, zu Spielzeug etc.) bzw. zu spezifischen Produkten oder Marken zugrunde liegen. Einstellungen liefern konkrete Ansatzpunkte für Marketingmaßnahmen und sind zeitlich relativ stabil. Für sich alleine genommen reichen sie jedoch meistens nicht aus, um eine fundierte Segmentierung zu ermöglichen.

Werte

Die Werte eines Menschen sind noch stabiler als seine Einstellungen, jedoch zum einen noch schwieriger zu erfassen und zum anderen oft nicht in erster Linie kaufverhaltensrelevant. Werden Global-, Bereichs- und Produktwerte um demographische Kriterien wie Alter, Einkommen, Beruf etc. ergänzt, können – neben den weithin bekannten „Yuppies" (young, upwardly mobile, urban professionals) – u.a. folgende **Typen** unterschieden und zur Segmentierung genutzt werden (*Pepels* 2000: 85f.):

- Dobys (daddy older, baby younger): übertriebene Jugendorientierung („ewige Jugend"),
- Global kids: starkes Umweltengagement; Einfluss auf Kaufentscheidung der Eltern,
- Mobys (mummy older, baby younger): für ihr Kind ist den Karrierefrauen nichts zu teuer,
- Sandwichers: Erwachsene, die Kinder und Eltern betreuen müssen; keine Zeit für Konsum,
- Selpies (second life people): Kinder aus dem Haus, keine Geldsorgen,
- Skippies (school kids with income and purchasing power): Spaß statt Sparen,
- Woofs (well-off older folks): wohlhabende Rentner, denen nichts zu teuer ist,
- Yiffies (young, individualistic, freedom-minded, and few): Zufriedenheit und Lebensqualität wichtiger als Wohlstand und äußerer Luxus.

Eine Erweiterung der zuvor aufgeführten Werteansätze stellt der VALS (Value and Lifestyle)-Ansatz dar, der neben der Werthaltung von Konsumenten zusätzlich den Lebensstil beinhaltet. In der aktuellen Ausprägung des VALS-Ansatzes basiert jedes der acht Segmente auf zwei Dimensionen: Primäre Motivation (Ideale, Ziele, Selbst-Ausdruck etc.) und Ressourcen (materiell, immateriell: Bildung, Selbstsicherheit, Führungsqualitäten, Ausdauer etc.) (*Strategic Business Insights* 2010).

- Innovators: erfolgreich (höchste Einkommen), gebildet, aktiv (höchste Motivation); Kauf hochwertiger Nischenprodukte (Selbstverwirklichung, Erlebnisorientierung, Demonstration von Geschmack und Unabhängigkeit),
- Thinkers: reif, sorgenfrei, gebildet, rational; favorisieren Dauerhaftigkeit, Funktionalität und Wert in Produkten,
- Achievers: erfolgreich, karriereorientiert; Kauf von Prestigeprodukten (demonstrativer Konsum),

- Experiencers: jung, enthusiastisch, aktiv, impulsiv; Kauf von Kleidung, Fast Food, Musik,
- Believers: konservativ (Familie, Kirche, Gemeinde, Nation), traditionell, geringe Einkommen; Kauf bekannter Produkte und etablierter Marken,
- Strivers: unbestimmt, in ihren Ressourcen eingeschränkt; Kauf von Handelsmarken und preiswerter Mode,
- Makers: selbstversorgend, familienorientiert, traditionell; Kauf von praktischen und funktionalen Produkten,
- Survivors: geringste Einkommen, älter, resigniert, besorgt, passiv, vorsichtig; Kauf von Stammprodukten und -marken.

Ein weiterer werteorientierter Ansatz wurde von der Marktforschungsagentur *TNS INFRATEST* (2010) entwickelt: die **Semiometrie**. Werthaltungen werden anhand von 210 Begriffen erfasst und in 14 Gruppen, sog. Wertefeldern, geclustert. Diese Begriffe werden in einem Werteraum aufgespannt mit den beiden Achsen Pflicht – Lebensfreude sowie Sozialität – Individualität. Die Probanden (jährliche bevölkerungsrepräsentative Befragung mit n = 4.300 Teilnehmern) geben an, in welchem Maße sie sich mit einem solchen Begriff verbunden fühlen und bewerten dabei rein emotional (Skala von -3 = sehr unangenehm bis +3 = sehr angenehm). Durch statistische Analysen lassen sich Gruppen bilden, die jeweils eigene Wertmuster zeigen. Das Verfahren findet insb. Anwendung in der Werbung (Erfassung von Wertegruppen bzgl. des Konsums von Arzt- oder Krimiserien bzw. Talk- oder Gerichtsshows). In einer Studie (*Steeger* 2004) wurden für GALERIA KAUFHOF auf Basis der Semiometrie Cluster gebildet und mit vorhandenen Segmenten abgeglichen. Hierdurch wird eine detailliertere Beschreibung bzw. Zuspitzung von Segmenten möglich, wobei die Werthaltungen für sich genommen keine trennscharfe Segmentierung ermöglichen. Abb. 44 zeigt die Beschreibung eines Clusters von Kunden eines Warenhauses unter Berücksichtigung der relevanten Werte. (Zum Zeitpunkt dieser Studie wurden 13 Wertefelder ermittelt, aktuell ist noch das Wertefeld „pflichtbewusst" hinzugekommen; die Kategorie „traditionell" heißt inzwischen „traditionsverbunden".)

Soziodemographika	Einkaufsverhalten	Psychologische Werte
Durchschnittsalter: 57 Jahre Geschlecht: 87% Frauen Familienstand: 67,4% verheiratet Einkommen: 58% unter 2.000 €	Durchschnittsumsatz/Monat: 31,70 € bevorzugt Damenmode, Strickmode und Mode für Mollige	wenig lust-/erlebnisorientiert, überdurchschnittlich traditionell, rationaler als Durchschnittskunde sowie sozialer, religiöser und kultureller "Durchschnittsdeutscher"

Semiogramm des Kundenclusters

Wertefeld	Durch- schnittskunde	Treue, ältere DOB-Kundin	Konsequenzen für Mailingaktionen
familiär			» Gemeinschaftsgefühl vermitteln » Tradition der Marke/Artikel herausstellen » bleibende Werte abbilden » warme Farbtöne, bildliche Darstellungsweise
sozial	+	+	
religiös	+	+	
materiell			
verträumt			
lustorientiert	+	- -	
erlebnisorientiert	-	- -	
kulturell	+	+	
rational	- -	+	Beispiel für ein traditionelles Werbeplakat:
kritisch	-	-	
dominant	-	-	
kämpferisch	-	-	
traditionell	- -	+	

Abb. 44: Werteprofil des Clusters „treue, ältere DOB-Kundin" (Steeger 2004)

Die moderne Hirnforschung geht davon aus, dass die im Rahmen der Konsumentenanalyse (vgl. Kapitel II 2.2.1.1) beschriebenen aktivierenden Prozesse wie z.B. Emotionen, Motive, Einstellungen und Werte den ausschlaggebenden Einfluss im Entscheidungsprozess von Menschen nehmen. Als Vorreiter im Rahmen des **Neuromarketing** hat sich der deutsche Psychologe *Hans-Georg Häusel* in diesem Zusammenhang einen Namen gemacht. Seine **Limbic Map** wird zur Erklärung von Kaufentscheidungen sowie zur Marktsegmentierung verwendet.

Das menschliche Gehirn besteht aus drei Primärbereichen: Stamm-, Zwischen- und Groß-hirn. *Häusel* (2004, 2007) ordnet diesen drei Bereichen die drei Motivsysteme Balance, Dominanz und Stimulanz zu.

Das Stammhirn steuert „automatische" Gewohnheiten sowie die Motorik des Menschen. Hier ist das Balance-System angesiedelt; wichtige Motive sind Sicherheit, Stabilität, Geborgenheit und Fürsorge. Konsumenten mit dieser Orientierung zeichnen sich durch konservatives Sicherheitshandeln aus, sie verlassen sich auf Traditionsprodukte und Markenartikel, legen Wert auf Qualität und Service.

Dem Zwischenhirn entspringen Spontanität, Antriebskräfte, Statusbewusstsein etc. Hier befindet sich das Dominanz-System; wichtige Motive sind Durchsetzung, Macht, Verdrängung und Aktivität. Konsumenten dieser Orientierung streben nach Statusprodukten (z.B.

teuere Mode) sowie Produkten, die eine überlegene Kennerschaft signalisieren (z.B. Wein) und neigen zu einem vagabundierenden (tendenziell wechselhaften) Konsumverhalten.

Das Großhirn besteht aus zwei Hemisphären, die eine (meist linke) Hälfte ist als analytisch, logisch und rational zu kennzeichnen, die andere (meist rechte) Hälfte als kreativ und emotional. Hier ist das Stimulanz-System angesiedelt; wichtige Motive sind Abwechslung, Abenteuer, Neugier und Entdeckung. Es handelt sich bei Menschen mit dieser Orientierung um kritische und sensible Individualisten. Als Konsumenten achten sie auf ein günstiges Preis-Leistungs-Verhältnis und planen ihre Käufe. Stimulanz-Typen lieben erlebnisorientiertes Einkaufen, kaufen gerne Musik und Filme sowie innovative Produkte.

Zwei Beispiele sollen den Einfluss der beschriebenen Gehirnbereiche auf die Markenführung aufzeigen (*Pepels* 2009: 29f.): Bei den Bausparkassen spricht SCHWÄBISCH-HALL mit seinem Slogan „Auf diese Steine können Sie bauen" das Balance-System an, WÜSTENROT das Dominanz-System („Wünsche werden WÜSTENROT") und die LBS das Stimulanz-System („Wir geben Ihrer Zukunft ein Zuhause"). Bei den Automobilmarken setzt VOLKSWAGEN aus Tradition auf das Balance-System, BMW mit „Freude am Fahren" auf das Dominanz-System, während AUDI eher das Stimulanz-System anspricht („Vorsprung durch Technik").

Die folgende Abbildung zeigt die Limbic Map mit den drei beschriebenen Motivsystemen; basierend auf den Erkenntnissen der Hirnforschung finden Emotionen und Werte in diesem Modell nun einen festen Platz. Es zeigt sich, dass sich Mischtypen ergeben, wie z.B. „Fantasie/Genuss" als Vermengung der Motivsysteme Stimulanz und Balance.

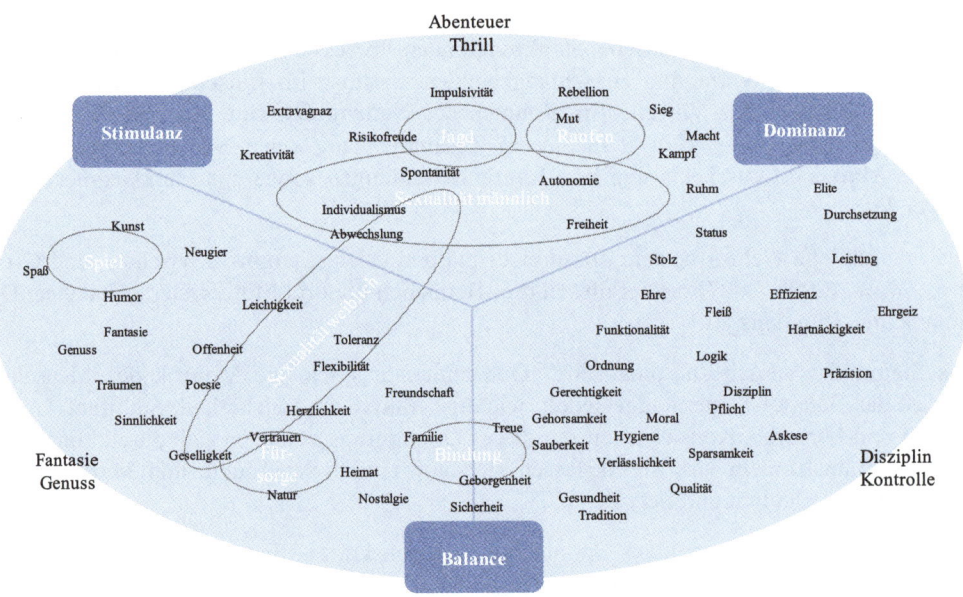

Abb. 45: Limbic Map (in Anlehnung an Häusel 2007: 72)

Mithilfe des sog. Limbic Types Scan, einem Persönlichkeitstest, können die Ausprägungen der Motivsysteme von Konsumenten gemessen werden, sodass eine Klassifizierung vorgenommen werden kann, die zu den folgenden **sieben Typen** führt:

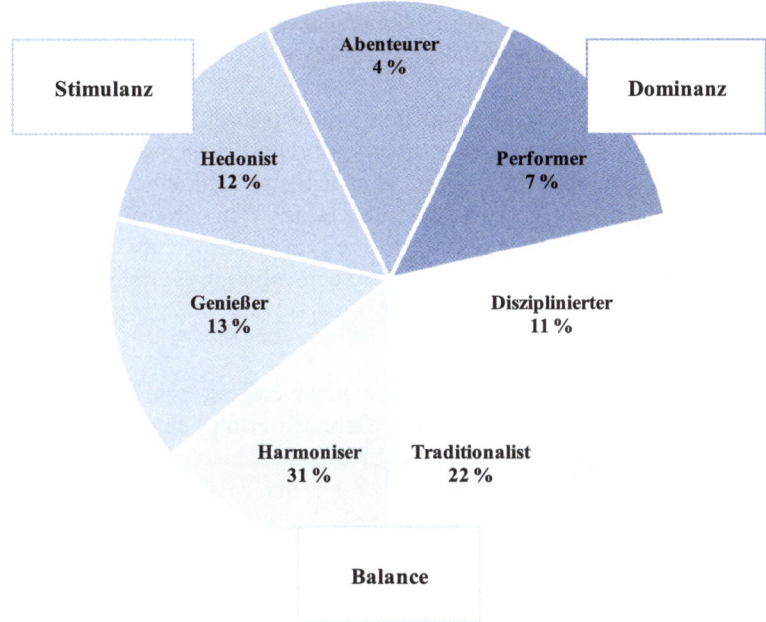

Abb. 46: Limbic Types (in Anlehnung an Häusel 2007)

Dem Ansatz von *Häusel* kommt der Verdienst zu, Erkenntnisse des Neuromarketing für praktische Zwecke nutzbar gemacht zu haben. Bisherige empirische Studien zeigen jedoch insgesamt eine eher geringe Validität der Motivsysteme auf. Dieser Problematik wird unter anderem durch die Verknüpfung mit etablierten Marktforschungsstudien (z.B. GFK-Panel, Typologie der Wünsche Intermedia des Verlags HUBERT BURDA MEDIA) entgegengewirkt.
Die Zukunft wird zeigen, inwieweit das Neuromarketing einen festen Platz in Marketingwissenschaft und -praxis einnehmen kann.

Lifestyle
Das Kriterium Lebensstil lässt sich sowohl zur Beschreibung einer Gesellschaft als auch von Gruppen oder Einzelpersonen nutzen, und ist somit zur Segmentierung von Gesamt- und Teilmärkten geeignet (*Plummer* 1974). Unter Lebensstil wird eine Kombination typischer Verhaltensmuster einer Person oder einer Personengruppe verstanden. Er umfasst Merkmale des beobachtbaren Verhaltens und bereits erläuterte psychische Variablen wie Einstellungen und Werte.

Die Messung des Lifestyles erfolgt meist nach dem sog. **A-I-O-Ansatz**, wobei folgende Faktoren erhoben werden:

- Activities: beobachtbare Aktivitäten wie Konsum, Arbeit, Freizeit, Urlaub, Vereine etc.,
- Interests: emotionale Interessen wie Familie, Zuhause, Erholung, Mode, Essen, Gemeinschaft etc.,
- Opinions: kognitive Wertvorstellungen/Meinungen zu sich selbst; soziale Belange, Politik, Wirtschaft, Bildung, Kultur, Zukunft, Produkte etc.

Der Vorteil einer solchen Lebensstil-Segmentierung liegt darin, dass eine ganzheitliche Beschreibung der einzelnen Typen vorgenommen wird. Die Ergebnisse von Lifestyle-Studien können aufgrund ihrer Allgemeinheit auf unterschiedliche Produktbereiche übertragen werden. Interessante Segmentierungskonzepte sind z.B. im Getränkemarkt (Spezialbiere) und bei Kosmetikprodukten realisiert worden. Die zeit- und kostenaufwendige Durchführung derartiger Studien stellt den Hauptnachteil dieses Segmentierungsverfahrens dar.

Persönlichkeit

Die Persönlichkeit umfasst alle für das Konsumentenverhalten relevanten psychologischen Konstrukte und ist sehr schwierig zu erfassen. Dennoch erfolgt eine psychographische Segmentierung häufig nach allgemeinen Persönlichkeitsmerkmalen. Hierbei lässt sich zwischen Kriterien des Lebensstils, der sozialen Orientierung, der Risikoneigung und weiteren Persönlichkeitsmerkmalen differenzieren, wobei diese Merkmale nicht trennscharf abgegrenzt werden können (*Meffert/Burmann/Kirchgeorg* 2008: 200). Die Persönlichkeit kommt z.B. in Attributen wie Ehrgeiz, Selbständigkeit oder Extrovertiertheit zum Ausdruck. Diese Eigenschaften können für sich genommen wegen ihrer schwierigen Messbarkeit sowie ihrer geringen Kaufverhaltensrelevanz nicht zur Segmentierung herangezogen werden. Vielmehr werden Persönlichkeitstypen nach einem Bündel von Attributen erfasst, wobei nicht selten die bereits beschriebene Lifestyle-Segmentierung zum Einsatz kommt. Die Abgrenzung zum Lebensstil ist daher äußerst schwierig. Dennoch soll diese Abgrenzung zur Persönlichkeitssegmentierung erfolgen. Letztere umfasst demnach noch weitere, über den Lebensstil hinausgehende Elemente und führt zu sog. **Konsumententypologien**. Die bekannteste Typologie dieser Art ist der **Milieu-Ansatz** des SINUS-Instituts. Auf der Grundlage repräsentativer Befragungen werden für Deutschland zehn soziale Milieus definiert. Die Abgrenzung erfolgt anhand der folgenden Hauptkriterien (*Vossebein* 2000: 32f.): Lebensziel, soziale Lage, Arbeit/Leistung, Gesellschaftsbild, Familie/Partnerschaft, Freizeit, Wunsch-/Leitbilder, Lebensstil. Hauptergebnis der SINUS-Lebensweltforschung ist die Abgrenzung von sozialen Milieus und ihrer jeweiligen Marktpotentiale für beliebige Untersuchungsobjekte. Insbesondere bei Automobilherstellern (z.B. BMW, PORSCHE, VOLKSWAGEN) ist die Segmentierung nach den SINUS-Milieus beliebt.

Die folgende Abbildung zeigt die aktuelle Verteilung der **Milieus für Gesamtdeutschland**.

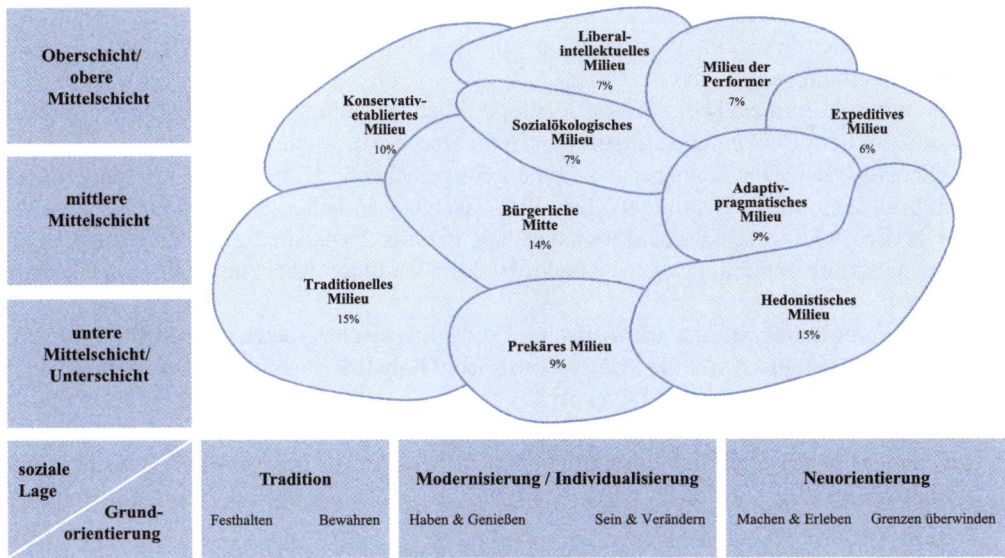

Abb. 47: SINUS-Milieus 2010 (in Anlehnung an SINUS-Institut 2010)

Im August 2010 hat das SINUS-Institut ein verändertes Gesellschaftsmodell Deutschlands vorgestellt. So verschwand das sogenannte Milieu der DDR-Nostalgischen und ging zum Teil in das prekäre Milieu auf, hinzu kam das expeditive Milieu. Ferner wurden die Milieu-bezeichnungen angepasst. Im Einzelnen lauten die **zehn Milieus** mit ihren Definitionen nun (*SINUS-Institut* 2010):

- Adaptiv-pragmatisches Milieu: Die mobile, zielstrebige junge Mitte der Gesellschaft mit ausgeprägtem Lebenspragmatismus und Nutzenkalkül; erfolgsorientiert und kompromissbereit, hedonistisch und konventionell, starkes Bedürfnis nach „flexicurity" (Flexibilität und Sicherheit,
- Expeditives Milieu: Die stark individualistisch geprägte digitale Avantgarde; unkonventionell, kreativ, mental und geographisch mobil und immer auf der Suche nach neuen Grenzen und nach Veränderung,
- Bürgerliche Mitte: Der leistungs- und anpassungsbereite bürgerliche Mainstream; generelle Bejahung der gesellschaftlichen Ordnung; Streben nach beruflicher und sozialer Etablierung, nach gesicherten und harmonischen Verhältnissen,
- Hedonistisches Milieu: Die spaßorientierte moderne Unterschicht/untere Mittelschicht; Leben im Hier und Jetzt, Verweigerung von Konventionen und Verhaltenserwartungen der Leistungsgesellschaft,
- Konservativ-etabliertes Milieu: Das klassische Establishment; Verantwortungs- und Erfolgsethik, Exklusivitäts- und Führungsansprüche versus Tendenz zu Rückzug und Abgrenzung,

- Liberal-intellektuelles Milieu: Die aufgeklärte Bildungselite mit liberaler Grundhaltung; postmateriellen Wurzeln, Wunsch nach selbstbestimmtem Leben und vielfältigen intellektuellen Interessen,
- Milieu der Performer: Die multi-optionale, effizienzorientierte Leistungselite mit global-ökonomischem Denken und stilistischem Avantgarde-Anspruch,
- Prekäres Milieu: Die Teilhabe und Orientierung suchende Unterschicht mit starken Zukunftsängsten und Ressentiments; bemüht, Anschluss zu halten an die Konsumstandards der breiten Mitte als Kompensationsversuch sozialer Benachteiligungen; geringe Aufstiegsperspektiven und delegative/reaktive Grundhaltung, Rückzug ins eigene soziale Umfeld,
- Sozialökologisches Milieu: Idealistisches, konsumkritisches/-bewusstes Milieu mit ausgeprägtem ökologischen und sozialen Gewissen; Globalisierungs-Skeptiker, Bannerträger von Political Correctness und Diversity,
- Traditionelles Milieu: Die Sicherheit und Ordnung liebende Kriegs-/Nachkriegsgeneration; in der alten kleinbürgerlichen Welt bzw. in der traditionellen Arbeiterkultur verhaftet.

Eine Prognose von SINUS für das Jahr 2020 (*Rickens* 2006: 87) zeigt grundlegende demographische Trends in Deutschland: Das Durchschnittsalter wird steigen und die Einwohnerzahl insgesamt abnehmen. Das Milieu der DDR-Nostalgiker stirbt aus (2010 bereits eingetroffen); die ebenfalls „alten" Milieus der Konservativen und Traditionalisten schrumpfen. Hingegen wachsen die drei „jungen" Milieus der Hedonisten, Experimentalisten (expeditives Milieu) und Performer. Daneben sind zwei Szenarien vorstellbar: Auf der einen Seite ein neoliberaler Abbau des Sozialstaates, der Marktprozesse an Bedeutung gewinnen lässt und individuelle wirtschaftliche Leistung stärker belohnt. Dies führt dazu, dass die Konsum-Materialisten (prekäres Milieu) mit ihrer starken Abhängigkeit von Transfereinkommen den bisherigen Lebensstil nicht beibehalten können und deklassiert werden. Die Modernen Performer werden hingegen mit ihrer Leistungsorientierung zum neuen Leitmilieu und rücken in die Mitte der Gesellschaft. Auf der anderen Seite ist auch vorstellbar, dass der deutsche Sozialstaat eine Renaissance erlebt, wobei politische Prozesse gegenüber den Marktkräften die Oberhand gewinnen. Dadurch gewinnt die Bürgerliche Mitte an Attraktivität und steigert ihren Anteil an der Gesamtbevölkerung auf 20%.

4.1.3.4   Verhaltensbezogene Segmentierung

Verhaltensorientierte Segmentierungskriterien beziehen sich nicht auf die Frage, wie Kaufentscheidungen zustande kommen, sondern zeigen das Ergebnis dieses Prozesses auf. Diese Merkmale können als eigenständige Segmentierungsvariablen dienen, um auf zukünftiges Kaufverhalten zu schließen (*Freter* 1992). Der Nachteil einer solchen Segmentierung ist, dass häufig keine Aussagen darüber gemacht werden können, wie lange das beobachtete Kaufverhalten anhält, weil die Identifikation der verantwortlichen Variablen nicht möglich ist. Im Folgenden werden die wesentlichsten verhaltensbezogenen Merkmale erläutert.

Anlässe

Käufer unterscheiden sich bzgl. der Anlässe, zu denen sie ein Bedürfnis entwickeln, ein Produkt nachfragen und es verwenden (*Kotler/Keller/Bliemel* 2007: 377). Eine Flugreise kann z.B. geschäftlich oder privat (Urlaub) motiviert sein, der Fluggast hat dann jeweils andere Ansprüche an den Service. Neben solchen produkt- bzw. dienstleistungsspezifischen Anlässen kann ein Unternehmen auch besondere Anlässe im Leben eines Menschen als Ausgangspunkt für eine Segmentierung verwenden. So hat sich eine ganze Branche um das Ereignis Hochzeit gebildet. Es finden sog. Hochzeitsmessen statt, bei denen eine Reihe von Anbietern ihre anlassbezogenen Produkte und Dienstleistungen vorstellen (Hochzeitskleid, Hochzeitstorte, Flitterwochen, Catering, Photographie, Wedding Planner etc.). Weitere besondere Anlässe stellen die Geburt eines Kindes, die Kommunion/Konfirmation, der Erwerb eines Eigenheims sowie der Tod eines Familienmitglieds dar.

Nutzennachfrage

Eine wirksame Form der Segmentierung ist die Klassifizierung der Käufer nach dem Nutzen (**Benefit**), den sie in einem Produkt suchen. In der Theorie gibt es widerstreitende Meinungen, ob dieses Kriterium nun eher der psychographischen oder der verhaltensorientierten Segmentierung zuzurechnen ist. Eine eindeutige Abgrenzung ist jedoch nicht möglich, da es auf die Perspektive ankommt, aus welcher der Nutzen betrachtet wird. Zum einen kann die Nutzensegmentierung als eine Variante der produktspezifischen Einstellungsmessung aufgefasst werden, wobei die affektive Komponente der Einstellung zugrunde gelegt wird (*Meffert/Burmann/Kirchgeorg* 2008: 205). Zum anderen äußert sich der Nutzen in der konkreten Nachfrage nach einem Produkt, wobei das beobachtbare Kaufverhalten im Vordergrund steht. Dieser zweiten, u.a. von *Kotler/Keller/Bliemel* (2007: 377f.) vertretenen Auffassung wird an dieser Stelle gefolgt.

Die sog. Benefit-Segmentierung setzt bei der Ermittlung der wichtigsten Nutzenkomponenten an, welche Käufer einer bestimmten Produktkategorie erwarten. Auf dieser Grundlage werden Segmente als Gruppen von Konsumenten identifiziert, die in einem Produkt einen spezifischen Nutzen suchen. Eine klassische Segmentierung auf der Grundlage der Nutzennachfrage fand in den USA statt (*Haley* 1968). Im amerikanischen Zahnpastamarkt wurden vier Segmente unterschiedlicher Benefits ermittelt: Wirtschaftlichkeit (niedriger Preis), Gesundheit (Schutz vor Karies), Kosmetik (weiße Zähne) und Geschmack (angenehmer Geschmack beim Putzen der Zähne). Diese Studie bildete den Ausgangspunkt für weitere Benefit-Segmentierungen, die auch heute in der Marketingpraxis vorzufinden sind.

Mediennutzung

Die Analyse der Mediennutzung (Art und Anzahl der genutzten Medien, Nutzungsintensität) ermöglicht die Festlegung von Werbeträgern für die unterschiedlichen Segmente. Wenn neben der Mediennutzung auch die interpersonelle Kommunikation untersucht wird, können sog. Meinungsführer/-folger identifiziert bzw. segmentiert werden. Neben der gezielten Auswahl von Meinungsführern (z.B. Testimonial-Werbung) kommt der zielgruppenspezifischen Selektion der Kommunikationsmedien eine hohe Bedeutung zu. Hierbei ist eine hohe

Übereinstimmung zwischen Verwenderstruktur des Mediums und Verwenderstruktur des zu bewerbenden Produktes anzustreben (*Meffert/Burmann/Kirchgeorg* 2008: 207). So verfügt der Fernsehsender N-TV über eine Zuschauerstruktur, die überwiegend aus Personen mit hoher Bildung, anspruchsvollen Berufen und hohem Einkommen besteht. Für die Anbieter von Premium-Marken kann dieses Segment mit einem TV-Spot auf N-TV ohne große Streuverluste erreicht werden. Ähnlich aussagekräftige Segmentierungen lassen sich durch Media-Analysen bestimmter Zeitungen oder Magazine ermitteln.

Preisverhalten

Eine Einteilung der Konsumenten in verschiedene Preisklassen verdeutlicht, wie groß z.B. der Anteil der „Schnäppchenjäger" im Vergleich zu Käufern ist, die normale Preise bevorzugen. Ein preisorientiertes Kaufverhalten lässt sich durch die Reaktion auf Sonderangebote erfassen. Ferner kann die unterschiedliche Preisbereitschaft zu einer Preisdifferenzierung genutzt werden. Neben dem klassischen Schnäppchenjäger, dessen Mentalität mit „Geld sparen = billig" beschrieben werden kann, hat in den letzten Jahren der Konsumententypus des Smart Shoppers an Bedeutung gewonnen, für den „Geld sparen = clever" gilt. Smart Shopper sind an einem hervorragenden Preis-Leistungs-Verhältnis interessiert und darüber hinaus der Ansicht, dass Marken nicht zwingend einen höheren Preis implizieren. In Zukunft wird mit einem Wachstum dieses Segments zu Lasten der Schnäppchenjäger und der stark markenorientierten Qualitätskäufer gerechnet. Aufgrund des hybriden Kaufverhaltens vieler Konsumenten sowie der schichtübergreifenden „Geiz ist geil"-Mentalität ist das Kriterium des Preisverhaltens jedoch schwierig zu erfassen und zudem für sich genommen kaum aussagekräftig.

Einkaufsstättenwahl

Es gibt einerseits Konsumenten, die bestimmte Betriebsformen des Einzelhandels (Fachgeschäfte, Warenhäuser, Shopping Center etc.) bzw. bestimmte Geschäfte (Stammgeschäfte) bevorzugen. Andererseits suchen Käufer nach Abwechslung und zeigen dies durch einen ständigen Wechsel der aufgesuchten Einkaufsstätten. Im Rahmen der Marktsegmentierung ist die Differenzierung zwischen Erlebnis- und Versorgungskäufern interessant, wobei – analog zum Preisverhalten – auch hier ein bipolares Verhalten zu erkennen ist. Das Geld, das am Montag bei ALDI gespart wird, gibt der Verbraucher am Samstag z.B. im CENTRO-OBERHAUSEN wieder aus.

Verwenderstatus

Die Konsumenten eines Marktes können nach ihrem Verwenderstatus in Käufer, Nicht-Käufer, ehemalige Käufer oder Erstkäufer eingeteilt werden. Für ein Unternehmen stellt sich hier z.B. die Frage, ob mit einem Produkt bzw. einer Produktdifferenzierung gezielt neue Käufer angesprochen werden sollen, d.h. Nichtverwender und Konkurrenzverwender, oder ob die Stammkunden im Mittelpunkt des Interesses stehen. Hier ergeben sich konkrete Hinweise zur Gestaltung des Marketing-Mix. Dieses Segmentierungskriterium findet jedoch erst auf der Grundlage anderer Merkmale Berücksichtigung.

Verwendungsrate

Die Verwendungsrate oder -intensität erfasst die Menge eines Produktes, die von Personen/Haushalten innerhalb einer bestimmten Periode ver- oder gebraucht wird. Anhand des Verbrauchsvolumens oder des Kaufrhythmus findet z.B. eine Einteilung der Konsumenten in Vielkäufer (heavy user) und Wenigkäufer (light user) statt (*Twedt* 1972). So können starke Verwender nur einen geringen Prozentsatz der Marktteilnehmer ausmachen, jedoch einen sehr hohen Anteil am Gesamtkonsum bzw. -umsatz aufweisen. Eine solche Segmentierung findet z.B. bei Getränken, Nahrungsmitteln, Arzneimitteln und Kosmetika statt. Aktuelle Kundenkarten- und Kundenclubsysteme mit Bonus-Programmen (PAYBACK, MILES&MORE) sind operative Maßnahmen, die sich auf eine Segmentierung nach diesem Merkmal stützen.

Markenwahl

Analog zur Geschäftstreue ist bei vielen Konsumenten auch die Markentreue stark ausgeprägt. Bei *Kotler, Keller* und *Bliemel* (2007: 379f.) findet sich eine klassische Segmentierung nach der Markenwahl, die bereits in den 50er Jahren des letzten Jahrhunderts von *Brown* entwickelt wurde. Die Käufer von fünf Marken (A, B, C, D, E) werden in die folgenden vier Segmente eingeteilt.

- Ungeteilt Markentreue
  (AAAAAA; kaufen immer dieselbe Marke),
- Geteilt Markentreue
  (AABBAB; Markentreue verteilt auf zwei Marken),
- Abwandernde Markentreue
  (AABBCC; wechseln zu einer anderen Marke und kaufen diese dann künftig),
- Wechselhafte
  (ACEBDC; keine Markentreue, Abwechslung suchend, Sonderangebote nutzend).

In diesem Sinne gibt es viele Märkte, die durch eine große Markentreue bzw. mit vielen ungeteilt markentreuen Konsumenten gekennzeichnet sind, beispielsweise der Automobil-, Zahnpasta- oder Biermarkt. In solchen Märkten ist es besonders schwierig, Marktanteile von Konkurrenten zu gewinnen, weil viele Konsumenten fest bei einer Marke bleiben. Eine Analyse dieser Markensegmente gibt aber Aufschluss darüber, wie die einzelnen Marken positioniert sind und welche Segmente sie bedienen.

Verhaltensbezogene Segmentierungsmerkmale sind als alleinige Kriterien nur eingeschränkt aussagefähig. Sie werden häufig als passive, deskriptive Variablen eingesetzt. Als Fazit der Darstellung der möglichen Segmentierungsverfahren bleibt festzuhalten, dass die beschriebenen Kriterien, aber auch die Verfahren selbst, für sich genommen zur trennscharfen Identifikation von Segmenten kaum geeignet sind. Die Praxis der Marktsegmentierung zeigt, dass nur durch die Kombination der Verfahren und Kriterien aussagekräftige und für die Bearbeitung geeignete Segmente definiert werden können.

Abb. 48 zeigt exemplarisch die Segmentierung des **deutschen Handymarktes** anhand möglicher Kriterien.

Für einen Handyproduzenten gilt es erstens die Relevanz der einzelnen Kriterien zu überprüfen, zweitens durch die Kombination der relevanten Kriterien Marktsegmente zu identifizieren, und drittens geeignete Segmente (Zielgruppen) für die Marktbearbeitung auszuwählen. Mit dieser Aufgabenstellung wird somit zum Targeting, der eigentlichen Zielgruppenbestimmung, übergeleitet.

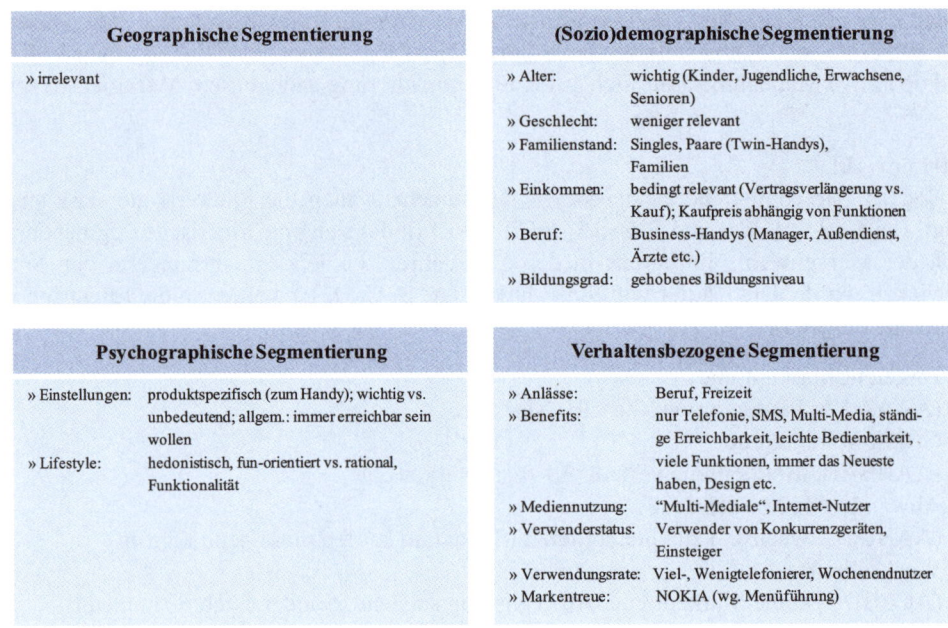

Abb. 48: Segmentierungskriterien für den deutschen Handymarkt

4.2   Zielgruppenbestimmung – Targeting

Sind die möglichen Segmente eines Marktes identifiziert, muss ein Unternehmen die Attraktivität der verschiedenen Segmente bewerten und schließlich eine Entscheidung treffen, welches Segment bzw. welche Segmente bearbeitet werden sollen.

Der **Handyproduzent** des aufgeführten Beispiels identifiziert u.a. folgende mögliche Zielgruppen:

- Spaß- und freizeitorientierte Jugendliche, die viel Wert auf eine große Auswahl an Spielen, Klingeltönen und weitere Funktionen wie z.B. Nutzung von sozialen Netzwerken legen,

- Geschäftsleute, die ihr Handy fast ausschließlich beruflich verwenden; sie legen Wert auf Zuverlässigkeit, günstige Tarife (da heavy user) und Sonderfunktionen wie Terminkalender, E-Mail-Programm etc.,
- Senioren, die ebenfalls die Vorteile des Mobiltelefonierens nutzen möchten, jedoch nur Wert auf die Basisfunktionen sowie eine leichte Bedienbarkeit legen.

Die Auswahlkriterien hängen stark von den individuellen Unternehmens- und Marktgegebenheiten ab. Grundsätzlich sind jedoch folgende Aspekte bei der Zielgruppenbestimmung zu beachten. Die Marktsegmente müssen mit der grundlegenden Unternehmensstrategie vereinbar sein. Ein Premiumanbieter, bei dem höchste Qualität im Mittelpunkt des Unternehmenskonzeptes steht, wird das Segment der preisorientierten Wechselkäufer ausschließen. Anhand der Segmentgröße kann das Segmentvolumen und Segmentpotential (analog zum Gesamtmarkt) abgeschätzt werden. Sind Volumen und Potential der anvisierten Zielgruppe zu gering, scheidet das Segment für die Bearbeitung aus. Die eigene Stellung im Segment bzw. die Positionen der Wettbewerber geben weitere Anhaltspunkte für die Attraktivität des Segmentes. Hierzu sind Kennzahlen wie Marktanteil und Umsatz im Segment heranzuziehen. Die Erreichbarkeit der Zielgruppe durch distributions- und kommunikationspolitische Maßnahmen muss gewährleistet sein, womit eine klare Abgrenzung der Segmente bzgl. Einkaufsverhalten und Mediennutzung notwendig ist. Die zusätzlichen Kosten, die für die Bearbeitung einer neuen Zielgruppe anfallen, müssen geschätzt werden. Selbst wenn alle genannten Punkte auf eine hohe Attraktivität eines Marktsegmentes hinweisen, muss ein Unternehmen unter Umständen von seiner Bearbeitung absehen, wenn interne Faktoren (z.B. fehlende Ressourcen) oder externe Faktoren (z.B. rechtliche Beschränkungen) dagegensprechen.

Nach *Freter* (1983: 110ff.) können **vier Strategien zur Segmentbearbeitung** unterschieden werden. Die folgende Abbildung verdeutlicht diese Strategien anhand **zweier Dimensionen**:

1. Differenzierung des Marketing-Mix,
2. Abdeckung des Marktes.

Differenzierung / Marktabdeckung	undifferenziert	differenziert
vollständig	undifferenziertes Marketing	differenziertes Marketing (total)
teilweise	konzentriertes Marketing	differenziertes Marketing (selektiv)

Abb. 49: Segmentspezifische Marktbearbeitungsstrategien (Freter 1983: 110)

Im Rahmen der **undifferenzierten** Strategie wird mit einem Produkt und einem Marketing-programm (-mix) der Gesamtmarkt bearbeitet, womit eine Null-Segmentierung bzw. eine Massenmarktstrategie vorliegt.

Bei der **konzentrierten** Strategie ist ein Unternehmen bestrebt, eine starke Marktstellung in einem Segment (oder einer Nische) zu erreichen, indem es sich mit seinem Marketingpro-gramm auf ein besonders attraktives Marktsegment konzentriert. Es gibt also nur einen Mar-keting-Mix für eine ausgewählte Zielgruppe. Die Marketingaktivitäten können einerseits optimal auf die anvisierte Zielgruppe zugeschnitten werden, andererseits birgt diese Strategie überdurchschnittliche Risiken, da auf potentielle Gewinne in anderen Segmenten verzichtet wird und eine Risikostreuung unmöglich ist.

Bei der **differenzierten** Strategie wird zwischen der vollständigen und teilweisen Marktab-deckung unterschieden. Bei der differenzierten Bearbeitung des vollständigen Marktes wer-den alle Segmente mit einem jeweils eigenen Marketing-Mix bearbeitet. Diese Strategie kommt wegen ihres hohen finanziellen, personellen und administrativen Aufwands nur für größere Unternehmen in Betracht. Wird der Markt nur teilweise bearbeitet, so werden zwei oder mehr Segmente differenziert mit eigenen Marketingprogrammen bedient. Die differen-zierte Strategie weist in der Regel höhere Umsätze auf. Unternehmen müssen jedoch ande-rerseits mit erheblich höheren Kosten rechnen.

Nachdem die Zielgruppe(n) bestimmt ist (sind), gilt es, sich im anvisierten Zielsegment vom Wettbewerb zu differenzieren und eine bestimmte Position in diesem Marktsegment einzu-nehmen. Dies stellt den dritten und letzten Schritt im Rahmen des STP-Marketing dar.

4.3   Differenzierung und Positionierung – Positioning

4.3.1   Differenzierung

Konsumenten in einem Markt stellen Unterschiede zwischen Produkten oder Marken fest, indem sie diese miteinander vergleichen. Werden diese Unterschiede von Unternehmen ef-fektiv kommuniziert, können sie von den potentiellen Käufern erkannt und im Idealfall abge-speichert werden, womit eine Positionierung im Markt realisiert wird. Um dies zu erreichen, müssen diese Unterschiede (Differenzierungen) folgende **Kriterien** erfüllen (*Kot-ler/Keller/Bliemel* 2007: 402f.): Substantialität, Hervorhebbarkeit, Überlegenheit, Kommuni-zierbarkeit, Vorsprungssicherung (nicht leicht zu imitieren), Bezahlbarkeit, Gewinnbeitrags-potential, Nachhaltigkeit.

Die Differenzierungsstrategie ist die grundlegende Marketingstrategie: **Differenzierung** heißt, ein Produkt- oder Dienstleistungsangebot für einen Markt bzw. ein Marktsegment so zu gestalten, dass es sich von den Angeboten der Wettbewerber abhebt. Im Kontext der STP-Strategie stellt dies den dritten Schritt dar. Nach Segmentierung und Zielgruppenbestimmung gilt es, für die ausgewählten Segmente passende Angebote durch Differenzierung von der

Konkurrenz zu schaffen. In diesem Sinne wird bereits auf die gleichnamige generische Strategie nach *Porter* vorgegriffen. An dieser Stelle werden jedoch allgemein potentielle Differenzierungsmöglichkeiten aufgezeigt. Nach *Kotler/Keller/Bliemel* (2007: 407ff.) gibt es grundsätzlich **fünf Differenzierungsmöglichkeiten**: Differenzierung durch Produkt, Service, Mitarbeiter, Distribution und Kommunikation (Identitätsgestaltung). Sollte der Handyproduzent aus dem vorangegangenen Beispiel sich für das Zielsegment der Senioren entschieden haben, so könnte er z.B. durch ein größeres Display bzw. größere Tasten den Bedienungskomfort erhöhen (Produkt) oder besondere Beratung oder gar Produktschulung anbieten (Service).

Das **Produkt** als Differenzierungsobjekt bietet grundsätzlich vielfältige Möglichkeiten. Jedes Produkt kann mit unterschiedlichen Ausstattungselementen angeboten werden, als Basisversion oder mit vielen Extras. Diese Differenzierung wurde lange Zeit von japanischen Unternehmen, z.B. Automobil- oder Kameraherstellern, erfolgreich verfolgt, da Extras ohne Aufpreis angeboten wurden. Ferner kann die besondere Qualität eines Produktes als Unterscheidungsmerkmal fungieren, wobei dies auf verschiedenen Qualitätsstufen geschehen kann. Die Qualitätsführerschaft, wie sie z.B. von MIELE bei Waschmaschinen oder MERCEDES bei Automobilen verfolgt wird, bringt nicht nur einen Imagegewinn, sondern – durch die PIMS-Studie nachgewiesenermaßen – auch eine hohe Kapitalrendite. Die Haltbarkeit bzw. erwartete Nutzungsdauer eines Produktes ist ebenfalls eine Differenzierungsmöglichkeit, insbesondere bei technischen Geräten, aber auch DURACELL (Batterien) verfolgt seit langem eine solche Strategie. Konsumenten sind in der Regel bereit, für ein Produkt mehr zu bezahlen, wenn es entsprechend lange genutzt werden kann. Die Zuverlässigkeit eines Produktes kann als Wahrscheinlichkeit aufgefasst werden, dass innerhalb eines bestimmten Zeitraums keine Leistungsstörung auftritt. Als Beispiel kann MERCEDES gelten, deren Autos laut Pannenstatistik seit Jahren zu den zuverlässigsten zählen. Schließlich ist das Design ein wichtiger Differenzierungsparameter bzgl. des angebotenen Produktes. Das Design oder Styling eines Produktes kennzeichnet einen besonderen Stil. Es gibt viele Beispiele für eine solche Differenzierung: BANG&OLUFSEN, APPLE, SWATCH etc. Auch in der Lebensmittelbranche kann dieser Parameter eingesetzt werden, indem die Verpackung als Designelement fungiert, Beispiele sind u.a. THERAMED oder AFTER EIGHT. Mit diesen produktbezogenen Entscheidungen wird häufig bereits die operative Ebene der Produktpolitik tangiert. Die aufgezeigten Parameter sind hier jedoch als strategische Entscheidungen zu verstehen, die als Vorgabe für die Mixebene gelten. So betrifft die strategische Entscheidung für ein besonderes Design alle Produkte, das jeweilige Produktmanagement setzt diese Vorgabe dann durch konkrete Designs um.

Der **Service** als Differenzierungsinstrument ist gerade in Deutschland – oft als „Service-Wüste" tituliert – besonders effektiv. Im B2B-Marketing, z.B. im Anlagenbau, gehören Installation/Instandsetzung, Kundenschulung und -beratung zu ganz wesentlichen Bausteinen eines Marketingkonzepts. Im B2C-Bereich nimmt Kundenberatung ebenfalls als Servicekomponente an Bedeutung zu (Hotlines etc.); in der Automobilbranche können durch besondere Garantieleistungen oder Wartungsverträge Wettbewerbsvorteile erzielt werden. Ferner sind bei technischen Geräten (Fernseher, Staubsauger etc.) Reparaturleistungen als Serviceangebot von hohem Wert für die Kunden. Im Einzelhandel gibt es vielfältige Möglichkeiten, sich über den Service zu differenzieren: Zustellung der Ware, Geschenkverpackung, Taxiruf, Regenschirmverleih u.v.m. Der KAUFHOF hat beispielsweise in seinem GALERIA-Konzept eine Reihe dieser Servicekomponenten verankert.

Die **Mitarbeiter** eines Unternehmens können besonders effektive Differenzierungsmerkmale darstellen, insbesondere in Branchen wie Dienstleistung (Unternehmensberatung, Finanzdienstleistungen etc.), Handel und Gastronomie, wo die Mitarbeiter im direkten Kundenkontakt stehen und das Unternehmen nach außen verkörpern. Im Einzelhandel können sich z.B. Fachgeschäfte durch besser qualifiziertes Personal und damit eine höhere Beratungskompetenz profilieren. Der amerikanische Supermarkt-Gigant WAL MART stellt für sein Verkaufspersonal verbindliche Regeln auf, wie im Kontakt mit dem Kunden vorzugehen ist, z.B. den Kunden anzulächeln oder auf den Kunden zuzugehen. Diese Zuvorkommenheit des Personals ist für den deutschen Handelskunden oftmals befremdlich und wirkt übertrieben, in den USA oder Japan ist dies völlig normal und absoluter Standard. Folgende **Mitarbeitereigenschaften** sind wichtig für eine effektive Differenzierung (*Parasuraman/Zeithaml/Berry* 1985):

- Fachkompetenz,
- Höflichkeit/Freundlichkeit,
- Vertrauenswürdigkeit,
- Zuverlässigkeit,
- Kommunikationsfähigkeit/geistige Beweglichkeit.

Eine weitere Möglichkeit, sich von der Konkurrenz zu differenzieren, liegt in der **Distribution**. Unternehmen wie VORWERK oder AVON unterscheiden sich im Wettbewerb durch exklusive, direkte Vertriebswege. Dies ist zwar in erster Linie eine operative, distributionspolitische Maßnahme, in den genannten Beispielen ist der besondere Vertriebsweg jedoch eine strategische Entscheidung.

Schließlich kann durch eine besondere **Identitätsgestaltung** (Corporate Identity) bzw. ein einzigartiges, positives Image eine Differenzierung vom Wettbewerb erreicht werden. Auch hier wird bereits die Mix-Ebene, speziell die Kommunikationspolitik, angesprochen. Die Identitätsgestaltung wird jedoch zu Recht als übergreifende Entscheidung (CI-Konzept) aufgefasst, welche die gesamte Unternehmenskommunikation beeinflusst. So hatte HENKEL im Jahr 2002 unter dem Vorstandsvorsitzenden *Ulrich Lehner* mit seinem Claim „A Brand like a Friend" das Grundprofil seiner Marken bereits skizziert, nämlich das Grundverständnis, die HENKEL-Produkte als „kleine Helferlein" des Alltags aufzufassen. Der neue Vorstandsvorsitzende *Kasper Rorsted* führte 2011 den neuen Claim „Excellence is our Passion" ein, um den Stakeholder-Ansatz (vgl. Kapitel II 4) in den Vordergrund zu stellen. Aus Sicht der Autoren führt dies eher zu einer Verwässerung. Auch die DEUTSCHE BANK wählt mit ihrem im Jahr 2003 von *Josef Ackermann* eingeführten Claim „Passion to Perform" eine ähnliche Aussage. Die Identitätsgestaltung findet ihren Niederschlag in Symbolen (APPLE) oder Farben (UPS), welche die Wiedererkennung von Unternehmen bzw. Marken fördern, und die in Werbebotschaften, Unternehmensbroschüren, Jahresberichten, Briefbögen oder Visitenkarten eingearbeitet werden. Ferner trägt die atmosphärische Gestaltung von Anlagen und Gebäuden des Unternehmens zu einem besonderen Image bei, besonders zu beobachten bei Banken oder in der Systemgastronomie (MCDONALD'S). Als Beispiel für eine besonders gelungene Identitätsgestaltung durch Gebäude und Anlagen kann das Betriebsgelände von BÖHRINGER INGELHEIM gelten, das eine sehr freundliche, mitarbeiterorientierte Atmosphäre ausstrahlt, die nichts mit dem traditionellen Image eines Pharmakonzerns verbindet.

4.3.2   Positionierung

Die Situation auf den Märkten ist heutzutage in den meisten Branchen von extrem wettbewerbsintensiven und dynamischen Prozessen gekennzeichnet. Dabei haben sich auch die Marktstrukturen verändert und so die Marktbearbeitung vor neue Herausforderungen gestellt. Die Anforderungen an die Markenführung sind dadurch wesentlich komplexer geworden. Genau das ist aber heute in Zeiten von massiver Informationsüberlastung und Reizüberflutung ein weiteres Problem. *Kroeber-Riel* forderte schon 1990 in diesem Zusammenhang die Reduktion von Komplexitäten in der Positionierung und Kommunikation von Marken. Die Umfeldbedingungen zu dieser Zeit, in der das Privatfernsehen in Deutschland noch in den Kinderschuhen stand, waren im Vergleich eher paradiesisch.

Grundsätzlich war es schon immer die Aufgabe der Marketingverantwortlichen, die Marke eindeutig im Bewusstsein der Zielgruppe zu positionieren, damit diese langfristig einen wertvollen Beitrag zum Unternehmenserfolg leistet. Die Ansprüche an diese Aufgabe haben in den heutigen Märkten allerdings neue Dimensionen erreicht.

In erster Linie betroffen von diesen Bedingungen ist die Konsumgüterbranche, insbesondere die Fast Moving Consumer Goods (FMCG). Hintergrund ist hier die vor allem durch Konzentrationsprozesse entstandene starke Stellung des Handels. Die Handelsorganisationen setzen die Herstellermarken der traditionellen Markenartikelindustrie mit ihren Handelsmarken unter Druck und erreichen in der Summe in vielen Warengruppen Marktanteile bis zu 40% und teilweise auch schon darüber. Die Auswirkungen dieser Bedingungen für die Markenartikelindustrie führen zu dem seit einigen Jahren zu beobachtenden „Verlust der Mitte-Phänomen". Viele Herstellermarken, die in der Mitte des Marktes positioniert sind, geraten immer mehr in eine „Sandwich-Position" (stuck in the middle) zwischen den Premiummarken bzw. dem Marken-Marktführer und den Handelsmarken in der relevanten Warengruppe und verlieren dabei kontinuierlich an Marktanteilen (*GfK PANEL SERVICES* 2007).

Der Verlust der Mitte ist aber nicht nur im Bereich der FMCG zu finden, sondern auch in Branchen, in denen keine derart spezifische Situation auf Ebene der Absatzmittler existiert. Beispielsweise leiden genauso die Mittelklasse-Anbieter im Automobilmarkt unter diesem Phänomen. Traditionelle Mitte-Marken wie FORD oder OPEL verzeichnen Marktanteilsverluste, während die Oberklasse mit Marken wie BMW oder MERCEDES und frühere Einsteiger-Marken wie PEUGEOT, RENAULT oder HYUNDAI ihre Marktposition verbessern können (*Dudenhöffer* 2005).

Das Problem vieler Marken in der Mitte von Märkten ist, dass sie sich im „strategischen Niemandsland" befinden. Sie sind entweder unzureichend differenziert und positioniert oder pendeln zwischen Präferenzstrategie und Preis-Mengen-Strategie hin und her. Ungeachtet dessen ist ihre Positionierung verwässert und sie werden von den Konsumenten nicht mehr ausreichend als die Marke identifiziert, die ihnen einen nachvollziehbaren Mehrwert im Nutzen bietet. Die Diagnose ist deutlich. Was diesen Marken fehlt, ist die **Uniqueness**. Sie verfügen über keine eindeutige Einzigartigkeit. Nach wie vor liegt der Schlüssel zum Markenerfolg in der klaren Positionierung. Es muss für die Marke eine Alleinstellungsdimension gefunden werden, die für die Zielgruppe relevant und im Wettbewerbsumfeld einzigartig und damit nicht austauschbar ist (*Runia/Wahl* 2009: 272).

Differenzierung ist notwendig, um sich von den relevanten Wettbewerbern abzuheben. Eine Differenzierung reicht jedoch nicht aus, wenn der potentielle Käufer sie nicht wahrnimmt. Ein Unternehmen sollte in seiner Kommunikation die Unterschiede herausstellen, die für das anvisierte Zielsegment am sinnvollsten sind, und die es ermöglichen, eine eigenständige Position am Markt zu erreichen. In diesem Verständnis ist Positionierung das Bestreben des Unternehmens, sein Angebot so zu gestalten, dass es im Bewusstsein des Zielkunden einen besonderen, geschätzten und von der Konkurrenz abgehobenen Platz (eine Position) einnimmt (*Kotler/Keller/Bliemel* 2007: 423). Es stellt sich die Frage, welche und wie viele Unterschiede herausgestellt werden sollen, um eine gelungene Positionierung zu erreichen. Viele Unternehmen stellen nur einen einzigen Produktnutzen heraus (Einfach-Nutzen-Positionierung). Nach *Ries* und *Trout* (1982) sollte hierbei betont werden, dass das Produkt bei dieser Eigenschaft die „Nummer Eins" ist. HOLSTEN positionierte sich in der Vergangenheit erfolgreich über die Regionalität mit dem Slogan „Im Norden die Nr.1". Subtiler umschreibt APPOLINARIS seine führende Position in der Qualität als „Queen of Tablewaters". Andere Unternehmen stellen für ihre Produkte zwei oder mehr Nutzen heraus. Ein gutes Beispiel für eine Dreifach-Nutzen-Positionierung ist ODOL-MED 3 von GLAXO SMITH KLINE; die Zahnpasta wird mit drei Nutzendimensionen positioniert (Schutz vor Karies, Parodontose und Zahnsteinbildung). HENKEL geht bei den Tabs der Geschirrspülmittelmarke SOMAT sogar den Weg, über die Addition der Nutzenkomponenten (SOMAT 1 = Reiniger, SOMAT 3 = + Klarspüler + Salzfunktion, SOMAT 5 = + Edelstahlglanz + Langzeit-Glasschutz, SOMAT 7 = + Reinigungsverstärker + Niedrigtemperatur-Aktivator, SOMAT 9 = + Geruchsneutralisierer + Extra-Trocken-Effekt) den Grad der Positionierung in Teilschritten zu erhöhen und nimmt dabei gleichzeitig eine Art von Produktdifferenzierung vor. Zielsetzung ist es, eine „Innovationsführerschaft" für die Produktgattung zu demonstrieren und sich so vom Wettbewerb zu differenzieren. Generell bergen Mehrfach-Nutzen-Positionierungen die Gefahr der Verwässerung der Markenpositionierung. Letztlich kommt es nicht auf die Anzahl der herausgestellten Nutzen oder Differenzierungen an, sondern auf deren Beitrag zu einer effektiven Positionierung.

In diesem Zusammenhang wird in der Theorie und Praxis für die Positionierung der Ansatz der Unique Selling Proposition (U.S.P.) bevorzugt, der im Kern von einer klaren Einfach-Nutzen-Positionierung ausgeht. Die zentrale Bedeutung dieses Ansatzes wird im Folgenden entsprechend berücksichtigt und exemplarisch dargestellt.

Unique Selling Proposition (U.S.P.)

Der amerikanische Werbefachmann und Mitbegründer der New Yorker Agentur TED BATES *Rosser Reeves* ist Urheber der U.S.P. und beschrieb diese als die: „... wahrscheinlich ... heute am meisten missbrauchte Folge von Buchstaben in der Werbung" (*Reeves* 1961). Sein „heute" war 1961, als er seine Ideen und Gedanken zur Werbung zu Papier brachte. *Reeves* hat mit der Formulierung seiner Vorstellung, dass jedes Produkt ein **einzigartiges Verkaufsargument** (Unique Selling Proposition) besitzen müsse, das andere Produkte im Wettbewerb nicht innehaben und das so stark ist, dass eine ausreichend große Anzahl von Konsumenten dieses Produkt zu kaufen bereit ist, die Grundvoraussetzung für eine erfolgreiche Positionierung von Produkten geprägt. Sein Ansatz war eine produktbezogene alleinstellende Positionierung, bei der er eine Einfach-Nutzen-Positionierung des Produkts voraussetzte. Die U.S.P. dokumentiert ein **unverwechselbares Nutzenangebot** für die gewählte Zielgruppe.

Für erfolgreiche Werbung leitete *Reeves* die Forderung ab, dass diese das einzigartige Verkaufsargument in ein einzigartiges Werbeargument zu kanalisieren habe. Er plädierte also für eine Verschmelzung von Kernnutzen und Kernbotschaft, um so die **Uniqueness** („eindeutige" Einzigartigkeit) zu kommunizieren. Die Präsentation der Besonderheit und Einzigartigkeit eines Werbeobjekts unter Konzentration auf eine (kauf-)entscheidende Produkteigenschaft war für ihn somit die Bedingung für die Ausdrucksweise und Gestaltung der Kernbotschaft.

Die Schwierigkeit, heute treffende Beispiele für Produkte bzw. Marken mit echten U.S.P.s zu nennen, beruht in erster Linie auf dem historischen Aspekt. So ermöglichte der WALKMAN von SONY als erstes Produkt die mobile Musikberieselung außerhalb des Autos und NUTELLA brachte die Schokolade aufs Brot. Die damalige Uniqueness dieser Marken ist heute nicht mehr gegeben, da im ersten Fall die HiFi-Technologie das Produkt längst überholt hat und im zweiten Fall andere Nuss-Nougat-Cremes die Alleinstellung des Ursprungsproduktes verhindern. Dass die überwiegende Zahl der Konsumenten heute noch immer zur Marke NUTELLA greift, beruht also nicht mehr auf der ursprünglichen U.S.P., sondern auf der vorhandenen Markenstärke (*Runia/Wahl* 2009: 273 f.). In einer abgeschwächten Form kann heute auch dann von einer U.S.P. gesprochen werden, wenn ein Anbieter eines Produktes gegenüber anderen Anbietern einen vom Nachfrager wahrgenommenen Wettbewerbsvorteil (Netto-Nutzen-Vorteil) hat (*Meffert/Burmann/Kirchgeorg* 2008: 57), wobei dann jedoch die Einzigartigkeit des Angebotes ausgeblendet wird.

Übertragen auf das Modell des Produktlebenszyklus bedeutet dies, dass U.S.P.s hervorragend in der Einführungs- und Wachstumsphase funktionieren, d.h. in weitgehend ungesättigten Märkten. Die grundlegende Einzigartigkeit der entsprechenden Marke führt zu einem kommunikationspolitischen Vorteil, der eine hohe Werbewirkung sicherstellt. In der Reife- und Sättigungsphase befinden sich die Konkurrenten mit Produktadaptionen auf dem Markt und verhindern die weitere Fokussierung auf die U.S.P., weil die Alleinstellung nicht mehr gegeben ist und von den Konsumenten auch nicht mehr geglaubt wird. Vielfach besteht dann nur noch die Möglichkeit der Umwandlung der „echten" physischen U.S.P. in eine emotionsgeladene, psychologische U.S.P.

Es empfiehlt sich daher, zwischen einer natürlichen und einer konstruierten U.S.P. zu differenzieren:

- Eine **natürliche U.S.P.** ist der funktionale Nutzen, der sich direkt aus dem Produkt, seinen Eigenschaften oder seiner Herstellungsweise ableiten lässt. Heute wird dies als echter, ursprünglicher oder faktischer Verkaufsvorteil bezeichnet, bei dem der rationale Kernnutzen bedeutender ist als die Kernbotschaft.
- Eine **konstruierte U.S.P.** ist der psychologische Nutzen, der sich nur indirekt aus dem Produkt, seinen Eigenschaften oder seiner Herstellungsweise ableiten lässt und dem Produkt demzufolge erst durch die Kommunikation zugeschrieben wird. Heute wird dies als künstlicher, abgeleiteter oder psychologischer Verkaufsvorteil bezeichnet, bei dem die emotionale Kernbotschaft bedeutsamer ist als der Kernnutzen selbst.

Auf die Schwierigkeiten, eine natürliche U.S.P. unter heutigen Marktbedingungen zu entdecken, wird in den folgenden Fallstudien näher eingegangen. Ansätze für eine konstruierte U.S.P. lassen sich einfacher finden. Als Beispiel sollen hier die Schokoladenmarken TOBLERONE und RITTER SPORT dienen, die in erster Linie auf das Produktformat als Differenzierungsmerkmal setzen.

Als *Reeves* seinen Positionierungsansatz aufstellte, war die Situation der Märkte nicht vergleichbar mit heutigen Bedingungen. Damals wuchsen die Märkte stark und das Angebot in einem Markt war noch so lückenhaft, dass es für einen Anbieter nicht allzu schwierig war, eine alleinstellende Positionierung zu finden. Aus heutiger Sicht mussten die Märkte kaum segmentiert werden und die Produkte verfügten über einen erkennbaren Kernnutzen. Oft wurde dadurch eine quasi-monopolistische Marktstellung aufgebaut und die Nachfrager steuerten so unausweichlich auf die Marke zu.

Heutzutage sind viele Märkte gesättigt, stark segmentiert und die Segmente annähernd besetzt, d.h. die meisten U.S.P. sind so gut wie vergeben. Im Vergleich zu damals sind die Produkte im Kernnutzen vielfach austauschbar und über schwächere Nutzendimensionen (z.B. Verpackung oder Service) differenziert. Auch die Werbekampagnen sind in ihrer Kernbotschaft oft zu wenig differenziert oder sogar sehr ähnlich, so dass es Unternehmen immer schwerer fällt, eine produktbezogene alleinstellende Positionierung zu etablieren. Die Suche nach einer U.S.P. hat teilweise schon gegenteilige Wirkung und führt zu gefährlichen Konsequenzen. So besetzen Unternehmen Positionen im Markt, die zwar unique sein mögen, die gleichzeitig aber auch so wenig relevant sind, dass ihr Erfolg fraglich wird, weil ihre Marktberechtigung nicht ohne Weiteres einleuchtet.

Ein gutes Beispiel ist hierfür die Geschichte der Sportgetränke-Marke ISOSTAR. Das Produkt der WANDER AG wurde 1984 als erstes isotonisches Sportgetränk in Deutschland und vier weiteren europäischen Ländern eingeführt und war somit der Pionier für Sportgetränke in diesen Märkten. Isotonie bedeutet, dass die Mineral-, Kohlenhydrat- und Vitaminkonzentrationen des Produkts im Gleichgewicht mit den Konzentrationen im menschlichen Blut stehen und deshalb eine ausgezeichnete Flüssigkeits- und Energiequelle sind. Die WANDER AG ließ wissenschaftliche Studien erstellen, die bewiesen, dass der menschliche Körper isotonische

Getränke viel schneller aufnimmt als nicht-isotonische Getränke. Schon der Namensbestandteil „Iso-" sollte diesen Produktvorteil direkt zur Zielgruppe transportieren. ISOSTAR löste also schlagartig ein ursächliches Problem der Sportler, nämlich den Leistungsabfall durch den beim Schwitzen entstehenden Verlust von Wasser und vor allem Mineralsalzen. Das Produktversprechen lautete: „ISOSTAR löscht den Durst, führt dem Körper die verlorene Flüssigkeit und die verlorenen Mineralsalze schnell wieder zu, ohne dabei den Organismus zu belasten." ISOSTAR wurde als neuartiges isotonisches Elektrolyt-Getränk positioniert. Die Werbekampagne hatte die Headline „Neun von zehn Getränken sind für einen Sportler viel zu langsam" und den Claim „ISOSTAR. Der schnelle isotonische Durstlöscher".

Das bereits in den 70er Jahren in den USA im Markt befindliche Elektrolyt-Sportgetränk GATORADE, damaliger und heutiger Weltmarktführer bei den flüssigen Sportgetränken, wurde vom Nahrungsmittelunternehmen QUAKER OATS als „schneller Durstlöscher" (fast thirst quencher) positioniert und mit sportlich-emotionalen Akzenten in der Werbung inszeniert. Schon der Ursprung und die Namensgebung des Produkts entstanden durch eine Zusammenarbeit mit der Football-Mannschaft der Florida-Universität, die den Namen „Gator" trug. Die Markenverantwortlichen setzten konsequent weiter auf den Sport-Schwerpunkt in der Kommunikation und gewannen 1991 sogar den US-Basketball-Superstar *Michael Jordan* als sog. „Sprecher der Marke" und starteten mit ihm als Testimonial die Kampagne „Be Like Mike".

Sowohl ISOSTAR als auch GATORADE hatten also die gleiche Positionierungsbasis als Elektrolyt-Getränk und schneller Durstlöscher, allerdings schien ISOSTAR durch das Wirkungsversprechen als isotonisches Getränk die im Kernnutzen „beweisbarere" U.S.P. zu haben. ISOSTAR setzte auf eine rational-argumentative Kommunikation mit der Zielgruppe, eingebettet in ein sportliches Umfeld, während GATORADE das Sportumfeld direkt für eine emotional-visualisierte Kommunikation der Grundleistung des Produkts nutzte. Im Verlaufe der Jahre musste die WANDER AG feststellen, dass der Isotonie-Vorteil von ISOSTAR nicht genügend von der Zielgruppe wahrgenommen bzw. verstanden wurde, so dass dieser als zentraler Aspekt zur Markenbindung nicht ausreichte. Die COCA-COLA COMPANY positioniert ihre Marke POWERADE heute nicht einmal mehr als Elektrolyt-Getränk, sondern differenziert die Marke zum einen als isotonischen POWERADE Sportsdrink und zum anderen als funktionales POWERADE Sportswater.

Insgesamt zeigt sich, dass der Markt für Sport-Getränke eher von konstruierten/psychologischen U.S.P.s beeinflusst wird. Die Kompetenz dieser Produkte hat sich im Wesentlichen nicht durchgesetzt, was sich auch in der Umbenennung von Elektrolyt- zu Sport-Getränken dokumentiert. Einige wissenschaftliche Studien behaupten sogar, die Produkte wären durch völlig unsinnige Nährstoffzusammensetzungen gekennzeichnet und bezeichnen eine selbst zusammengestellte Fruchtschorle im Mischungsverhältnis von einem Teil Apfelsaft und zwei Teilen Mineralwasser als das ideale Sport-Getränk.

Darüber hinaus ist mit der Privatbrauerei ERDINGER WEISSBRÄU, die ihr Weißbier ERDINGER ALKOHOLFREI als tri-aktiven Weißbiergenuss (isotonisch-vitaminhaltig-kalorienreduziert) positionieren und als wahre Alternative zu anderen alkoholfreien Getränken wie Mineralwasser, Fruchtsäften oder Sport-Getränken ausloben, seit einigen Jahren ein neuer Mitbewerber aus dem Bierbereich in diesen Markt eingetreten. Sehr interessant ist hierbei der

Ansatz, alkoholfreies Weißbier als natürliches isotonisches Sport-Getränk aufzubauen und gleichzeitig den Geschmack- und Genussaspekt eines „Premium"-Weißbieres zu betonen. Auf diese Weise nutzt ERDINGER ALKOHOLFREI zwei Grundprobleme der klassischen Elektrolyt- und Sport-Getränke geschickt aus, um die eigenen Wettbewerbsvorteile zu penetrieren. Zum einen konnten die Klassiker und vor allem ISOSTAR eine gewisse Synthetik des Produkts in der Wahrnehmung der Zielpersonen nie ganz abstreifen und zum anderen gab es bei diesen Produkten oft Schwierigkeiten aufgrund mangelndem Geschmacks oder mangelnder Magenverträglichkeit. Die ERDINGER Privatbrauerei formuliert als Produktversprechen: „ERDINGER ALKOHOLFREI ist die durstlöschende und belebende Erfrischung: isotonisch – vitaminhaltig – kalorienreduziert und ist im Vergleich zu anderen isotonischen Sport-Getränken frei von chemischen Zusatzstoffen." In der Kommunikation setzt ERDINGER eindeutig auf Sporterlebnisse. Im Fokus steht hier vor allem das TEAM ERDINGER ALKOHOLFREI, mit dem ERDINGER neben zahlreichen Profis wie die Biathlon Olympiasieger *Magdalena Neuner* und *Michael Greis* sowie Ski-Slalom Spezialist *Felix Neureuther* auch viele Amateure bei der Ausführung ihrer Leidenschaft unterstützt.

Generell ist heute die Beweisführung für eine relevante Markenpositionierung nicht einfacher geworden. Als Beispiel dafür soll die Marke ACTIMEL dienen. ACTIMEL von DANONE ist ein probiotischer Joghurtdrink, der laut Markenversprechen nachweislich hilft, die natürlichen Abwehrkräfte des Menschen zu „activieren" (consumer benefit). Das Wirkungsversprechen (reason why) erfolgt über die Joghurtkultur L.Casei Defensis. Insoweit liegt hier eine natürliche U.S.P. vor. Allerdings wird diese U.S.P. mit dem vermehrten Eintritt von Handelsmarken in den Markt für probiotische Produkte zunehmend vom Verbraucher in Frage gestellt. Der Konsument ist überfordert, wenn er vor dem Kühlregal steht und sich z.B. zwischen ACTIMEL und BIAC (ALDI NORD) entscheiden muss. Beide Produkte enthalten L.Casei Kulturen, wobei ACTIMEL sich lediglich durch den Zusatz „Defensis" differenziert.

Während ACTIMEL die Marktkategorie in Deutschland als Innovation etabliert hat und die Positionierung noch vor einigen Jahren einzigartig war, verliert die Begründung der Wirkung (reason why) vor dem Hintergrund der immer stärker werdenden Handelsmarken an Beweiskraft. Die Uniqueness wird dadurch im Kern schwächer und der Grad der Einzigartigkeit nimmt ab. DANONE versucht vor diesem Hintergrund durch wissenschaftliche Studien die Glaubwürdigkeit des Wirkungsversprechens der Marke zu untermauern. Zudem gehört ACTIMEL zu den Marken mit sehr hohen Werbeaufwendungen. Trotzdem wird es für ACTIMEL aber immer schwieriger, den Preisabstand zu den Handelsmarken über den vermeintlichen Positionierungsvorsprung zu rechtfertigen (*Runia/Wahl* 2009: 277).

Diese ausführlichen Beispiele zeigen, dass darauf zu achten ist, eine klare, widerspruchsfreie Positionierung zu erreichen. Haben die Zielkunden nur konfuse bzw. zweifelhafte Vorstellungen über ein Produkt, so führt dies nicht zu einer Abhebung vom Wettbewerb. Ferner wird das Angebot häufig nicht deutlich genug positioniert, so dass der potentielle Käufer es nur als „eins unter vielen" wahrnimmt (Unterpositionierung). Auf der anderen Seite kann eine allzu scharfe Überpositionierung dazu führen, dass das Leistungsangebot als zu eng empfunden wird.

Die gewählte Positionierung hat weit reichende Folgen für das operative Marketing, denn sie beeinflusst alle Parameter des Marketing-Mix. Letztlich ist sie sogar eine Grundvoraussetzung für eine erfolgreiche Umsetzung der Marketinginstrumente.

5 Wettbewerbsstrategien

5.1 Generische Strategien nach *Porter*

Bei der Entwicklung der Wettbewerbsstrategie als Teilbereich der Marketingstrategie kommt der Bestimmung des zu verfolgenden Wettbewerbsvorteils eine zentrale Rolle zu. Die Wettbewerbsvorteile können auf unterschiedliche Weise aufgebaut und abgesichert werden. Auf der Basis eigener empirischer Untersuchungen der zentralen Wettbewerbsfaktoren entwickelte *Porter* (2000) die im Folgenden dargestellten generischen Wettbewerbsstrategien. Seine Überlegungen basieren auf der Erkenntnis, dass jedes Unternehmen eine spezifische Kernkompetenz (*Prahalad/Hamel* 1990: 83ff.) entwickeln muss, um im Wettbewerb auf Dauer bestehen zu können.

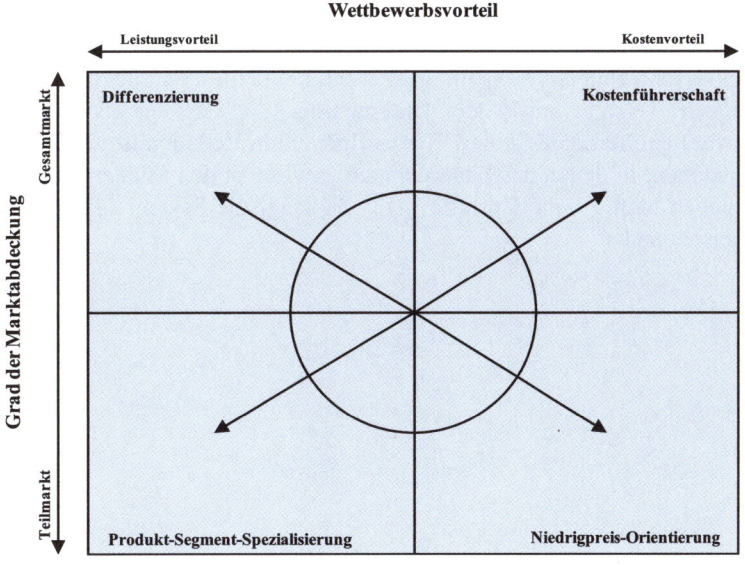

Abb. 50: Generische Wettbewerbsstrategien nach Porter

Die Strategie der **Kostenführerschaft** zielt auf die Erreichung der günstigsten Kostenposition in einer Branche ab. Eine solche Kostenposition eröffnet dem Anbieter einen größeren Spielraum bei der Gestaltung der Preise, d.h. er kann seine Produkte zu niedrigeren Preisen anbieten als seine Wettbewerber. Um diese Kostenposition zu erreichen, wird ein Anbieter in der Regel hohe Absatzvolumina anstreben. Eng mit der Strategie der Kostenführerschaft ist das Konzept der Erfahrungskurve verbunden; sie beschreibt die Entwicklung der Stückkosten in Abhängigkeit von der produzierten Menge (vgl. Kapitel III 3.6). Typische Merkmale einer Kostenführerschaft sind u.a. eine aggressive Niedrigpreispolitik, eine weitgehende Standardisierung des Leistungsangebotes, die Nutzung effizienter Vertriebswege und die Betonung der attraktiven Preise im Rahmen der Kommunikationspolitik.

Im Gegensatz hierzu zielt eine **Differenzierungsstrategie** auf eine leistungsbezogene Überlegenheit des Unternehmens ab. Differenzierungsmöglichkeiten bieten sich beispielsweise in der Qualität einer Leistung, Zusatzfunktionen, Design oder Service. Diese Möglichkeiten werden in erster Instanz zur Bildung von Marken verwendet. Typische Merkmale einer Differenzierungsstrategie sind eine intensive Markenpflege, eine ständige Optimierung der Leistungsfähigkeit der Produkte, ein mittleres bis oberes Preisniveau, ein entsprechender Distributionsgrad und eine intensive Kommunikation.

Eine weitere strategische Grundkonzeption besteht in der **Konzentration auf eine Marktnische**. Hierbei wird versucht, durch konsequente Selektion von Marktsegmenten bzw. durch Spezialisierung auf spezifische Zielgruppen, Wettbewerbsvorteile gegenüber denjenigen Konkurrenten zu erzielen, deren Wettbewerbsausrichtung eine breite Marktabdeckung umfasst. Die Nischenstrategie entspricht häufig der Produkt-Markt-Konzentration im Rahmen von Marktabdeckungsstrategien und kann sowohl auf Leistungs- als auch auf Kostenvorteilen beruhen.

Zusammenfassend betrachtet stellen diese Strategien grundlegende Stoßrichtungen dar, wie eine Geschäftseinheit Wettbewerbsvorteile erzielen kann. *Porter* betont explizit und belegt dies durch empirische Untersuchungen, dass, wenn keine dieser strategischen Grundkonzeptionen konsequent verfolgt wird, dem Unternehmen die vielfach beobachtete U-förmige Beziehung zwischen Marktanteil und Rentabilität zum Verhängnis werden kann. In den kritischen Bereichen, in denen das Unternehmen „zwischen den Stühlen sitzt" (**stuck in the middle**), entstehen häufig hohe Verluste. Abb. 51 zeigt die Systematisierung exemplarisch anhand der Reisebranche.

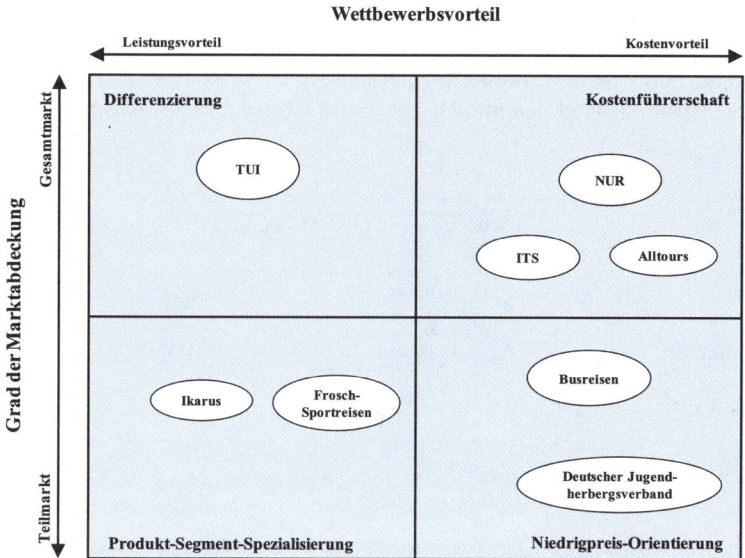

Abb. 51: Systematisierung von Wettbewerbsvorteils-/Marktabdeckungsstrategien am Beispiel von Reiseveranstaltern (Meffert/Bruhn 2000: 187)

Die Wettbewerbsstrategien nach *Porter* korrespondieren direkt mit den **Marktstimulierungsstrategien** nach *Becker* (2006). Die Erfolgsvoraussetzungen der **Preis-Mengen-Strategie** liegen in Preis- und Kostenvorteilen gegenüber den Wettbewerbern. Sie ist daher auch als konkurrenzorientierte Kostenführerschaftsstrategie im Sinne *Porter*s zu interpretieren. Im Gegensatz dazu strebt die **Präferenzstrategie** Leistungsvorteile gegenüber den Wettbewerbern an und korrespondiert daher mit der Differenzierungsstrategie nach *Porter*. Zwischen den beiden Systematisierungsansätzen lassen sich jedoch zwei wesentliche Unterschiede aufzeigen (*Meffert* 2000: 271). Zum einen ist bei dem Ansatz von *Porter* der Wettbewerbsvorteil bzw. die Kernkompetenz immer in Relation zur Konkurrenz zu beurteilen, d.h. bei *Porter* steht der Wettbewerb im Fokus der Strategie, während bei *Becker* die Marketingkonzeption (vgl. Kapitel V 1) an sich entscheidend ist und erst in zweiter Instanz die Relation zum Wettbewerb. Des Weiteren weisen die Strategien von *Porter* einen stärkeren funktionsübergreifenden Bezug auf als die vor allem auf das Marketing bezogene Preis-Mengen- und Präferenzstrategie.

Ausgehend von der Präferenzstrategie, die auch als klassische Markenartikelstrategie oder Volumenstrategie bezeichnet wird, sind zwei weitere Strategietypen zu unterscheiden. Die **gehobene Präferenzstrategie** zielt weiterhin auf den Markenkäufer ab, unterscheidet sich jedoch von der Präferenzstrategie im Wesentlichen durch die folgenden Kennzeichen: deutlich niedrigere Absatzvolumina, gehobeneres Preisniveau, höherer Deckungsbeitrag und selektive Distribution. Die **Premiumstrategie** fokussiert den Prestigekäufer (*Veblen*-, Snobeffekt) und weist folgende Merkmale auf: relativ niedrige Absatzvolumina, Premium-

Preisniveau, sehr hohe Deckungsbeiträge und exklusive Distribution. Die folgende Abbildung stellt die beschriebenen Strategietypen anhand ausgewählter Marken des VW-Konzerns dar (Angaben für den Zeitraum Januar bis September 2010 weltweit). Hierbei kommt zudem die Mehrmarkenstrategie (vgl. Kapitel IV 2.4.2) des Konzerns zum Ausdruck.

	VW	Audi	Porsche
Absatz	4.203.000 PKW	968.000 PKW	81.850 PKW
Ø-Preis / PKW	14.021 €	26.857 €	95.199 €
Ø-Gewinn / PKW	683 €	2.346 €	14.478 €
Strategietyp	Präferenzstrategie	gehobene Präferenzstrategie	Premiumstrategie

Abb. 52: Strategietypen am Beispiel des VW-Konzerns (CAR CENTER AUTOMOTIVE RESEARCH 2010)

In der Literatur werden auch sog. **hybride Wettbewerbsstrategien** beschrieben. Diese werden nachfolgend anhand von zwei Konzepten beispielhaft dargestellt.

Die **Outpacing-Strategie** umfasst nach *Gilbert/Strebel* (1987) im Kern die Bedeutungsverlagerung zwischen Kostenführerschafts- und Differenzierungsstrategie im Zeitablauf mit dem Ziel, eine dauerhaft überlegene Position gegenüber dem Wettbewerb zu erlangen. Die grundlegende These hinter dem Konzept besagt, dass Kosten- und Differenzierungsvorteile nur in den seltensten Fällen dauerhaft haltbar sind. Daher sollte nach dem Ansatz der Outpacing-Strategie rechtzeitig die strategische Grundorientierung ergänzt werden. Dies bedeutet im Fall einer Differenzierungsstrategie, den Fokus von der Differenzierungs- auf die Kostenführerschaft zu verschieben, um den noch bestehenden Differenzierungsvorteil mit Kosten- und Preisvorteilen gegenüber den nachfolgenden Wettbewerbern zu verbinden. Insbesondere im Konsumgüterbereich besteht jedoch nach Ansicht der Autoren die große Gefahr, dass durch die Aufgabe der eindeutigen strategischen Ausrichtung die Grundlage für den Markterfolg verloren geht.

Beim Konzept der **Mass Customization** erfolgt ebenfalls die Kombination von Differenzierungsstrategie und Kostenführerschaft. Mass Customization bezeichnet die kosteneffiziente Herstellung und Vermarktung von Produkten, die auf individuelle Bedürfnisse einzelner Kunden – im Extremfall eines einzigen Kunden – zugeschnitten sind (*Piller* 2001). Der Begriff „Customization" reflektiert die Strategie der Differenzierung, während der Begriff „Mass" und die damit verbundene Herstellung bzw. Bereitstellung individualisierter Produkte in großen Stückzahlen eine Strategie der Kostenführerschaft widerspiegelt.

5.2   Strategien nach *Kotler* Nicht Lesen

Kotler formulierte 1988 vier Typen von Wettbewerbsstrategien, wobei die angestrebte Marktposition des Unternehmens durch ihr Rollenverständnis und ihren Marktanteil als Ausgangsposition im Wettbewerb geprägt ist. Dabei kann das Unternehmen zwischen einer Marktführerstrategie, einer Marktherausfordererstrategie, einer Mitläuferstrategie oder einer Nischenstrategie wählen (*Kotler/Keller/Bliemel* 2007: 1110ff.). Eine typische Wettbewerbsstruktur eines Marktes kann beispielsweise wie folgt aussehen: Der Marktführer hat mit 40% den größten Marktanteil; der stärkste Wettbewerber, also der Herausforderer, hat 30%. Im Markt befinden sich ferner ein Mitläufer mit 20% Marktanteil sowie fünf Nischenbesetzer, die zusammen 10% auf sich vereinigen.

Der Marktführer ist im idealtypischen Fall der Taktgeber hinsichtlich der Parameter Innovation, Qualität, Preisniveau etc. Im Fokus der **Marktführerstrategie** steht zumeist die Erhaltung der Marktposition. Hierbei kann das Unternehmen in drei Richtungen aktiv werden: Vergrößerung des Gesamtmarktes, Steigerung des Marktanteils oder Erhaltung des Marktanteils innerhalb des konstanten Gesamtmarktes. Eine Vergrößerung des Gesamtmarktes lässt sich durch die Gewinnung neuer Verwendergruppen, die Umsetzung neuer Verwendungszwecke sowie die Steigerung der Verwendungsmenge erreichen. Diese Vorgehensweisen entsprechen den Marktfeldstrategien der Marktdurchdringung und Marktentwicklung (vgl. Kapitel III 3.3). Die Steigerung des Marktanteils gelingt zumeist durch überlegene Produktentwicklung und -qualität, wobei die Erhöhung der Marketingaufwendungen nach dem PIMS-Programm häufig Marktanteilsgewinne zu Lasten der Wettbewerber bewirkt. Eine Marktanteilserhaltung kann sowohl durch eine Innovationsorientierung des Unternehmens erreicht werden als auch durch ein konstantes Preis-Leistungs-Verhältnis und eine konsequente Markenpolitik, um die Loyalität und Präferenzen der Zielgruppen sicherzustellen.

Eine Strategie der **Marktherausforderung** beinhaltet eine offensiv geplante Erhöhung des Marktanteils durch Angriff auf den Marktführer, gleichwertige Konkurrenten im Verfolgerfeld oder auf kleinere Unternehmen der Branche. Typische Maßnahmen sind zum einen das Angebot von Prestigeprodukten, Produktvielfalt, Produktinnovationen, verbesserte Serviceleistungen, Distributionsinnovationen und intensive Werbung oder Niedrigpreispolitik (durch geringere Qualität oder Produktionskostensenkung).

Wie die Strategie eines typischen Herausforderers aussehen kann, soll ein historisches Beispiel aus dem amerikanischen Fast-Food-Markt aufzeigen (*Trout* 2002: 90 ff.). BURGER KING wurde Ende der 1950er Jahre gegründet und hatte vom Start weg der scheinbar übermächtigen Konkurrenz von MCDONALD'S entgegenzutreten. Die Werbung von BURGER KING drehte sich in den 1960er Jahren um den populären WHOPPER mit dem Jingle „Je größer der Burger, desto besser der Burger." Schnell expandierte BURGER KING und wurde zur Nummer Zwei im Markt, also zum klassischen Herausforderer. BURGER KING attackierte in den 1970er Jahren den Marktführer MCDONALD'S mit einer erfolgreichen Marketingstrategie, die den Schwachpunkt von MCDONALD'S als total automatisierte und unflexible „Hamburger-Maschine" betonte. Die neue Kampagne konzentrierte sich auf die Geschmacksveränderung einzelner Kunden. BURGER KING versprach den Kunden die Erfüllung sämtlicher

Sonderwünsche. Diese Kampagne und der dazugehörende Slogan „Have it your way" waren ein großer Erfolg und steigerten den Marktanteil von BURGER KING enorm. In den 1980er Jahren wurde die Strategie des Herausforderers BURGER KING noch schärfer auf den Marktführer MCDONALD'S fokussiert, was sich kommunikationspolitisch in einer vergleichenden Werbung niederschlug, die u.a. eine Blindverkostung beinhaltete, in dem der WHOPPER gegenüber dem BIG MAC bevorzugt wurde. Weiter wurde von BURGER KING herausgestellt, dass ihre Hamburger größer seien und dass auf Holzkohle Gegrilltes beliebter sei als Gebratenes. In den neuen TV-Spots der 1980er Jahre wurden diese Vorzüge weiter als benefits gegenüber dem Marktführer ausgelobt. Die langfristige Ausrichtung der Herausfordererstrategie auf den Hauptkonkurrenten und Marktführer zeigte Erfolg in einem weiteren, diesmal noch drastischeren Anstieg des Marktanteils von BURGER KING. Marktforschungsdaten zeigten auf, dass innerhalb von zwei Jahren etwas mehr als 2.000.000 Kunden von MCDONALD'S zu BURGER KING gewechselt waren. Als im Zuge des „Burger-Kriegs" Mitte der 1980er Jahre MCDONALD'S Klage gegen die Werbespots des Konkurrenten erhob, befand sich BURGER KING beinahe auf Augenhöhe, und die Klage bewirkte aufgrund ihrer Publicity einen zusätzlichen Erfolgsschub. Statt jedoch den Angriff auf den Marktführer fortzusetzen, verlor sich das Unternehmen in internen Machtspielen und einer halbherzigen „Dachmarkenkampagne", die Hamburger, Frühstück und Hähnchen abdecken sollte. Dies kam im Kern einer Imitation von MCDONALD'S damals aktuellem Image als „Pausen-Restaurant für jede Tageszeit" nahe. BURGER KING versäumte es, weiter die Schwächen des Marktführers als eigene Stärken zu vermarkten. MCDONALD'S schaffte es hingegen mit dem strategischen Fokus auf Drive-in und die Zielgruppe Kinder die Verhältnisse im Markt wieder herzustellen und den Abstand zur Nummer Zwei deutlich zu vergrößern. Dieses Beispiel zeigt, dass Herausfordererstrategien zum Erfolg führen können, wenn sie konsequent auf einen Hauptkonkurrenten im Markt ausgerichtet sind.

Die Strategie des **Mitläufers** impliziert eine Erhaltung des Wettbewerbsgleichgewichtes, d.h. dass sich das Unternehmen im Wesentlichen den größten Unternehmen, insbesondere dem Marktführer, anpasst. Erfolgreiche Strategien von Mitläufern sind häufig durch eine strategiekonforme Marktsegmentierung und eine Fokussierung auf Rentabilität statt auf Marktanteil gekennzeichnet. Vielfach werden die Produkte des Marktführers adaptiert oder imitiert, wobei häufig die Grenzen der Legalität (Markenpiraterie) ausgelotet werden. Es werden vier strategische Ansätze für einen Mitläufer unterschieden (bezogen auf Produkte des Marktführers):

- Adaption (leichte, aber eindeutige Abweichung, teilweise Verbesserung; Strategie japanischer Autobauer in den 80er Jahren),
- Imitation (von Teilaspekten, jedoch erkennbare Unterschiede z.B. in der Verpackung; Handelsmarken),
- Klonung (täuschend echte Nachbildung, gerade noch legal; leichte Abwandlung des Markennamens),
- Piraterie (illegale Markenfälschung; betroffen sind z.B. Marken wie ROLEX und LACOSTE).

Bei der Strategie der **Nischenbearbeitung** entscheidet sich das Unternehmen bewusst für einen bestimmten Teilmarkt, der spezielle Kenntnisse erfordert und für größere Unternehmen weniger attraktiv ist. Eine Spezialisierung kann hierbei u.a. auf Einzelkunden, Kundengruppen, geographische Gebiete, Produkte/Produktlinien, individuelle Auftragsfertigung, Qualitäts- und Preisniveaus, bestimmte Dienstleistungen, Vertriebswege und Technologien erfolgen. Voraussetzung für diese Strategie ist das gegenwärtige Volumen und das zukünftige Wachstumspotential der Nische. Darüber hinaus müssen spezielle erfolgsrelevante Fähigkeiten und Ressourcen zur Bearbeitung vorhanden sein. Vor dem Hintergrund der Risikominimierung wird häufig eine Mehr-Nischen-Strategie einer Einzel-Nischen-Strategie vorgezogen.

Als Kritik lässt sich bei den Strategietypen nach *Kotler* anführen, dass sie keine Konkretisierung der bestimmten Verhaltensweisen aufzeigen und es sich somit eher um Ziel- als um Verhaltensalternativen handelt. Des Weiteren stellt sich generell die Frage, ob mit den Strategien nicht eher angestrebte Rollen von Unternehmen im Markt beschrieben werden.

IV   Operatives Marketing

1   Systematik des Marketing-Mix

Ziel bei der Planung des Marketing-Mix ist es, alle **operativen Instrumente** so aufeinander abzustimmen, dass sich eine optimale Kombination bzgl. der Erreichung der Unternehmens- und Marketingziele ergibt. Die Abstimmung findet zum einen interinstrumentell, d.h. zwischen den einzelnen Marketinginstrumenten, zum anderen mit der strategischen Ebene statt, d.h. die gewählte Marketingstrategie steckt den Handlungsrahmen für die Einzelmaßnahmen ab. Abb. 53 verdeutlicht die notwendige Verbindung zwischen strategischem und operativem Marketing, andererseits stellt sie den Marketing-Mix als Kern des Marketing dar. Marketing auf der Mixebene zielt direkt auf den Absatzmarkt bzw. die Zielsegmente ab und ist so das nach außen sichtbare Zeichen des Marketing.

Der Begriff des **Marketing-Mix** geht zurück auf *McCarthy*'s klassische four P's (product, price, place, promotion) und bezeichnet die von einem Unternehmen eingesetzte Kombination von marketingpolitischen Instrumenten. Der klassische Marketing-Mix teilt die möglichen operativen Maßnahmen in vier Bereiche ein: Produkt-, Kontrahierungs-, Distributions- und Kommunikationspolitik.

Das vorliegende Lehrbuch folgt dieser Einteilung und stellt die diversen Begriffe, Methoden und Maßnahmen im Rahmen dieser vier Bereiche dar. Dabei ist der Markenbegriff, der häufig als mixübergreifend aufgefasst wird, bewusst der Produktpolitik zugeordnet, da die Marke bereits im Rahmen des strategischen Marketing als Differenzierungsmerkmal mixübergreifend wirkt. Im operativen Marketing ist die Marke jedoch eindeutig ein produktpolitisches Gestaltungsmerkmal. Trennscharfe Abgrenzungen zwischen den Instrumenten sind oftmals nur theoretischer Natur, darauf sei an dieser Stelle explizit hingewiesen. So stellt beispielsweise der persönliche Verkauf sowohl ein kommunikationspolitisches als auch – im Rahmen des Direktvertriebs – ein distributionspolitisches Subinstrument dar, klassischerweise wird er jedoch der Kommunikationspolitik (personal selling) zugeordnet. Schließlich wird von der oft üblichen Erweiterung um das fünfte P „personnel" abgesehen, da die Mitarbeiter eines Unternehmens für das ganze Marketing eine wesentliche und unverzichtbare Ressource darstellen, die nicht auf ein Zusatzinstrument der Mixebene reduziert werden darf.

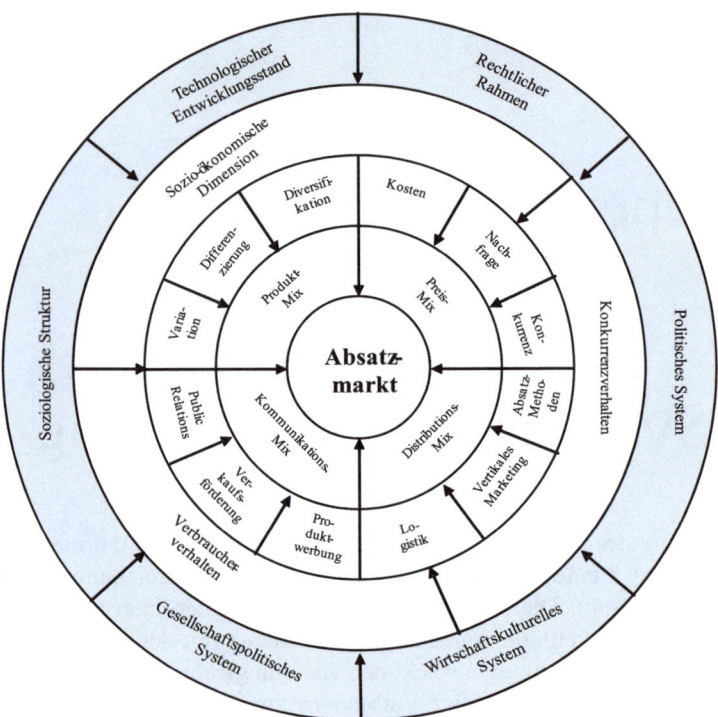

Abb. 53: Marketing-Mix (in Anlehnung an Poth 1990: 111)

Die Darstellung des operativen Marketing beginnt mit der **Produktpolitik**. Sie beschäftigt sich mit sämtlichen Entscheidungen, die im Zusammenhang mit der Gestaltung des Leistungsprogramms einer Unternehmung stehen. Dargestellt werden die drei Ebenen der Produktpolitik, produktpolitische Maßnahmen und Analysemethoden, darüber hinaus die Markenpolitik sowie die Besonderheiten bei Verpackung und Service.

Die **Kontrahierungspolitik** (Preis- und Konditionenpolitik) umfasst alle Entscheidungen und Maßnahmen, die bei der Ermittlung eines Preises für ein einzelnes Produkt getätigt werden müssen. Neben Fragen der Preisfestlegung werden preisliche Strategien und Maßnahmen wie u.a. Skimming/Penetration und Preisdifferenzierung behandelt. Daneben wird in Kurzform noch der Teilbereich der Konditionenpolitik erörtert.

Im Rahmen der **Distributionspolitik** geht es um die Übermittlung einer Leistung vom Produzenten zum Konsumenten. Hier wird zwischen Absatzwegepolitik und physischer Distribution (Marketing-Logistik) unterschieden, wobei dem ersteren Begriff eine weitaus größere Bedeutung zukommt. Hier geht es um die Grundfrage zwischen direktem und indirektem Vertrieb und in Folge dessen um vertragliche Gestaltungsmöglichkeiten sowie – beim indirekten Absatz – um die diversen Betriebsformen des Handels.

Die **Kommunikationspolitik** umfasst schließlich alle Maßnahmen zur Kommunikation bzw. Bekanntmachung und zum Verkauf der Produkte und Dienstleistungen. Die Kommunikationsinstrumente werden in den klassischen Kommunikationsmix (Werbung, Verkaufsförderung, Öffentlichkeitsarbeit, Persönlicher Verkauf) eingeteilt. Daneben werden sog. moderne Instrumente wie Direktmarketing oder Social Media Marketing behandelt, die grundsätzlich jedoch alle auf den klassischen Kommunikationsmix zurückgeführt werden können. Die Darstellung endet mit integrativen Kommunikationskonzepten, die diverse Kommunikationsinstrumente kombinieren bzw. zusammenführen.

2 Produktpolitik

2.1 Ebenen der Produktpolitik

Die Produktpolitik umfasst die Entscheidungsebenen Produkt, Produktlinie und Produktprogramm. Idealtypischerweise kommt dem Top-Management die Aufgabe zu, durch die Abgrenzung der strategischen Geschäftsfelder sowie der Festlegung der Marktabdeckung den Rahmen der Produktpolitik für die nachgeordneten Managementebenen festzulegen. Dabei wird darauf hingewiesen, dass in diesem Zusammenhang oftmals die Begriffe Geschäftseinheit (business unit) und Produktprogramm bzw. Produktlinie synonym verwendet werden. Dies kommt auf die Perspektive des Betrachters an. Idealerweise besteht eine strategische Geschäftseinheit aus einem Produktprogramm, welches in diverse Produktlinien mit einzelnen Produkten eingeteilt wird. Ein Großkonzern wie MARS besteht aus einer Reihe von Geschäftseinheiten, die jeweils eigene Produktprogramme aufweisen. Aus anderer Perspektive besteht das Produktprogramm aus allen angebotenen Produkten des Unternehmens, wobei dann die Geschäftseinheiten als Produktlinien aufgefasst werden. Es macht jedoch nur theoretisch Sinn, diese Begrifflichkeiten scharf abzugrenzen. In der Praxis sollte vielmehr deutlich definiert werden, was im konkreten Einzelfall unter einem Produktprogramm bzw. einer Produktlinie verstanden wird. Daher wird im Folgenden konsequenterweise auf die Einordnung der Geschäftseinheiten in die Ebenen der Produktpolitik verzichtet, da die Geschäftsfeldabgrenzung de facto eine strategische Entscheidung darstellt.

Auf der Ebene des **Produktes** wird zunächst der Produktbegriff mit seinen Nutzenelementen diskutiert, bevor diverse Typologien aufgezeigt werden. Dem Produktmanager fallen auf dieser Ebene nicht alle produktpolitischen Entscheidungen zu, er kümmert sich vorrangig um die laufende Pflege der bestehenden Produkte.

Eine **Produktlinie** ist eine Gruppe von Produkten, die aufgrund bestimmter Kriterien in enger Beziehung zueinander stehen. Der Marketingfokus liegt oft auf solchen Linien, da diese Produkte häufig zusammen vermarktet werden bzw. ihnen ein gemeinsames Marketingkonzept zugrunde liegt.

Das **Produktprogramm** bezeichnet die Gesamtheit aller Produktlinien und Produkte eines Herstellers. Im Handel wird synonym von einem Sortiment gesprochen, welches in Warengruppen und Artikel aufgeteilt wird. In diesem Zusammenhang werden die mögliche Breite und Tiefe eines Programms bzw. Sortiments erörtert.

2.1.1   Produkt

Ein **Produkt** im Marketingverständnis ist alles, was auf Märkten zum Kauf angeboten wird, um Bedürfnisse zu befriedigen. In diesem Sinne wird der Produktbegriff sehr weit ausgelegt. Produkte lassen sich nach **materiellen Kaufobjekten** wie Bücher, Kleidung oder Staubsauger (substantieller Produktbegriff) sowie nach **immateriellen Gütern** (Dienstleistungen) wie Reinigung, Finanzberatung oder Haarschnitt differenzieren. Darüber hinaus können auch **Personen** Produkte sein, die vermarktet werden. Die aktuelle Casting-Welle führt zu solchen „Produkten" wie *Monrose, Queensberry* o.ä. Ferner sind **Orte bzw. Regionen** (London, Mallorca, Niederrhein etc.) Produkte, die insbesondere touristisch vermarktet werden können. Des Weiteren sind auch **Daten bzw. Informationen** (Marktdaten, Kundenadressen etc.) dem Produktbegriff zuzuordnen. Im Marketingverständnis umfasst ein Produkt somit eine Reihe verschiedener Ausprägungen, wobei im vorliegenden Lehrbuch in erster Linie auf materielle Produkte und z.T. auf Dienstleistungen abgestellt wird. Die mit einem materiellen Produkt verbundenen Elemente wie Marke, Verpackung oder Service sind ebenfalls substantielle Bestandteile eines angebotenen Produktes.

Der Produktbegriff muss marketingbezogen jedoch noch um eine weitere Komponente erweitert werden: den **Nutzen**. Der gesamte, den Konsumenten angebotene Nutzen wird unter dem Produktbegriff subsumiert. Der Nutzen eines Produktes ist wesentlich für das Marketing, denn letztlich soll dem Konsumenten ein Nutzen verkauft werden. In diesem Zusammenhang ist es wichtig, zwischen einem Grund- und einem Zusatznutzen eines Produktes zu differenzieren. Nach *Bänsch* (1996) ist der **Grundnutzen** die aus den physikalisch-funktionalen Eigenschaften eines Produktes resultierende Bedürfnisbefriedigung (z.B. saubere Zähne durch Zahnpasta). Auf der Grundnutzenebene ist es heute marketingpolitisch kaum noch möglich, sich vom Wettbewerb zu differenzieren. Eine Ausnahme bildet der Nutzenanbau, der auf Ebene des Grundnutzens angesiedelt ist, z.B. natürliche Inhaltsstoffe bei Biokosmetik. Häufig spielen jedoch diverse **Zusatznutzen** eine entscheidende Rolle. Ein Zusatznutzen ist eine über den Grundnutzen hinausgehende Bedürfnisbefriedigung. Bei der Zahnpasta kann dies eine besondere medizinische Komponente oder die Erzeugung frischen Atems sein. Bei vielen Produkten stellt sich der Zusatznutzen durch ästhetische Eigenschaften wie Form und Farbe (z.B. Styling eines Toasters) oder durch soziale Eigenschaften wie das Prestige einer Luxusmarke (ROLEX) dar. *Kotler/Bliemel* (2001: 716ff.) erweitern diese nutzenorientierte Sichtweise und sprechen von **fünf Konzeptionsebenen**:

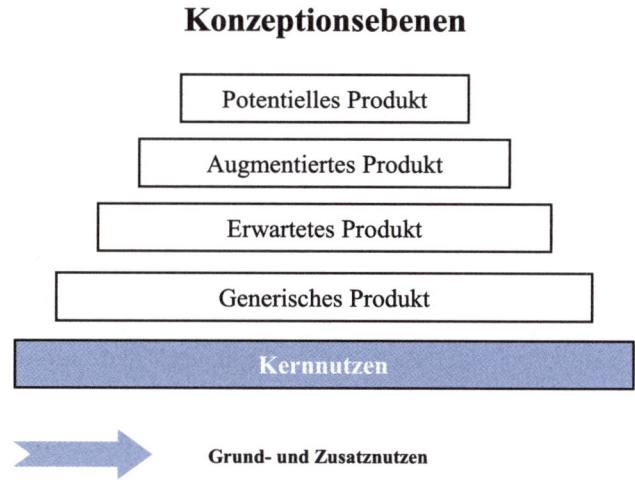

Abb. 54: Konzeptionsebenen eines Produktes (in Anlehnung an Kotler/Bliemel 2001: 717)

Am Beispiel eines Kinos sollen diese Konzeptionsebenen erläutert werden. Unterhalb des eigentlichen Produktes steht der Kernnutzen, den der Kunde mit dem Produkt verbindet, in diesem Falle also Unterhaltung oder Entspannung. Das Basisprodukt (generisches Produkt) ist die Grundversion eines Produktes (Leinwand, Projektor, Film und Stühle). Das erwartete Produkt enthält die Eigenschaften, die ein Kunde im Normalfall von einem Produkt erwartet, beim Kino eine hohe Bild- und Soundqualität, bequeme Sitze, Klimaanlage, Snacks etc. Auf der vierten Ebene findet der eigentliche Marketing-Wettbewerb statt: Das „augmentierte" (vergrößerte) Produkt enthält Elemente, die über die normale Erwartung des Kunden hinausgehen, so kann ein Kino sich durch ein spezielles Programm (Filme im Originalton, Director's cut), besonderes Ambiente (Gestaltung der Möbel, Wände und Decken), vielfältige Serviceleistungen (Platzreservierung etc.) oder Events profilieren. Die letzte Ebene, das potentielle Produkt, umfasst alle Aspekte und Zusatznutzen, die in der Zukunft noch denkbar sind. Beim Kino ist dies insbesondere von der technologischen Entwicklung abhängig (evtl. „virtuelles" Kino). Die Konzeptionsebenen eines Produktes machen klar, dass Angebote, die zu einem bestimmten Zeitpunkt „augmentiert" sind, schnell zum Normalfall (dritte Ebene) werden, so dass ein dynamischer Innovationsprozess notwendig ist.

Eine **Produkthierarchie** umfasst – ausgehend vom Grundbedürfnis – verschiedene Abstufungen bis hin zum einzelnen Artikel. Sie dient der Einordnung von Produkten in bestimmte Kategorien, aber unter Umständen auch der Marktabgrenzung. Im Folgenden wird eine Hierarchie am Beispiel von **Shampoo** dargestellt:

- Grundbedürfnis: Pflege, Schönheit, Attraktivität,
- Produktfamilie: Körperpflegemittel, genauer Haarpflegeprodukte,
- Produktklasse: Shampoos,
- Produktlinie: alle Shampoos eines Herstellers (SCHWARZKOPF),

- Produktgruppe: Pflegeshampoos der SCHAUMA-Range,
- Artikel: SCHAUMA Frucht&Vitamin Shampoo (400 ml).

Das aufgeführte Beispiel zeigt einerseits, dass solche Hierarchien Sinn machen, da sie ein Ordnungsschema bieten. Auf der anderen Seite sind die Begriffe oft nicht trennscharf. Letztlich bilden auch die SCHAUMA-Shampoos eine Produktlinie (range), denn in der Praxis werden Linien oft nach Marken gebildet. Die dargestellte Hierarchie ist somit nur eine Möglichkeit der Kategorisierung.

Im Marketing hat sich abhängig von Produkteigenschaft und Anwendung eine Reihe von **Produkttypologien** entwickelt, wobei einzelne Produkttypen spezifische Marketingmaßnahmen nach sich ziehen. Im Folgenden sollen zwei gängige Typologien vorgestellt werden.

Die **volkswirtschaftliche Gütertypologie** unterscheidet zunächst bei den Wirtschaftsgütern zwischen Investitions-(Produktions-)Gütern, die von gewerblichen Abnehmern nachgefragt werden, und Konsumgütern, bei denen die Endverbraucher Nachfrager sind. Bei den vordergründig interessanten **Konsumgütern** ist ferner zwischen Verbrauchs- und Gebrauchsgüter zu differenzieren. **Verbrauchsgüter** sind materielle Produkte, die nach einem oder wenigen Verwendungseinsätzen konsumiert werden, z.B. Mineralwasser, Schokoriegel oder Shampoo. Diese Güter werden schnell verbraucht und haben daher kurze Wiederkaufzyklen, wodurch sich eine hohe Distribution und intensive Absatzförderung empfehlen. Zudem muss tendenziell mit niedrigen Margen kalkuliert werden. **Gebrauchsgüter** sind dagegen materielle Produkte, die in der Regel viele Verwendungseinsätze überdauern, z.B. Staubsauger, Bohrmaschine oder Kühlschrank. Diese Güter erfordern einen höheren Service- und Beratungsaufwand, umfangreiche Garantieleistungen und erzielen tendenziell höhere Margen. Von den materiellen Gütern sind nach dieser Typologie noch die Dienstleistungen als immaterielle Güter abzugrenzen.

Eine bekannte Typologie teilt Konsumgüter nach den **Kaufgewohnheiten** der Konsumenten ein. **Convenience Goods** (Güter des bequemen, mühelosen Kaufs) sind Produkte, die ein Konsument häufig, unverzüglich und mit minimalem Vergleichs- und Einkaufsaufwand erwirbt, z.B. Zigaretten, Zeitungen und Tiefkühlpizza. Neben den meist regelmäßig wiederkehrenden Produktkäufen gehören auch Impulskäufe (z.B. Kaugummi im Kassenbereich) sowie Dringlichkeitskäufe (z.B. Regenschirm) zu den mühelosen Käufen. **Shopping Goods** sind Produkte, bei deren Kauf ein Konsument umfangreiche Such-, Vergleichs- und Auswahlprozesse durchläuft. Zum Vergleich werden Kriterien wie Qualität, Preis, Design, Funktionalität etc. herangezogen. Beispiele für Shopping Goods sind Möbel, Kleidung, Waschmaschinen, Hifi-Anlagen, PCs etc. **Specialty Goods** sind Produkte mit besonders eigenständigem Charakter, für deren Erwerb eine gewisse Anzahl von Konsumenten einen sehr großen Aufwand tätigt. Zu denken ist z.B. an spezielle Ausrüstungen für Bergsteiger oder Angler, Antiquitäten, Unikate, Gemälde, ganz bestimmte Marken und Typen von Gütern, Sammelstücke aller Art. Die Beispiele zeigen, dass es sich bei Specialty Goods zwar in der Regel um relativ hochwertige Produkte handelt, es bei der Charakterisierung aber vielmehr um den Wert geht, den der individuelle Käufer diesem Gut beimisst.

Auf der untersten produktpolitischen Ebene ist es Aufgabe des jeweiligen Produktmanagers als Teil der Marketingorganisation, die mit dem Produkt bzw. der Marke verbundenen Ziele zu erreichen. Konkret bedeutet dies operative Marketingmaßnahmen (z.B. Promotions im Handel) zu koordinieren. Es gibt hierbei viele Gestaltungsparameter bei einem Produkt (Design, Qualität, Verpackung, Service etc.), die jedoch nicht alle in Händen des Produktmanagement liegen. Viele Elemente, insbesondere auch die Markenpolitik, werden meist strategisch vorgegeben. Dennoch gehören sie grundsätzlich zur Produktpolitik, deshalb werden diese Gestaltungsparameter in den weiteren Abschnitten dieses Kapitels vorgestellt.

2.1.2   Produktlinie

Eine **Produktlinie** ist eine Gruppe von Einzelprodukten, die aufgrund bestimmter Kriterien (Bedarfs- oder Funktionszusammenhang, produktionstechnischer Zusammenhang, evtl. zielgruppenbezogener oder distributionspolitischer Zusammenhang) in enger Beziehung zueinander stehen. Der korrespondierende Begriff im Handel ist die Warengruppe (category). Die Hauptproblematik beim Begriff der Produktlinie liegt in der genauen Bestimmung, welche Produkte zu einer Linie (range) gehören. So könnten bei HENKEL alle Waschmittel als Produktlinie oder die dazugehörigen Marken wie PERSIL oder SPEE als einzelne Linien bzw. Sublinien erfasst werden. Zudem stellen die Waschmittel bei HENKEL eine strategische Geschäftseinheit dar, womit eine Überschneidung zum Linienbegriff vorliegt. Diese aufgezeigte Schwierigkeit führt dazu, in jedem Einzelfall die Begriffe Produktprogramm und -linie unternehmensbezogen festzulegen.

Bei der Gestaltung einer Produktlinie gibt es eine Reihe von Möglichkeiten (*Kotler/Keller/ Bliemel* 2007: 503ff.):

Trading down („Abwärtsstrecken")
Die Produktlinie wird am unteren Ende um ein Produkt erweitert, um entsprechende Marktsegmente bedienen zu können. Als Beispiel kann MERCEDES mit der Einführung der A-KLASSE (Kompaktwagen) gelten. Ein solches Vorgehen birgt das Risiko einer Imageverschlechterung, da das Unternehmen bisher höhere Segmente bedient hat. Zudem könnte eine fehlende Akzeptanz des neuen Produktes im Handel vorliegen. Schließlich ist mit einer scharfen Reaktion des Wettbewerbs in den unteren Marktsegmenten zu rechnen, insbesondere von den Konkurrenten, die sich ausschließlich auf preisorientierte Segmente konzentrieren und entsprechende economies of scale aufweisen.

Trading up („Aufwärtsstrecken")
Die Produktlinie wird am oberen Ende um ein Produkt erweitert, um entsprechend obere Marktsegmente abdecken zu können. Japanische Automobilhersteller, aber auch FORD mit dem SCORPIO, haben in der Vergangenheit diesen Weg verfolgt und sind in die Oberklasse im Automobilmarkt eingestiegen. Aktuell sind der Aufstieg von HYUNDAI in die Oberklasse mit dem Modell ix55 sowie der Einstieg von AUDI in den Luxus-Sportwagenmarkt mit dem R8 zu nennen. Auf diesem oberen Qualitätslevel versprechen sich die Unternehmen in erster

Linie höhere Margen, da entsprechende Zahlungsbereitschaften der Kunden zu erwarten sind. Hauptrisiko eines solchen Vorgehens ist, dass Konsumenten und Handel dem Hersteller die Kompetenz für solch hochwertige Produkte absprechen.

Zweiseitiges Strecken

In diesem Falle erfolgt die Ausweitung der Produktlinie (gleichzeitig) in beide Richtungen, nach oben und unten, um relativ zügig alle relevanten Marktsegmente abdecken zu können. Diese Maßnahme ist eher theoretischer Natur, wenn auch das Vordringen von VOLKSWAGEN, aus der Mittelklasse kommend, in die Oberklasse (PHAETON) und in das Kleinwagensegment (LUPO, FOX) als Beispiel dienen kann. Diese Vorgehensweise ist markenpolitisch eher kritisch zu sehen und kann zu einer Markenerosion führen.

Auffüllen

In die bestehende Produktlinie werden neue Produkte eingefügt, wenn Lücken vorliegen, z.B. fehlende Größen-, Mengen- oder Qualitätsabstufungen. Diese Marktlücken sollen durch das Auffüllen der Linie geschlossen werden, um möglichst viele Marktsegmente zu bedienen. Das Auffüllen birgt das große Risiko der Kannibalisierung, d.h. die eigenen Produkte bzw. Marken nehmen sich gegenseitig die Käufer weg. Wenn eine Produktlinie bzgl. der Anzahl der zugehörigen Produkte überstrapaziert wird, kommt es zur Verwässerung von Wahrnehmungsgrenzen zwischen den einzelnen Produkten. Beispielsweise schließt VOLKSWAGEN die vermeintliche Lücke zwischen dem klassischen GOLF und dem Kompaktvan TOURAN durch den GOLF V PLUS mit höherem Dach und variablem Innenraum. Die Gefahr hierbei besteht darin, dass der GOLF V PLUS potentielle TOURAN-Kunden anspricht, was sich ggf. negativ auf das VOLKSWAGEN-Ergebnis auswirkt. Es ist somit darauf zu achten, dass lediglich definitiv vorhandene Lücken geschlossen werden.

Modernisierung

Die Produktlinie kann je Produkt nacheinander oder aber für alle Produkte der Linie gleichzeitig erneuert werden. Es entstehen somit keine neuen Produkte, sondern die Maßnahme bezieht sich auf die vorhandenen Produkte, die einem „facelifting" unterzogen werden. Dies gilt insbesondere für die Automobilindustrie, ist aber auch im High-Tech- oder IT-Bereich eine notwendige Vorgehensweise (neue Software Versionen, z.B. MICROSOFT OFFICE). Bei Verbrauchsgütern erfolgt eine Modernisierung meist durch Anpassung des Verpackungsdesigns.

Herausstellung

Innerhalb einer Produktlinie werden ein oder mehrere „Flaggschiffe" herausgestellt, welche die gesamte Linie repräsentieren sollen. Als treffendes Beispiel ist hier der GOLF von VOLKSWAGEN zu nennen. In diesem Fall sollen von dem herausgestellten Produkt positive Ausstrahlungseffekte (carry over-Effekte) ausgehen, welche die ganze Linie beeinflussen.

Bereinigung

Die Produktlinie wird um Produkte bereinigt, die wenig erfolgreich sind (im Handel sind dies „Penner"-Produkte im Gegensatz zu „Renner"-Produkten). Entscheidungen über die Bereinigung orientieren sich vordergründig an Deckungsbeiträgen oder Ressourcenüberlegungen. Bei der Bereinigung von Produktlinien ist jedoch zu beachten, dass Verbundbeziehungen zwischen Produkten der Linie bestehen, die unter Umständen nicht aufgegeben werden können. Zudem kann es unternehmenshistorische Gründe geben, ein schwaches Produkt in der Linie zu behalten, weil dieses Produkt einst das Ursprungsprodukt war bzw. früher das Kerngeschäft ausgemacht hat. Ferner kann es notwendig sein, wenig ertragreiche Artikel wie Zubehör oder Ersatzteile in der Linie zu behalten, weil diese vom Kunden erwartet werden bzw. die angebotene Linie komplettieren.

2.1.3 Produktprogramm

Das **Produktprogramm** umfasst die Gesamtheit aller Produktlinien und Produkte eines Herstellers. (Im Handel wird synonym von einem Sortiment gesprochen.) Vom Begriff des Produktprogramms sind die Begriffe Produktions- und Absatzprogramm abzugrenzen. Das **Produktionsprogramm** umfasst alle selbst hergestellten Produkte eines Herstellers, während das **Absatzprogramm** auch zugekaufte „Handelswaren" bzw. erworbene Lizenzprodukte enthält. In diesem Sinne kann das Absatzprogramm somit wesentlich größer sein als das Produktionsprogramm. In der Praxis ist der Zukauf von Produkten und das „Produzieren lassen" aus kostenstrategischen Gründen weit verbreitet. Die grundsätzliche **Ausrichtung des Produktprogramms** orientiert sich nach *Meffert/Burmann/Kirchgeorg* (2008: 402f.) in der Regel an den folgenden Prinzipien:

- Herkunftsorientierung: Das Programm wird durch die Herkunft des Materials (Kunststoffe, Metall etc.) bestimmt.
- Bedarfsorientierung: Das Programm wird den Kundenbedürfnissen entsprechend zusammengestellt, z.B. Haushaltsgeräte, Sportartikel etc.
- Preislagenorientierung: Das Programm ist durch die Zugehörigkeit zu einer bestimmten Preislage gekennzeichnet, z.B. bei Computern IBM versus MEDION.

Das Produktprogramm eines Herstellers wird anhand eines Beispiels verdeutlicht:

Produktlinie 1: Körper	Produktlinie 2: Haut	Produktlinie 3: Mund
Duschgel a, b, c	Cremes a - h	Mundwasser a, b
Schaumbad a, b	Gesichtswasser a, b	Zahncreme a, b, c
Hartseife a, b, c, d	Aftershave a, b, c	Zahnseide a
Flüssigseife a	Preshave a	Zahnpflegekaugummi a
Deospray a, b, c, d		Lippenpflegestift a
Deoroller a, b		

Abb. 55: Produktprogramm eines Herstellers von Körperpflegeprodukten

Die **Programmbreite** gibt die Anzahl der angebotenen Produktlinien wieder, während die **Programmtiefe** durch die Anzahl der Produkte innerhalb einer Produktlinie repräsentiert wird. Es wird dann entsprechend von einem breiten oder tiefen Produktprogramm gesprochen (Ggs.: „enges" und „flaches" Produktprogramm). Beim abgebildeten Beispiel verfügt das Unternehmen somit über drei – nach dem Kundenbedarf gebildete – Produktlinien, die jeweils aus einer Reihe von Einzelprodukten bestehen. Bei den Produkten wird dann auf einer weiteren (nicht dargestellten) Ebene zwischen verschiedenen Typen oder Marken differenziert. Während große Markenkonzerne wie HENKEL, PROCTER&GAMBLE oder UNILEVER über ein relativ breites und zugleich tiefes Produktprogramm verfügen – insbesondere wenn die Marken als Linien definiert werden – hat ein Unternehmen, das nur eine oder wenige Produktlinie(n) produziert bzw. anbietet ein (relativ) enges und tiefes Programm.

Am Beispiel eines Supermarktes wird die **Sortimentsstruktur** eines Handelsunternehmens erläutert:

Warengruppe 1: Lebensmittel	Warengruppe 2: Getränke	Warengruppe 3: Butter, Milch, Käse	Warengruppe 4: Fleisch, Wurstwaren	Warengruppe 5: Süßwaren	Warengruppe 6: Nonfood
Artikel 1	Artikel 1	Artikel 1	Artikel 1	Artikel 1	Artikel 1
Artikel 2	Artikel 2	Artikel 2	Artikel 2	Artikel 2	Artikel 2
Artikel 3	Artikel 3	Artikel 3	Artikel 3	Artikel 3	Artikel 3

Abb. 56: Sortimentsstruktur eines Supermarktes

Das Sortiment des Beispiel-Supermarktes besteht aus sechs Warengruppen (WG), die eine Zusammenfassung von Artikeln gleicher Art darstellen. Die kleinste Einheit des Sortiments, die Sorte, wird in der Abbildung nicht aufgeführt. Gleichartige Sorten, die sich nur geringfügig unterscheiden, bilden den übergeordneten Artikel. Ein Supermarkt führt z.B. den Artikel PRINGLES in den Sorten „Original", „Paprika" und „Sour Cream & Onion". Von dieser in der Handelsbetriebslehre üblichen Unterteilung des Sortiments wird in der Marketingpraxis begrifflich abgewichen: PRINGLES bildet eine Artikelgruppe und die einzelnen Geschmacksrichtungen und Packungsgrößen werden als einzelne Artikel aufgefasst, die durch eine Artikelnummer und einen entsprechenden GTIN-Code (Global Trade Item Number) gekennzeichnet sind. Ein Supermarkt verfügt somit über ein relativ breites (Anzahl der verschiedenen Warengruppen) und tiefes (Anzahl der Artikel innerhalb einer Warengruppe) Sortiment. Ein Fachgeschäft zeichnet sich dagegen durch ein enges und tiefes Sortiment aus, da eine Konzentration auf eine Warengruppe vorliegt.

2.2   Analysemethoden der Produktpolitik

Als Grundlage für produktpolitische Entscheidungen fungiert eine Reihe von Analysemethoden, von denen im Folgenden vier wesentliche Methoden vorgestellt werden.

2.2.1   Programmanalysen

Bei Programmanalysen geht es um die Überprüfung der Produktprogrammstruktur anhand einer Reihe von Kriterien bzw. Kennzahlen. Dabei ist zwischen eher strategisch und eher operativ orientierten Verfahren zu unterscheiden. Die **strategische Programmanalyse** orientiert sich an Alters-, Umsatz- oder Kundenstrukturen. Die Analyse der **Altersstruktur** eines Produktprogramms gründet sich auf den Lebenszyklus der einzelnen Produkte. Eine Altersstrukturanalyse ist besonders wichtig für Unternehmen mit sehr umfangreichen Produktprogrammen, z.B. aus der Pharma- oder Nahrungsmittelindustrie. Die Lebenserwartung der einzelnen Produkte ist je nach Position im Lebenszyklus sehr unterschiedlich. Ein zu großer Anteil von alten Produkten birgt ein großes Risiko, während eine ausreichende Anzahl neuer Produkte die Expansions- und Überlebenschancen eines Unternehmens sichern kann. Es ist stets auf ein ausgewogenes Verhältnis von alten und neuen Produkten zu achten. Weitergehende Implikationen sind dem Abschnitt über den Produktlebenszyklus zu entnehmen.

Eine weitere wichtige Analysemethode unter strategischen Gesichtspunkten ist die Betrachtung der **Umsatzstruktur** des Produktprogramms. Der Umsatz ist eine wichtige Kennzahl, da er den Umfang der Geschäftsaktivitäten in den verschiedenen Bereichen des Programms verdeutlicht. Aus der zeitlichen Entwicklung der Umsatzzahlen lassen sich zudem wichtige Erkenntnisse über die Marktsituation der einzelnen Produkte ableiten. Mithilfe diverser graphischer Darstellungsformen, z.B. Lorenzkurve, wird die Verteilung des Gesamtumsatzes auf die einzelnen Produkte bzw. Produktlinien aufgezeigt. Die Umsatzstruktur zeigt die mögliche Abhängigkeit von bestimmten Produkten. Ferner vermittelt sie einen Einblick in die Verteilung der kapitalintensiven Produktionskapazität auf einzelne Produkte, so dass Produkte mit einer ungünstigen Relation von Umsatzanteil und Produktionskapazitätsanteil evtl. eliminiert werden müssen.

Eine ähnliche Analyse bildet die Untersuchung der **Kundenstruktur**. Analog zur Umsatzstruktur wird hier die Verteilung des Gesamtumsatzes bzw. der Verkaufsmenge auf einzelne Kunden betrachtet, wobei Abhängigkeiten von bestimmten Kunden aufgezeigt werden. Wenn beispielsweise mit einem Kunden über 50% des Umsatzes erzielt werden, liegt eine sehr hohe Abhängigkeit von diesem Kunden und damit verbunden ein hohes Risiko vor, da der Abnehmer dann bestimmte Konditionen – unter Androhung eines Lieferantenwechsels – diktieren kann. Dieses Phänomen wird häufig unter dem Stichwort der „Nachfragemacht des Handels" diskutiert. So hat der Discounter ALDI eine Reihe von mittelständischen Betrieben aus der Landwirtschaft als Lieferanten für Obst und Gemüse, die nicht selten mehr als 90% ihres Absatzes mit ALDI erzielen. Die Analyse der Kundenstruktur führt ferner zu einem Kundenprofil von A-, B- und C-Kunden, das im Rahmen von aktuellen CRM-Ansätzen zur Segmentierung und entsprechenden Bearbeitung genutzt wird.

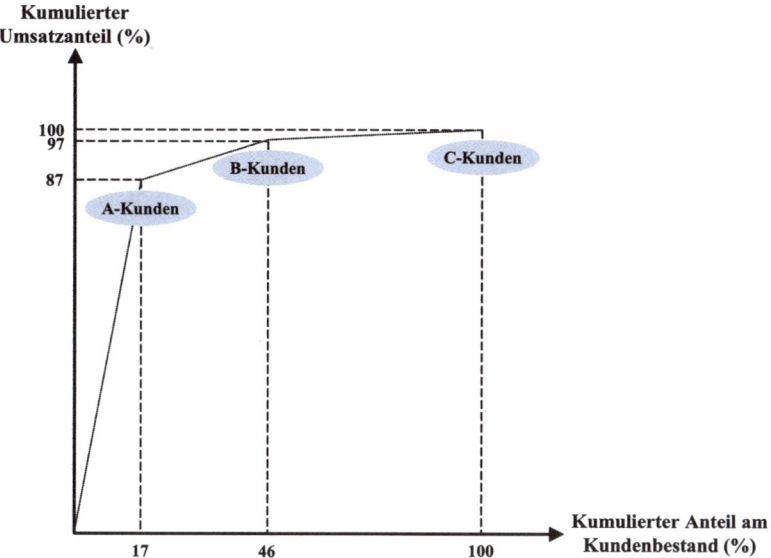

Abb. 57: Kundenstrukturanalyse

Neben der strategischen Analyse wird eine Reihe von Kennzahlen zur **operativen Programmanalyse** verwendet. Hierbei handelt es sich eher um die Planung von kurzfristigen Programmänderungen.

Die wichtigste Kennzahl zur Überprüfung des Erfolgs eines Produktprogramms ist der **Deckungsbeitrag** als Differenz zwischen dem Erlös und den eindeutig zurechenbaren variablen Kosten eines Produktes. Der Deckungsbeitrag deckt mithin die Fixkosten ab und muss noch für einen ausreichenden Gewinn sorgen. Die Beurteilung eines Produktprogramms auf Grundlage der Vollkostenrechnung führt bei kurzfristigen Programmänderungen hingegen zu Fehlentscheidungen. Die Erreichung eines hohen Gewinns als Unternehmensziel kann nur durch möglichst hohe Deckungsbeiträge realisiert werden, da der Fixkostenblock dann schneller abgedeckt und somit das Betriebsergebnis verbessert wird. Eine wichtige Zusatzinformation bietet der Vergleich von Umsatz- und Deckungsbeitragsanteil, der besonders erfolgreiche Produkte identifiziert, die programmpolitisch gefördert werden müssen.

Für weitergehende Analysen der Programmstruktur kommen **Rentabilitäts- und Produktivitätskennzahlen** in Frage. Je nach Detaillierungsgrad der Analyse sind weitere Kennzahlen denkbar, die auf diverse Bezugsgrößen (Produkt, Produktlinie, Absatzgebiet etc.) ausgerichtet sind. Zur weitergehenden Betrachtung sei auf den Abschnitt zur Marketingkontrolle verwiesen.

2.2.2   Produktlebenszyklus

Ein bekanntes Modell in der Marketinglehre und -praxis stellt der idealtypische Produktlebenszyklus dar. Dem Modell liegt die Vorstellung zugrunde, dass alle Wirtschaftsgüter einem „Gesetz des Werdens und Vergehens" – analog zum biologischen Lebenszyklus von der
Geburt bis zum Tod eines Menschen – unterliegen. Bei der Betrachtung der Umsatzentwicklung eines individuellen Produktes sind diverse Kurvenverläufe nach Eintritt in den
Markt denkbar. Das **idealtypische Modell** unterstellt jedoch den in der Produktionstheorie
üblichen ertragsgesetzlichen (S-förmigen) Verlauf; die Einteilung in die **fünf Phasen** wird
dabei relativ willkürlich vorgenommen. Auf der Abszisse wird die Zeit (t) abgetragen, auf
der Ordinate die Umsätze (U) und der Gewinn (G) pro Zeiteinheit.

Die folgende Abbildung stellt den klassischen Zyklus mit der entsprechenden Phaseneintei-
lung dar.

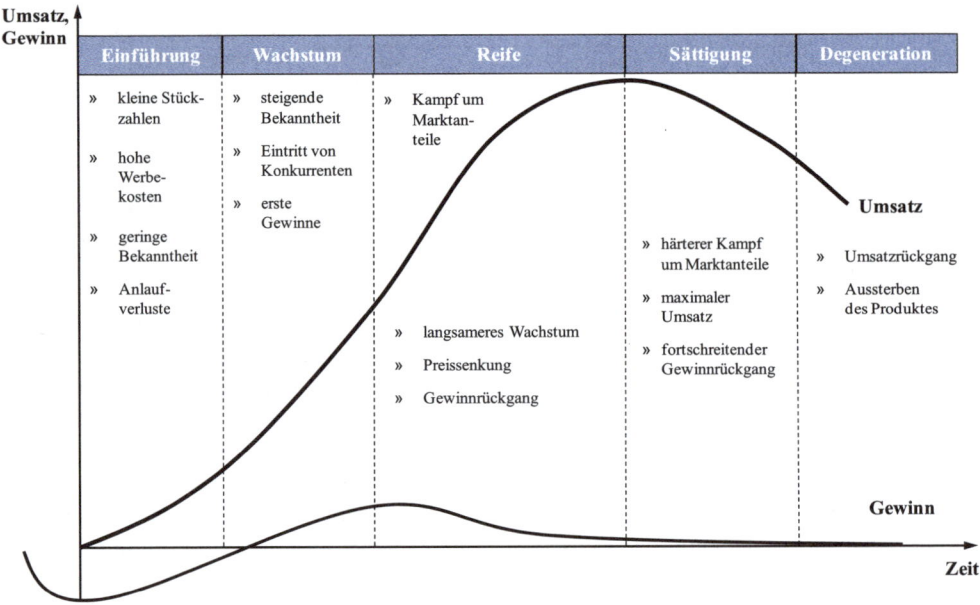

Abb. 58: Typischer Produktlebenszyklus in fünf Phasen

Der dargestellte Lebenszyklus zeigt, dass jedes Produkt im idealtypischen Fall zunächst
steigende und später sinkende Umsätze erzielt, die dann schließlich zum Ausscheiden aus
dem Markt führen. Jedes Produkt durchläuft die fünf Phasen, wobei der phasenbezogene
Zeitraum, die absolute Lebensdauer eines Produktes, Monate, Jahre oder Jahrzehnte (z.B.
ODOL, MAGGI, PERSIL) betragen kann. Im Folgenden werden die Phasen anhand ihrer
Hauptcharakteristika skizziert.

Einführung

Mit der Einführung des Produktes in den Zielmarkt ist die Produktentwicklung abgeschlossen. Hier entscheidet sich, ob das Produktkonzept vom Markt angenommen wird. In dieser Phase finden die höchsten Marktinvestitionen (Distributions- und Kommunikationsmaßnahmen) statt, um das Produkt im Markt zu etablieren. Die steigende Umsatzkurve erklärt sich durch Neugierkäufe bzw. den Erfolg der Marktkommunikation. In der Einführungsphase wird in der Regel die Gewinnschwelle noch nicht erreicht, da die erwähnten Investitionen dazu führen, dass ein Verlust bewusst in Kauf genommen wird. Das Ausmaß des Verlustes hängt dabei entscheidend vom gewählten Einstiegspreis ab.

Wachstum

In der Wachstumsphase erreicht das Produkt die Gewinnschwelle und wird durch die Wirkung der Kommunikationspolitik einem größeren Kreis von Abnehmern bekannt. Bei kurzlebigen Verbrauchsgütern kommt es hier bereits zu Ersatzbeschaffungen. Auch treten bereits erste Imitatoren in den Markt ein, die versuchen, an der möglichen Marktexpansion zu partizipieren. Damit sich das Produkt von denen der Wettbewerber abhebt, kommt jetzt als produktpolitische Maßnahme die Produktvariation, d.h. die Weiterentwicklung des Produktes, in Betracht. Nach zunächst überproportionalen Umsatzzuwächsen stabilisiert sich die Zuwachsrate. Mit Erreichen der Reifephase wird der höchste Gewinn erzielt.

Reife

Die Reifephase ist gekennzeichnet durch ein weiteres absolutes Umsatzwachstum bei gleichzeitigem Absinken der Zuwachsraten und der Umsatzrendite. In dieser Phase ist der Wettbewerb sehr stark ausgeprägt, da Konkurrenten massiv in diesen Markt investieren, zudem treten noch Nachzügler in den Markt ein. Der Innovator, der Erste am Markt, könnte durch Produktdifferenzierung seine Marktposition stärken oder zumindest stabilisieren. Da die Nachfrage auf Preisänderungen in dieser Phase in der Regel relativ elastisch reagiert, können Preissenkungen die Nachfrage verstärken.

Sättigung

Die Sättigungsphase beginnt mit der Überschreitung des Maximums der Umsatzkurve, die Gewinne nehmen weiter ab. Durch diverse Maßnahmen im Marketing-Mix, z.B. Erschließung neuer Absatzkanäle, Erinnerungswerbung oder Rabattgewährung, kann diese Phase verlängert werden. Alternativ kann durch einen Relaunch des Produktes versucht werden, einen neuen Aufschwung zu erreichen. Das Unternehmen kann aber auch zu dem Ergebnis kommen, dass weitere Investitionen in das Produkt nicht wirtschaftlich sind, so dass der Eintritt in die Degenerationsphase nicht aufgehalten wird.

Degeneration

In der letzten Lebensphase des Produktes tendiert der Umsatz gegen Null und es werden Verluste erzielt, bis das Produkt schließlich vom Markt genommen wird (Produktelimination). Begründet werden kann dieses „Produktsterben" insbesondere mit dem technischen

Fortschritt, der ein Produkt überholt, z.B. die Verdrängung von Video- durch DVD-Recorder.

Analog zur Kurve des Produktlebenszyklus ist der von *Rogers* (1962: 162) herausgefundene **Diffusionsprozess** zu betrachten, der die Nachfrageentwicklung von bestimmten Nachfragertypen abhängig macht: Innovatoren (2,5% aller Nachfrager), Frühadoptierer (13,5%), frühe Mehrheit (34%), späte Mehrheit (34%), Nachzügler (16%). Dies trägt auch zur Erklärung der Nachfrageentwicklung in den jeweiligen Phasen bei.

Die nachfolgenden drei Abbildungen charakterisieren einen klassischen Markenartikel (Präferenzstrategie) in den einzelnen Phasen des Lebenszyklus. Hierbei wird als mögliche sechste Phase die Wiederbelebung (Relaunch) separat aufgeführt.

Phase / Merkmale	Einführung	Wachstum	Reife	Sättigung	Degeneration	Wiederbelebung
Umsatzvolumen	Gering	Schnell ansteigend	Spitzenumsatz	Rückläufig	Rückläufig	Steigend
Kosten	Hohe Kosten pro Kunde	Hohe Kosten pro Kunde	Ø-Kosten pro Kunde	Ø-Kosten pro Kunde	Niedrige Kosten pro Kunde	Hohe Kosten pro Kunde
Gewinne	Negativ	Steigend	Hoch	Fallend	Fallend/ negativ	Negativ
Kunden	Innovatoren	Frühadoptierer	Frühe Mehrheit	Späte Mehrheit	Nachzügler	Innovatoren 2-ter Generation
Marktsituation	Monopol	Oligopol	Polypol	Polypol	Oligopol	Monopol oder Oligopol
Bekanntheit	Gering	Steigend	Hoch	Hoch	Abnehmend	Steigend
Instrumentalziele auf Produktebene	Produktinformation / Marktwiderstand brechen	Optimierung der Produktleistung	Verbreiterung der Produktleistung	Stabilisierung der Produktleistung	Stabilisierung oder Rücknahme der Produktleistung	Erneuter Aufbau der Produktleistung

Abb. 59: Produktlebenszyklus eines Markenartikels (Teil 1)

Phase/ Instrument	Einführung	Wachs-tum	Reife	Sättigung	Degene-ration	Wieder-belebung
Produkt	Kernnutzen des Basis-produkts vorstellen	Zusatznutzen aufbauen	Produktlinie erweitern und vertiefen	Produktlinien-status halten	Produktlinie verkleinern	Neue Nutzen-dimension etablieren oder added value hinzufügen
Kontrahierung	Skimming vs. Pene-tration	Strategiekon-form (Basis-strategie)	Defensiv	Defensiv	Senkung	Skimming vs. Penetration
Distribution	Distribu-tionsnetz stufenweise aufbauen	Distributions-netz verdichten	Distributions-netz weiter verdichten	Distributions-netz stabilisieren	Distributions-netz sukzessive auslichten/un-rentable Distri-butionspunkte schließen	Neue Distributions-wege schaffen
Kommunikation	Produkt bei Innovatoren/ im Handel bekannt ma-chen, infor-mieren/ überzeugen	Produkt in breiter Ziel-gruppe be-kannt, interes-sant machen (Aufklärung über neue Vorteile)	Imageprofilie-rung (Aktuali-sierung)/Diffe-renzierungs-merkmale und Markenvorteile betonen	Image-stabilisierung	Kommunika-tion auf Niveau herunterfahren, das zur Erhal-tung treuester Kunden nötig ist	Aktualisierung in bestehender Zielgruppe/ Gewinnung neuer Zielsegmente

Abb. 60: Produktlebenszyklus eines Markenartikels (Teil 2)

Phase/ Instrument	Einführung	Wachs- tum	Reife	Sättigung	Degene- ration	Wieder- belebung
Produkt	Grundpro- dukt/ Produkt- innovation	Produktvaria- tion /Verbes- serung der Qualität/Aus- stattungsmerk- male/Design- elemente/Ser- viceleistungen/ Garantien	Produktdiffe- renzierung/ unterschied- liche Modelle, Gebindeformen, Geschmacks- richtungen usw.	Idealtypische Phase für Relaunch	Absatz- schwache Artikel eliminieren	Revitalisierung, Relaunch/ wesentliche Produktver- besserung, neue Ver- wendungs- möglichkeiten
Kontrahierung	Basispreis/ evtl. Probier- preis	Basispreis	Basispreis/ evtl. Bonus- system	Basispreis/ evtl. Rabatt- formen	Preissenkung	Preisstabili- sierung/Preis- anhebung bei Relaunch mit hohem Inno- vationsgrad
Distribution (Distributions- grad)	Gering	Steigend	Hoch (Ubiquität)	Hoch (Ubiquität)	Rückläufig	Rückge- winnung/ Aufbau neuer Absatzkanäle
Kommunikation	Einführungs- werbung	Expansions- werbung	Erinnerungs- werbung	Erinnerungs- werbung; bei Relaunch: Wer- bung zur Um-/ Neuposio- nierung	Reduktions- werbung zur gezielten Eliminierung eines Produktes	Werbung zur Um-/Neu- positionierung

Abb. 61: Produktlebenszyklus eines Markenartikels (Teil 3)

Da zum einen die idealtypische Abfolge in der Praxis nur selten zum Tragen kommt und zum anderen der steigende Wettbewerbsdruck tendenziell zu einer Verkürzung von Produktle- benszyklen führt, zeigt die folgende Abbildung ein modifiziertes Modell.

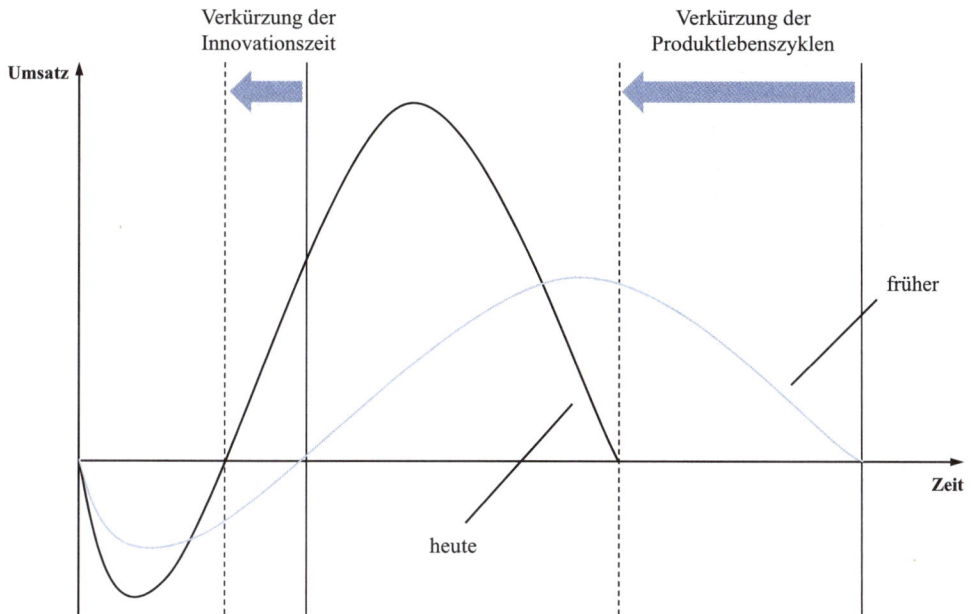

Abb. 62: Verkürzter Produktlebenszyklus (in Anlehnung an Wildemann 2009: 6)

Als **Bezugsgrößen** bei der Lebenszyklusanalyse kommen nicht nur einzelne Produkte oder Marken in Frage, sondern auch Produktlinien oder strategische Geschäftseinheiten. Je allgemeiner die Bezugsgröße, desto plausibler erscheint die Anwendung. Wird jedoch beispielsweise eine Produktlinie als Bezugsgröße zugrunde gelegt, so kann es sein, dass einzelne Produkte der Linie sich noch in der Wachstumsphase befinden, während andere schon in der Reife- oder Sättigungsphase sind. Die Lebenszyklusanalyse eignet sich dennoch mehr als Strategiemodell (vgl. Kapitel III 3.5) auf einer relativ hoch aggregierten Ebene (SGE) und ist in Bezug auf einzelne Produkte eher kritisch zu betrachten, insbesondere dann, wenn die Ablösung veralteter Technologien in der Degenerationsphase betrachtet wird. Insgesamt sind dem Lebenszyklusmodell folgende **Kritikpunkte** entgegenzuhalten (*Meffert* 2000: 343):

- Fehlende Allgemeingültigkeit (wenig empirisches Beweismaterial),
- fehlende Gesetzmäßigkeit des Lebenszyklus (Idealtypus),
- Phasendauer kann durch absatzpolitische Maßnahmen deutlich beeinflusst werden,
- Veränderungen der Umweltfaktoren eines Unternehmens bleiben unberücksichtigt,
- fehlende eindeutige Kriterien zur Phasenabgrenzung.

Trotz dieser nachweislich vorhandenen Schwächen des Modells betrachten die Autoren den Produktlebenszyklus als Grundlagenmodell zur Ableitung von produktpolitischen und weitergehenden operativen Entscheidungen.

2.2.3   Produktportfolio

Die Portfolioanalyse kann prinzipiell auf allen Entscheidungsebenen der Produkt- bzw. Programmpolitik eingesetzt werden. Sie bezieht sich je nach Perspektive auf strategische Geschäftseinheiten, Produktlinien oder Produkte. Da die Portfolioanalyse im Rahmen des strategischen Marketing bereits ausführlich thematisiert worden ist, soll an dieser Stelle nur kurz auf dieses Verfahren eingegangen werden.

Beim **Produktportfolio** geht es darum, die einzelnen Produkte eines Produktprogramms bzw. einer Produktlinie anhand bestimmter Erfolgsfaktoren in einer Matrix zu platzieren, um einen Einblick in die aktuelle Produktsituation zu erhalten. Ziel ist es, stets ein relativ ausgewogenes Portfolio zu besitzen. Die gewählten Dimensionen beziehen sich auf unternehmensexterne und -interne Erfolgseinflüsse. Anknüpfungspunkt für die meisten Portfolio-Modelle ist das PIMS-Projekt, wonach dem Marktanteil eine zentrale Bedeutung für die Gewinnhöhe, den ROI und den Cash-flow zukommt. Hinzu kommt die Marktwachstumsrate als externer Faktor. Je höher das Marktwachstum und der eigene Marktanteil, desto höher ist auch die Rentabilität.

Die folgende Abbildung zeigt die Portfolioanalyse auf Produktlinienniveau an einem Beispiel:

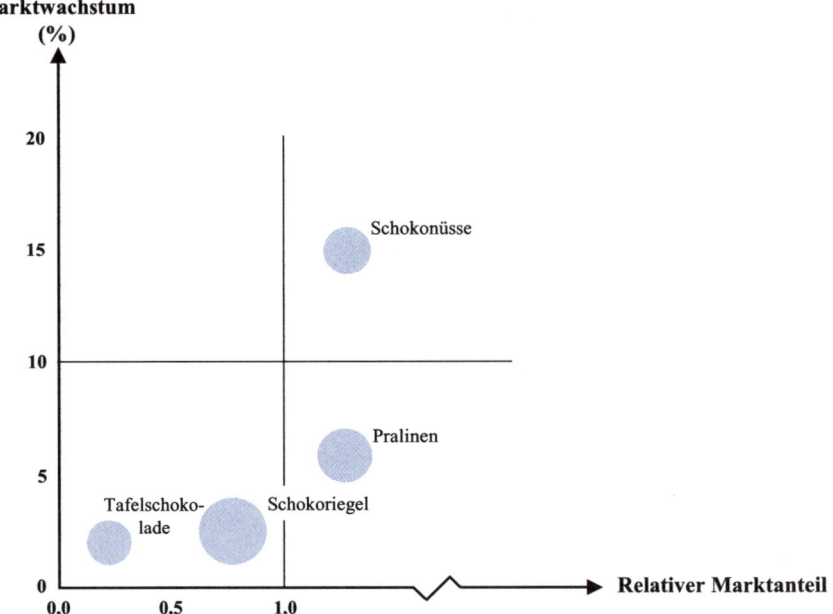

Abb. 63: Produktportfolio eines Süßwarenherstellers

2.2.4   Produktpositionierung

Die **Produktpositionierung** beruht auf Erkenntnissen der Konsumentenforschung, in diesem Zusammenhang wurde bereits kurz auf diese Methodik eingegangen. Ausgangspunkt einer Positionierungsanalyse ist die subjektive Wahrnehmung eines Produktes durch die Konsumenten. Die Konsumenten nehmen danach Produkte anhand der für sie jeweils wichtigsten Kaufentscheidungskriterien wahr.

Durch die Befragung von Konsumenten werden zunächst anhand ausgewählter Produkte wichtige Kaufeigenschaften erhoben. Anhand von multivariaten Analysemethoden, z.B. der Conjoint-Analyse, werden meist die beiden bedeutendsten Entscheidungskriterien herausgefiltert. Diese bilden die Dimensionen des Positionierungsmodells. In einer weiteren Befragung erfolgt die Platzierung der vorgegebenen Produkte durch die Probanden in das zweidimensionale Positionierungsmodell.

Es folgt ein Beispiel aus dem Zahnpflegemarkt, die Positionen der Produkte wurden durch Befragung von Konsumenten anhand von Eigenschaftslisten ermittelt.

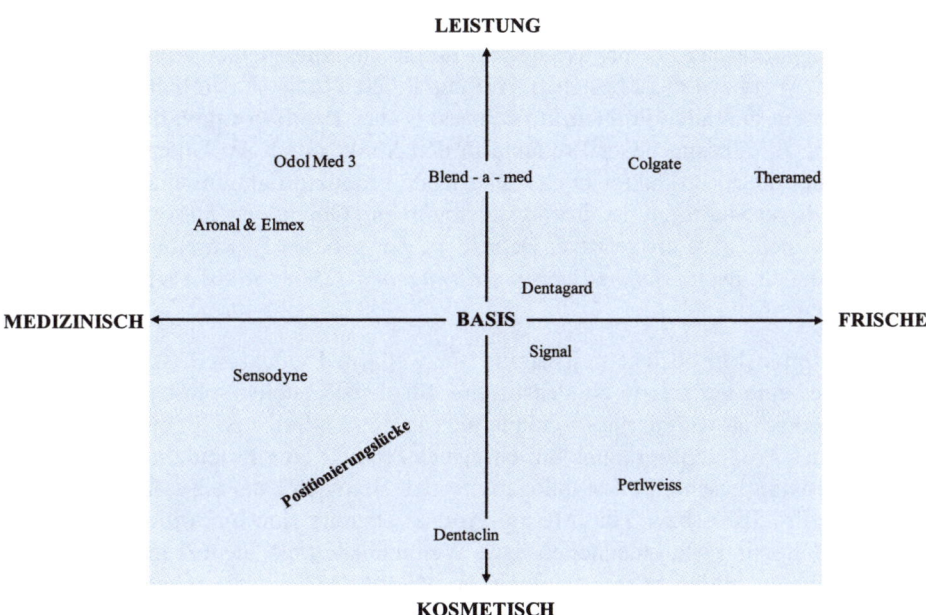

Abb. 64: Produktpositionierung im Zahnpflegemarkt

Mit einer Positionierungsanalyse können sowohl Informationen für Produktinnovationen als auch für -variationen gewonnen werden. Zudem geben Positionierungslücken Auskunft über mögliche unbesetzte Marktsegmente oder -nischen. Schwachpunkt dieser Methodik ist ggf. die Konsequenz, dass nach Anwendung einer Positionierungsanalyse durch diverse Konkurrenten eine Angleichung von Marketingaktivitäten erfolgt. Insofern führt eine solche Analyse eher zu einer reaktiven als aktiven Handlungsweise im Wettbewerb. Es empfiehlt sich, die Produktpositionierung flankierend zu anderen Analysemethoden einzusetzen.

2.3 Produktpolitische Entscheidungen

Das Spektrum produktpolitischer Maßnahmen umfasst in erster Linie die Produktinnovation, -variation und -elimination mit ihren diversen Ausprägungen. Diese werden in den folgenden Abschnitten dargestellt.

2.3.1 Produktinnovation

Der Begriff der **Innovation** ist ein in Politik und Wirtschaft überstrapaziertes Schlagwort geworden. Seit *Schumpeter* gilt der „Innovator-Unternehmer" bzw. die Produktinnovation als Motor der Wirtschaft und Garant für Wirtschaftswachstum. Aus betriebswirtschaftlicher bzw. marketingpolitischer Perspektive besteht für ein Unternehmen eine Innovationsnotwendigkeit, um im Wettbewerb zu bestehen. Auf der anderen Seite stellen hohe Flop-Raten von Neuprodukten ein zentrales Problem im Marketing dar. **Produktinnovation** wird hier verstanden als die Einführung neuer Produkte in den Markt durch ein Unternehmen bzw. die Aufnahme eines neuen Produktes in das bestehende Produktprogramm eines Unternehmens. Das Problem dieser Definition ist, dass unabhängig vom Objekt der Innovation (Produkt) die „Neuheit" als solche stets ein relativer Begriff ist. Zur näheren Beschreibung einer Produktinnovation können nach *Meffert/Burmann/Kirchgeorg* (2008: 408ff.) **vier Dimensionen** herangezogen werden.

Die **Subjektdimension** bezieht sich darauf, für wen ein Produkt neu ist. Für den Konsumenten ist dies eine veränderte Nutzenstiftung, für den Hersteller selbst der Grad der produkt- bzw. produktionstechnischen Veränderung. In diesem Sinne ist für einen Hersteller die Erweiterung des Produktprogramms um ein neues Produkt eine Produktinnovation. Die **Intensitätsdimension** beschreibt den Innovationsgrad. Hiernach kann eine geringfügige Modifikation eines Produktes bzw. ein „Me-too-Produkt" bereits eine Innovation darstellen. Auf der anderen Seite sind Marktneuheiten bzw. Weltneuheiten als „echte" Innovationen heute selten. Ausnahmen bilden hochtechnologische Märkte (Multimedia, Unterhaltungselektronik) und der Pharmamarkt (Entwicklung neuer Medikamente, z.B. ein Aidspräparat). Eine Beschränkung der Produktinnovation auf Markt- oder gar Weltneuheiten würde den marketingbezogenen Problemen der Planung und Einführung neuer Produkte jedoch nicht gerecht. Stattdessen sollten auch Betriebsneuheiten als Produktinnovationen aufgefasst werden. Die **Zeitdimension** (wann beginnt und endet eine Innovation?) ist nur schwierig zu erfassen. Generell bleibt zu konstatieren, dass sich der Zeitraum, in dem eine Innovation als neu wahrgenommen wird, in den letzten Jahren erheblich verkürzt hat. Die **Raumdimension** bezeichnet schließlich den Aspekt, dass ein in einem geographischen Markt bereits verkauftes Produkt für einen anderen geographischen Markt eine Neuheit bzw. Innovation darstellen kann. Dies betrifft die schrittweise Einführung neuer Produkte in Auslandsmärkte.

Anhand der Dimensionen wird klar, dass der Begriff der Produktinnovation marketingtheoretisch weit ausgelegt werden muss, um die praktische Problematik der Produktneueinführung zu erfassen. **Echte Innovationen** sind heute fast nur noch in der Pharmaindustrie sowie in hochtechnologischen Branchen zu finden. **Quasi Innovationen** verfügen über einen mittleren Innovationsgrad; sie greifen auf vorhandene Produktkategorien zurück, z.B. Light-Biere, Diät-Marmelade, Klapp-Fahrräder etc. **Me-too Innovationen** sind streng genommen keine Innovationen (Innovationsgrad = 0), da sie meist zu 100 % vorhandene Produkte bzw. Marken in wesentlichen Elementen mit Ausnahme von juristischen Einschränkungen kopieren. Die nachfolgende Abbildung zeigt diese graduelle Abstufung von Produktinnovationen.

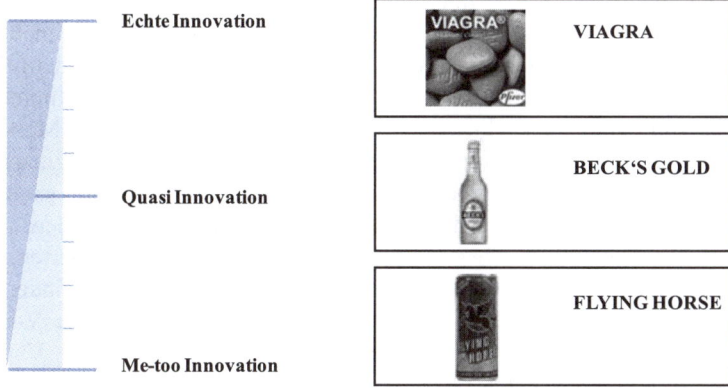

Abb. 65: Grad der Produktinnovation

Produktinnovationen nehmen eine besondere Stellung innerhalb der Produktpolitik ein. Gesättigte Märkte, die Austauschbarkeit von Produkten, Überkapazitäten im Produktionsbereich, Umweltschutz- und Produkthaftungsgesetze sowie die Verkürzung von Produktlebenszyklen drängen die Unternehmen dazu, Ressourcen für die Entwicklung neuer Produkte freizumachen. Produktinnovationen führen – u.a. nach der PIMS-Studie – zu enormen Wachstumschancen. In der Literatur sind idealtypische Prozesse von Neuprodukteinführungen entwickelt worden, deren Hauptaugenmerk auf Kreativitätstechniken sowie Marktforschungsmethoden liegt (vgl. z.B. ausführlich *Scharf/Schubert/Hehn* 2009: 287ff.). Innovationsprozesse laufen jedoch sehr branchen- (F&E-dominierte Branchen wie die Pharmaindustrie) und auch unternehmensspezifisch (z.B. formalisierter Prozess bei BEIERSDORF) ab.

Trotz der differenzierten Vorgehensweise beim Innovationsmanagement sind üblicherweise die folgenden Phasen im **Innovationsprozess** zu unterscheiden:

1. Ideengewinnung
2. Ideenbewertung
3. Produktkonzeption
4. Produktentwicklung
5. Markteinführung

Im Idealfall einer konzeptionellen Vorgehensweise sollte die Marketingstrategie bereits eine grobe Suchrichtung für ein neues Produkt aufzeigen. Im Rahmen der Marktfeldstrategien kommen eine Produktentwicklung im bestehenden Markt bzw. eine (horizontale) Diversifikation in einem neuen Markt infrage (vgl. Kapitel III 3.3). Aus der strategischen Zielmarktbestimmung ergeben sich mögliche Suchfelder für Produktinnovationen. Die Grundlage für die Entwicklung neuer Produkte bilden Produktideen, die sowohl aus internen als auch aus externen Quellen stammen können. Interne Quellen sind die eigenen Mitarbeiter (betriebliches Vorschlagswesen) bzw. die diversen Abteilungen im Unternehmen, insb. die Marketing- sowie die Forschungs- und Entwicklungsabteilung. Ideenanstöße aus dem F&E-Bereich werden häufig mit dem Schlagwort „technology push" bezeichnet, da die Innovation in diesem Falle nicht vom Markt ausgeht, sondern vom Unternehmen in den Markt „hineingedrückt" wird. Im Gegensatz hierzu wird bei Ideenanstößen aus dem Absatzmarkt von einem „demand pull" gesprochen, was einer konsequenten Marketingorientierung entspricht. Externe Quellen zur Ideenfindung sind in diesem Kontext Wettbewerber, Kunden, Absatzmittler und Lieferanten, aber auch Ideengeber aus dem weiteren Umfeld wie Experten, Forschungsinstitute und Erfinder. Die **Ideengewinnung** innerhalb des Unternehmens findet in der Regel mit Hilfe sog. Kreativitätstechniken statt. Dabei werden intuitiv-kreative Verfahren (z.B. Brainstorming, Brainwriting, Synektik, Weblogs), systematisch-logische Verfahren (z.B. Problemanalyse, morphologischer Kasten) sowie kombinierte Methoden (z.B. Methode der sechs Hüte) unterschieden (*Scharf/Schubert/Hehn* 2009: 292ff.).

Nachdem die ersten Produktideen skizziert und ausgewählt wurden, kommt es zur **Ideenbewertung**, die das Ziel hat, Erfolg versprechende Produktideen zu selektieren. Im ersten Schritt erfolgt eine Grobselektion, z.B. anhand von Checklisten. Die grundsätzlich brauchbaren Produktideen werden marktseitig durch Gruppendiskussionen mit sog. Lead Usern bzw. Fokusgruppen überprüft, bevor sie dann einer internen feineren Bewertung unterliegen. Diese Feinbewertung findet meist mit Hilfe von Scoring-Modellen statt, die auf ausgewählten Bewerungskriterien und entsprechenden Gewichtungen beruhen (vgl. Kapitel II 2.2.2). Am Ende dieses Bewertungsprozesses steht eine überschaubare Anzahl viel versprechender Produktideen.

Im Rahmen der **Produktkonzeption** erfolgt die Transformation der Produktidee in ein Produktkonzept, welches das zukünftige Produkt im Hinblick auf die für Konsumenten relevanten Eigenschaften (Verwendungsanlässe, funktionale und emotionale Benefits) beschreibt. Das erste Grobkonzept enthält nur einzelne Konzeptelemente, die z.B. mithilfe von Moodboards dargestellt werden, danach folgt die Einordnung des Produktkonzeptes in den Wahrnehmungsraum der Konsumenten (vgl. Kapitel IV 2.2.4). Am Ende dieser Phase liegt eine möglichst vollständige und konkrete Beschreibung des zukünftigen Produktes vor (z.B. Produkt- und Markenname, Inhaltsstoffe, Verpackungsgestaltung, Preislevel, Claim etc.), welche evtl. noch durch Konzepttests oder Conjoint-Analysen gestützt wird.

In der Phase der **Produktentwicklung** werden die im Produktkonzept festgelegten Nutzenerwartungen in geeignete physisch-technische Produkteigenschaften übertragen. Die F&E-Abteilung entwickelt Prototypen, die anschließend mittels Produkttests überprüft werden (z.B. im Sensoriklabor bei Nahrungs- und Genussmitteln). Danach finden die Festlegung der Markenelemente sowie die Verpackungsgestaltung statt. In einem weiteren Produkttest erhalten ausgewählte Testpersonen das Produkt zum probeweisen Gebrauch. Abschließend erfolgen Wirtschaftlichkeitsanalysen (z.B. Gewinnvergleichsrechnung, Break-even-Analyse, Kapitalwertmethode) als Basis der Einführungsentscheidung. Ziel dieser Analysen ist die Überprüfung, in welchem Ausmaß sich bei einer Produkteinführung ein ökonomischer Erfolg einstellen kann.

Die letzte Phase im Innovationsprozess ist die **Markteinführung**. Häufig wird der endgültigen (nationalen) Einführung eines neuen Produktes ein Test des als marktreif erachteten Produktes unter kontrollierten Bedingungen in einem räumlich begrenzten und repräsentativen Teilmarkt vorgeschaltet. Diese Testmarktphase in einem regionalen Testmarkt (wie z.B. Haßloch) wird in der Regel durch eine Panelforschung begleitet. Der hohe Kosten- und Zeitaufwand regionaler Testmärkte sowie die potentielle Bekanntmachung des neuen Produktes bei Konkurrenzunternehmen führen immer häufiger zu Testmarktsimulationen im Labor oder Teststudio, welche die genannten Nachteile ausgleichen, jedoch eine geringere Realitätsnähe aufweisen. Nach dem Abschluss der Testmarktphase folgt die endgültige Einführung des neuen Produktes in den Zielmarkt.

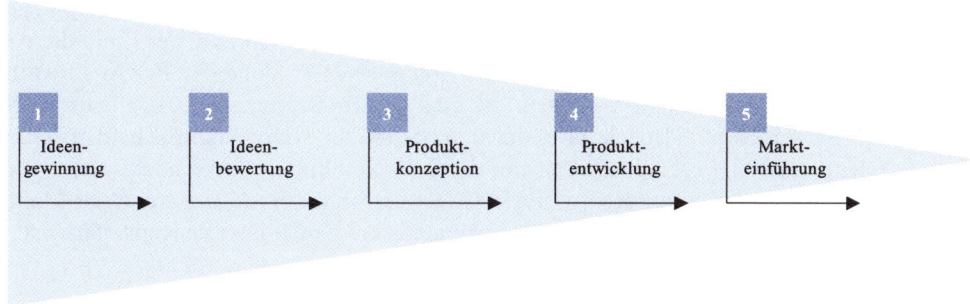

Abb. 66: Innovationsprozess

Die Autoren weisen ausdrücklich darauf hin, dass an dieser Stelle bewusst ein produktpolitischer Fokus gewählt wurde. Bei einer Gesamtbetrachtung des Innovationsprozesses muss konsequenterweise die vollständige Marketingkonzeption berücksichtigt werden.

Als Beispiele für **erfolgreiche Produktinnovationen** können – neben technologischen Neu-
erungen wie DVD- oder MP3-Player – Biermixgetränke (DIMIX, CAB), Apfelschorle (LIFT)
oder eine Reihe von neuen Produkten im Süßigkeitenmarkt (PINGUI, DOVE etc.) genannt
werden. Innovationscharakter haben zudem Produkte mit zum Teil kommunikationspolitisch
unterstellter verbesserter Leistung bzw. Qualität, wie z.B. Spül- oder Waschmittel mit neuer
„Anti-Schmutz-Formel". Vielfach sind diese „Innovationen" jedoch eher in den Variations-
bereich einzuordnen. Die Einführung der MEGA PERLS von PERSIL in den Waschmittelmarkt
tendiert jedoch wieder eher zu einer Produktinnovation. Diese Beispiele zeigen die Schwierigkeit, eine strikte Trennlinie zwischen Produktinnovation und -variation festzulegen.

2.3.2   Produktvariation

Produktvariation bezeichnet die Veränderung bzw. Verbesserung bereits vorhandener Produkte. Produktvariationen bilden mithin einen Ansatz, um Produkte nach ihrer Markteinführung den sich ändernden Verbraucherbedürfnissen bzw. dem Abwechslung suchenden Kaufverhalten anzupassen. In diesem Sinne können Produktvariationen wesentlich zur
Verlängerung von Produktlebenszyklen beitragen.

„Bei der Variation bleiben die Grundfunktionen des Produktes erhalten, es werden lediglich
ästhetische, physikalische, funktionale und/oder symbolische Eigenschaften verändert"
(*Meffert* 2000: 437). **Ästhetische** Variationen betreffen Produkteigenschaften wie Design,
Farbe, Form. Dies findet häufig bei Automobilen, Haushaltsgeräten, Kleidung oder Möbeln
Anwendung; als ästhetische Variation ist jedoch auch die Änderung der Verpackung im
Bereich der Lebensmittel anzusehen. **Physikalische** Variationen betreffen z.B. die Material-
art oder die technische Konstruktion, **funktionale** Variationen die Ausstattung oder Haltbarkeit eines Produktes. Diese Art der Produktvariation ist häufig bei Werkzeugen oder allgemein bei technischen Geräten zu finden. Ein gutes Beispiel stellt zudem der TV-Markt dar,
in dem Fernsehgerätehersteller immer neue Variationen mit neuer Technik und vielen neuen
Funktionen einführen. Schließlich betrifft die **symbolische** Variation in erster Linie die Anpassung oder Änderung des Markennamens oder -logos eines Produktes (z.B. „Aus RAIDER
wird jetzt TWIX"; Markenwechsel von CITIBANK zu TARGOBANK im Jahr 2010). Diese Form
der Variation ist jedoch als kritisch zu betrachten, da sie die Markenpolitik betrifft. Diese
Beispiele zeigen, dass die Variationsparameter durchaus kombinativ verwendet werden können. Mit einer Produktvariation werden diverse Ziele verfolgt, z.B. Absicherung der Marktposition, Umsatz- und Gewinnziele sowie Segmentabdeckung oder bessere Kapazitätsauslastung der Fertigung.

2.3.3   Produktdifferenzierung

Der in der Marketingliteratur verwendete Begriff der **Produktdifferenzierung**, als das zeitlich parallele Angebot mehrerer Varianten eines Produktes, unterscheidet sich von der Produktvariation lediglich durch den Verbleib des Basisproduktes im Markt und ist somit kein
eigenständiger produktpolitischer Problemkreis. Die Produktvariation dient in erster Linie

zur Weiterentwicklung von Produkten und damit zur Ablösung der Ausgangsversion, während die Produktdifferenzierung das Produktangebot im Markt breiter macht, insbesondere durch die Einführung verschiedener Verpackungsgrößen, Modelle oder Geschmacksrichtungen.

2.3.4   Produktrelaunch

Ein Sonderfall der Produktvariation ist der sog. **Produktrelaunch**. Er kennzeichnet die umfassende Veränderung von Produkteigenschaften eines auf dem Markt eingeführten, aber deutlich in der Abschwungphase befindlichen oder bereits eliminierten Produktes. Der Relaunch bezeichnet somit die „Wieder(neu)einführung" eines Produktes. Die umfassende Veränderung des Ursprungsproduktes geht meist einher mit Änderungen in den anderen Mixparametern. Als Beispiele der letzten Jahre können die Wiedereinführung des VW-KÄFER als BEETLE sowie der AFRI-COLA gelten. Grundsätzlich steht hinter einem Relaunch jedoch immer die grundlegende Reaktivierung eines Produktes bzw. einer Marke, die sämtliche Mixparameter einbezieht. Ein Beispiel für diese Ausprägung des Produktrelaunch ist die umfassende Neupositionierung von JÄGERMEISTER.

2.3.5   Produktelimination

Die Produktelimination wurde bereits im Rahmen der Bereinigung von Produktlinien kurz thematisiert. **Produktelimination** bedeutet die Aufgabe bisheriger Produkte bzw. deren Herausnahme aus dem Produktprogramm. In diesem Abschnitt soll die Elimination eines einzelnen Produktes behandelt werden. Ein wesentlicher Grund für die Produktelimination liegt in der internen Konkurrenz der Produkte um knappe Unternehmensressourcen wie Marketingbudget oder Produktionskapazität. Um eine fundierte Entscheidung gegen ein Produkt treffen zu können, bedarf es einer systematischen Überwachung des Produktprogramms anhand quantitativer und qualitativer Daten (*Meffert/Burmann/Kirchgeorg* 2008: 467).

Als **quantitative Eliminierungskriterien** gelten z.B. sinkender Umsatz, sinkender Marktanteil, geringer Umsatzanteil, sinkende Deckungsbeiträge, sinkender Kapitalumschlag, sinkende Rentabilität, ungünstige Umsatz-Kosten-Relation. Als **qualitative Kriterien** kommen unter Umständen hinzu: Einführung von Konkurrenzprodukten, negativer Einfluss auf das Unternehmensimage, Änderung der Bedarfsstruktur der Kunden, Änderung gesetzlicher Vorschriften, technologische Veraltung. Anhand von aussagekräftigen Checklisten können so die einzelnen Produkte ständig überwacht werden. Sprechen die erhobenen Kriterien letztlich für eine Elimination des Produktes, so muss abschließend noch überprüft werden, ob Verbundbeziehungen zu anderen Produkten bestehen, die einer Herausnahme des Produktes widersprechen. So kann es dazu kommen, dass „schwache" Produkte im Produktprogramm einer Unternehmung verbleiben. Allerdings sollten auch Produkte mit hoher emotionaler Bindung eliminiert werden, wenn alle Kriterien dies sinnvoll erscheinen lassen.

2.4   Markierung

Strategisch entspringt die Markierung einer Differenzierungs- bzw. Präferenzstrategie (vgl. Kapitel III 5.1). Die Entscheidung für eine Marke ist in erster Linie eine Entscheidung für Qualitäts- und gegen Preiswettbewerb. In wettbewerbsintensiven, vom Preisverfall bedrohten Märkten streben Unternehmen eine strategische Positionierung möglichst in mittleren Märkten oder in oberen Märkten an. Voraussetzung hierfür sind entsprechende Ressourcen und eine konsistente Grundorientierung (Mission/Vision) des Unternehmens. Der konsequente Qualitätswettbewerb bzw. das Anbieten von Leistungsvorteilen begründet Präferenzen im Markt, welche quasi-monopolistische Preisspielräume eröffnen und die Realisierung ehrgeiziger Unternehmens- und Marketingziele möglich machen.

Im Folgenden werden zunächst Grundlagen und Grundbegriffe der Markenpolitik geklärt Anschließend folgt die Darstellung von diversen „Markenstrategien", zu verstehen als strategische Optionen innerhalb der Markenpolitik. Danach werden Fragen zur Markenidentität diskutiert. Das Kapitel schließt mit Überlegungen zur Ermittlung des Markenwertes.

2.4.1   Grundlagen der Markenpolitik

Im Rahmen der Produktpolitik nimmt die **Markenpolitik** eine zunehmende Bedeutung ein. Dies resultiert aus der Nutzenstiftung für den Nachfrager einerseits und der ökonomischen Wirkung für den Anbieter andererseits. Die **Marke** ist als „ein in der Psyche des Konsumenten und sonstiger Bezugsgruppen der Marke fest verankertes, unverwechselbares Vorstellungsbild von einem Produkt oder einer Dienstleistung" (*Meffert/Burmann/Koers* 2002: 6) zu verstehen.

Grundlegende **Charakteristika der klassischen Markenartikel** (Herstellermarken) sind:

- Klare Differenzierung und Positionierung auf dem relevanten Markt,
- einheitliche Markierung,
- evolutorische, nachhaltige Gestaltung,
- konstante oder verbesserte Qualität,
- mittlere bis gehobene Preiskategorie,
- Ubiquität (= Überallerhältlichkeit) im relevanten Markt,
- intensive Kommunikation.

Die **Markenführung** (brand leadership) stellt enorme Herausforderungen an die Unternehmen. Sämtliche Marketingaktivitäten führen beim Konsumenten zu einem markenspezifischen Vorstellungsbild, d.h. Marketingaktivitäten haben eine Wirkung, die sowohl zur Markenstärkung, aber auch zur -schwächung und -verwässerung führen kann. Um die Marke nachhaltig erfolgreich zu gestalten, müssen die Marketingaktivitäten den gesamten Managementprozess durchlaufen, d.h. geplant, gesteuert und kontrolliert werden. Im Idealfall zeichnet sich eine Marke durch Markenstärke aus, d.h. dass sie in den Köpfen der Verbraucher positive Assoziationen hervorruft und diese in aktives Kaufverhalten umwandelt.

Eine Marke fungiert rechtlich als Eigentums- und Herkunftsnachweis. Nach dem **Markengesetz** entsteht der Markenschutz durch die Eintragung beim Patent- und Markenamt. Es können alle Zeichen, z.B. Wörter oder Abbildungen, aber auch Hörzeichen (z.B. Titelmelodien von Fernsehserien) eingetragen werden, die geeignet sind, Waren eines Herstellers von denen anderer zu unterscheiden. Das **Warenzeichen** ist der rechtlich geschützte Teil der Marke, der den Gebrauch ausschließlich dem Anbieter zusichert. Nach der Anmeldung der Marke wird beim Patent- und Markenamt ein Markenblatt geführt, das u.a. die genaue Beschreibung der Marke selbst sowie den Markeninhaber enthält. Das Symbol ® signalisiert die eingetragene Marke (registered trademark).

Der **Markenname** ist der Teil der Marke, der verbal ausgedrückt werden kann (expressis verbis). Z.B. wurde mit der Einführung der Mini-Salami BIFI im Jahr 1972 eine neue Kategorie im Snackmarkt eingeführt. Der Name basiert auf dem englischen Wort für Rindfleisch „beef" in Verbindung mit dem Klang der deutschen Verniedlichungsform „-i". Das **Markenzeichen** (oder **Markenlogo**) ist dagegen der Bestandteil der Marke, der als Symbol, Gestaltungsform, in der Farbgebung oder Schriftform dargestellt wird. Beispielsweise geht das Rautenmuster als Markenzeichen der Bayrischen Motoren Werke (BMW) auf den Umstand zurück, dass das Unternehmen zunächst mit der Produktion von Flugzeugmotoren in München begann. Die Farben Weiß und Blau entsprechen den Farben des Bundeslandes Bayern. Bei den Markenlogos kann zwischen Schriftlogos (z.B. VW) und Bildlogos unterschieden werden. Bei den Bildlogos sind konkrete Bilder den abstrakten Zeichen (z.B. VEREINTE VERSICHERUNG) vorzuziehen. Konkrete Bilder können ferner einen Bezug zur Marke aufweisen oder ohne einen Bezug gewählt werden. Ein Beispiel für ein Bildlogo ohne Bezug zur Marke ist das Krokodil von LACOSTE, während der Apfel von APPLE den Markennamen visualisiert.

Bei der Wahl des **Markennamens** ist insbesondere auf dessen Prägnanz und Diskriminationsfähigkeit zu achten, da dies eine wesentliche Bedeutung für das Wiedererkennen der Marke hat. Die Diskriminationsfähigkeit zielt darauf ab, dass der Markenname (aber auch das Markenzeichen und die Verpackungsgestaltung) charakteristische Merkmale aufweist, die eine klare Differenzierung von anderen Marken ermöglichen. Gerade bei deskriptiven Markennamen mit direktem Bezug zum Angebot (z.B. TV-MOVIE) ist die Gefahr der Austauschbarkeit relativ groß. Daher wird häufig statt eines direkten Angebotsbezugs ein assoziativer Bezug hergestellt, z.B. bei NUTELLA oder DU DARFST. Zum Teil wird durch den Namen überhaupt kein Bezug zum Angebot genommen; dabei werden bedeutungslose Buchstabenkonstellationen (AXA, ELMEX) oder Worte mit eigenständiger Bedeutung (BÄRENMARKE, YES) verwendet.

Neben Markenname und -logo werden häufig auch Slogan (synonym: Claim) und Jingle als Brandingelemente definiert (*Baumgarth* 2008: 187f.), wobei diese Elemente eine deutlich höhere Flexibilität im Zeitablauf aufweisen und nach Ansicht der Autoren eher im Bereich der Kommunikationspolitik zu verorten sind. Slogans und Jingles sind zumindest dann als feste Bestandteile einer Markierung zu verstehen, wenn sie kontinuierlich über einen langen Zeitraum unverändert bleiben. Als Beispiele für solche Slogans können LBS („Wir geben Ihrer Zukunft ein Zuhause") und HARIBO („…macht Kinder froh und Erwachsene ebenso") genannt werden. Bezüglich der Verwendung von Jingles als Brandingelement sei die bekannte Tonfolge der DEUTSCHEN TELEKOM an dieser Stelle erwähnt.

Die Aufwendungen für die Markenpolitik, insbesondere Werbung und Verkaufsförderung, können aus Anbietersicht als gerechtfertigt angesehen werden, wenn diese im Bewusstsein des Konsumenten zu einem „added value" führen und dieser bereit ist, für diesen Zusatznutzen einen Aufpreis zu bezahlen. Für Nachfrager und Anbieter bietet die Marke nachfolgende **Nutzenkomponenten**. Aus Nachfragerperspektive stellt die Marke eine Orientierungshilfe dar, durch die der Nachfrager auf Grund der Marke das Produkt eindeutig zuordnen kann. Dies führt zu einer Minderung der Transaktionskosten. Darüber hinaus kann über die Marke Vertrauen aufgebaut werden. Dies vereinfacht den Auswahlprozess für den Nachfrager, indem er das Risiko einschätzen kann. Ferner eignet sich die Marke als Kundenbindungsinstrument, indem sie Vertrauen und Loyalität beim Konsumenten schafft und somit auch einen preispolitischen Spielraum eröffnet. Die Qualitätssicherungsfunktion liegt in dem Vertrauen des Nachfragers, ein Produkt gleich bleibender, hoher Qualität zu erhalten. Darüber hinaus kann der Marke eine Identitätsfunktion zukommen. Der Nachfrager transportiert die Markeneigenschaften auf seine Person und definiert auf diesem Wege sein Selbstbild. Die Prestigefunktion erlaubt dem Nachfrager neben der Bedürfnisbefriedigung seine Persönlichkeit zum Ausdruck zu bringen. Aus den Funktionen der Marke für den Nachfrager ergeben sich Chancen für den Anbieter, die in einer größeren Verhandlungsmacht beim Handel sowie im Schutz vor einem reinen Preiswettbewerb liegen.

Zum einen kann die Marke zur Differenzierung genutzt werden, zum anderen als wesentlicher Vermögensgegenstand für die Unternehmung fungieren. Auf rd. 44 Mrd. US Dollar beziffert sich beispielsweise der **Markenwert** (brand equity) der Marke GOOGLE. Bevor jedoch ein solcher (in den USA aktivierbarer) Kapitalwert erreicht werden kann, muss folgende logische Kette durchlaufen werden: Für eine unbekannte Marke muss zunächst eine **Markenbekanntheit** (in der relevanten Zielgruppe) erreicht werden. Darauf aufbauend wäre eine **Markenakzeptanz** in der Form zu erreichen, dass die potentiellen Kunden die Marke X zumindest nicht ablehnen. Eine **Markenpräferenz** ist erreicht, wenn der Kunde unter Wettbewerbsmarken die Marke X auswählt. Zur **Markentreue** kommt es nur dann, wenn der Kunde in jedem Fall bei jeder Kaufentscheidung die Marke X wählt. Neben dem oben genannten Kapitalwert entsteht so zugleich ein besonderer **Nutzenwert** (brand value) für den Kunden (vgl. zum Markenwert weiter Abschnitt 2.4.4).

Während sich Unternehmen insbesondere im angloamerikanischen Raum intensiv mit immateriellen Vermögensgegenständen, sog. „intangible assets", beschäftigen, wächst deren Bedeutung in Deutschland nur langsam.

Rang	Marke	Markenwert 2010 (Millionen $)	Markenwert 2009 (Millionen $)	Land
1.	Coca-Cola	70.452	68.734	USA
2.	IBM	64.727	60.211	USA
3.	Microsoft	60.895	56.647	USA
4.	Google	43.557	31.980	USA
5.	General Electric	42.808	47.777	USA
6.	McDonald's	33.578	32.275	USA
7.	Intel	32.015	30.636	USA
8.	Nokia	29.495	34.864	Finnland
9.	Disney	28.731	28.447	USA
10.	Hewlett-Packard	26.867	24.096	USA

Abb. 67: Markenwerte 2010 (INTERBRAND 2010)

2.4.2 Markenstrategien

Innerhalb unterschiedlicher Wettbewerbssituationen stehen den Unternehmen unterschiedliche **strategische Optionen** zur Verfügung, um die Marke zu differenzieren und zu profilieren:

- Markenstrategien im vertikalen Wettbewerb,
- Markenstrategien im internationalen Wettbewerb,
- Markenstrategien im horizontalen Wettbewerb.

Im Rahmen des **vertikalen Wettbewerbs** sind grundsätzlich Herstellermarken und Handelsmarken zu unterscheiden. Bei den **Herstellermarken** existieren die folgenden drei Markenebenen:

- Klassischer Markenartikel (MILKA),
- Selektionsmarke (MIELE),
- Luxusmarke (MONTBLANC).

Die aufgeführten Markenebenen korrespondieren mit den Kapitel III 5.1. dargestellten Strategietypen Präferenz-, gehobene Präferenz- und Premiumstrategie.

Während die **Eigenmarken** den klassischen Markenartikeln in Bezug auf Ausstattungs- und Qualitätsmerkmale vielfach in nichts nachstehen, bieten sie darüber hinaus einen deutlichen Preisvorteil. Auf Grund des hohen Preisbewusstseins der Konsumenten sowie der Markeninfla-

tion in den letzten Jahren haben die Handelsmarken einen wahren Boom erfahren. Handels-
bzw. Eigenmarken sind in diesem Sinne als Waren- oder Firmenkennzeichen zu verstehen, mit
denen ein Handelsunternehmen Waren markiert und über eigene Verkaufsstellen distribuiert.

Discounter haben die Chancen der Eigenmarken als erste Handelsunternehmen konsequent
umgesetzt und die Entwicklung dieser forciert. Mittlerweile markieren alle relevanten Betriebsformen des Einzelhandels ihre eigenen Produkte. In vielen Fällen werden diese Handelsmarken von Markenherstellern gefertigt, so werden beispielsweise für ALDI IBU Chips
von LORENZ BAHLSEN, SWEETLAND Lakritz von KATJES-FASSIN und CHOCEUR Schokolade von STORCK produziert. Den Markenherstellern dient dies nicht als strategische Option,
sondern vielmehr als Maßnahme zur Kapazitätsauslastung ihrer Fertigungsmaschinen.

Die klassischen **Handels-** bzw. **Eigenmarken** (private labels) besitzen ein Qualitätsniveau,
das mit den Markenartikeln vergleichbar ist, bieten jedoch einen deutlichen Preisvorteil.
Diese Handelsmarken finden sich insbesondere bei Produktkategorien mit einem geringen
Innovationsgrad als Nachbildungen von Herstellermarken. Bei den klassischen Eigenmarken
des Handels bietet sich eine Unterscheidung zwischen Individual- und Warengruppenmarken
an. Bei **Individualmarken** in Reinform wird mit dem Markenlogo nur ein einzelnes Produkt
gekennzeichnet (z.B. das Waschmittel TANDIL/ALDI). Die Individualmarken treten in direkte
Konkurrenz mit den klassischen Markenartikeln. Bei **Warengruppenmarken** werden Produkte verwandter Natur unter einem Logo angeboten. Hier ist das Beispiel ALVERDE (DM)
für Naturkosmetikprodukte einschlägig. Der Handelsbetrieb versucht hiermit Synergieeffekte, insbesondere in Bezug auf die Werbewirkung, zu erzielen. **Gattungsmarken** (No-Names,
Generika) befinden sich hingegen in der Preiseinstiegsebene und genügen qualitativen Min-
destanforderungen. Diese Waren besitzen keinen oder nur einen unauffälligen Markierungs-
nachweis und tragen oft nur eine Gattungsbezeichnung („Zucker"). Gattungsmarken sind
häufig bei Verbrauchsgütern des täglichen Bedarfs vorzufinden; sie sind in der heutigen
Handelslandschaft jedoch oft nicht unmarkiert, sondern werden meist als **Sortimentsmarke**
geführt (JA/REWE-Gruppe, GUT&GÜNSTIG/EDEKA-Gruppe, A&P/TENGELMANN-Gruppe). In
den letzten Jahren ist bei den Einzelhandelsunternehmen ein Trend hin zu so genannten
Mehrwertmarken (in der Literatur auch häufig als „Premium"-Handelsmarken bezeichnet)
festzustellen, bei denen durch aufwendige Markierung, Verpackungsgestaltung, höheres
Preisniveau und spezifische Kommunikation eine direkte Konkurrenz zu den klassischen
Markenartikeln aufgebaut wird. Der Vollständigkeit halber sei an dieser Stelle noch der Begriff der **Storebrand** erwähnt. Das Handelsunternehmen versucht hierdurch eine Gesamt-
Positionierung zu erreichen. So wird das Handelsunternehmen aus Sicht der Konsumenten
als Eigner aller angebotenen Produkte wahrgenommen. Das Paradebeispiel für eine Storebrand ist ALDI.

Im Prinzip ergeben sich durch die entstandene vertikale Handelsmarkenstruktur analog zu
den Herstellermarken drei Markenebenen, die hier am Beispiel des Handelsunternehmens
REAL dargestellt werden:

- Gattungsmarke (TIP),
- Klassische Handelsmarke (REAL QUALITY),
- Mehrwertmarke (REAL SELECTION).

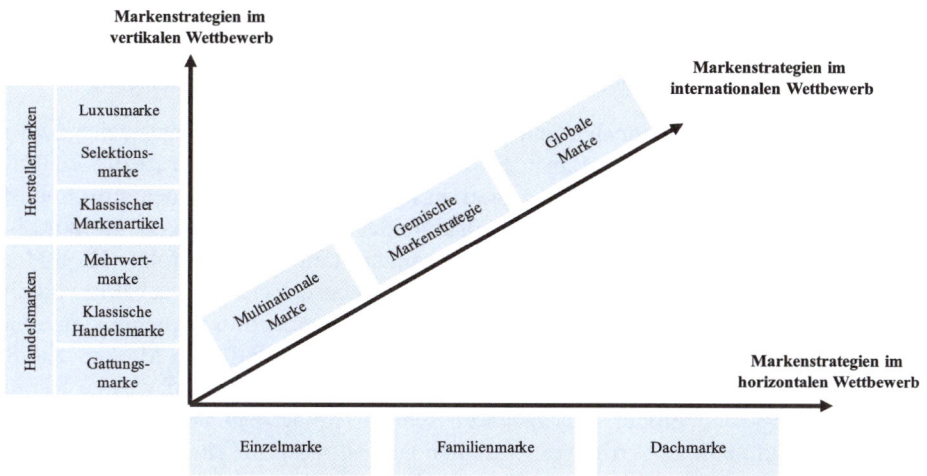

Abb. 68: Markenstrategien im Wettbewerb (in Anlehnung an Meffert/Burmann/Koers 2002: 136)

Global Player sehen sich im **internationalen Wettbewerb** mit dem Problem konfrontiert, die erfolgversprechendsten Marktstrategien identifizieren zu müssen. Individuelle und länderspezifische Markenkonzepte auf den einzelnen Märkten kennzeichnen die **multinationale Markenstrategie**. Diese erlaubt zum einen eine hohe Marktnähe und die Berücksichtigung der spezifischen Verbraucherpräferenzen im Hinblick auf die einzelnen Marketinginstrumente. Zum anderen sind hiermit aber auch deutlich höhere Kosten verbunden. Als Beispiel für die multinationale Markenstrategie kann der Biermarkt angeführt werden, der durch regionale Marken insbesondere in Deutschland charakterisiert wird. Die **globale Markenstrategie** setzt bei den Nachteilen der multinationalen Strategie an, indem sie ein einheitliches und konsistentes Markenkonzept ohne Berücksichtigung nationaler Unterschiede realisiert.

Auf diese Weise sollen mengenbedingte Kostensenkungseffekte zu einer Reduzierung des Kostenniveaus beitragen:

- Economies of scale (Skalenerträge),
- Lerneffekte der gesamten Organisation,
- Produktstandardisierung,
- technischer Fortschritt.

Diese Vorteile sind primär kostenorientiert und aus der Marketingperspektive häufig kritisch zu betrachten. Erfolgreiche Beispiele für eine solche Strategie sind standardisierte Dienstleistungen (MCDONALD'S), High-Tech-Unternehmen (IBM), Prestigegüter (PERRIER, CHANEL) sowie nicht kulturgebundene Güter (COCA-COLA, LEVI'S). Der Nachteil der globalen Markenstrategie kann in der Vernachlässigung von Nischen, z.B. regionalen Besonderheiten, sowie in Reibungsverlusten zwischen Mutter- und Tochtergesellschaft durch eine zentralisierte, oktroyierte Markenpolitik liegen. FORD unterlief z.B. beim Export des Modells

FIERA der Fehler, nicht dessen spanische Bedeutung prüfen zu lassen – die lautet „hässliche alte Frau". Aus diesem Grund eignet sich dieser Strategietyp eher für Produkte und Dienstleistungen mit einem hohen Standardisierungsgrad, die nicht kulturgebunden sind.

Um die Vorteile der multinationalen und globalen Markenstrategien weitestgehend zu nutzen, entscheiden sich viele Unternehmen für eine **gemischte Markenstrategie**. Ziel dieses Strategietyps ist es, den Standardisierungsgrad zu maximieren, ohne jedoch auf Grund fehlender Differenzierung z.B. werthaltige Geschäftsfelder zu vernachlässigen. HENKEL ist in der Waschmittelbranche einen ähnlichen Weg gegangen. Lange Zeit verfolgte HENKEL eine multinationale Markenstrategie, die durch die Unternehmensentwicklung in Form von diversen Akquisitionen lokaler Marken bedingt war. Zum Markenportfolio zählten u.a. internationale Marken wie PERSIL, DIXAN, WEISSER RIESE und weitere nationale Marken wie SPEE und FEWA. Im Zuge der verstärkten Konzentration der Wettbewerber auf wenige Kernmarken, um Marketing- und Produktionskosten zu senken, sowie dem Druck der Handelsunternehmen, das Sortiment zu verringern, entschied sich HENKEL für eine gemischte Markenstrategie. Hierbei wurde die Produktkomplexität u.a. in Bezug auf Packungsgröße und -form deutlich reduziert.

Innerhalb der strategischen Ausrichtung stehen den Unternehmen im **horizontalen Wettbewerb** sechs Basisstrategien von Marken zur Verfügung.

Klassische Beispiele für die **Einzelmarkenstrategie** sind PROCTER&GAMBLE mit den Marken ARIEL und LENOR etc. sowie FERRERO mit NUTELLA, DUPLO, RAFFAELO etc. Jedes Produkt dieses Unternehmens wird unter einer eigenen Marke angeboten. Die Extremform einer Einzelmarke wird heute immer seltener erfüllt, am ehesten noch von FERRERO, wo z.B. NUTELLA den charakteristischen süßen Brotaufstrich kennzeichnet, von dem es kaum Varianten gibt. Das gleiche gilt auch für den Riegel HANUTA, wobei hier noch eine Minivariante angeboten wird. Dennoch sind auch Marken wie COCA COLA (z.B. diverse Geschmacksrichtungen) oder ARIEL (diverse Formen: Pulver, Konzentrat, Perlen, Flüssig) als Einzelmarken zu bezeichnen, da sie sich letztlich auf ein Grundprodukt beziehen. Dagegen entfernt sich P&G mit MEISTER PROPER von der Einzelmarkenstrategie, da die Marke vom Ursprungsprodukt Reinigungsmittel mittlerweile auf andere Produktkategorien wie Waschmittel und Schmutzradierer übertragen wurde. Hier ergibt sich eine Tendenz zur Familienmarke. Diese Tendenz hat sich in den letzten Jahren verstärkt, was u.a. an den Beispielen von NIMM 2 (Ausweitung der klassischen gefüllten Fruchtbonbons auf u.a. Kaubonbons und Lollys) und PRINGLES (Ausweitung der Stapelchips auf exquisite Chips in kleinen Tüten unter der Subbrand SELECT) verdeutlicht werden kann. Die Vorteilhaftigkeit der Einzelmarkentrategie besteht vor allem in der Möglichkeit, für jede Marke eine eigene Markenidentität (klare Profilierung) aufzubauen. Ferner ist die Konzentration auf eine definierte Zielgruppe möglich. Zudem werden negative Ausstrahlungseffekte auf die anderen Marken vermieden und es ist ein geringer Koordinationsbedarf notwendig. Hiermit ist jedoch in der Regel ein hoher Marketingaufwand verbunden. Der Aufbau einer Markenpersönlichkeit ist zwar möglich, erfordert jedoch wesentlich mehr Zeit als bei Familien- oder Dachmarken. Bei immer kürzeren Produktlebenszyklen besteht zudem die Gefahr, dass der Break-Even-Point nicht mehr erreicht wird. Nicht unterschätzt werden sollte die Problematik, in der heutigen Zeit noch geeignete und schutzfähige Markennamen zu finden. Einzelmarken können schließlich zur Bezeichnung einer ganzen Produktgattung werden (TEMPO, TESA, UHU, FÖN). Hierbei besteht die Gefahr, dass sich die Markenbekanntheit nicht gleichermaßen im Nachfrageverhalten widerspiegelt; vielmehr neigen die Nachfrager dazu, Konkurrenzprodukte zu kaufen (z.B. KOKETT statt TEMPO).

Werden mehrere verwandte Produkte unter einer Marke ohne Bezugnahme auf den Unternehmensnamen angeboten, wird eine **Familienmarkenstrategie** verfolgt. Unterschiedliche Marken können auf diesem Wege innerhalb eines Unternehmens nebeneinander existieren. Einerseits können hiermit positive Ausstrahlungseffekte und somit eine Akzeptanz beim Verbraucher und Handel erreicht werden, andererseits besteht die Gefahr, dass ein sog. „Badwill-Transfer" stattfindet. Weitere Vorteile von Familienmarken sind spezifische Profilierungsmöglichkeiten von Produktlinien, die Verteilung des Markenbudgets auf mehrere Produkte, die Partizipation neuer Produkte am Goodwill der Familienmarke sowie der Aufbau von Markenkompetenz. Schließlich ermöglicht die Familienmarke die Bildung eigenständiger strategischer Geschäftseinheiten. Neben dem angesprochenen Badwill-Transfer sind als weitere Nachteile zu nennen: Begrenzung des Innovationspotentials durch den Markenkern, Gefahr einer Markenüberdehnung, notwendige Beachtung der Basispositionierung. Gefährlich ist überdies, wenn der Handel Familienmarkensysteme nicht voll aufnimmt bzw. nicht als Systeme präsentiert. Beispiele für eine Familienmarkenstrategie finden sich bei BEIERSDORF (NIVEA, TESA, HANSAPLAST), KRAFT FOODS (MILKA, JACOBS, MIRACOLI) und UNILEVER (LIVIO, UNOX, DU DARFST).

Neben Konsumgüterherstellern kommt die **Dachmarkenstrategie** vielfach bei Investitionsgütern und Dienstleistungen zur Anwendung, d.h. sämtliche Produkte eines Unternehmens werden unter einer gemeinsamen Marke (oft Firmenname) geführt. Produkte von DR. OETKER oder BAYER tragen zur Profilierung und Stützung der Dachmarke bei. Weitere Beispiele für Dachmarken sind IBM, APPLE, ALLIANZ oder die DEUTSCHE BANK. Die unter der Marke geführten Produkte sollten allerdings in einem sachlichen Zusammenhang stehen, um eine mögliche Markenerosion zu vermeiden. Durch eine Dachmarkenstrategie kann das Floprisiko von Produkteinführungen gesenkt und die Akzeptanz bei Konsumenten gesteigert werden. Einerseits kann eine unverwechselbare Marken- und Unternehmensidentität erreicht werden, andererseits besteht die Gefahr negativer Ausstrahlungseffekte bei fehlgeschlagenen Produkten. Weitere Vorteile sind dadurch gegeben, dass alle Produkte den notwendigen Markenaufwand gemeinsam tragen und jedes neue Produkt am Goodwill der Dachmarke teilhaben kann. Als Nachteil ist der Zwang zu einer eher unspezifischen Positionierung der Dachmarke zu sehen, wodurch die Konzentration auf einzelne Zielgruppen schwierig wird. Zudem können Innovationen nicht spezifisch ausgelobt werden.

An dieser Stelle sei darauf hingewiesen, dass in der Praxis der Begriff der Familienmarke häufig eine untergeordnete Rolle spielt und stattdessen relativ schnell von „Dachmarken" gesprochen wird. So wird bei BEIERSDORF die theoretisch als Familienmarke zu bezeichnende Marke NIVEA als Dachmarke definiert. Bei GSK wird auch bei ODOL der Dachmarkenbegriff verwendet, obwohl die Marke theoretisch ebenfalls eher als Familienmarke zu sehen ist.

In der Praxis findet die Familienmarke am ehesten zur Kennzeichnung von größeren, zusammenhängenden Produktlinien (ranges) Verwendung.

Neben den „Reinformen" von Markenstrategien existieren auch **Kombinationen** der Strategietypen. Diese Variante wird u.a. von HENKEL in der Form eingesetzt, dass HENKEL als Dachmarke und DOR, PERSIL und PRIL als Einzelmarken agieren. Der konzeptionelle Ansatz besteht hierbei darin, starke Einzelmarken aufzubauen und deren Markenkraft durch die übergeordnete Kompetenz einer Dachmarke zu verstärken. Alle Waschmittelpackungen von HENKEL tragen neben der spezifischen Einzelmarke zusätzlich das Dachmarkenlogo; in der Werbung wird ebenfalls der Bezug zur Dachmarke hergestellt. In gleicher Weise sind auch Kombinationen von Dach- und Familienmarken möglich.

In der Marketingliteratur wird bei der Kombination verschiedener Markenstrategien von Markenhierarchie bzw. **Markenarchitektur** gesprochen. Die Extrempunkte möglicher Markenhierarchien bilden das branded house (Dachmarkenkonzept) und das house of brands (Einzelmarkenkonzept). Bei subbrands und endorsed brands finden Kombinationen von Markenebenen statt. Bei den subbrands dominiert die übergeordnete Dachmarke oder es herrscht Gleichheit zwischen Dachmarke und untergeordneter Marke (Einzel- oder Familienmarke). Bei den endorsed brands nimmt die Dachmarke eine eher untergeordnete Rolle ein. Die genaue Zuordnung zu diesen Markentypen ist mit Schwierigkeiten verbunden, insb. bei den noch weiter differenzierten Ausprägungen. Nach Ansicht der Autoren ist daher die klassische Einteilung in Einzel-, Familien und Dachmarken zu präferieren.

Die **Mehrmarkenstrategie** kennzeichnet sich durch die Führung von zwei und mehr Marken im selben Produktbereich und wird vielfach auf Märkten mit geringer Kundentreue verfolgt. Die unterschiedlichen Strategiekonzepte von Unternehmen, z.B. der Zigarettenindustrie (PHILIP MORRIS mit MARLBORO, CHESTERFIELD, LONGBEACH etc.), dienen der Abschöpfung eigenständiger Segmente in einem Markt durch eine gezielte und bedarfsgerechte Konsumentenansprache. Darüber hinaus soll die Konkurrenz im eigenen Haus die Leistung erhöhen. Den Vorteilen der Absicherung von Wettbewerbspositionen und größerer Regalfläche im Handel sowie der Verringerung des Floprisikos stehen die Nachteile eines höheren Koordinationsbedarfs, einer möglichen Übersegmentierung sowie Kannibalisierungseffekten entgegen.

Die **Markentransferstrategie** erlaubt Unternehmen, die positiven Imagekomponenten von einer Hauptmarke auf ein Transferprodukt einer anderen Produktkategorie zu übertragen (z.B. CAMEL-Zigaretten und CAMEL-Boots oder GRANINI-Fruchtsäfte und GRANINI-Bonbons). Dies führt vor allem zu einer Reduzierung des Marketingaufwandes und des Floprisikos. Allerdings kann hiermit auch eine Markenverwässerung verbunden sein. Beim Markentransfer ist unbedingt auf die imagemäßige Ähnlichkeit zwischen Haupt- und Transferbereich zu achten. In diesem Zusammenhang ist der Begriff der **Lizenzmarke** zu erwähnen. Der Inhaber einer Marke (Lizenzgeber) räumt einem anderen Unternehmen (Lizenznehmer) das Recht ein, diese Marke für seine eigenen Produkte zu verwenden. Als Gegenleistung für das Nutzungsrecht verpflichtet sich der Lizenznehmer zur Einhaltung vertraglicher Vorgaben und zur Zahlung einer Lizenzgebühr. Die bekanntesten Lizenzmarken kommen aus den Bereichen Mode (BOSS, JOOP), Sport (ADIDAS, PUMA) und Genussmittel (MÖVENPICK, CAMEL). Diese Marken werden in diversen Branchen in Lizenz genutzt, z.B. ADIDAS und BOSS im Produktbereich After-Shaves. In einigen Märkten wie z.B. Brillen, Kosmetik oder hochwertiger Eiscreme ist bereits seit Jahren eine Dominanz von Lizenzmarken zu konstatieren. Entscheidend für den Erfolg des Markentransfers durch Lizenzmarken sind Kompetenz und Tragfähigkeit der Ursprungsmarke. Eine besondere Form der Markenlizenzierung stellt das Merchandising dar, also die Übertragung einer Marke auf Geschenkartikel, Fanprodukte oder Souvenirs, die zur Identifikation mit der Marke beitragen sollen (z.B. Mützen, T-Shirts, Teddybären, Kugelschreiber, Kissen, Tassen etc.). Diese Produkte werden bevorzugt über eigene Shops (Verkaufsfilialen oder Internet-Shops) vertrieben.

Eine zunehmend an Bedeutung gewinnende Markenstrategie ist das sog. **Co-Branding**. Dies ist dadurch gekennzeichnet, dass im Käuferbewusstsein gleichwertig positionierte Marken zusammen vermarktet werden. Ein Anbieter versieht ein Produkt, das bereits isoliert einen Markenartikel darstellt, zusätzlich mit einer Markierung, deren Rechte ein anderes Unternehmen besitzt. Dies umfasst zum einen die Allianz zwischen Marken, die zwar unabhängig vermarktet werden, aber in einem komplementären Verhältnis zueinander stehen (Waschmittel ARIEL in Verbindung mit einer Waschmaschine von BAUKNECHT), zum anderen die Entwicklung eines Neuproduktes, welches zwei oder mehr Marken umfasst (z.B. MASTER-Card des FC BAYERN MÜNCHEN bzw. andere unternehmensspezifische Kreditkarten, Elektrorasierer mit integriertem Aftershave PHILISHAVE & NIVEA FOR MEN). Im weiteren Sinne können auch Kooperationen diverser Marken auf Internetplattformen oder bei Bonussystemen (PAYBACK) als Co-Branding bezeichnet werden. Eine Sonderform des Co-Branding stellt das **Dual Branding** dar, wo im Gegensatz zum Co-Branding zwei Marken eines Eigentümers in einem kombinierten Angebot in Erscheinung treten, z.B. JACOBS CAPPUCCINO SPECIALS MILKA von KRAFT FOODS. Im Produktionsgüterbereich hat sich in diesem Kontext der Begriff **Ingredient Branding** bzw. Inbranding durchgesetzt. Bekannteste Beispiele hierfür sind die Getränkeverpackungsmarke TETRA PAK in Kombination mit diversen Getränkemarken sowie die Chipmarke PENTIUM von INTEL als Komponente vieler Computer („INTEL inside").

Zum Abschluss dieses Abschnitts sei noch auf eine in der Marketingliteratur häufig verwendete Einteilung bzgl. der Weiterentwicklung von Marken und Produktlinien hingewiesen. Wenn ein Unternehmen innerhalb bereits bestehender Produktlinien unter bereits bestehenden Markennamen zusätzliche Artikel aufnimmt, die sich z.B. durch neue Farben, Formen, Packungsgrößen, Geschmacksrichtungen und Ausstattungsmerkmale von den bisherigen unterscheiden, liegt eine **Linienausweitung (line extension)** vor. Beispielsweise hat LORENZ unter dem bestehenden Markennamen ERDNUß LOCKEN die Flips-Variante „MEXICAN STYLE" eingeführt. Wird der bestehende Markenname auf neue Produktlinien übertragen, handelt es sich um eine **Markenbereichsausweitung (brand extension)**, was weitgehend der vorher beschriebenen Markentransferstrategie entspricht. Die Autoren vertreten im Gegensatz zu der von *Kotler* (2006) geäußerten Vorstellung, eine gute Marke könne auf unendlich viele Produktbereiche übertragen werden (als Beispiel nennt er VIRGIN), die Meinung, dass die Transfermöglichkeiten einer Marke durch die Gefahr einer Markenerosion begrenzt werden. Bei der **Parallelmarkeneinführung** (multibrands) entwickelt ein Hersteller zwei oder mehr Marken innerhalb derselben Produktlinie, der bestehenden Produktlinie wird somit ein weiterer Markenname zugeordnet. Diese Vorgehensweise wurde bereits als Mehrmarkenstrategie beschrieben. Wenn ein Unternehmen neue Produktlinien entwickeln möchte, die zu keinem der bestehenden Markennamen passen, dann muss es beides neu entwickeln, **neue Produkte und neue Marken**. Dies kann natürlich auch durch den Zukauf von Unternehmen bzw. Marken realisiert werden.

2.4.3   Markenidentität

Unabhängig davon, welche Markenstrategie zum Tragen kommt, muss eine starke Marke eine unverwechselbare Identität und eine Bündelung von bestimmten Eigenschaften aufweisen. Die Entscheidung für eine Präferenzstrategie bzw. eine Differenzierungsstrategie durch Markenbildung beginnt mit der Festlegung der Markenidentität. Die **Markenidentität** ist das Selbstbild der Marke, welches aktiv im Unternehmen festgesetzt wird; sie ist die Spezifikation von Inhalt, Idee und Eigendarstellung der Marke. Damit ist die Markenidentität die Grundlage für die Markenpositionierung, die Unterscheidung und Abhebung von Wettbewerbern im Markt. Das Markenimage ist das Fremdbild der Marke, das sich bei der Zielgruppe bildet. Entsprechen sich Selbstbild und Fremdbild der Marke, ist die Grundlage für den Aufbau einer starken Marke geschaffen.

Die Markenidentität ist somit ein Erfolgsfaktor der Marke. Es stellt sich die Frage, welche Aspekte die Markenidentität konkret erfasst. Hierzu sind in der einschlägigen Literatur Konzepte entwickelt worden, wovon im Folgenden drei vorgestellt werden (*Esch* 2004: 91ff.).

Der **Basisansatz** zur Markenidentität stammt **von *Aaker***. Das Modell unterteilt die Markenidentität in drei Bereiche (Identitätsringe): Die erweiterte Identität ist dynamisch und somit veränderbar, während die Kernidentität beständig ist und eine lange Gültigkeitsdauer besitzt. Die Markenessenz entspricht dem noch enger gefassten Kern der Marke und ist statisch und somit festgeschrieben. *Aaker* unterscheidet vier Dimensionen einer Marke (Produkt, Organisation, Person, Symbol), welche die Zugänge zu den drei Identitätskreisen bilden. Die Dimension Produkt umfasst die Aspekte Markenbreite, Markeneigenschaften, Qualität/Wert, Verwendung und Verwender sowie Herkunftsland der Marke. Marke als Organisation beschreibt Vorstellungen über den Markenhersteller, z.B. Innovationsgrad oder Zuverlässigkeit, aber auch die Wahrnehmung als lokales oder globales Unternehmen. Die Dimension Person beinhaltet Assoziationen, welche die Markenpersönlichkeit und die emotionalen Beziehungen zwischen Marke und Kunde betreffen. Marke als Symbol erfasst schließlich Markenname, Markenlogo und weitere hiermit verbundene Aspekte.

Das **Identitätsprisma von *Kapferer*** besteht aus sechs Identitätselementen, die das Markenbild von Sender und Empfänger ausmachen. *Kapferer* unterscheidet zwischen Innen- und Außenorientierung der Marke. Die Innenorientierung umfasst die Persönlichkeit, Kultur und Selbstprojektion der Marke, die Außenorientierung beinhaltet das Erscheinungsbild der Marke, die Beziehung der Marke zu ihren Nutzern sowie die Reflektionen der Konsumenten bezüglich der Marke.

Die moderne Hemisphärenforschung betont die Unterscheidung zwischen verbalen und nonverbalen Eindrücken und damit zwischen rationalen und emotionalen Markenelementen. Das **Markensteuerrad von ICON BRAND NAVIGATION** stützt sich auf diese Erkenntnisse und stellt modellhaft die linke und rechte Gehirnhälfte separat dar.

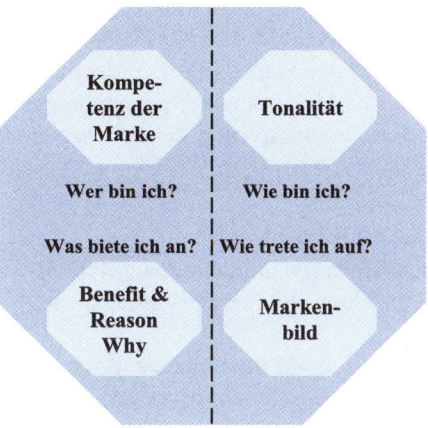

Abb. 69: Markensteuerrad von ICON BRAND NAVIGATION (in Anlehnung an Esch 2004: 98)

Die linke Hälfte des Markensteuerrads – und damit die linke Gehirnhälfte – spricht die Kernbereiche Markenkompetenz (Beschreibung der Kernwerte in ein bis zwei kurzen Sätzen) und Benefits/Reasons Why (Markennutzen) an, demnach vorwiegend rationale Elemente. Dagegen symbolisiert die rechte Hälfte die emotionalen Elemente der Marke: Markentonalität (Charaktereigenschaften der Marke „als Person", z.B. traditionell, jung, trendy etc.) und Markenbild bzw. Markeniconographie (konkrete „Bilder" und andere sensorische Stimuli, z.B. Produkt/-range, Logo, Farben, Claim, Preis, Produkt- und Verpackungsdesign etc.). Das Markensteuerrad zeigt so übersichtlich die wesentlichen Positionierungsaspekte einer Marke. Zur Bestimmung der Soll-Markenidentität werden separat Ist-Steuerräder aus Sicht des Markenmanagements und aus Sicht der Konsumenten aufgestellt. Aus dieser Innen- und Außensicht ergibt sich das Soll-Steuerrad, mit dem die Markenpositionierung als Kern zukünftiger Aussagen festgelegt wird.

Die vorgestellten drei Modelle bieten alle brauchbare Ansätze zur Strukturierung und Erfassung der Markenidentität, wobei das Markensteuerrad als verhaltenswissenschaftlich fundiertes Modell der Realität der Markenwahrnehmung wohl am ehesten gerecht wird.

Um sowohl die vom Unternehmen entwickelte als auch die vom Konsumenten wahrgenommene Markenperspektive ausreichend zu berücksichtigen, stellen *Runia* und *Wahl* (2011) auf dem Grundgedanken von *Meffert/Burmann* bezogen einen eigenen Identitätsansatz vor.

Die **Markenidentität** besteht danach aus **vier Komponenten**:

- Markenherkunft (Ursprung der Marke, Markenhistorie),
- Markenkompetenz (Gesamtkompetenz einer Marke, bestehend sowohl aus Basis- als auch Kernelementen),
- Markenessenz (die zur Imagebildung verwendete Positionierung),
- Markenversprechen (formulierte Essenz als Markenbotschaft).

Diese Merkmale des Selbstbildes der Marke (Markenidentität) werden dann dem Fremdbild der Ziel- und Anspruchsgruppen (Markenimage) gegenübergestellt. Die Markenbekanntheit (gestützt, ungestützt) ist die Basisvoraussetzung für die Imagebildung einer Marke.

Das **Markenimage** selbst besteht aus **drei Komponenten**:

- Markenelemente (gelernte Markenkennzeichen),
- Funktionale Nutzendimensionen (wahrgenommene Benefits),
- Symbolische Nutzendimensionen (Markenpersönlichkeit).

Ziel ist der Aufbau eines schlüssigen Markenimages durch Vermittlung der entsprechenden Assoziationen. Hierdurch entsteht ein Markenwert aus Konsumentensicht als Summe der Emotionen, Motive und Einstellungen. Dieser Markenwert kann aus Unternehmenssicht mit psychologischen und ökonomischen Verfahren (vgl. Kapitel IV 2.4.4) ermittelt werden.

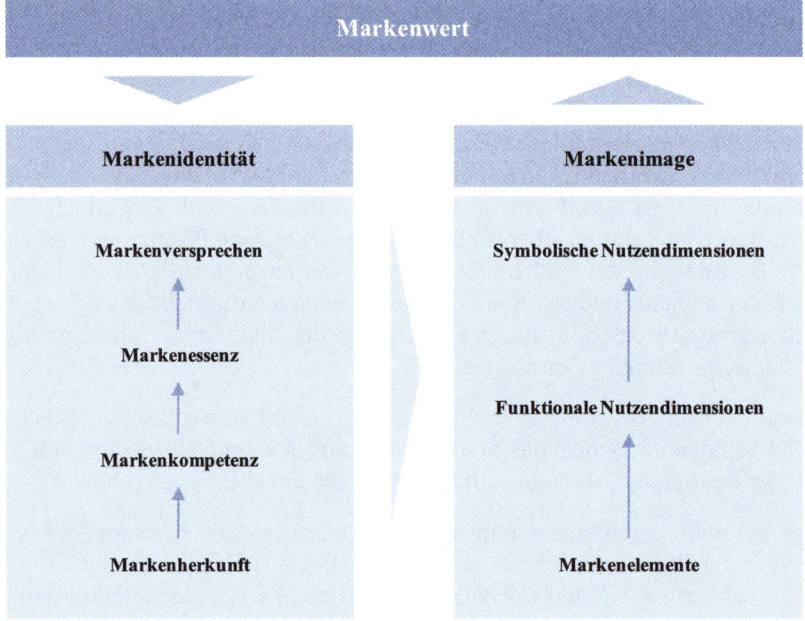

Abb. 70: Markenidentität und Markenimage nach Runia/Wahl

Nach *Kotler* (2006) existieren im Hinblick auf Markenidentität und Markenprofil **sieben Erfolgselemente**, die als Abrundung dieses Abschnitts am Beispiel der Marke UNDERBERG aufgezeigt werden:

- **Creation story:** *Hubert Underberg* heiratete am 17. Juni 1846 die Rheinbergerin *Catharina Albrecht*, gründete am gleichen Tag die Firma *H.UNDERBERG-ALBRECHT* und brachte nach langjähriger, sorgsamer Entwicklung sein einzigartiges Produkt unter dem Namen BOONEKAMP OF MAAGBITTER in gelbes Strohpapier eingewickelt auf den Markt. Auf dem Etikett fiel die sehr ausdrucksvolle Unterschrift des Unternehmensgründers auf. Das Nutzenversprechen war von Anfang an auf die wohltuende Wirkung als Kräuter-Digestif nach dem Essen ausgerichtet. Zur Begründung wurde auf das besonders ausgewogene Verhältnis von wertvollen Kräuterwirkstoffen und hochwertigem Alkohol hingewiesen, das dem Produkt – damals wie heute – seine entspannenden und verdauungsfördernden Eigenschaften verleiht. Der Erfolg nahm seinen Verlauf und bereits auf der Weltausstellung 1862 in London und auf der Exposition Universelle 1867 in Paris erfolgte die internationale Präsentation der Marke, die damit eine der ältesten deutschen Marken ist. Zudem initiierte *Hubert Underberg* gezielte Maßnahmen zur Steigerung des Bekanntheitsgrades und zur Förderung des besonderen Images. Es gelang ihm, die Hofärzte von Fürsten und Königen zum Gebrauch des Produktes zu überzeugen. So wurde er Hoflieferant von *Napoleon* III., des Königs von Preußen, des Zaren von Russland und des Kaisers von Japan. Wegen der außerordentlichen Wirkung und Qualität erhielt die Marke seitdem in aller Welt zahlreiche Auszeichnungen und Medaillen. Dies gilt als Beweis für die bis heute gültige Kernaussage: „UNDERBERG wirkt durch die Kraft erlesener und aromatischer Kräuter aus 43 Ländern – weltweit nach gutem Essen". 1896 ließ der Sohn des Gründers *Hubert Underberg* II. die Markennamen UNDERBERG, UNDERBERG-BOONEKAMP und den Sinnspruch „semper idem" in die Zeichenrolle des Kaiserlichen Patentamtes eintragen. Im Laufe der Zeit wurde BOONEKAMP immer kleiner und UNDERBERG immer größer auf dem Etikett geschrieben. Es dauerte aber noch bis 1916, bevor der Name BOONEKAMP vollständig von der UNDERBERG-Flasche verschwand. Am Produkt und dessen Ausstattung wurde hingegen nichts verändert. Das beharrliche Festhalten an der Produktqualität und der bewährten Verpackung belohnte das Kaiserliche Patentamt mit einem Ausstattungsschutz. UNDERBERG war somit schon vor dem ersten Weltkrieg ein echter Markenartikel.
- **Icons:** In den 40er Jahren hatte *Emil Underberg*, der Enkel des Unternehmensgründers in der 3. Generation der Familienhistorie, die geniale Idee, UNDERBERG nur noch in der Portionsflasche anzubieten. Vor dieser Zeit gab es das Produkt in verschiedenen Flaschengrößen, doch die Beschaffung der Rohstoffe bereitete im Verlaufe des 2. Weltkrieges erhebliche Probleme. *Emil Underberg* machte aus der Not eine Tugend und füllte das Produkt in die auch zu dieser Zeit verfügbaren, 20ml fassenden Portionsflaschen ab, die aber bisher nur als Getränkemuster genutzt wurden. Das konsequente Festhalten an dieser Flaschengröße war ein weiterer Meilenstein für UNDERBERG auf dem Weg, als Klassiker in die Markengeschichte einzugehen. Heute ist die typische, mit Strohpapier umwickelte Portionsflasche das unverwechselbare Kennzeichen für den Markenartikel UNDERBERG und unterstützt als Produktdarbietung das Markenversprechen, da immer genau die richtige Menge für das Wohlbefinden portioniert ist.

1956 wurde eine der größten Probieraktionen der europäischen Markenartikelgeschichte gestartet. In fünf Jahren wurden an sechs Millionen Haushalte mittels Gutscheinen Probepackungen verteilt, die beim Gastwirt oder Kaufmann eingelöst werden konnten. Als ideal stellte sich dabei heraus, dass die Probe- und Verkaufsflasche identisch war. Dadurch wurde die positive Wirkung der Aktion wesentlich verstärkt und die Geltung von UNDERBERG als Markenartikel endgültig besiegelt

- **Sacred words:** Die Worte „semper idem" bilden die Grundlage für das Markenversprechen und dokumentieren den hohen Qualitätsanspruch an die Marke. Die verwendeten Kräuter werden im Labor einer strengen Eingangskontrolle unterzogen. Das im Hause UNDERBERG entwickelte, aufwendige Geheimverfahren „semper idem" garantiert den schonenden Auszug der wertvollen Wirk- und Aromastoffe sowie der natürlichen Vitamine aus den erlesenen und aromatischen Kräutern. Danach reift UNDERBERG monatelang in Fässern aus slowenischer Eiche und erlangt so die unverwechselbare Geschmacksabrundung. Diese Prozedur ist die Gewähr für die immer gleichbleibende Qualität und das Wirkungsversprechen der Marke UNDERBERG – getreu der Devise „semper idem". Aufgrund der besonderen Bedeutung bilden diese Worte auch zusammen mit dem Markennamen die Firmierung der Aktiengesellschaft SEMPER IDEM UNDERBERG AG.

- **Rituals:** Das Geheimnis der Kräuterzusammensetzung ist in der Familie von Generation zu Generation überliefert worden. Auch heute wird die sorgfältige Auswahl der erlesenen Kräuter und deren feinabgewogene Mischung von der Familie *Underberg* in der 4. und 5. Generation persönlich vorgenommen. Das Rezept ist nicht schriftlich verfasst, sondern wird ausschließlich mündlich weitergegeben. Nur sechs Menschen kennen es: *Emil* II. und *Christiane Underberg,* deren Tochter Dr. *Hubertine Underberg-Ruder* sowie drei katholische Geistliche, die sich vor einem Notar auf Verschwiegenheit verpflichtet haben und für das Weiterbestehen der Marke bei einem unvorhersehbaren Todesfall aller drei Familienmitglieder sorgen sollen. Für alle Beteiligten ist es immer ein besonderer Moment, wenn sie in das mehrfach verriegelte und mit Alarmanlage gesicherte Kräuterlager des Unternehmens gehen, um die Zutaten nach dem uralten Rezept zu mischen.

- **Non-users:** Während die Zielgruppe von UNDERBERG mit der breiten Mittelschicht mittleren bis gehobenen Alters sehr weit gefasst ist, setzt die Konzentration auf das Wirkungsversprechen in puncto der Nutzennachfrage als verhaltenbezogenes Segmentierungskriterium einen unverkennbaren Akzent zur Definition der Zielgruppe und dient damit auch zur deutlichen Bestimmung, wer nicht als Konsument in Frage kommt. So ist UNDERBERG im Vergleich zu anderen Bitter- und Halbbitter-Spirituosen kein Volumen- oder Runden-Getränk und grenzt sich von diesen durch die Positionierung als Wirkungsspirituose eindeutig ab.

- **Leader:** Eine Marke ist eine Persönlichkeit, sie ist etwas Lebendiges, das sich Zeitströmungen anpassen muss. Eine Marke lebt aber auch von Persönlichkeiten und in diesem Sinne gelingt es der Familie *Underberg* seit über 160 Jahren, Tradition und Moderne zu verbinden. Die Familientradition reicht heute bis in die 5. Generation. Durch persönliche Initiative und Verantwortung der Unternehmensinhaber schufen diese mit

UNDERBERG eine Marke, die als Standard für die Produktkategorie angesehen wird und als Synonym des Kräuter-Digestifs gilt.

- **Creed:** Das Credo der Familie *Underberg* dokumentiert sich in dem Festhalten an den Werten der Marke. Charakter und Beständigkeit sind seit jeher Hauptmerkmale der Markentechnik und diese Merkmale begleiten auch seit der Gründung des Unternehmens bis heute die Marke. Nicht zuletzt durch die sacred words „semper idem" schließt sich hier der Kreis für einen einzigartigen Markenartikel mit Namen UNDERBERG.

2.4.4   Markenwert

Marken stellen für viele Unternehmen einen herausragenden Erfolgsfaktor und oftmals auch eine wesentliche Vermögensposition dar. "Der operative Gewinn ist bei 80% der mit starkem Markenfokus geführten Unternehmen fast doppelt so hoch wie im Branchenvergleich." (BOOZ ALLEN HAMILTON 2005). Der Markenwert (brand equity) eines Produktes bezeichnet dabei den Wert, der mit dem Namen oder Symbol der Marke verbunden ist. Trotz dieser Erkenntnis steht die professionelle Bewertung von Marken in vielen Unternehmen noch am Anfang. Einer empirischen Untersuchung zufolge messen zwar mehr als 70% der befragten Unternehmen der Markenbewertung eine hohe Bedeutung bei, allerdings ist die Kenntnis über Verfahren zur Markenbewertung (brand valuation) gering. Nur 20% der an der Untersuchung teilnehmenden Unternehmen haben Kenntnis über die gängigen Verfahren zur Markenbewertung und lediglich 2% wenden diese regelmäßig oder punktuell an (*Schimansky* 2003: 44)

In der Literatur findet sich mittlerweile eine Reihe von Verfahren zur Markenbewertung; hierbei kann zwischen psychologischem und ökonomischem Markenwert differenziert werden. Im Folgenden werden die wichtigsten Verfahren skizziert.

Die **psychologischen Verfahren** beziehen sich auf eine Bewertung der **Markenstärke**; es handelt sich hierbei um strukturierte Bewertungskataloge ausgewählter potential- bzw. markterfolgsbezogener Aspekte des Markenerfolgs. Ein einfaches Verfahren stellt der „Markenvierklang" des STERN-Verlages dar, welcher die Kennzahlen Bekanntheit, Sympathie, Kaufbereitschaft und Besitz als Parameter zur Messung der Markenstärke umfasst. Der BRAND POTENTIAL INDEX der GfK beinhaltet die folgenden Dimensionen zur Erfassung des Markenwertes: Kaufabsicht, Markenbekanntheit, Mehrpreisakzeptanz, Uniqueness, Markensympathie, Markenvertrauen, Markenidentifikation, Bereitschaft zur Weiterempfehlung und Markenloyalität (*Homburg/ Krohmer* 2003: 540f.). Ähnlich strukturiert ist der „Markeneisberg" von ICON BRAND NAVIGATION, der zwischen Markenguthaben und Markenbild (Markeniconographie) unterscheidet. Das Markenguthaben umfasst Markensympathie, Markenvertrauen und Markenloyalität. Das Markenbild wird beschrieben durch die gestützte Markenbekanntheit (awareness), den subjektiv empfundenen Werbedruck (Kommunikation) und die Einprägsamkeit der Werbung (Inhalte), die Eigenständigkeit des Markenauftritts (Uniqueness) sowie die Klarheit und Attraktivität des inneren Markenbildes. Der Beitrag beider Dimensionen zur Berechnung des Markenwertes ist abhängig vom Alter der Marke.

Alte, etablierte Marken verfügen über ein höheres Markenguthaben als neu eingeführte Marken. Das Markenguthaben weist zwar einen direkteren Bezug zum Markenerfolg auf, kann jedoch nur über den Umweg des Markenbildes beeinflusst werden. Das Markenbild generiert sich aus dem ganzheitlichen Auftritt der Marke. Es ist der sichtbare Teil der Marke, der deswegen im Eisbergmodell oberhalb der Wasserfläche gezeigt wird (*Andresen/Esch* 2001: 1047). Investitionen in das Markenbild sollten demnach zum Aufbau des Markenguthabens beitragen. Die folgende Abbildung zeigt exemplarisch die Ergebnisse des Modells für eine fiktive Marke A. Die einzelnen Items werden durchgängig mit Referenzwerten (aus einer Markenwert-Datenbank) verglichen, um positive und negative Abweichungen bzw. Stärken und Schwächen von Marken feststellen zu können.

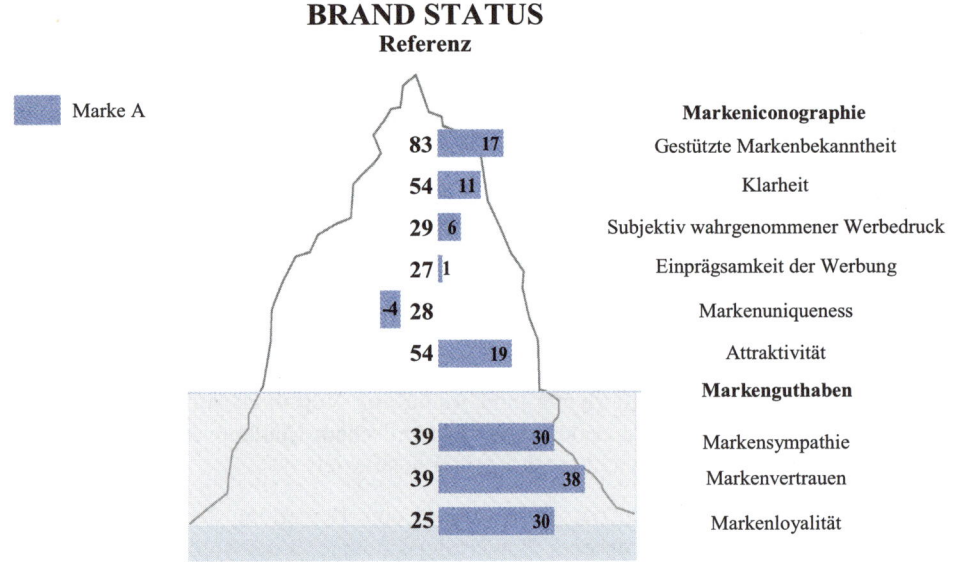

Abb. 71: Markeneisberg zur Messung des Markenwertes

Die **ökonomischen Verfahren** zur Ermittlung des Markenwertes liefern als Resultat eine monetäre Größe. Es wird zwischen mehrstufigen und einstufigen Verfahren differenziert (*Homburg/Krohmer* 2003: 541f.). Ein bekannter **mehrstufiger Ansatz** ist das INTERBRAND-Modell. (Die Markenwerte in Abbildung 67 beruhen auf diesem Ansatz.) Zuerst wird eine finanzielle Analyse durchgeführt, um den auf immaterielle Vermögensgegenstände zurückzuführenden Gewinn zu ermitteln. Danach stellt eine Branchenanalyse fest, welcher Anteil des Gewinns der Marke zuzuordnen ist. Aus diesem Markengewinn ergibt sich der Markenwert. Der Grundgedanke des Modells liegt darin, dass die Marke zukünftige Erträge garantiert, die ohne die Marke nicht zu erzielen wären. Die Verlässlichkeit der Ertragsprognose ist somit abhängig von der Markenstärke, dessen Indexwert der Berechnung des Diskontierungsfaktors zugrunde liegt. Dieser Indexwert wird im Modell durch einen gewichteten Kriterienkatalog mit den Kategorien Markt, Stabilität der Marke, Marktführerschaft, Internationalität, Trend der Marke, Marketingunterstützung und Schutz der Marke bestimmt. Dem INTERBRAND-Modell ist eine grundsätzliche Logik immanent, jedoch bleibt unklar, wie der Anteil der Marke am Gewinn tatsächlich ermittelt werden kann. Zudem ist dieser Ansatz stark annahmengetrieben; die Auswahl und Gewichtung der Kriterien erscheint ferner relativ willkürlich.

Im Rahmen der **einstufigen Verfahren** sind kosten- und ertragswertorientierte Verfahren zu unterscheiden (*Homburg/Krohmer* 2003: 542). Kostenorientierte Verfahren leiten den Markenwert entweder aus historischen Kosten oder aus Wiederbeschaffungskosten ab, was auf der einen Seite wenig entscheidungsrelevant ist, auf der anderen Seite erhebliche Operationalisierungsprobleme aufweist. Ertragswertorientierte Verfahren basieren ausschließlich auf einer Prognose zukünftiger Erträge und Kosten mit den bereits oben angesprochenen Schwierigkeiten.

In diesem Zusammenhang sei abschließend noch auf die eingangs des Kapitels erwähnten **intangible assets** hingewiesen. Die Marke, als Bestandteil des so genannten Strukturkapitals, stellt in vielen Fällen neben dem Human-, Partner- und Kundenkapital einen wesentlichen immateriellen Vermögensgegenstand dar. Der besondere Stellenwert der Marke ist zum einen darin begründet, dass die Marke eine Vermögensposition per se darstellen kann, indem sie in der Bilanz aktiviert wird. Zum anderen kann sie wesentlichen Einfluss auf den zukünftigen unternehmerischen Erfolg nehmen – sie generiert Erträge und reduziert Risiken. *Edvinsson* und *Malone* (1997: 10ff.) veranschaulichen die Bedeutung von intangible assets für den zukünftigen Unternehmenserfolg anhand eines Baumes. Mehr als die Hälfte des Baumes befindet sich unter der Erdoberfläche. Die Äste, Zweige und Blätter zeigen wie gesund der Baum in der Gegenwart ist, doch allein die Wurzeln geben Aufschluss über die Entwicklung des Baumes in der Zukunft. Dieser Ansatz trifft in geeigneter Weise die Einflussnahme von intangible assets für den zukünftigen Unternehmenserfolg.

Die Notwendigkeit, immaterielle Vermögensgegenstände aktiv zu managen wird in der Theorie und Praxis zunehmend anerkannt – nichtsdestotrotz stellen intangible assets für viele Unternehmen nach wie vor eine „black box" dar. Dies ist speziell im Bereich der Marken höchst nachlässig, stellt der Markenwert doch in vielen Fällen mehr als 50% des Equity Values, d.h. des Eigenkapitalwertes, von Unternehmen dar.

Für Unternehmen stellt sich die Frage, aus der Vielzahl von Bewertungsverfahren (derzeit existieren mehr als 30 mehr oder weniger gängige Verfahren) das geeignetste auszuwählen. Dieses Problem verschärft sich weiter dadurch, dass auch in der Wissenschaft keine einheitliche Auffassung darüber existiert, welche Verfahren zur Markenbewertung am geeignesten sind. Die Ergebnisbandbreite der Verfahren ist dabei ebenso heterogen wie die Verfahren selbst.

Die Darstellung der Verfahren zur Bestimmung des Markenwertes hat gezeigt, dass insgesamt grundsätzliche konzeptionelle und operationalisierungsbezogene Probleme zu konstatieren sind, so dass von validen und reliablen Messungen noch keine Rede sein kann. Die Verfahren stellen im Wesentlichen Systematisierungshilfen dar und geben eine Wertindikation.

2.5   Verpackung

Eine Vielzahl von Produkten muss, um zum Abnehmer zu gelangen, transportiert und gelagert werden. Die Verpackung ist in diesem Sinne ein Element der Produktpolitik. „Unter Verpackung versteht man die lösbare Umhüllung eines Gutes (Packgutes), um es zu schützen und andere Funktionen zu erfüllen" (*Pfohl* 1995: 141). Die Bedeutung der Verpackung hängt von den spezifischen Eigenschaften der Produkte ab. Sie spielt vor allem bei Verbrauchsgütern eine zentrale Rolle (Schokoriegel, Konfitüre, Zahnpasta), aber auch bei Gebrauchsgütern (Rasierer, Spielzeug, MP3-Player) kommt der Verpackung eine besondere Rolle zu.

Im Marketing wird die **Verpackung als Differenzierungskriterium** eingesetzt und sollte dem Konsumenten einen Zusatznutzen bieten. Die marketingpolitische Bedeutung der Verpackung liegt primär in der **Kommunikation** der Marke (AFTER EIGHT, ROCHER), des Inhalts (z.B. Produktdarstellung bei Fertiggerichten) und der Zielgruppe (z.B. Kinder bei Spielzeug). Darüber hinaus erhöhen innovative Verpackungslösungen (z.B. THERAMED-Spender) den Kundennutzen. Bei Nahrungsmitteln ist in diesem Sinne auf die Tischfähigkeit der Verpackung zu achten, d.h. die Packung kann ohne Umfüllen mit gedeckt werden (z.B. Klarsicht-Konfitürebecher von ZENTIS oder Milchkännchen von BÄRENMARKE). Im Selbstbedienungshandel dient die Verpackung der Erzeugung von Aufmerksamkeit und Orientierung im Sortiment.

In der Vergangenheit erfüllte die Verpackung vor allem die **Logistikfunktion**, d.h. unter anderem Schutz-, Lager-, Transport- und Informationsfunktion, und trug damit in hohem Maße zu reibungslosen Logistikprozessen bei. Die **Produktionsfunktion** beinhaltet die quantitative Bereitstellung der Produktionsinputfaktoren sowie Aufnahme der Produktionsoutputfaktoren am Ort der Fertigung durch geeignete Verpackungen (z.B. Container). Im Rahmen der **Verwendungsfunktion** kann die Verpackung wieder verwendet und evtl. für andere Zwecke genutzt werden. Die Berücksichtigung ökologischer Aspekte trägt zunehmend dazu bei, dass beispielsweise Folien sowie Verpackungen aus Papier/Pappe/Kartonnagen (PPK) recycelt werden. Dies zeigen u.a. Ergebnisse des DUALEN SYSTEMS DEUTSCHLAND (GRÜNER PUNKT). Während die Grund-, Außen- und Versandverpackung eine verhältnismäßig geringe Bedeutung für die Produktpolitik haben, können die Verkaufsverpackung und Etikettierung als effizientes Marketinginstrument eingesetzt werden. Das Etikett nimmt zumeist nur einen Teil der Verkaufsverpackung ein und kann u.a. zur Kennzeichnung dienen, Auskunft über die Güteklasse geben sowie produktbeschreibende Funktionen haben. Unter Berücksichtigung unternehmensinterner Anforderungen und der Zielgruppe müssen Entscheidungen über Größe, Form, Materialien, Farbe, Text sowie Markenkennzeichen getroffen werden. Technische Tests können zudem darüber Auskunft geben, ob Produktions-, Verwendungs- und Logistikfunktion im ausreichenden Maße erfüllt werden. Verbrauchertests können sicherstellen, dass die Verbraucher positiv auf die Verpackungsgestaltung reagieren.

Abschließend sei auf die spezifischen **Anforderungen** hingewiesen, die Hersteller, Handel und Verbraucher bezüglich der Verpackung haben (*Nieschlag/Dichtl/Hörschgen* 2002: 672). Der **Hersteller** legt Wert auf eine kostengünstige Verpackung, die in der Produktion eine hohe Abfüllgeschwindigkeit ermöglicht. Sie soll zudem zur Profilierung und zur Vermittlung intendierter Preis- und Qualitätsvorstellungen geeignet sein. Schließlich soll die Verpackung die gewünschten Informationen enthalten und kommunizieren. Für den **Handel** ist die optimale Nutzung seines Regalplatzes entscheidend, was entsprechende Ansprüche an die Produktverpackung impliziert. Die Verpackung muss ferner scanningfähig, selbstbedienungsgerecht und gut zu handhaben sein. Schließlich ist dem Handel genau wie dem Hersteller die Verkaufsförderungsfunktion der Verpackung wichtig. Der **Verbraucher** erwartet von einer Verpackung ein ansprechendes Design bzw. eine hohe Anmutungsqualität. Der Inhalt der Verpackung sollte sichtbar sein oder durch die Verpackung deutlich kommuniziert werden. Die Verpackung muss leicht zu öffnen und auch wieder leicht zu verschließen sein und eine Verbrauchswirtschaftlichkeit sollte gewährleistet werden. Schließlich spricht die Möglichkeit der Zweitverwendung viele Verbraucher an, nicht zuletzt aus den oben genannten ökologischen Gründen.

2.6 Service

Eine zunehmende Homogenität von Produkten hinsichtlich Leistung, Qualität, Design und Lebensdauer hat dazu geführt, dass in vielen Märkten der Service als einzig sichtbares Differenzierungskriterium wahrgenommen wird. Hiermit wird Service häufig bereits zu einer strategischen Option für Unternehmen (vgl. Kapitel III 4.3.1). Service wird im Folgenden als Element des erweiterten Produktbegriffes aufgefasst, der für einen Zusatznutzen zum eigentlichen Produkt sorgt.

Historisch gesehen ist Service als typische Neben- oder Zusatzleistung zu charakterisieren, die häufig als Kuppelprodukt durch den Absatz der Hauptleistung entstand. Heute ist Service zwar nach wie vor ein Teil der Produktgestaltung, ein Element der Produktpolitik, jedoch viel mehr als aktiv und eigenständig zu vermarktende Absatzleistung zu sehen. Der Service hat grundsätzlich drei **Funktionen** (*Meffert* 2000: 942f.): Die **akquisitorische** Funktion liegt in der Schaffung und Erhaltung von Präferenzen bei aktuellen und potentiellen Kunden; es geht vor allem darum, durch Service einen erkennbaren Zusatznutzen zu schaffen. Die **unterstützende** Funktion besteht in Bezug auf andere Mixelemente. So kann der Service durch eine schnelle und zuverlässige Fehlerbehebung das über die Markenpolitik aufgebaute Produktimage in Hinblick auf Qualität aufrechterhalten. Ferner übernimmt der Service eine **Informationsfunktion**. Das Servicepersonal bildet eine Schnittstelle zum Kunden und erhält so aus erster Hand Informationen über die besondere Störanfälligkeit bestimmter Produkte sowie kundenbezogene Anforderungen an Produkt und Service.

Grundsätzlich kann zwischen **technischem Service** (z.B. Reparatur, Montage, Wartung, Ersatzteilversorgung) und **kaufmännischem Service** (z.B. Umtauschrecht, Lieferung) unterschieden werden. Dies ist im B2B-Marketing (z.B. Produkt-/Anlagenschulungen bei SIEMENS) von essentieller Bedeutung.

Im B2C-Marketing spielt der Service bei klassischen Verbrauchsgütern eine untergeordnete Rolle, kann allerdings in Form von Telefon-Hotlines, z.B. Angebot von Typberatung bei Haarpflegeprodukten oder Rezeptservice bei Backwaren (z.B. Website DR. OETKER) eingesetzt werden. Die entsprechenden Telefonnummern bzw. Internetadressen sind meistens auf der Produktverpackung aufgedruckt.

Im Rahmen von CRM-Konzepten spielt vor allem der After-Sales-Service eine wichtige Rolle, wobei Beschwerdemanagementsysteme zur Kundenbindung beitragen sollen. Service im engeren Sinne umfasst nach überwiegender Meinung in Wissenschaft und Praxis auch nur den Kundendienst nach dem Kauf (After-Sales-Service wie z.B. Beschwerdemanagement), im weiteren Sinne könnten auch Serviceleistungen vor dem Kauf (z.B. Beratung, Bestelldienst) hinzugerechnet werden.

Auch das Submixelement Service muss sich an den Gesamtzielen der Unternehmung und insb. an den Marketingzielen ausrichten. Aus diesem Zielsystem lassen sich eigenständige **Serviceziele** ableiten. Ökonomische Zielsetzungen beziehen sich klassischerweise auf Gewinn bzw. Umsatz/Absatz, als typische psychographische Ziele können Serviceimage und Servicezufriedenheit genannt werden. Die besondere Bedeutung des Service liegt in seiner Möglichkeit, effektives Kundenbindungsmanagement zu betreiben. Hierbei muss zum einen höchster Wert auf Zuverlässigkeit und Schnelligkeit gelegt werden, zum anderen ist jedoch auf die Kostenkomponente des Service zu achten.

Insbesondere in der „Servicewüste Deutschland" wird das Potential des Service wenig genutzt. Beispielsweise kann sich der **Handel** durch zahlreiche Serviceleistungen (z.B. Geschenkverpackung, Zustellung) differenzieren. Discounter werden sich zukünftig nicht einzig durch den Preis differenzieren können, Service wird auch hier verstärkt Einzug nehmen und einen Wettbewerbsvorteil repräsentieren.

Steigender Wettbewerb, gesättigte Märkte und komplexere Produkte haben zu einer wachsenden Bedeutung von Serviceleistungen geführt. Während der Sekundärsektor, für dessen Bedeutung in Deutschland das Ruhrgebiet wie keine andere Region steht, deutlich an Relevanz verloren hat, ist der Dienstleistungssektor in Städten wie Essen signifikant gewachsen. Diese Entwicklung ist nicht nur regional zu erkennen, sondern zeigt sich auch unternehmensbezogen. Klassische Industrieunternehmen generieren heute einen signifikanten Ergebnisbeitrag durch die Erbringung von Dienstleistungen.

Nahezu alle materiellen Angebote von Unternehmen sind mit einer Dienstleistung verbunden – die Bedeutung der Dienstleistung am Gesamtprodukt ist jedoch unterschiedlich. Hierbei kann im Wesentlichen zwischen dem reinen Sachgut, dem Sachgut in Verbindung mit einer Dienstleistung und der reinen Dienstleistung unterschieden werden.

3 Kontrahierungspolitik

Die Kontrahierungspolitik umfasst neben der reinen **Preispolitik** auch die **Konditionenpolitik**. In der Vergangenheit galt der **Preis** als bedeutendstes Kriterium für die Kaufentscheidung. Insbesondere auf Märkten mit geringer Kaufkraft ist die Preissensibilität hoch, während auf höher entwickelten Märkten nicht-preisliche Faktoren an Bedeutung gewonnen haben. In der jüngeren Vergangenheit scheint sich dieser Sachverhalt zu Gunsten des Preises bzw. der Preispolitik für die Kaufentscheidung der Nachfrager wieder zu wandeln. Diese Entwicklung resultiert u.a. aus folgenden Marktentwicklungen: Globalisierung des Wettbewerbs, Entstehung von Überkapazitäten bei stagnierendem Marktvolumen und Verstärkung des Preisbewusstseins, insbesondere beim Nachfrager in den industrialisierten Ländern. Der Einfluss des Preises auf z.B. Umsatz, Gewinn und Marktanteil ist in keinem Fall zu vernachlässigen. Ziel des Unternehmens sollte es sein, die Preispolitik mit Sorgfalt zu planen und diese in die Gesamtstrategie wirkungsvoll einzuordnen. Die Kontrahierungspolitik ist insbesondere im Rahmen der **Preis-Qualitäts-Relation** ein Kernelement. Das Unternehmen kann die subjektive Einschätzung der Verbraucher über den Preis und die Qualität nutzen, um innerhalb einer Produktkategorie sein Fremdbild verglichen mit Wettbewerbern darzustellen. Insbesondere in Deutschland gilt der Preis als Qualitätsindikator (Preis-Image-Konsistenz). Dieser Sachverhalt wird nachfolgend am Beispiel der Computerbranche skizziert:

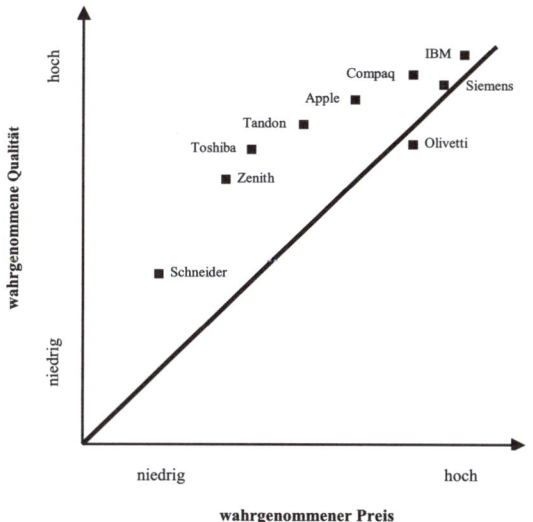

Abb. 72: Preis-Image-Konsistenz (Kotler/Keller/Bliemel 2007: 591)

Unabhängig davon, ob es sich um eine erstmalige Preisfestlegung, eine Preisänderung oder einen Individual- oder Basispreis handelt, verfolgt der Anbieter hiermit unternehmerische

Ziele. Diese können nach ihrer primären internen oder externen Wirkung klassifiziert werden. Zu den internen Zielen zählen u.a. der Fortbestand des Unternehmens, Arbeitsplatzsicherung und die Realisierung einer optimalen Kostensituation. Externe Ziele können die Qualitätsführerschaft, die Schwächung der Konkurrenz oder die Maximierung des Absatzes sein. Je detaillierter die Ziele festgelegt sind, und je exakter die zeitliche Komponente – kurzfristige Gewinnmaximierung gegenüber langfristiger Unternehmenssicherung – berücksichtigt wird, desto schlüssiger ist die Preisfestsetzung.

3.1   Preisfestlegung

Ausgangspunkt für den Marketing-Mix und damit auch für die Preispolitik ist die Bestimmung des Zielmarktes und die strategische Positionierung des Produktes. In Abhängigkeit von der Unternehmens- und Marktsituation sollen kosten-, nachfrage- und konkurrenzbezogene Faktoren für die Preisbestimmung berücksichtigt werden. Diese Faktoren werden im Folgenden getrennt betrachtet. Es sei jedoch darauf hingewiesen, dass diese drei Ansatzpunkte der Preispolitik nicht als alternative Entscheidungsausrichtungen zu verstehen sind, sondern idealerweise simultan in preispolitische Entscheidungen einbezogen werden (*Hüttner/Ahsen/Schwarting* 1999: 191). Dabei markiert der Preis, den die Nachfrager für eine Leistung maximal zu zahlen bereit sind, die **Preisobergrenze**, und die Kosten der Leistungserstellung die **Preisuntergrenze**. Zusätzlich sind die Preise der Konkurrenz bei der Preisermittlung zu beachten. In der Praxis ist es durchaus denkbar, dass aufgrund spezieller Umweltbedingungen ein oder zwei dieser Faktoren zu vernachlässigen sind, z.B. bei dem speziellen Wettbewerbsgefüge eines Marktes, dem Innovationsgrad des angebotenen Produktes oder dem spezifischen Verhalten von Nachfragern und Wettbewerbern. Die folgenden Erläuterungen beziehen sich primär auf das Problem der Preisfestlegung für neue Einzelprodukte, nicht auf Preisentscheidungen innerhalb von Produktlinien.

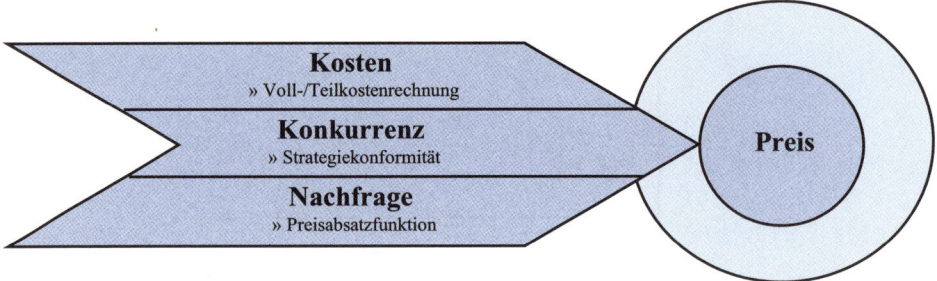

Abb. 73: Einflussfaktoren der Preisfestlegung

3.1.1 Kostenorientierte Preisfestlegung

Die Leistungserstellung von Produkten und Dienstleistungen erfordert im unterschiedlichen Maße Arbeit, Boden und/oder Kapital. Der Konsument hält die Produktionskosten für den primären Einflussfaktor des Produktpreises. Vielfach wird der Preis als Qualitätskriterium herangezogen, da der Konsument eine Korrelation zwischen hohen Preisen und guter Produktqualität unterstellt – dies gilt insbesondere für neue Produkte. Die Differenz zwischen dem Preis, den die Nachfrager bereit sind zu zahlen einerseits und den Gesamtkosten andererseits, sind der Gewinnaufschlag und der Aufwand für das unternehmerische Risiko.

Die Daten der **Kostenrechnung** sind in vielen Fällen Ausgangspunkt für die Bestimmung der Preise für Produkte und Dienstleistungen. Die preispolitische Entscheidung hängt dabei maßgeblich von der Unterscheidung zwischen fixen und variablen Kosten ab. Erstgenannte sind innerhalb bestimmter Intervalle von der Ausbringungsmenge unabhängig, während variable Kosten abhängig von der Beschäftigung bzw. Ausbringungsmenge sind.

Vollkostenrechnung (Kosten-Plus-Preisbildung)
Viele Anbieter nutzen bei der Preiskalkulation die Kosten-Plus-Preisbildung. Ausgangspunkt hierfür sind die gesamten Stückkosten, die um einen Gewinn- und Risikozuschlag erhöht werden.

variable Kosten je Stück i.H.v.	20 €
fixe Kosten i.H.v.	450.000 €
prognostizierte Absatzmenge i.H.v.	200.000 Stück
Kalkulation Kosten gesamt je Stück:	$20,- + \dfrac{450.000,-}{200.000 \text{ Stück}} = 22,25$ €/Stück
22,25 € zzgl. Gewinn-/Risikoaufschlag i.H.v. 20%:	26,70 €/Stück
	Angebotspreis

Abb. 74: Kosten-Plus-Preisbildung am Beispiel einer Schreibtischlampe

Diese simple, auf Vollkosten basierende Kalkulation weist jedoch erhebliche Gefahren auf. Zum einen werden die oben genannten Fixkosten in Höhe von 450.000 € nicht verursachungsgerecht auf weitere Kostenträger (Produkte) verteilt; sie lassen in diesem Zusammenhang keine Schlussfolgerungen auf den tatsächlichen Produkterfolg zu. Zum anderen fördert dieses Kalkulationsverfahren die Negativwirkung der Fixkosten auf rückläufigen Märkten, auf denen die geminderte Absatzmenge zu einer geschwächten Fixkostendegression führt. Darüber hinaus wird der Reaktion des Wettbewerbs und der Preisbereitschaft der Nachfrager nicht Rechnung getragen. Die Vollkostenrechnung kann nur dann als sinnvoll erachtet werden, wenn die geplante Absatzmenge zum festgelegten Preis tatsächlich erreicht wird.

Das oben beschriebene Prinzip der **Kostenpreise** (cost plus pricing), Selbstkosten plus Gewinnzuschlag, ist die einfachste Form der Preisfindung. Die Selbstkosten ergeben sich dabei aus der Kostenträgerrechnung, wobei die Anwendung diesbezüglicher **Kalkulationsverfahren** der Art und Tiefe des Produktprogramms und dem jeweiligen Produktionsverfahren Rechnung tragen muss (*Hüttner/Ahsen/Schwarting* 1999: 192). An dieser Stelle folgt eine Betrachtung der Kalkulation im Industriebetrieb und der Handelsunternehmung auf Grund der besonderen Relevanz für dieses Lehrbuch.

Ausgangspunkt für die Kalkulation in der **Industrieunternehmung** sind die Materialkosten. Im nachfolgend beschriebenen Beispiel eines Herstellers für Verpackungsmaschinen (Süßwarenindustrie) handelt es sich hierbei z.B. um Einzelkosten für Stahl, Bleche, Elektronikteile sowie um Gemeinkosten (u.a. Schalter, Kabel). Neben den gesamten Materialkosten fließen Einzel- und Gemeinkosten für die Fertigung der Verpackungsmaschine sowie in diesem Fall Sondereinzelkosten der Fertigung auf Grund der Beschäftigung von externen Spezialisten für die Programmierung der Schaltanlage für die Verpackungsmaschine, in die Berechnung der Herstellkosten ein.

Industriekalkulation: Verpackungsmaschine	(in €)
Materialeinzelkosten	27.600,00
Materialgemeinkosten (7%)	1.932,00
Materialkosten gesamt	29.532,00
Fertigungslöhne	30.200,00
Fertigungsgemeinkosten (105%)	31.710,00
Sondereinzelkosten der Fertigung	703,00
Fertigungskosten gesamt	62.613,00
Herstellkosten der Verpackungsmaschine	92.145,00

Abb. 75: Industriekalkulation (1 von 3)

Weitere Kostenkomponenten sind die Verwaltungsgemeinkosten, die u.a. Kosten für die Buchhaltung, die zentrale Personalabteilung und die Geschäftsführung enthalten. Diese beziffern sich für das hier beschriebene Unternehmen auf 14%. Darüber hinaus werden in der Kalkulation der Selbstkosten für die Verpackungsmaschine Vertriebsgemeinkosten (5%) sowie Sondereinzelkosten des Vertriebs auf Grund der Einstellung eines neuen Vertriebsmitarbeiters für diesen Maschinentyp berücksichtigt.

Industriekalkulation: Verpackungsmaschine	(in €)
Herstellkosten der Verpackungsmaschine	92.145,00
Verwaltungsgemeinkosten (14%)	12.900,30
Vertriebsgemeinkosten (5%)	4.607,25
Sondereinzelkosten des Vertriebs	320,50
Selbstkosten der Verpackungsmaschine	109.973,05

Abb. 76: Industriekalkulation (2 von 3)

Da ein wesentliches Anliegen ökonomischen Handelns in der Erzielung eines Gewinns liegt, wird dieser ebenfalls in die Kalkulation einbezogen. Der Barverkaufspreis sowie die Berücksichtigung eines dem Kunden gewährten Skontos sowie die Vertreterprovision führen zum Zielverkaufspreis der Verpackungsmaschine in Höhe von 138.976,93 €.

Industriekalkulation: Verpackungsmaschine	(in €)
Selbstkosten der Verpackungsmaschine	109.973,05
Gewinnaufschlag (15%)	16.495,96
Barverkaufspreis der Verpackungsmaschine	126.469,01
Kundenskonto (2%)	2.779,54
Vertriebsprovision (7%)	9.728,38
Zielverkaufspreis der Verpackungsmaschine	138.976,93

Abb. 77: Industriekalkulation (3 von 3)

Entgegen dem Industrieunternehmen kann der **Handel** auf einen wesentlichen Teil des Leistungserbringungsprozesses – der Produktion des Produktes – keinen Einfluss nehmen.

Nichtsdestotrotz wird der Kalkulation eine wesentliche Rolle auch im Handel beigemessen. Im Wesentlichen besteht das Schema der Handelskalkulation aus der Bezugs- und Selbstkostenkalkulation sowie der Ermittlung des Verkaufspreises. Ausgehend vom Bareinkaufspreis – d.h. dem Preis, der um die Umsatzsteuer bereinigt und Lieferantenrabatt und -skonto reduziert ist – werden die Bezugskosten exklusive Umsatzsteuer ermittelt. Diese können u.a. die Kosten für Verpackung, Transport und Versicherung enthalten. Die Vernachlässigung der Umsatzsteuer beruht auf der Tatsache, dass sie einen durchlaufenden Posten für das Unternehmen darstellt; die Mehrwertsteuer trägt immer der Endverbraucher. Die Summe aus Bareinkaufspreis und Bezugkosten führt zum Bezugs- bzw. Einstandspreis.

Handelskalkulation	(in €)
Listeneinkaufspreis	100,00
Lieferantenrabatt (7%)	7,00
Zieleinkaufs- bzw. Rechnungspreis	93,00
Lieferantenskonto (2%)	1,86
Bareinkaufspreis	91,14
Bezugskosten	25,00
Bezugs- bzw. Einstandspreis	116,14

Abb. 78: Handelskalkulation (1 von 3)

Im Rahmen der Selbstkostenkalkulation werden die Handlungskosten ermittelt. Hierbei handelt es sich um jene Kosten, die im Rahmen des Leistungsprozesses in der Handelsunternehmung entstehen (z.B. Raum-/ Lagerkosten, Personalkosten, Marketingkosten).

Handelskalkulation	(in €)
Bezugs- bzw. Einstandspreis	116,14
Handlungskosten (18%)	20,91
Selbstkosten	137,05

Abb. 79: Handelskalkulation (2 von 3)

Auf Basis des Barverkaufspreises, der bereits den Gewinnaufschlag für das Handelsunternehmen enthält, werden Preisnachlässe wie Skonti und Rabatte sowie mögliche Vertreterprovisionen kalkuliert.

Handelskalkulation	(in €)
Selbstkosten	137,05
Gewinn (20%)	27,41
Barverkaufspreis	164,46
Kundenskonto (2%)	3,50
Vertreterprovision (4%)	7,00
Zielverkaufs- bzw. Rechnungspreis	174,96
Kundenrabatt (4%)	7,29
Listenverkaufspreis	182,25
Mehrwertsteuer (19%)	34,63
Bruttoverkaufspreis	216,88

Abb. 80: Handelskalkulation (3 von 3)

Neben den Kostenpreisen ist noch das Prinzip der **Vorgabepreise** zu erwähnen, welches auf der vorausgehenden Bestimmung von Ergebnis-Zielgrößen, wie Gewinn oder Rentabilität, beruht. Im ersten Schritt wird die Zielgröße festgelegt (z.B. Gewinnziel = 10.000.000 €). Anschließend wird die abzusetzende Menge unter Bezugnahme auf die Produktionskapazität geschätzt (z.B. 10.000 Stück). Danach folgt die Schätzung der dabei entstehenden Kosten (z.B. 20.000.000 €), woraus sich dann der erforderliche Gesamterlös berechnen lässt (30.000.000 €). Schließlich kann der Preis mittels Division des Gesamterlöses durch die abzusetzende Menge bestimmt werden (Stückpreis = 3.000 €). Eine solche Vorgehensweise ignoriert jedoch den Preis-Mengen-Mechanismus vollkommen. Deshalb kann eine solche Preisfestlegung nur dann Sinn machen, wenn auf dem Zielmarkt eine hinreichende Angebotslücke besteht und die Nachfrage sehr unelastisch ist, sodass die volle Ausbringungsmenge zu einem beliebigen Preis absetzbar wäre.

Teilkostenrechnung

Die Kalkulation auf Basis von Teilkosten setzt an dem primären Kritikpunkt der Kosten-Plus-Preisbildung an. Als Grundlage dienen die **variablen Kosten**, die eindeutig nach dem Verursachungsprinzip der Kostenträger bzw. der Produkte zugerechnet werden können. Die Fokussierung auf die variablen Kosten darf allerdings nicht zu Lasten der fixen Kosten gehen, diese müssen mittelfristig ebenso gedeckt werden wie die variablen, um den Fortbestand des Unternehmens zu gewährleisten. Kurzfristig kann die Schwelle aus der Summe variabler und fixer Kosten allerdings von den Erlösen unterschritten werden. Dem liegt die Tatsache zugrunde, dass die fixen Kosten das Betriebsergebnis in jedem Fall belasten. Sobald der Verkaufspreis die variablen Kosten übersteigt, generiert das Unternehmen einen **positiven Deckungsbeitrag**. Auf diesem Wege können Unternehmen kurzfristig auf schwierige Marktbedingungen wie zunehmenden Wettbewerb und Preisdruck flexibel reagieren. Der Deckungsbeitrag (Teilkostenrechnung) ist definiert als die Differenz zwischen dem Absatzpreis und den variablen Einzel- und Gemeinkosten. Die Fixkosten werden als „Block" erfasst.

Ein Elektronikunternehmen hat zwei Produktarten: TV-Geräte und Blu-ray-Player. Der Verkaufspreis eines TV-Gerätes beträgt 350 €, für den Blu-ray-Player beträgt der VP 250 €. Zu den relevanten Daten zählen:

	TV	Blu-ray
Absatzmenge	1.000 Stück	1.250 Stück
Umsatz/Produktart	350.000 €	312.500 €
variable Kosten	180 €/Stück	165 €/Stück
variable Kosten/Produktart	180.000 €	206.250 €
Deckungsbeitrag I	170.000 €	106.250 €
Fixkosten		175.000 €
Ergebnis		101.250 €

Die fixen Kosten sind kurzfristig nicht abbaubar; sie entstehen in jedem Fall. Der Verlust würde also im Falle eines absoluten Produktionsstopps 175.000 € betragen. Aus diesem Grund trägt ein Verkaufspreis >180,- €/Stück der TV-Geräte und ein Verkaufspreis >165,- €/Stück der Blu-ray-Player zur Deckung der Fixkosten bei.

Abb. 81: Deckungsbeitragsrechnung am Beispiel eines Elektronikunternehmens

In der oben gezeigten sog. einstufigen Deckungsbeitragsrechnung wurden sämtliche Fixkosten en bloc dem Deckungsbeitrag I gegenübergestellt. Entgegen dieser Vorgehensweise besteht auch die Möglichkeit innerhalb einer mehrstufigen Deckungsbeitragsrechnung, den Fixkostenblock aufzusplitten und Teile der Fixkosten beispielsweise der Gesamtstückzahl einer Produktart, einer Produktgruppe oder einem ganzen Unternehmensbereich zuzuordnen.

In diesem Zusammenhang ist auch die **Break-Even-Analyse** zu nennen. Sie erlaubt eine Aussage hinsichtlich des Absatz- und Umsatzvolumens, ab dem eine Unternehmung die Gewinnzone erreicht. Am Break-Even-Point ist die Umsatzfunktion gleich der Kostenfunktion. Der klassische Break-Even-Punkt ergibt sich rechnerisch aus der Division der Fixkosten durch die Differenz von Verkaufspreis und variablen Kosten (BEP = k_f / ($p - k_v$)).

3.1.2   Nachfrageorientierte Preisfestlegung

In den Marktformen des Monopols sowie bei atomistischer Konkurrenz erfolgt die Preisbestimmung nachfrageorientiert. Die auf dem relevanten Markt absetzbaren Mengen, bewertet zu den jeweiligen Verkaufspreisen, ergeben die Umsatzfunktion eines Unternehmens.

Innerhalb **monopolistischer Angebotsstrukturen** können sog. natürliche, künstliche und temporäre Monopole unterschieden werden, wobei letztere von der Preissetzung her unkritisch sind. Im natürlichen Monopol hat der Monopolist seine einzigartige Marktstellung beispielsweise der exklusiven Nutzung eines Rohstoffes zu verdanken. Demgegenüber beruht das künstliche Monopol z.B. auf einem Patent und ist juristisch verankert. Beispielsweise genoss der Pharmahersteller PFIZER für sein Potenzmittel VIAGRA Patentschutz und konnte in diesem speziellen Markt als Monopolist bezeichnet werden. Die gewinnmaximale Preis-Mengen-Kombination ist dort gegeben, wo die Grenzkosten gleich dem Grenzumsatz sind. Dabei sind die Grenzkosten als Kosten der nächstproduzierten Einheit und der Grenzumsatz als zusätzlicher Umsatz durch die nächstverkaufte Einheit definiert.

Das **Polypol**, der Begriff entstand aus dem Griechischen und heißt übersetzt „Handel vieler", charakterisiert sich durch atomistische Konkurrenz, d.h. viele Anbieter stehen vielen Nachfragern auf dem Markt gegenüber. Ist von **vollkommener Konkurrenz** im Polypol die Rede, dann erfüllt das Modell weitere Prämissen: (a) Handel homogener Güter, (b) Marktteilnehmer auf der Angebots- und Nachfragerseite verfügen über die relevanten Informationen (vollkommene Markttransparenz), (c) unendlich schnelle Anpassungsgeschwindigkeit, (d) keinerlei Präferenzen der Marktteilnehmer. Wird weiterhin angenommen, dass steigende Preise zu einem Anstieg der Angebotsmenge und zu einem Rückgang der Marktnachfrage des relevanten Gutes führen, so lässt sich das Marktgleichgewicht ermitteln, wenn Nachfrage und Angebot aufeinander treffen. Der Schnittpunkt von Nachfrage- und Angebotsfunktion wird als Marktgleichgewicht bezeichnet: Die nachgefragte Menge entspricht der Angebotsmenge. Die Menge und der Preis in diesem Punkt werden Gleichgewichtsmenge (X*) bzw. Gleichgewichtspreis (p*) genannt (vgl. Abb. 82 links).

Das beschriebene Modell spiegelt die mikroökonomische Sichtweise wider. Das einzelne Unternehmen akzeptiert den Gleichgewichtspreis als Datum und bestimmt mithilfe des Marktpreises die für sich gewinnoptimale Menge. Das einzelne Unternehmen (Anbieter) kann als Mengenanpasser bezeichnet werden. Für den einzelnen Anbieter stellt der Marktpreis den Grenzumsatz dar, da er bei vollkommener Konkurrenz jede zusätzliche Mengeneinheit zum Marktpreis absetzen kann (vgl. Abb. 82 rechts). Die einzelnen Unternehmen bestimmen demzufolge ihre individuellen Grenzkosten und können unter Berücksichtigung des gegebenen Marktpreises ihre gewinnmaximale Angebotsmenge ermitteln, vorausgesetzt die Grenzkostenkurve verläuft nicht komplett oberhalb der Grenzumsatzfunktion. Bei steigendem Preisniveau bestimmt der Polypolist seine Menge entlang der Grenzkostenkurve (K') (*Varian* 2003: 388ff., *Bode* 2000: 51ff.).

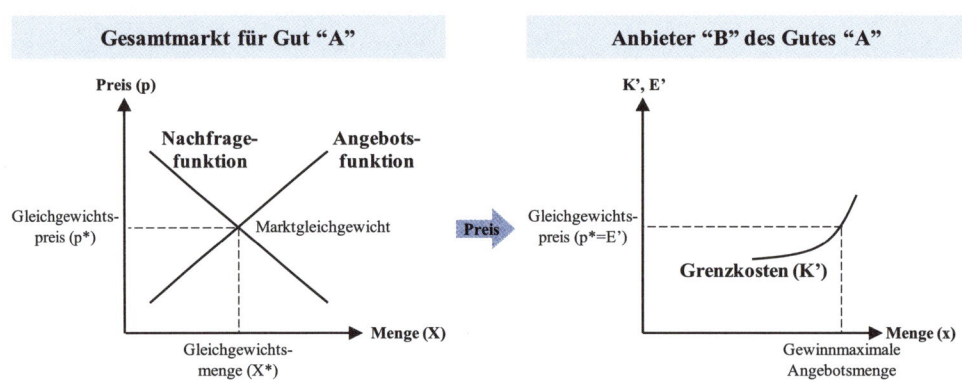

Abb. 82: Gewinnmaximierung eines Polypolisten bei vollkommener Konkurrenz

Herrscht **kein idealtypischer Wettbewerb**, versucht der Polypolist durch den Einsatz marketingpolitischer Instrumente, wie z.B. Differenzierung über Marken, Präferenzen beim Nachfrager zu schaffen. Je größer diese persönlichen und sachlichen Präferenzen sind, desto größer ist der preispolitische Spielraum, innerhalb dem das Unternehmen seine Preise variieren kann, ohne dass der Kunde den Anbieter wechselt. In diesem Spielraum kann der Polypolist wie ein Monopolist agieren. Geht er über den Spielraum hinaus, verliert er Kunden an den Wettbewerb. In diesem Zusammenhang gewinnen die positiven Wirkungseffekte der Kundenbindung an Bedeutung, da sie den preispolitischen Spielraum schaffen bzw. erweitern.

Im Rahmen der nachfrageorientierten Preisfestlegung ist zu beachten, dass jede Preisalternative grundsätzlich zu einem anderen Nachfragenniveau führt. Je unelastischer die Nachfrage nach einem Produkt ist (z.B. Grundnahrungsmittel, Benzin), desto mehr kann sich ein hoher Preis für den Anbieter lohnen. Die Nachfrageorientierung bei der Preisfestlegung setzt voraus, dass von den **Preisvorstellungen der Verbraucher** ausgegangen wird. Der Verbraucher fällt Preiswürdigkeitsurteile und setzt für sich Preisschwellen fest, zu denen er bestimmte Produkte noch kaufen würde. Die **Preissensibilität** eines Verbrauchers ist u.a. geringer, wenn die Alleinstellung des Produktes ausgeprägt ist, die Ausgaben für ein Produkt im Vergleich zum Gesamteinkommen gering sind, wenn das Produkt in Verbindung mit bereits gekauften Produktsystemen verwendet wird, dem Produkt ein besonderes Prestige oder eine besondere Exklusivität zugeschrieben wird.

Innerhalb der nachfrageorientierten Preispolitik wird somit versucht, Preise aus den Preisvorstellungen und darauf aufbauenden Bereitschaften zur Zahlung bestimmter Preise seitens der Nachfrager abzuleiten. Entscheidend sind also hiernach nicht die Kosten einer Leistung, sondern der Wert, den die Kunden dieser Leistung beimessen. Da die Preisvorstellungen und Zahlungsbereitschaften nicht bei allen Nachfragern identisch sind, ergibt sich immer das Problem der adäquaten Aggregation dieser Daten.

Ein wesentliches Hilfsmittel zur Gewinnung der angesprochenen Daten sind **Preistests**, die wie folgt unterschieden werden können (*Hüttner/Ahsen/Schwarting* 1999: 195f.): Durch Preisschätztests sollen die subjektiven Preisvorstellungen und -kenntnisse der Nachfrager ermittelt werden. Den Probanden wird ein Produkt oder ein Bild des Produktes vorgelegt, um sie dann zu fragen, was dieses Produkt nach ihrer Einschätzung im Geschäft kostet. Preisempfindungstests dienen der Erfragung der subjektiven Einstufung der Günstigkeit einzelner Preise seitens der Nachfrager. Die Probanden werden dazu aufgefordert, die Preisgünstigkeit auf einer Rating-Skala (z.B. von „sehr günstig" bis „sehr teuer") einzustufen. Durch Preisbereitschaftstests wird die Bereitschaft der Nachfrager, ein Produkt zu einem bestimmten Preis zu kaufen, direkt abgefragt (z.B. „Würden Sie zu diesem Preis das Produkt X kaufen?" oder „Welchen Preis würden Sie für das Produkt X maximal zahlen?"). Im Rahmen von Preiswürdigkeitstests werden die Kundenurteile hinsichtlich der Bewertung von Preis-Leistungs-Relationen bestimmter Angebote erhoben.

Die Basis nachfrageorientierter preispolitischer Entscheidungen bilden letztlich Kenntnisse über die zu erwartenden mengenmäßigen Reaktionen der Nachfrager auf unterschiedliche Preishöhen. Es bedarf einer realistischen Schätzung der Wechselwirkung zwischen Preis und Absatzmenge, was zum einen durch die Schätzung der gesamten Preis-Absatz-Funktion, zum anderen durch die Ermittlung von Preiselastizitäten ermöglicht wird (*Hüttner/Ahsen/ Schwarting* 1999: 196ff.).

Die **Preisabsatzfunktion** (auch: Nachfragereaktionsfunktion) stellt die mengenmäßige Reaktion der Nachfrager auf die Preisforderung eines Anbieters dar. Die **Preiselastizität der Nachfrage** ist definiert als Verhältnis zwischen relativen Nachfrageänderungen nach einem Produkt und der diese initiierenden Preisänderung dieses Produktes (Abb. 83).

In der Praxis ermittelt der Anbieter die jeweilige Absatzmenge bei unterschiedlichen Preisen und die daraus resultierende Ergebniswirkung. Die Schätzung dieser Funktion, im Idealfall vom Prohibitivpreis bis zur Sättigungsmenge, fundiert preispolitische Entscheidungen durch umfassende Informationen über die zu erwartenden Nachfragerreaktionen. Die benötigten Daten, bei verschiedenen Preishöhen gemessene Absatzmengen, können sowohl mittels Befragungen von Kunden oder Händlern als auch durch Experimente erhoben werden. Sofern längere Zeitreihen historischer Daten vorliegen, ist auch deren Verwendung als Schätzungsgrundlage möglich. In methodischer Hinsicht können Preisabsatzfunktionen relativ unproblematisch durch eine Regressionsanalyse bestimmt werden, wenn eine hinreichend große Zahl von Daten vorliegt. Ferner bietet die Conjoint-Analyse die Möglichkeit, Preisabsatzfunktionen zu ermitteln, wenn dabei in Preisen negative Bestandteile des Eigenschaftsprofils eines Produktes gesehen und diese als zusätzliche Attribute eines Nutzenmodells systematisch variiert werden. Die folgende Abbildung stellt eine idealtypische Preisabsatzfunktion (PAF) dar. Es wird die zum Preis p_1 (p_2) abgesetzte Menge m_1 (m_2) für ein beliebiges Produkt in Anlehnung an eine vorangegangene Marktforschung gezeigt.

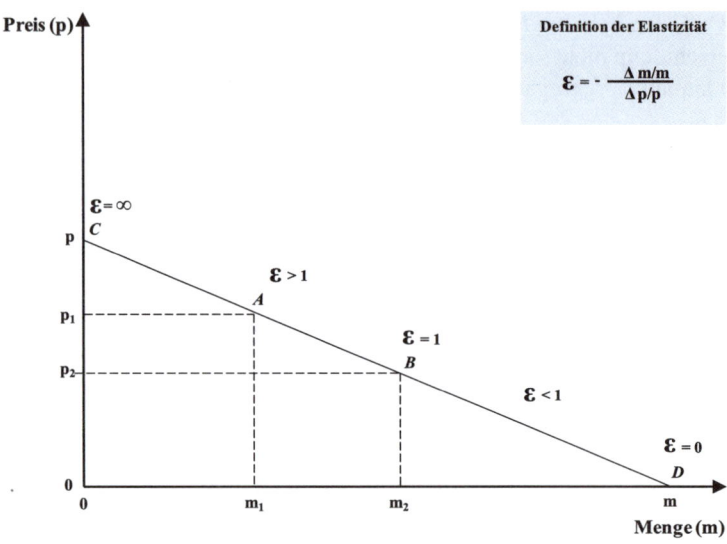

Abb. 83: Preisabsatzfunktion

Der Preis p stellt den so genannten Prohibitivpreis dar, d.h. den Preis, an dem sich kein Stück mehr absetzen lässt, während m die Menge des Gutes darstellt, ab der das Gut wertlos wird, da die Nachfrage gesättigt ist. Die Elastizität der Nachfrage ist für p_1 (p_2) durch das Verhältnis der Streckenabschnitte bestimmt: AD/AC (BD/BC). Im vorliegenden Fall ist AD > AC, die dem Preis p_1 zuzuordnende Elastizität der Nachfrage ist größer 1 – eine Preissenkung führt zu einer Erhöhung des Umsatzes. Da die Steigung der Nachfragekurve in der Regel negativ ist, wird die Formel für die Preiselastizität mit einem negativen Vorzeichen versehen.

Im elastischen Bereich einer PAF können die Unternehmen ihren Umsatz trotz Preissenkungen erhöhen, da der relative Mengenzuwachs die relative Preissenkung übersteigt. Dagegen werden die Unternehmen im unelastischen Bereich einer PAF trotz Preiserhöhungen ihren Umsatz steigern können, da der relative Preiseffekt den relativen Mengenrückgang übersteigt. Daher gilt generell, dass Preiserhöhungen nur im unelastischen Bereich und Preissenkungen nur im elastischen Bereich einer PAF vorgenommen werden sollten. Ein Beispiel soll dies verdeutlichen: $p_1 = 8$, $p_2 = 7$; $m_1 = 20$, $m_2 = 30$; $\varepsilon = -10/-1 * 8/20 = 4$ ($\varepsilon > 1$). Eine Preissenkung um 1 € führt somit zu einer Absatzsteigerung um 10 Stück. Der Umsatz beträgt vor der Preissenkung 160 €, danach 210 €. Umgekehrt würde eine Preiserhöhung im unelastischen Bereich von 3 € auf 4 € zu einem Absatzrückgang von 70 auf 60 Stück führen. Es ergibt sich eine Elastizität von 0,42 ($\varepsilon < 1$). Der Umsatz beträgt vor der Preiserhöhung 210 €, danach 240 €.

In vielen Fällen wird es kaum möglich sein, realistische Preisabsatzfunktionen zu schätzen. Dies ist jedoch in der Praxis häufig auch gar nicht notwendig, weil von einem bestimmten Preisniveau ausgegangen werden kann und deshalb meist Kenntnisse über die zu erwartenden Mengenreaktionen auf geringere Preisänderungen reichen. Diese Informationen können durch die empirische Schätzung von Preiselastizitäten gewonnen werden, basierend entweder auf historischen Daten oder speziellen Experimenten (z.B. Ladentest, bei dem ein Produkt in einer Reihe ausgewählter Testgeschäfte über einen bestimmten Zeitraum angeboten und für jedes Geschäft eine andere Preishöhe festgesetzt wird).

Bedeutsam im Rahmen der nachfrageorientierten Preisfestlegung ist weiter die Kenntnis von Preisbereichen, in denen keine größere preisbezogene Reagibilität des Absatzes vorliegt. Die Grenzen dieser Bereiche werden als **Preisschwellen** bezeichnet. Im Falle des Über- oder Unterschreitens dieser Schwellen treten sprunghafte Veränderungen der Absatzmenge auf. Das vorrangige Interesse gilt in diesem Kontext den absoluten Preisschwellen, im Sinne von Preisobergrenzen. Die obere absolute Preisschwelle für eine bestimmte Produktkategorie markiert dann der Preis, bei dem die Nachfrager auf eine höherwertige Produktklasse umsteigen würden (z.B. von Taschenbüchern auf gebundene Exemplare). Bezogen auf ein einzelnes Produkt ist analog jener Preis zu verstehen, bei dem die Kunden dieses durch ein Konkurrenzprodukt der gleichen Kategorie substituieren würden.

Der von den Kunden subjektiv empfundene Wert ist Ausgangspunkt für das **Perceived-Value-Pricing**. Über Produkt- und Kommunikationspolitik bauen die Unternehmen im Bewusstsein des Nachfragers einen möglichst hohen Wert auf. Hieran anlehnend wird ein Preis in einer Höhe festgesetzt, die den empfundenen Wert möglichst abschöpft.

3.1.3 Konkurrenzorientierte Preisfestlegung

Das Verhalten der Konkurrenten sollte bei der Festlegung der Preise ebenso Berücksichtigung finden wie Nachfrage und Kosten. Im **Angebotsoligopol** treffen wenige Anbieter (z.B. T-MOBILE, VODAFONE, O2 und E-PLUS) auf viele Nachfrager. Der Oligopolist wird einerseits von der Preisgestaltung seiner Konkurrenten beeinflusst, andererseits muss er auch die Reaktionen der Nachfrager in seinem Kalkül berücksichtigen. Im Gegensatz zum Polypol ist die Marktmacht der Anbieter so groß, dass Veränderungen der Angebotsmenge eines einzelnen Anbieters zu spürbaren Auswirkungen bei den anderen Anbietern führen. Dieser Sachverhalt wird als „konkurrenzgebundene" Preispolitik bezeichnet. Die LUFTHANSA trägt dem Sachverhalt in der Form Rechnung, dass sie 1.500mal pro Tag nach eigenen Aussagen die Preise ändert. Das Verhalten des Oligopolisten kann aggressiv geprägt sein, d.h. er versucht die Wettbewerber aus dem Markt zu verdrängen. Häufig ist dieses Verhalten mit einem ruinösen Preiswettbewerb verknüpft. Steht die Sicherung der Marktmacht im Fokus der Anbieter, wird häufig auf Grund stillschweigender Absprachen die Preiskonkurrenz ausgeschlossen. Ein solches Verhalten lässt sich insbesondere bei Unternehmen der Mineralölbranche wie ARAL, SHELL, JET erkennen, wo Preisänderungen eines Anbieters innerhalb kürzester Zeit von anderen Anbietern adaptiert werden. Beruht die Preispolitik allein auf Entscheidungen des geordneten Wettbewerbs und steht an Stelle des Wunsches nach Schwächung der Wettbewerber die Koalition im Mittelpunkt des Interesses, kann das Verhalten als wirtschaftsfriedlich bezeichnet werden. Auf unvollkommenen Märkten und bei wirtschaftsfried-

lichem Verhalten reagieren die Wettbewerber auf Preissenkungen eines Konkurrenten kurzfristig, während sie Preiserhöhungen nur zögerlich adaptieren.

Im Rahmen der Marketingpolitik können sich Unternehmen einen **preispolitischen Spielraum** schaffen, in dem zum einen der Kunde den Anbieter nicht wechselt und zum anderen
der Oligopolist keine Reaktion seiner Wettbewerber fürchten muss. In dem über diesen Bereich nach oben bzw. unten hinausgehenden Abschnitt muss hingegen mit Kundenabwande-
rung und Reaktionen der Wettbewerber gerechnet werden. Gelangen Wettbewerber in diesen
„kritischen Bereich", so führt das zur Gewinnung von Kunden der Konkurrenten. Daraus
kann eine Kettenreaktion entstehen, an deren Ende die Wettbewerber über nahezu identische
Marktanteile verfügen, aber das Preisniveau und damit das Umsatzvolumen und das Ergebnis deutlich reduziert sind. Darum ist der Eintritt in diesen „kritischen Bereich" nur selten
erstrebenswert – z.B. wenn es das primäre Unternehmensziel ist, einen Wettbewerber völlig
aus dem Markt zu drängen. Diese Strategie ist insbesondere dann Erfolg versprechend, wenn
im nachfolgenden Beispiel Unternehmen I die Kostenstruktur von Unternehmen II bekannt
ist und die Kapazität von Unternehmen I ausreicht, um die Gesamtnachfrage zu erfüllen.

	Unternehmen I	Unternehmen II	Preissenkung Unternehmen I	Preisadaption Unternehmen II
Nachfrage	50.000 Stück	50.000 Stück	50.000 Stück	50.000 Stück
Preis/Stück	7 €	7 €	4,90 €	4,90 €
Umsatz gesamt	350.000 €	350.000 €	245.000 €	245.000 €
Kosten fix	20.000 €	20.000 €	20.000 €	20.000 €
Kosten variabel/Stück	4,50 €	5,50 €	4,50 €	5,50 €
Kosten gesamt	245.000 €	295.000 €	245.000 €	295.000 €
Ergebniswirkung			0 €	-50.000 €

Abb. 84: Wirkung von Kostenvorteilen

Im oben stehenden Beispiel bieten die Unternehmen I und II eine identische Menge dessel-
ben Produktes zu demselben Preis an. Auf diesem Wege erzielen sie jeweils einen Umsatz
i.H.v. 350.000 €. Allerdings verfügt Unternehmen I verglichen mit II über Kostenvorteile
i.H.v. 1,00 € je Stück. Wenn Unternehmen I seinen Preis auf 4,90 € je Stück reduziert und
Unternehmen II den Preis adaptiert, um keine Marktanteile zu verlieren, wird dies zu einem
operativen Verlust für Unternehmen II i.H.v. 50.000 € führen. Langfristig wird Unternehmen
II bei diesem Preisniveau vom Markt verschwinden und Unternehmen I seine Preise voraussichtlich wieder anheben, um das Unternehmensergebnis zu verbessern.

Zusammenfassend lässt sich die konkurrenzorientierte Preisfestlegung auf drei Ausrichtungen zurückführen (*Hüttner/Ahsen/Schwarting* 1999: 202f.). Die **aggressive Preispolitik** zielt auf einen scharfen Preiswettbewerb ab, bei dem durch Preisunterbietung Marktanteile zu Lasten der Konkurrenten hinzugewonnen werden. Ein solcher Preiskampf ist letztlich nur dann Erfolg versprechend, wenn ein Anbieter über nachhaltige Kostenvorteile verfügt, die er an den Markt weitergeben kann. Betriebswirtschaftlich sinnvoll ist eine aggressive Preispolitik dann, wenn der niedrigere Erlös pro Stück durch eine größere Absatzmenge überkompensiert werden kann. Die **initiative Preispolitik** hat die Preisführerschaft zum Ziel und beinhaltet die Absicht, die Konkurrenten zur Anpassung und die Nachfrager zur Orientierung in Bezug auf die eigenen Angebotspreise zu veranlassen. Bei der dominanten Preisführerschaft verfügt ein Anbieter aufgrund seines Absatzvolumens und seiner Ressourcenausstattung über eine derartige Marktmacht, dass kleinere Anbieter gleichsam gezwungen werden, sich seinen Preisen anzupassen. Bei einer barometrischen Preisführerschaft existiert eine kleinere Gruppe mehrerer ähnlich starker Wettbewerber, von denen einer als informeller Preisführer anerkannt wird. Im Falle der **adaptiven Preispolitik** verzichtet ein Anbieter darauf, seine Preise aktiv zu bestimmen. Er ordnet sich entweder einem Preisführer unter oder kalkuliert nach branchenüblichen Grundsätzen, wobei jeweils explizit oder implizit Leitpreise vorliegen.

In der unternehmerischen Praxis werden verstärkt Preise auf Basis von **Leitpreisen** festgelegt. Als Leitpreis fungiert entweder der Preis des Marktführers oder der gemittelte Marktpreis. Die Orientierung am Leitpreis wird unabhängig von der Kosten- und Nachfragesituation beibehalten, d.h. einzig und alleine Veränderungen des Leitpreises führen zu einer Veränderung des Marktpreises. Der gewählte Preis in Abhängigkeit vom Leitpreis kann höher, gleich oder niedriger als der der bedeutendsten Wettbewerber sein. Auf oligopolistisch geprägten Marktstrukturen wie Stahl und Papier setzen die Anbieter ihre Preise auf einem ähnlichen Niveau fest. Diese Bestimmung des Preises eignet sich insbesondere bei homogenen Gütern. Darüber hinaus findet sie häufig Anwendung, wenn die eigene Kostensituation nur schwierig ermittelbar ist.

Die konkurrenzorientierte Preisbildung dominiert auch bei der Teilnahme an **Ausschreibungen**. Primäres Ziel ist es vielfach, den Zuschlag für die Ausschreibung zu erhalten. Hierbei orientieren sich die Unternehmen zum einen an der eigenen Kostensituation und, dies im besonderen Maße, an den erwarteten Preisen der Wettbewerber. Die Ermittlung des Erwartungswertes des Gewinns gibt dem Unternehmen Aufschluss darüber, wie hoch der Gewinn bei einem bestimmten Zuschlags-Wahrscheinlichkeits-Wert ist, den es zu maximieren gilt.

Variante	Preisangebot	Gewinn	Wahrscheinlichkeit für den Zuschlag der Ausschreibung bei diesem Preisangebot	Erwartungs- wert Gewinn
1	10.000 €	100 €	0,8	80 €
2	10.500 €	500 €	0,4	200 €
3	11.000 €	1.100 €	0,3	330 €
4	11.500 €	1.600 €	0,1	160 €

Abb. 85: Preisbildung bei Ausschreibungen

Ein Dienstleistungsunternehmen nimmt z.B. an einer Ausschreibung für die Erbringung von Reinigungsarbeiten teil. Das Unternehmen kalkuliert vier Angebotsvarianten mit unterschiedlichen Preisen und daraus resultierenden Gewinnen. Der Anbieter misst den Varianten unterschiedliche Wahrscheinlichkeiten für den Erhalt des Zuschlags bei und berechnet somit den erwarteten Gewinn. Das Dienstleistungsunternehmen wird sich im oben dargestellten Beispiel für die Variante 3 entscheiden, da der Erwartungswert des Gewinns mit 330 € am höchsten ist.

3.2   Preispolitik

Grundlage für eine erfolgreiche Preispolitik ist die Kenntnis über die internen und externen Rahmenbedingungen. Hierzu zählen insbesondere die Kenntnis über die Kosten, die Kunden und den Wettbewerb. Die Preispolitik erfolgt integriert in die übrigen Marketinginstrumente – sie darf nicht isoliert betrachtet werden. Die Marketinginstrumente müssen miteinander abgestimmt sein und flexibel auf Veränderungen der Mikro- und Makroumwelt regieren können, um die maximale Wirkung zu erzielen.

3.2.1   Skimming versus Penetration Policy

Skimming und Penetration Policy zählen zu den häufig eingesetzten Strategien der Preispolitik innerhalb der Preisbildung bei der Produkteinführung. Die **Skimming Policy**, auch als Strategie des „Abschöpfens" bezeichnet, ist gekennzeichnet durch einen verhältnismäßig hohen Preis bei der Produkteinführung, der nach und nach gesenkt wird. In der Einführungsphase sind die Absatzmengen niedrig und die Stückkosten relativ hoch. Ziel der Skimming Policy ist es, die Amortisationsdauer durch hohe Deckungsbeiträge zu minimieren. Sie erlaubt, die Konsumentenrente weniger preisbewusster Verbraucher abzuschöpfen. Oftmals schließen Verbraucher vom Preis- auf das Qualitätsniveau, was sich positiv innerhalb der Skimming Policy auf den Absatz auswirken kann. Prämisse für den erfolgreichen Einsatz

dieser Strategie ist eine ausreichend große Anzahl Nachfrager, die bereit sind, den relativ hohen Preis für das Produkt zu bezahlen. Zudem muss gewährleistet sein, dass Substitutionsprodukte nur begrenzt auf dem Markt sind. Die hohen Deckungsbeiträge machen den Markt für potentielle Wettbewerber interessant. Dies stellt ein Risiko der Skimming Policy dar. Zur Absicherung des Marktes ist es dienlich, Markteintrittsbarrieren, z.B. in Form von speziellen Produktionsverfahren, Patenten oder Marken aufzubauen. Die Skimming Policy kommt insbesondere bei technologischen Produkten wie Digitalkameras, MP3-Playern und Flachbildschirmen zur Anwendung, da hier Innovationsvorsprünge geschaffen werden.

Ziel der **Penetration Policy** ist die schnelle Diffusion des Neuproduktes auf Massenmärkten durch einen verhältnismäßig niedrigen Preis und dessen Beibehaltung und weitere Reduzierung. Dies führt insbesondere in der Einführungsphase dazu, dass der gewinnmaximale Preis für das Unternehmen deutlich unterschritten wird. Anfangs wird sogar teilweise auf eine Kostendeckung verzichtet. Im weiteren Produktlebenszyklus kommen die positiven Wirkungseffekte aus der Erfahrungskurve zum Tragen. Solche Markteintrittsverluste können als Investitionen in die Markterschließung betrachtet werden. Die Penetration Policy bietet den Vorteil, dass der niedrige Preis für potentielle Konkurrenten eine Eintrittsbarriere darstellt. Vorausgesetzt, dass der Markt ausreichend groß ist, führt das hohe Absatzvolumen innerhalb kurzer Zeit zur Erreichung von Marktmacht und niedrigen Stückkosten, was sich wiederum positiv auf die Ertragssituation auswirkt. Dies kann den monopolistischen Spielraum für die teilweise Preiserhöhung im weiteren Produktlebenszyklus erhöhen. Die Penetration Policy erweist sich dann als vorteilhaft, wenn Preisvorteile von den Konsumenten registriert werden und diese kurzfristig zu Marktanteilsgewinnen führen. Darüber hinaus darf die Penetration Policy nicht negativ mit dem Image des Produktes korrelieren. Nichtsdestotrotz birgt die Penetration Policy auch Risiken. Zum einen ist die Amortisationsdauer (pay-off-Periode), Zeitdauer bis die Anschaffungsausgaben durch Erträge mindestens ausgeglichen sind, auf Grund des geringeren Eintrittspreises länger. Darüber hinaus lassen sich Preiserhöhungen in der Folge nur schwierig bei den Konsumenten realisieren. Treten bereits bei der Markterschließung Probleme auf und kann das notwendige Absatzvolumen nicht generiert werden, muss das Unternehmen seine Preispolitik anpassen.

Der zeitliche Horizont der Gewinnwirkung spielt die zentrale Rolle, ob ein Unternehmen sich für die Skimming oder Penetration Policy entscheidet.

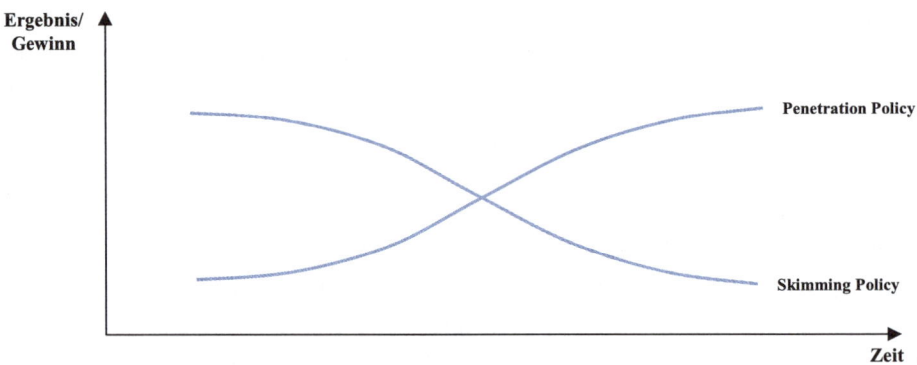

Abb. 86: Ergebniswirkung Skimming und Penetration Policy

Die Skimming Policy ist insbesondere kurzfristig in Bezug auf die Ertragssituation orientiert. Steht die langfristige Orientierung im Mittelpunkt der Marketingziele, erweist sich die Penetration Policy als vorteilhafter. Die Entscheidung für den Strategietyp hängt vom Einzelfall ab. Grundsätzlich sind die übergeordneten Unternehmensziele, die gegenwärtige und zukünftige Kosten- und Ertragssituation, das Marktumfeld sowie Chancen und Risiken in dem Entscheidungsprozess zu berücksichtigen.

3.2.2 Premium, Middle und Discount Pricing

Die Preispolitik sollte auf einer geeigneten **Preispositionierungsstrategie** beruhen, die strategiekonform in die Marketing-Konzeption eingebettet ist und sowohl unternehmensinterne wie auch -externe Rahmenbedingungen berücksichtigt, d.h. unter anderem, dass gegenwärtigen und zukünftigen Marktschichtenstrukturen Rechnung getragen und die Preispolitik kontinuierlich überprüft wird. Innerhalb der Preispositionierung können **drei Preisschichten** in Anlehnung an die gewählte Basisstrategie unterschieden werden:

- Premium Pricing,
- Middle Pricing,
- Discount Pricing.

Die oberste und damit preishöchste Schicht ist das Premium Pricing. Darunter ist das Middle Pricing angesiedelt und das Discount Pricing stellt die preisniedrigste Variante der drei Preisschichten dar. In der Vergangenheit konnte die Preisschichtenstruktur von Konsumgütermärkten häufig in Form einer **Zwiebel** visualisiert werden, d.h. sie wurde – von unten nach oben – durch einen Anteil des Discount Pricing von rd. ¼, einem hohen Anteil des Middle Pricing und einem verhältnismäßig kleinen Anteil des Premium Pricing (rd. < ¼) charakterisiert.

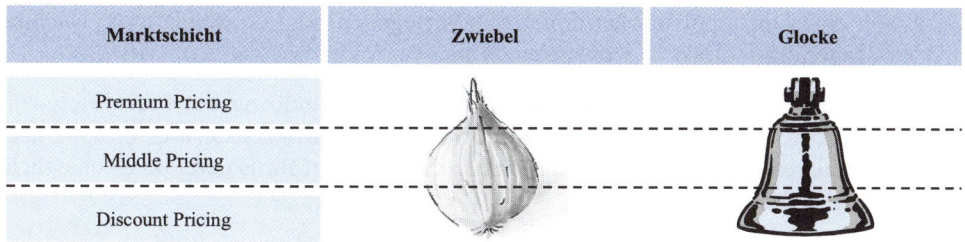

Marktschicht	Zwiebel	Glocke
Premium Pricing		
Middle Pricing		
Discount Pricing		

Abb. 87: Veränderung der Preisschichten in Konsumgütermärkten

Diese Zwiebel hat sich durch verschärften Preiswettbewerb insbesondere zwischen Hersteller- und Handelsmarken in Richtung **Glockenform** zu Lasten des Middle Pricing verändert. Bei der Auswahl der geeigneten Preisschicht sehen sich Unternehmen u.a. mit nachfolgenden Fragen konfrontiert:

- Welche Preisschichten existieren auf dem relevanten Markt?
- Wie entwickeln sich diese Preisschichten zukünftig voraussichtlich?
- Wie ist die Wettbewerbssituation in den vorhandenen Preisschichten?
- Welche Preisschicht steht im Einklang mit dem geplanten Marketing-Mix?

Stagnierende Märkte und unterschiedliche Vermarktungskonzepte haben in vielen Branchen zu einer Verwässerung von Marken und Produkten geführt. Anbieter offerieren ihre Produkte in einer Marktschicht, für die sie strategisch nicht vorgesehen sind. Dies kann zu einer deutlichen Schädigung des Produkt- und Unternehmensimages führen und somit auch zu ökonomischen Schäden. Unternehmen wie die LUFTHANSA begegnen der Markenverwässerung erfolgreich mit anderen Mitteln. So bedient die LUFTHANSA das Billigflugsegment nicht unter dem Label der LUFTHANSA, sondern mit dem Low-Cost-Carrier GERMANWINGS.

3.2.3 Preisdifferenzierung

Im Rahmen der **Preisdifferenzierung** werden identische Produkte und Leistungen zu unterschiedlichen Preisen angeboten, um eine Steigerung des Gewinns durch die Abschöpfung der Konsumentenrente zu erreichen. Dem liegt der Gedanke zugrunde, dass es zum einen potentielle Kunden gibt, die bereit sind, einen höheren als den Basispreis für ein Produkt zu zahlen. Zum anderen gibt es Konsumenten, deren Preisakzeptanz unterhalb der des Basispreises liegt. Durch die Differenzierung der Preise können beide Gruppen bedient und der Gewinn des Anbieters erhöht werden. Die Kosten für die Preisdifferenzierung insbesondere im Rahmen der Kombination mit anderen Marketinginstrumenten können sich negativ auf die Ertragsseite auswirken, so dass die Kostenkomponente bei der Preisdifferenzierung zu berücksichtigen ist. Prämisse für die erfolgreiche Preisdifferenzierung ist, dass die Nachfrager mit unterschiedlicher Preisbereitschaft identifiziert und klassifiziert werden können und ihnen unterschiedliche Preise durch den geeigneten Einsatz klassenspezifischer Marketinginstrumente erklärt werden. Darüber hinaus sollte das Unternehmen, das die Preisdifferenzierung einsetzt, über einen monopolistischen Spielraum verfügen, ansonsten wandern die Nachfrager bei Preisänderungen direkt zu Konkurrenten ab.

Neben der oben beschriebenen theoretisch orientierten Beschreibung der Preisdifferenzierung werden nachfolgend die relevanten **Formen der Preisdifferenzierung** in der Praxis erläutert. Diese unterscheiden sich hinsichtlich der Kriterien, auf Basis derer unterschiedliche Preise festgelegt werden.

- Zeitliche Preisdifferenzierung,
- räumliche Preisdifferenzierung,
- personelle Preisdifferenzierung,
- quantitative Preisdifferenzierung,
- Preisbündelung.

Innerhalb der **zeitlichen Preisdifferenzierung** werden differierende Preise in Abhängigkeit des Kauf- bzw. Nutzungszeitpunktes festgelegt. Telefontarife sind beispielsweise vielfach zeitlich gekoppelt, d.h. am Wochenende sind die Tarife vielfach günstiger als während der Hauptgeschäftszeiten innerhalb der Woche. Urlaubsreisen sind während der Ferienzeiten, d.h. zur Hauptreisezeit teurer als in der Nebensaison. Die Ursache für die oben beschriebene Preisdifferenzierung liegt in den zeitbedingten Präferenzunterschieden der Kunden. Zeitabhängige Kostenunterschiede treten hingegen auf, wenn durch den Faktor Zeit Mehr- oder Minderkosten entstehen. Nachttransporte sind in der Regel teurer als Transportleistungen, die während der Hauptarbeitszeit durchgeführt werden. Dies kann beispielsweise durch Überstundenzuschläge begründet sein. Im Rahmen von Erneuerbaren Energien und sog. intelligenten Netzen beschäftigen sich z.B. Energieversorgungsunternehmen mit dieser Thematik. Ziel ist es, preisliche Anreize zu schaffen, wenn Strom im Überfluss vorhanden ist (z.B. nachts und bei starkem Wind) und ihn zu verteuern, wenn das Angebot knapp ist (z.B. zur Mittagszeit). Als Sonderform der zeitlichen Preisdifferenzierung ist das sog. **Yield-Management** aufzufassen. Es wird unterstellt, dass eine Dienstleistung zu unterschiedlichen Zeiten verschiedenen Nachfragern unterschiedlich viel wert ist (*Enzweiler* 1990: 248). Das Yield-Management dient so über die Preispolitik hinaus der Kapazitätssteuerung (z.B. Last-Minute-Reisen).

Die **räumliche Preisdifferenzierung** kann zum einen durch die Kostenkomponente und zum anderen durch Präferenzunterschiede begründet sein. Ein Anbieter, der seine Produkte einem Nachfrager frei Haus in seinem unmittelbaren geographischen Umfeld anbietet, kann dies vielfach zu deutlich günstigeren Preisen tun als z.B. in einem anderen Bundesland oder im Ausland, da hiermit u.a. deutlich höhere Transportkosten verbunden sind. Präferenzunterschiede im Rahmen der räumlichen Preisdifferenzierung liegen vor, wenn regional auf Grund bestimmter Vorlieben ein anderer Basispreis erzielt werden kann. In diesem Sinne wird für ein Produkt in Abhängigkeit von der geographischen Verkaufsstelle ein anderer Basispreis festgelegt (z.B. Autobahn- versus Landstraßentankstellen). In die räumliche Preisdifferenzierung sind ferner unterschiedliche regionale Preise für Grundstücke und Wohnraum einzuordnen sowie die Sitzplatzkategorien innerhalb eines Kinos oder Theaters. Im weiteren Sinne kann in Anlehnung an den Standort zwischen **fünf Preiskategorien** unterschieden werden; diese tangieren jedoch bereits Elemente der Konditionenpolitik (Lieferbedingungen):

- Werksabgabe-Preis,
- Frei-Haus-Preis,
- Regionen-Preis,
- Frachtbasis-Preis,
- Preis mit flexibler Frachtkostenübernahme.

Entscheidet sich der Anbieter für den **Werksabgabe-Preis**, trägt der Käufer ohne Ausnahme alle Kosten der Beförderung. In den Lieferbedingungen des Anbieters wird dies mit der Formulierung „ab Werk" ausgedrückt. Einerseits ist mit dem Werksabgabe-Preis geregelt, dass der Kunde die Frachtkosten selbst trägt. Andererseits wirkt sich dies für den Hersteller nachteilig aus, wenn Wettbewerber räumlich näher am Kunden liegen, da dies einen Kostenvorteil darstellt.

Das Gegenteil zum Werksabgabe-Preis stellt der **Frei-Haus-Preis** dar (Lieferbedingung: „frei Haus"). Hierbei gilt für alle Kunden unabhängig von ihrem Standort derselbe Preis inklusive Kosten für die Beförderung. Der im Angebotspreis zu berücksichtigende Preis für die Frachtkosten entspricht den gemittelten Beförderungskosten. Der Verwaltungsaufwand ist in diesem Fall deutlich geringer. Zudem werden Kunden, die weiter vom Anbieter entfernt sind, subventioniert, während Unternehmen in der näheren Umgebung durch diese Mischkalkulation schlechter gestellt werden.

Die Differenzierung nach unterschiedlichen zu definierenden **Regionen-Preisen** stellt eine Zwischenform von Werksabgabe- und Frei-Haus-Preis dar.

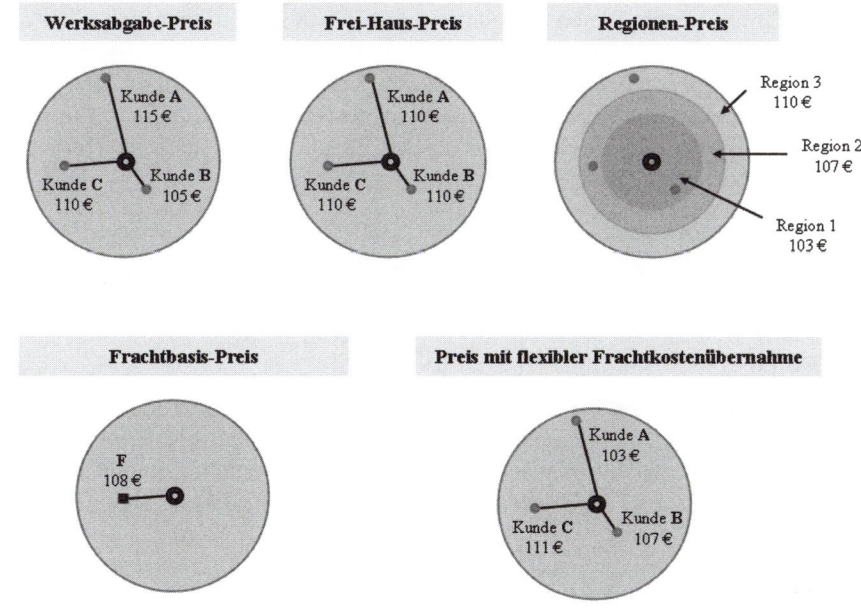

Abb. 88: Geographische Preiskategorien

Diese Preiskategorie legt für unterschiedliche geographische Bereiche einen Gesamtpreis fest, der für die im jeweiligen Bereich ansässigen Kunden angewandt wird. Diese Form der Preisbildung gleicht die nicht-verursachungsgerechte Verteilung der Frachtkosten des Frei-Haus-Preises teilweise aus. Nichtsdestotrotz handelt es sich hierbei um eine Mischkalkulation, in dem Kosten einzelnen Kunden in Rechnung gestellt werden, diese de facto aber nicht durch die betroffenen Kunden verursacht werden. Dieser Kategorietyp wird beispielsweise von UPS verwendet. Als problematisch erweist sich hierbei die Definition der Regionen.

Die **Frachtbasis** ist ein vertraglich festgelegter Ort, ab dem der Käufer die Frachtkosten für die Ware übernehmen muss. Die Frachtparität hingegen ist der vertraglich festgelegte Ort, bis zu dem der Verkäufer die Frachtkosten zu tragen hat. In Deutschland sind für bestimmte Massengüter Frachtbasen definiert, z.B. Essen für Kohle und Oberhausen für Walzwerkerzeugnisse.

Um eine hohe Marktdurchdringung sowie die Stärkung der Marktstellung zu erreichen, wählen viele Anbieter einen **Preis mit flexibler Frachtkostenübernahme**. Sie übernehmen vollständig oder teilweise die Frachtkosten, um Kunden zu gewinnen oder zu binden. Die Argumentation auf der Anbieterseite für Preise mit flexibler Frachtkostenübernahme konzentriert sich auf economies of scope und scale.

Die **personelle Differenzierung des Preises** basiert auf Kriterien, die spezifischen Merkmalen des Käufers obliegen und somit einen Bezug zur Segmentierung aufweisen. Hierzu zählen demographische Kriterien wie Alter, Geschlecht, Familienstand, Einkommen. Beispielsweise sind die Kosten für Versicherungsleistungen wie Lebensversicherungen an das Alter des Nachfragers gekoppelt, d.h. mit zunehmendem Alter steigen auch die zu zahlenden Beiträge. Einige Unternehmen betrachten bei ihren Kalkulationen den Kunden während seines gesamten Lebenszyklus (Life-Cycle-Costing) und arbeiten zeitweise unter den Selbstkosten. Der langfristige Kundenwert, d.h. der Lebensertragswert, ist allerdings positiv. Typisch für die personelle Preisdifferenzierung sind ferner vergünstigte Eintrittspreise im Theater für Rentner oder Studenten oder die für Frauen kostenfreie Nutzung einer „Flirtline".

Gibt es eine Relation zwischen durchschnittlichem Stückpreis und abgesetzter Menge, wird von der **quantitativen Preisdifferenzierung** gesprochen. Im B2B-Geschäft tritt die quantitative Preisdifferenzierung insbesondere in Form von Staffeln mit absoluten Preisen auf, während der B2C-Bereich häufig unbewusst durch unterschiedliche Preise bei divergierenden Packungsgrößen an dieser Form der Preisdifferenzierung partizipiert.

Anders als die oben genannten Varianten der Preisdifferenzierung geht die **Preisbündelung** nicht von einem Ein-, sondern von einem Mehrproduktunternehmen aus. Die Preisbündelung verfolgt das Ziel, die Konsumentennachfrage durch ein gebündeltes Angebot bzw. einen gebündelten Preis besser abzuschöpfen (z.B. Kinokarte mit Gastromieangebot gekoppelt).

3.2.4 Psychologische Preispolitik

Neben den unterschiedlichen Preisstrategien spielt die psychologische Wirkung eine zentrale Rolle. Dem müssen die Anbieter bei der Preisfestlegung Rechnung tragen. Die Beurteilung von Produkten durch den Nachfrager basiert in erster Linie auf dem **Preis-Leistungs-Verhältnis**. Während der Preis als objektiv bezeichnet werden kann, ist die Einschätzung über die Leistung, die vom Nachfrager häufig mit der Qualität gleichgesetzt wird, weitgehend subjektiv. Diese Tatsache setzen Unternehmen gezielt in ihrer Preispolitik ein, indem sie versuchen, ihrem Produkt durch die Einstufung in ein hohes Preissegment ein Premiumimage zu verleihen. Diese Strategie eignet sich insbesondere auf Märkten, die intransparent sind, und bei Produkten, die in der Gesellschaft als imagefördernd gelten wie beispielsweise Champagner, Uhren und Autos. Je detaillierter die Produktinformationen sind, desto geringer ist die Bedeutung des Preises bei der Produkteinschätzung durch den Nachfrager. Sind diese Informationen nicht verfügbar, ist der Preis als Qualitätsmerkmal von höherer Bedeutung. Prozentual gleiche Preisunterschiede werden als annähernd gleichbedeutend vom Nachfrager wahrgenommen, d.h. dass der Preisunterschied zwischen 10 € und 11 € dem Preisunterschied zwischen 50 € und 55 € entspricht.

In diesem Zusammenhang ist eine Reihe von Effekten zu nennen, die zu einer **psychologischen Verzerrung** idealtypischer Preisabsatzfunktionen (vgl. Kapitel IV 3.1.2) führt:

- **Qualitätseffekt**: Käufer verbinden mit einem höheren Preis ein höheres Qualitätsniveau eines Produktes.
- *Veblen*-**Effekt**: Käufer sehen in einem höheren Preis ein höheres Prestige.
- **Snob-Effekt**: Sinkt der Preis eines vormals „elitären" Gutes, so dass es zum Massenkonsum geeignet ist, nimmt der Snob-Käufer Abstand von diesem Produkt.
- **Smart-Shopper-Effekt**: Käufer fordern in Extremform Markenqualität zum Discountpreis.
- **Panik-Effekt**: Je schneller der Preis eines Gutes steigt, desto stärker wird der Kaufwunsch des Interessenten (z.B. Aktien). Dieser Effekt ist auch bei „Hamsterkäufen" zu beobachten.
- **Bandwagon-Effekt**: Ein Produkt wird dann stärker nachgefragt, wenn alle es wollen.
- **Mitläufer-Effekt**: Dieser bezieht den Bandwagon-Effekt auf Meinungsführer. Von einem Meinungsführer wird ein Trend gesetzt, dem alle folgen.

Die Nachfrager orientieren sich bei der preislichen Einschätzung des Produktes häufig an sog. **Referenzpreisen**. Referenzpreise sind Preise, die der Kunde bei der Beurteilung anderer Preise als Vergleichsmaßstab heranzieht. Diese Preise leiten sie aus Erfahrungen oder Empfehlungen ab. Konsumenten richten ihre Nachfrage nicht nur an einem absoluten Preis aus, den sie im Geschäft vorfinden. Die Kaufentscheidung machen sie zusätzlich abhängig von der Abweichung des tatsächlichen Preises vom Referenzpreis. Liegt der tatsächliche Preis unter dem Referenzpreis realisieren die Verbraucher einen Gewinn et vice versa. Unternehmen können sich diese Referenzpreise zunutze machen, indem sie die unverbindlichen Preisempfehlungen des Herstellers, Konkurrenzpreise oder frühere Preise neben dem Angebotspreis positionieren. Langfristige Sonderangebote bzw. Niedrigpreise wirken jedoch negativ aus Sicht des Herstellers, denn der Referenzpreis wird dann bei kontinuierlich sinkenden Preisen immer niedriger angesetzt.

Abb. 89: Psychologischer Preis

Psychologische bzw. gebrochene Preise sollen dem Nachfrager den Eindruck vermitteln, es handele sich um ein Sonderangebot oder einen Preisnachlass. In Werbeanzeigen und auf Preisschildern wird ein Navigationssystem beispielsweise nicht für 400 € (Preisschwelle) angeboten, sondern für 399 € (Abb. 89). Dies soll im Bewusstsein des Nachfragers dazu führen, dass dieser das Produkt eher im 300 €-Bereich ansiedelt als im 400 €-Bereich.

Nicht alle Preisbereiche üben auf den Konsumenten die gleiche Signalwirkung aus, was zur vielfachen praktischen Anwendung **gebrochener Preise** führt. Die Konsumenten teilen ein Preiskontinuum in diskrete Abschnitte auf: 4,95 € sind „noch lange nicht" 5 €; 2,98 € wird als Preis zwischen 2 und 3 € empfunden. Preisziffern werden von den Konsumenten in der Regel von links nach rechts mit abnehmender Intensität wahrgenommen, sodass die erste Ziffer, z.B. die 9 bei 9,95 €, die Preiswahrnehmung am stärksten beeinflusst. Maximalpreise gibt ein Konsument sich als runde Werte vor, wobei eine marginale Überschreitung meist als noch vertretbar angenommen wird. Bleiben die Preise jedoch unter diesen runden Werten, ist der psychologische Effekt wesentlich größer, da der Kunde das Gefühl hat, „noch etwas sparen zu können". Insgesamt vermitteln gebrochene Preise wie z.B. 0,43 € für einen Liter Vollmilch den Eindruck einer sorgfältigen und ehrlichen Kalkulation seitens des Anbieters.

Einflüsse aus der Makroumwelt können dazu führen, dass gebrochene Preise angepasst werden müssen. So führte die Euro-Einführung im Jahr 2002 dazu, dass gebrochene Preise, die unter Preisschwellen angesiedelt waren, sich verschoben (z.B. 2,99 DM → 1,53 €) und neue Preisfestlegungen (z.B. 1,49 € oder 1,59 €) notwendig machten. Nicht selten wurde die Euro-Einführung dann zu einer verdeckten Preiserhöhung genutzt. Die Mehrwertsteuererhöhung im Jahr 2007 führte zu ähnlichen Problemen, da sich rein rechnerisch beispielsweise ein Preis von 9,99 € auf 10,25 € erhöhte.

Wie bereits erwähnt hängt der Gebrauch gebrochener Preise stark mit den **Preisschwellen** aus Konsumentensicht zusammen. Preise unterhalb der unteren absoluten Preisschwelle führen in der Regel zu Zweifeln an der Produktqualität, Preise oberhalb der absoluten oberen Preisschwelle werden meist aufgrund fehlender Kaufkraft nicht akzeptiert. Die absolute Höhe der Preisschwelle ist insb. vom verfügbaren Einkommen und dem Anspruchsniveau der Konsumenten abhängig. Beim Überschreiten einer relativen Preisschwelle verschlechtert sich das Preisgünstigkeitsurteil sprunghaft, sodass der veränderte Preis einer anderen Preisgünstigkeitskategorie (sehr billig – billig – normal – teuer – sehr teuer) zugeordnet wird, also z.B. ein Preis für ein Produkt, der ursprünglich als „billig" empfunden wurde, nun als „normal" eingeschätzt wird. Der Konsument ordnet die von ihm wahrgenommenen Preise innerhalb einer Produktkategorie (im Handelssortiment = Warengruppe) in bestimmte Zonen ein, die unterschiedlich groß ausfallen (Abb. 90). Die Grenzen dieser Zonen werden als relative Preisschwellen bezeichnet.

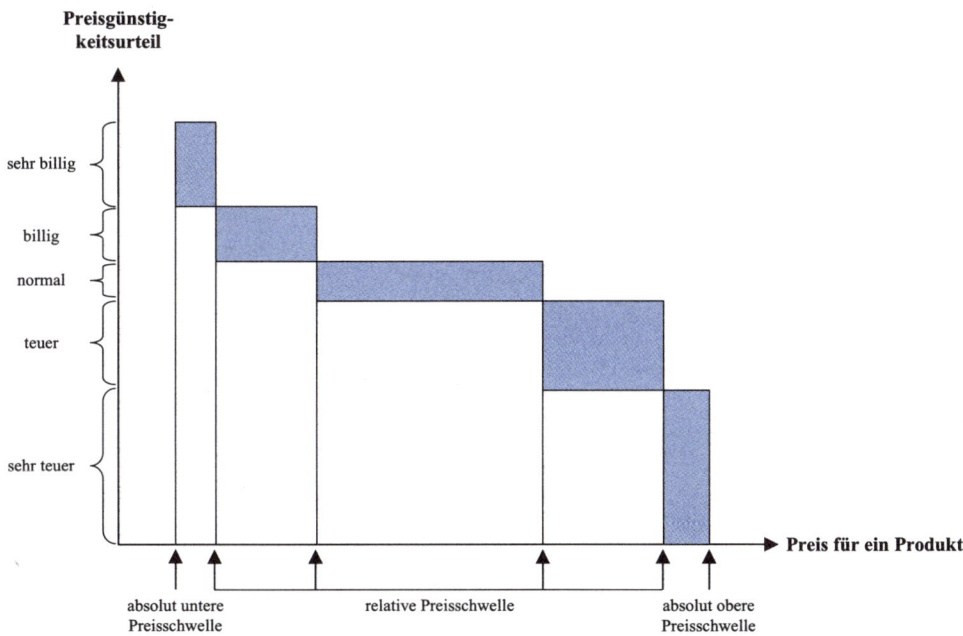

Abb. 90: Preisschwellen

3.3   Konditionenpolitik

Innerhalb der Kontrahierungspolitik stellt die Konditionenpolitik einen bedeutenden Bestandteil dar. Sie gestaltet die Rahmenbedingungen für das Angebot von Produkten und Dienstleistungen. Auf der Anbieterseite kann die Konditionenpolitik als Modifikation des Grundpreises angesehen werden, mit dem Ziel, den Kunden zu beeinflussen. **Elemente der Konditionenpolitik** sind:

- Rabattpolitik,
- Absatzkreditpolitik,
- Lieferungs- und Zahlungsbedingungen.

Unter der **Rabattpolitik** wird die Gewährung von Preisnachlässen verstanden, die ein Anbieter seinen Kunden gewährt. Diese sind zumeist an die Erfüllung von Leistungsanforderungen, wie die Zahlung innerhalb einer vorgegebenen Frist, gebunden. Hierdurch verändert sich der tatsächlich zu leistende Preis des Produktes. Ziele der Rabattpolitik sind in erster Linie die Umsatz-/Absatzausweitung, Kundenbindung, die Nutzung von Absatzsystemen, verbesserte Liquiditätssituation des Anbieters sowie eine optimierte Disposition. **Mengenrabatte** werden dem Abnehmer auf Grund der Abnahme einer definierten Menge eines Produktes zugestanden. Diese können gewährt werden, weil der Anbieter durch die Erhöhung der Menge einen Kostenvorteil beispielsweise im Bereich Produktion, Vertrieb oder Logistik besitzt. Diesen kann er ganz oder teilweise an seinen Kunden weitergeben. Zur Stärkung der Kundenbindung kann der **Bonus**, der als ein nachträglicher Preisnachlass zu verstehen ist, verwendet werden. Dieser wird einem Kunden zumeist am Jahresende in Form einer Umsatzvergütung vom Lieferanten für das Erreichen einer bestimmten Abnahmemenge bzw. der Erreichung eines definierten Umsatzes gewährt. Der **Treuerabatt** ist ebenso ein Mittel innerhalb der Rabattpolitik, um die Bindung zwischen Kunden und Anbieter zu stärken. Er zielt allerdings in einem noch höheren Maße auf die langfristige und nachhaltige Beziehung zwischen Anbieter und Kunden, da er anders als der Bonus nicht an den Umsatz gekoppelt sein muss. Der Treuerabatt wird Kunden mit dem Ziel, die Waren primär von einem Lieferanten zu beschaffen, eingeräumt. **Händler- bzw. Funktionsrabatte** werden in erster Linie dem Handel für die Übernahme bestimmter Aufgaben gewährt, z.B. Lagerhaltung, Kommissionierung. Eine verbesserte Liquiditätssituation kann durch die Gewährung von **Skonti**, Barzahlungsrabatten, erreicht werden. Hierbei handelt es sich um einen prozentualen Preisnachlass, den Abnehmer für die unverzügliche Zahlung erhalten. Der Skonto kann als Finanzierungsinstrument angesehen werden. **Zeitrabatte** orientieren sich am Zeitpunkt der Beschaffung oder Bestellung von Produkten und dienen primär einer verbesserten Disposition bzw. Auslastung u.a. von Lagerfläche. Innerhalb unterschiedlicher Zeitrabatte findet insbesondere der Saisonrabatt Anwendung. Dieser wird gewährt, wenn Kunden außerhalb der jeweiligen Saison die Beschaffung durchführen. Neben den oben beschriebenen Rabatten existieren weitere Arten von **Sondernachlässen**, die an dieser Stelle nicht weiter beschrieben werden. Einer **zielorientierten Rabattpolitik** geht ein Prozess voraus, in dem u.a. folgende Fragen beantwortet werden müssen:

- Welche Ziele werden mit der Rabattpolitik verfolgt?
- Wie wird die Rabattpolitik in die Kontrahierungs- und Marketingpolitik eingebunden?
- Welches Preisstellungssystem wird angewendet (Netto- oder Bruttopreissystem)?
- Sollen unterschiedliche Rabattarten in Kombination eingesetzt werden?
- Wie hoch werden die ausgewählten Rabatte angesetzt?
- Wie wird die Rabattpolitik in der Preiskalkulation berücksichtigt?
- Für wen, ab wann und wie lange gilt die ausgewählte Rabattpolitik?

Neben der Rabattpolitik spielt die **Absatzkreditpolitik** innerhalb der Konditionenpolitik eine wichtige Rolle. Innerhalb der Absatzkreditpolitik sollen (potentielle) Kunden durch die Gewährung oder Vermittlung von Krediten oder Leasingangeboten zum Kauf veranlasst werden (*Meffert/Burmann/Kirchgeorg* 2008: 548). Ziel der Ausstattung potentieller oder bereits vorhandener Kunden mit Kaufkraft ist die Steigerung des Absatzvolumens. Absatzkredite lassen sich in Absatzgeld- und Absatzgüterkredite unterscheiden. Während bei der Absatzgeldkreditpolitik die Kreditvergabe nicht an den Bezug der Güter des Kreditgebers gekoppelt ist, ist dies bei Absatzgüterkrediten der Fall. Die Bedeutung der Absatzkreditpolitik ist insbesondere für die deutsche Exportwirtschaft hoch. Der Absatz von Produkten „Made in Germany" an weniger entwickelte Staaten und Regionen ist nur durch geeignete Instrumente der Absatzkreditpolitik möglich. Neben der Finanzierungsfrage der Ausfuhren gilt es, die Risiken des Exporteurs abzusichern, d.h. wirtschaftliche Risiken, Garantendelkredererisiken, politische Risiken und Wechselkursrisiken zu minimieren (*Häberle* 2002: 3).

Lieferungs- und Zahlungsbedingungen stellen den dritten Bestandteil in dieser Betrachtung der Konditionenpolitik dar. Die Lieferungs- und Zahlungsbedingungen sollten Bestandteil jedes Kaufvertrages sein. Es sind Bestimmungen und Regelungen, unter welchen Rahmenbedingungen das Produkt bereitgestellt wird. Die Lieferungsbedingungen regeln die Übernahme der Transportkosten. National können folgende Lieferbedingungen vereinbart werden: Werksabgabe-Preis, Frei-Haus-Preis, Regionen-Preis, Frachtbasis-Preis, Preis mit flexibler Frachtkostenübernahme (vgl. Kapitel IV 3.2.3). Die Zahlungsbedingungen enthalten auch Informationen über den Zeitpunkt der Bezahlung der Ware. In Deutschland finden überwiegend folgende Zahlungsbedingungen Anwendung:

- Vorauszahlung,
- Anzahlung,
- Zahlung Zug um Zug, d.h. sofort, netto Kasse,
- Zahlung nach Lieferung,
- Ratenzahlung,
- Zahlung mit Wertstellung.

Ist keine Regelung über die Zahlung getroffen, gilt gesetzlich, dass die Zahlung mit der Lieferung der Ware fällig ist. Die oben beschriebenen Lieferungs- und Zahlungsbedingungen gelten für Geschäftsaktivitäten auf dem Binnenmarkt Deutschland. Lieferungsbedingungen im Außenhandel werden in internationalen Handelsbedingungen geregelt, den sog. **Incoterms** (International Commercial Terms). Übliche Zahlungsbedingungen innerhalb des Außenhandels sind Vorauszahlung, Anzahlung, Dokumente gegen Kasse, Dokumente gegen Akzept, Dokumente gegen Akkreditiv, Rembourskredit und Forfaitierung, die nachfolgend allerdings nicht weiter erläutert werden.

4 Distributionspolitik

Die bisher eher auf die Warenverteilung beschränkte Ausrichtung der Distribution ist heute durch die Erweiterung auf drei Funktionsebenen gekennzeichnet, die im Folgenden erläutert werden. Im Vordergrund steht die **Verteilungsfunktion** für Waren und Dienstleistungen, d.h. es werden Instrumente geschaffen, die für die entsprechende Präsenz der Leistungen eines Unternehmens in den gewählten Verkaufsstellen (beispielsweise Regalplatz im Handel) sorgen. Darüber hinaus umfasst die Distribution im Unternehmen auch punktuelle oder generelle **Rückholleistungen (Redistribution)**. Punktuelle Redistribution findet z.B. bei Rückrufaktionen von Automobilherstellern aufgrund von Materialproblemen statt, wie z.B. die umfangreiche Rückrufaktion von TOYOTA im Jahr 2010. Beispiele für generelle Rückholleistungen sind alle Mehrwegsysteme, wie sie in der Getränkeindustrie für Standard-Bierflaschen oder Standard-Mineralwasserflaschen Anwendung finden. Letztlich gehört auch der gesamte **Recyclingprozess** für die Entsorgung von Produkten und/oder deren Verpackung (beispielsweise Verkaufs- und Transportverpackungen) in das Aufgabenfeld der Distributionspolitik (*Specht* 1998: 327ff.). Grundsätzlich lässt sich die Distributionspolitik in **zwei Aktionsfelder** unterteilen:

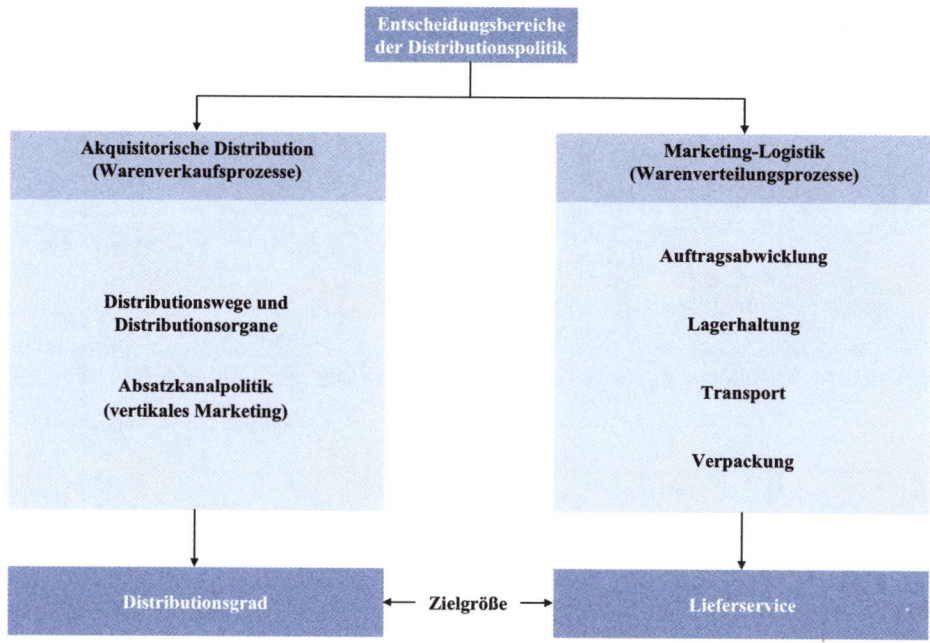

Abb. 91: Aktionsfelder der Distributionspolitik (in Anlehnung an Scharf/Schubert 2001: 286)

Während bei der akquisitorischen Distribution die Warenverkaufsprozesse Hintergrund sind, werden innerhalb der physischen Distribution/Marketing-Logistik die Warenverteilungsprozesse gesteuert.

4.1   Akquisitorische Distribution

Hauptentscheidungsbereich für das Unternehmen ist hier die Wahl der Absatzwege und der Absatzorgane. Ein Unternehmen kann zwischen **zwei Basistypen von Absatzwegen** wählen:

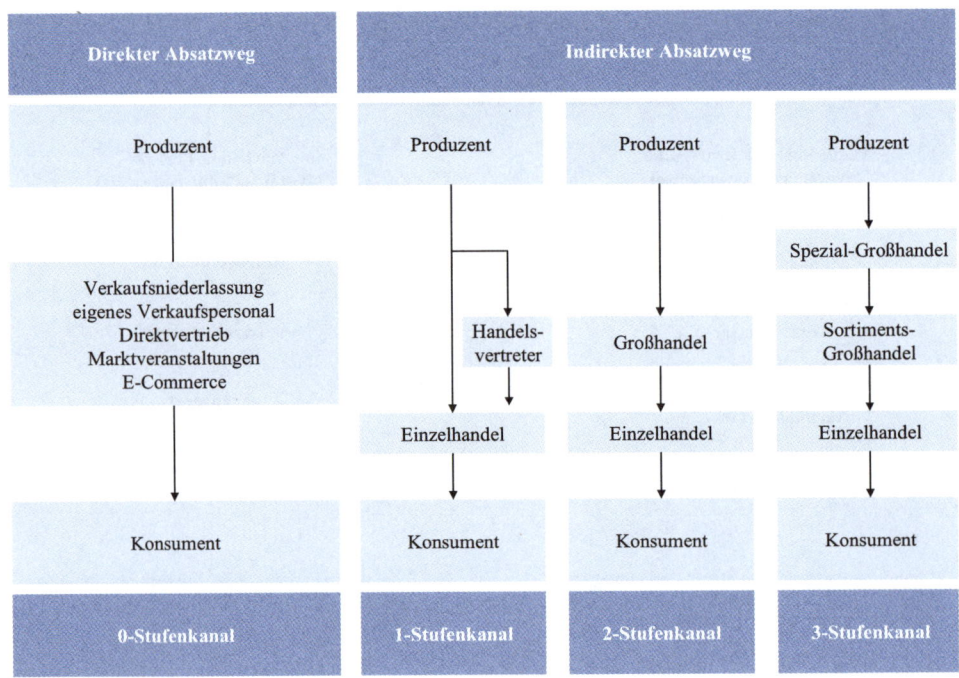

Abb. 92: Basistypen von Absatzwegen

4.1.1   Direkter Absatzweg

Charakter des direkten Absatzweges ist, dass der Hersteller beim Verkauf seiner Produkte an den Endabnehmer alle Verteilungsaufgaben selbst organisiert und durchführt. Er umgeht dabei den klassischen, institutionellen Handel. Da der Hersteller keine Handelsstufe integriert, wird deshalb auch vom **Null-Stufenkanal** gesprochen. Der Produzent setzt ausschließlich betriebseigene Verkaufsorgane (z.B. Verkaufsniederlassungen und/oder eigenes Verkaufspersonal) ein und verzichtet vollständig auf unternehmensfremde, rechtlich und wirtschaftlich selbständige Absatzorgane. Dabei ist zu beachten, dass auch dann von Nullstufen gesprochen wird, wenn die Herstellerfunktion teilweise oder ganz outgesourct wird (z.B. BOFROST) oder wenn rechtlich selbständige Handelsvertreter (vgl. Kapitel IV 4.1.2.1) eingesetzt werden. So arbeiten beispielsweise viele Versicherer simultan mit eigenen Außendienstmitarbeitern (Reisende) und Handelsvertretern, was für den Kunden nicht ersichtlich ist. Der gleiche Fall ergibt sich, wenn eigene Filialen und von Franchisenehmern geführte Filialen für den Vertrieb sorgen. Entscheidend ist somit weniger die streng funktionale oder juristische Sichtweise, sondern die vom Unternehmen intendierte Nullstufenwirkung. Das Unternehmen wird so als Absender bzw. Vermarkter der Produkte wahrgenommen.

Verkaufsniederlassungen werden häufig von großen Unternehmen neben der Verkaufsabteilung in der Zentrale eingesetzt, um direkt Abnehmer im In- und/oder Ausland zielgerichtet und strategiekonform zu erreichen. Baut ein Unternehmen selbst einen größeren Kreis von Verkaufsniederlassungen auf, wird von einem **Filialsystem** gesprochen. Im Bereich des institutionellen Einzelhandels ist ein Filialunternehmen durch mehrere, räumlich voneinander getrennte Verkaufsstellen (Filialen) gekennzeichnet. Das Statistische Bundesamt definiert ein Unternehmen ab fünf Filialen als Filialunternehmen.

Eigenes Verkaufspersonal sind Reisende, Key Account Manager oder Mitglieder der Geschäfts-/Marketing-/Vertriebsleitung.

Reisende sind Angestellte der Unternehmung, die als Verkaufspersonen im Außendienst weisungsgebunden tätig sind. Juristisch gesehen sind Reisende Handlungsgehilfen (§§ 59 ff. HGB) mit Handlungsvollmacht (§ 54, § 55 HGB), die u.a. Kaufverträge anbahnen oder abschließen, Kunden informieren und beraten sowie weitere Serviceleistungen erbringen. Hierzu gehören oft die Entgegennahme von Mängelrügen oder das Sammeln von wertvollen Marktinformationen. Als Vergütung erhalten Reisende meistens neben einem festen Gehalt (Fixum) eine umsatzbezogene Provision und Spesen.

Key Account Manager betreuen für Unternehmen sehr bedeutsame Schlüssel- bzw. Großkunden. Diese Kunden zeichnen sich dadurch aus, dass sie eine überproportional große Absatz-, Umsatz-, Markt- und/oder Gewinnbedeutung für das Unternehmen haben. Die Bedeutung kann bis zur Abhängigkeit von diesen Kunden wachsen.

Mitglieder der Geschäfts-/Marketing-/Vertriebsleitung stellen vielfach in kleineren Unternehmen und in Unternehmen der Investitionsgüterindustrie das eigene Verkaufspersonal dar. Da hier die Kundenbeziehungen sehr individuell gepflegt werden müssen, werden die Verkaufsaufgaben von Mitgliedern der Leitungsebene geleistet. Oft liegt in diesen Unternehmen ein sehr hoher Spezialisierungsgrad vor, der nur von einem ausgewählten Kreis an Personen in entsprechende Verkaufsargumentationen überzeugend umgesetzt werden kann.

In **Konsumgütermärkten** ist der direkte Absatzweg eher die Ausnahme. Aber es existieren auch hier beeindruckende Beispiele für erfolgreiche direkte Vertriebssysteme. Ein solches System hat das Unternehmen BOFROST etabliert, das seit der professionellen Umsetzung der Unternehmensidee im Jahr 1966 Privathaushalte mit Tiefkühlkost und Eiskrem durch eigene Verkaufsfahrer beliefert. Der Markenname BOFROST wurde 1971 geboren und setzt sich aus dem Nachnamen des Firmengründers *Josef H. Boquoi* und dem beschreibenden Wort „Frost" zusammen. Mittlerweile ist BOFROST mit mehr als 9.700 Mitarbeitern in zwölf europäischen Ländern vertreten und verfügt über 123 Niederlassungen. Das Unternehmen erzielt mit seinen ca. 5.000 Kühllastwagen bei 4,1 Mio. Kunden in Europa rund 1,2 Mrd. Euro Gesamtumsatz im Jahr 2009. Im Gegensatz zu den langjährigen Wettbewerbern LANGNESE-IGLO und DR. OETKER, die von Anfang an auf den indirekten Vertrieb setzten, baute BOFROST den damals neuartigen Vertriebskanal ständig weiter aus und übernahm 1984 die Marktführerschaft im Direktvertrieb von Tiefkühlkost und Eiskrem und sicherte sich 1992 sogar Platz 1 im entsprechenden Gesamtmarkt in Deutschland. Auch heute dominiert BOFROST den Teilmarkt Direktvertrieb weiterhin mit deutlichem Abstand vor dem Wettbewerber EISMANN und führt auch weiterhin den betreffenden Gesamtmarkt an. Allerdings werden hier, wie in vielen anderen Konsumgütermärkten auch, die Discounter und darunter vor allem ALDI und LIDL immer mehr zu großen Konkurrenten. Im Vergleich zu den anderen Markenartikelunternehmen, die ihr Distributionssystem auf den indirekten Vertrieb aufgebaut haben, hat der Marktführer BOFROST durch die Fokussierung auf den direkten Vertriebskanal für sich eine deutliche Differenzierung im Wettbewerb mit diesen Unternehmen geschaffen und damit gleichzeitig eine zusätzliche Möglichkeit in den Händen, um den Discountern länger Paroli bieten zu können.

In Zeiten der weiter drastisch zunehmenden **Handelsmacht** in den Konsumgütermärkten hat die Konzentration auf den indirekten Absatzweg und damit die Vernachlässigung einer Nutzung von direkten Vertriebssystemen für viele Markenartikelunternehmen zu einem echten Boomerang-Effekt geführt. Dies lässt sich allein schon von zwei Tatsachen her ableiten. Erstens müssen selbst die größten Konsumgüterkonzerne Listungsgebühren für die Einführung von neuen Produkten oder für die Erweiterung bestehender Produktlinien an den Handel bezahlen. Zweitens sind die Marken dieser Unternehmen mit wachsender Dynamik von der Konkurrenz durch Handelsmarken betroffen, wobei einige Unternehmen paradoxerweise selbst Lieferant der jeweiligen Eigenmarke mancher Handelspartner sind, um so diese Distributionsmöglichkeit – wenn auch nicht für die eigene Marke – wenigstens für das eigene Haus zu sichern und dadurch Produktionskapazitäten auszulasten.

Diese Hürden stellen sich den Unternehmen mit direkten Absatzwegen nicht in den Weg. Allerdings ist der Aufbau und das Betreiben direkter Distributionssysteme normalerweise enorm kostenaufwendig und mit Sicherheit auch nicht für jedes Unternehmen zu realisieren. Trotzdem bietet aber der Direktvertrieb weitere interessante Beispiele für entsprechende Vertriebssysteme.

Viele der heute bekanntesten **Unternehmen im Direktvertrieb** sind schon seit Jahrzehnten erfolgreich auf den betreffenden Märkten tätig. So brachte z.B. die von dem Chemiker *Earl S. Tupper* gegründete TUPPER PLASTIC COMPANY bereits 1946 in den USA unter dem Namen **TUPPERWARE** das erste Polyethylen-Produkt für den Haushaltssektor, die damalige „Wunderschüssel", auf den Markt. Am Anfang verkaufte das Unternehmen seine Produkte über Kaufhäuser, Eisenwarenhandlungen und sonstige Einzelhandelsgeschäfte. Bald stellte sich aber heraus, dass der Einzelhandel mit der sachgerechten Erklärung des die Produkte kennzeichnenden luft- und wasserdichten Sicherheitsverschlusses überfordert war. Daraufhin entwickelte die TUPPER PLASTIC COMPANY parallel zum indirekten Vertrieb über den Handel ein eigenes „Heimvorführungssystem", um den Kundinnen die Produkte ausführlich in der angenehmen Atmosphäre des eigenen Anwendungsbereiches, dem Haushalt, vorstellen zu können. Der Erfolg dieses Systems stellte sich schnell ein und das Unternehmen zog seine Produkte bald vollständig aus dem Handel zurück. Seit 1951 wird TUPPERWARE daher ausschließlich über die eigene Organisation, nämlich über Beraterinnen und Gruppenberaterinnen, vorgeführt und angeboten. Heute ist das ursprüngliche „Heimvorführungssystem" besser bekannt als „TUPPER-Party" und ein markenrechtlich geschützter Name, der für das System des Unternehmens Pate steht.

Leider machten auch frühzeitig einige Direktvertriebsunternehmen negativ auf sich aufmerksam und brachten so den Begriff Direktvertrieb zeitweise in Misskredit, weil sie entweder die Berater und Vertriebspartner durch teure Einstiegspakete übervorteilten oder das Vertriebssystem im Sinne einer „Drückerkolonne" mit der Ausrichtung auf kurzfristige Absatzerfolge nutzten, anstatt ein qualitatives Beratungssystem aufzubauen. Mittlerweile sind in diesem Zusammenhang auch verschiedene Begriffsalternativen wie **Strukturvertrieb, Multi-Level Marketing** oder **Channel Marketing** entstanden.

Nach eigenen Angaben als Antwort auf Vorurteile und Klischees gegenüber dem Direktvertrieb wurde bereits 1967 als Arbeitskreis unter dem Namen „Gut beraten – zu Hause gekauft" der heute in Berlin ansässige BUNDESVERBAND DIREKTVERTRIEB DEUTSCHLAND e.V. gegründet. Dieser definierte schon in den 80er Jahren Verhaltensstandards für den Direktvertrieb, die verbindlich für alle angeschlossenen Mitglieder des Bundesverbandes gelten und deren Einhaltung durch eine unabhängige Kontrollkommission überprüft wird. Die Zielsetzung des Verbandes ist die umfassende und transparente Information über den Direktvertrieb und die angeschlossenen Mitgliedsunternehmen wie u.a. AMC (ALFA METALCRAFT CORPORATION), AVON COSMETICS, EISMANN Tiefkühl-Heimservice, TUPPERWARE, VORWERK, YELLO Strom.

Der BUNDESVERBAND DIREKTVERTRIEB DEUTSCHLAND (2005) charakterisiert den **Direktvertrieb** wie folgt:

- Direktvertrieb ist der persönliche Verkauf von Waren und Dienstleistungen an den Verbraucher in der Wohnung oder am Arbeitsplatz, in wohnungsnaher oder wohnungsähnlicher Umgebung.
- Kennzeichnend für den Direktvertrieb ist immer der direkte, persönliche Kontakt zwischen Anbieter und Kunde, der einen beiderseitigen Informationsaustausch ermöglicht und mit einer intensiven Beratung des Kunden verbunden ist.

Der Pionier im Direktvertrieb in Deutschland ist das 1883 von *Carl und Adolf Vorwerk* gegründete Familienunternehmen VORWERK. Legendär sind bis heute der Staubsauger KOBOLD aus dem Jahr 1930 und die multifunktionale Küchenmaschine THERMOMIX aus dem Jahr 1970. VORWERK stellt mit einem Geschäftsvolumen von rund 2,3 Mrd. Euro und über 53.000 Mitarbeitern bzw. Vertriebspartnern in 60 Ländern ein führendes Unternehmen im Direktvertrieb hochpreisiger Produkte dar (*VORWERK* 2011).

Direkte Absatzsysteme sind bei **Investitionsgüterunternehmen** sehr häufig anzutreffen. Um ihre gewerblichen bzw. industriellen Kunden direkt und trotzdem auf einer breiteren Vertriebsbasis ausgewählt zu erreichen, setzen diese Unternehmen auch auf **Marktveranstaltungen** wie Messen (z.B. ALUMINIUM – Weltmesse der Aluminiumindustrie Essen) und Ausstellungen (z.B. INTERNATIONALE AUTOMOBILAUSSTELLUNG FRANKFURT), die entweder ausschließlich oder zu bestimmten Tagen von einem ausgewähltem Fachpublikum besucht werden.

Der **Dienstleistungssektor** hat ebenfalls seinen Distributionsschwerpunkt im direkten Vertrieb. Viele Dienstleistungsunternehmen setzen dabei auf eigene Vertriebssysteme mit Reisenden oder Filialgeschäften. Finanzdienstleistungen, Reisen und Versicherungen werden oft auch von fremden Distributionsorganen wie Handelsvertretern, Maklern oder Agenten vertrieben.

Im Rahmen der akquisitorischen Distribution hat auch das Internet unter dem Begriff **E-Commerce** eine zentrale Rolle eingenommen. Durch dieses schnelle, zeitunabhängige, interaktive und global nutzbare Medium ergibt sich eine Vielzahl von hochinteressanten Möglichkeiten zur direkten Kundensteuerung. So werden z.B. in vielen Business-to-Business-Bereichen (B2B) komplette Ausschreibungs- und Abwicklungsprozesse von Aufträgen der beteiligten Unternehmen über das Internet gelenkt. Genauso findet aber auch im Business-to-Consumer-Bereich (B2C) der Direktabsatz zum Konsumenten statt (z.B. DELL, E-SIXT).

Zusammenfassend lässt sich konstatieren, dass die Pluspunkte bei der Wahl von direkten Vertriebssystemen die gute Eigenkontrolle des Absatzgeschehens und die Kommunikationsmöglichkeiten aus erster Hand zum Kunden sind. Auf der Negativseite schlagen der hohe organisatorische und finanzielle Aufwand und die Beschränkung der möglichen Distributionsbasis zu Buche. Für die Beschreibung der indirekten Absatzwege müssen nur die Vorzeichen dieser Aussagen getauscht werden.

4.1.2   Indirekter Absatzweg

Kennzeichen des indirekten Absatzweges ist es, dass der Hersteller innerhalb seiner Vermarktungsstrecke zum Endverbraucher gezielt unternehmensfremde, rechtlich und wirtschaftlich selbständige Absatzorgane einsetzt. In dieser Distributionsform übernimmt der klassische, institutionelle **Handel** wesentliche Verteilungsfunktionen für den Produzenten. Je nachdem, wie stark der Handel als Absatzkanal in die Distributionskette des Herstellers eingeschaltet ist, wird in Ein-Stufen-, Zwei-Stufen- und Drei-Stufenkanal unterschieden. Bei dieser Bezeichnung ist die Anzahl der integrierten Handelsstufen und die Länge der gesamten Vermarktungsstrecke sofort ersichtlich.

- **Ein-Stufenkanal**: Der Produzent vertreibt seine Waren über den Einzelhandel an den Endabnehmer. Den Vertrieb zum Einzelhandel kann er dabei über eine eigene Verkaufsorganisation z.B. mit Reisenden und/oder über selbständige, wirtschaftlich unabhängige Absatzhelfer wie Handelsvertreter, Kommissionäre, Handelsmakler vornehmen.
- **Zwei-Stufenkanal:** Der Produzent distribuiert seine Waren an den Großhandel, der wiederum für die Weiterverbreitung an den Einzelhandel sorgt, wo der Konsument erreicht wird.
- **Drei-Stufenkanal:** Der Produzent verkauft seine Waren an eine spezielle Großhandelsform (z.B. Spezialgroßhandel), von der aus eine zweite Großhandelsebene beliefert wird, die dann wiederum den Vertrieb an den Einzelhandel organisiert, wo der Endverbraucher die Produkte vorfindet.

Indirekte Absatzsysteme sind im Konsumgüterbereich vorherrschend, da z.B. zum Aufbau einer starken Marke eine breite Distributionsbasis (intensive Distribution) notwendig ist. Wie bei allen Marketing-Mix-Faktoren muss konsequenterweise auch die Distributionspolitik an dem strategisch-konzeptionellen Ansatz eines Unternehmens orientiert sein. Entsprechend der gewählten Marketing-Konzeption des Herstellers sind **drei Distributionsformen** zu unterscheiden (vgl. zu den korrespondierenden Strategietypen Kapitel III 5.1).

Intensive Distribution: Diese Distributionsform basiert auf der Präferenzstrategie im mittleren Bereich eines Marktes und ist somit Grundlage für das Markenartikel-Konzept. Da die klassische Marke durch nahezu Überallerhältlichkeit (Ubiquität) gekennzeichnet ist, bedarf es einer möglichst breiten Distributionsbasis. Es gilt also, möglichst viele Distributionsalternativen auf dem Weg zum Konsumenten einzubeziehen. COCA-COLA als Weltmarke Nummer Eins ist hierfür das erfolgreichste Beispiel.

Selektive Distribution: Diese Distributionsform repräsentiert die gehobene Präferenzstrategie. Es erfolgt eine stringente Selektion der Absatzmittler unter Verzicht auf weitere Absatzchancen durch solche Handelsbetriebe, deren Image nicht 100% dem Markenimage entspricht. Generell trifft dies für alle Marken zu, die ausgewählt über den Fachhandel mit angemessener Beratungskompetenz vertrieben werden (Selektionsmarken-Konzept). Das gilt z.B. für die WÜRTTEMBERGISCHE METALLWARENFABRIK, besser bekannt unter dem Markennamen WMF, die Erzeugnisse für Tisch und Küche wie Bestecke, Kochgeschirre, Tafelgeräte, Schneidwaren und Kaffeemaschinen in erster Linie über den gehobenen Facheinzelhandel an den anspruchsvollen Verbraucher vertreibt. Hinzu kommen auch selektive Distributionspunkte in führenden Warenhäusern und bei ausgewählten Versendern.

Exklusive Distribution: Diese Distributionsform berücksichtigt die Premiumstrategie im oberen Bereich eines Marktes und ist Grundlage für ein Premium-/Luxusmarken-Konzept. Die Auswahlkriterien des Herstellers für Absatzmittler sind hier noch strenger gefasst als bei einer selektiven Distribution. So gewähren Produzenten hier oft Exklusivrechte für die Vermarktung der Markenware innerhalb bestimmter Gebiete, belegen den Händler aber mit einem Verbot, Konkurrenzprodukte im Sortiment zu führen. So behält der Hersteller weitestgehend die Kontroll- und Steuerungsmöglichkeiten seiner Vertriebs- und Marketingaktivitäten in seiner Distributionskette zum Konsumenten. Beispielsweise sind die Edel-Motorradmarken DUCATI und HARLEY-DAVIDSON exklusiv distribuiert.

Messbar sind diese Formen durch die Kennzahl **Distributionsgrad**, die in numerische und gewichtete Distribution unterschieden wird. Die **numerische Distribution** beziffert die Anzahl der Geschäfte, in denen ein Produkt distribuiert ist, während die **gewichtete Distribution** die Umsatzbedeutung dieser Geschäfte berücksichtigt. Aus Vereinfachungsgründen wird an dieser Stelle z.B. eine Gesamtanzahl von 100 Geschäften unterstellt. Ist ein Produkt X in 60 Geschäften vertreten, beträgt die numerische Distribution 60/100. Haben diese 60 Geschäfte einen Umsatzanteil von 80% der Umsätze aller 100 Geschäfte, lautet die gewichtete Distribution für das Produkt X 80/100. Der Distributionsgrad des Beispielproduktes X wird in der Praxis als 60num./80gew. dargestellt. Die Kennzahl **Distributionsqualität**, als Verhältnis von gewichteter zu numerischer Distribution, sagt aus: Distributionsqualität > 1 = „gute Distributionsqualität"; Distributionsqualität < 1 = „schlechte Distributionsqualität".

Die Pluspunkte bei der Wahl des indirekten Distributionssystems sind die breite Distributionsbasis und das Verlagern der Absatzfunktion auf die Absatzmittler. Die Negativseite ist der teilweise Einfluss- und Kontrollverlust und die Entfernung vom Endabnehmer.

Mehrwegdistribution
Vielfach finden in unserer komplexen Wirtschaftswelt Distributionswege nicht mehr nur in Reinform Anwendung, sondern Unternehmen nutzen Systeme zur Mehrwegdistribution.

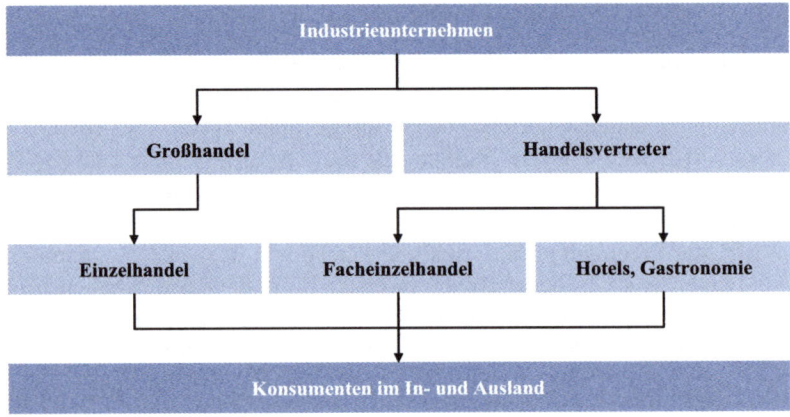

Abb. 93: Beispiel für Mehrwegdistribution

Mehrwegdistribution kann dabei innerhalb des indirekten Absatzweges stattfinden oder auch direkte und indirekte Distributionskanäle kombinieren. So beschränkt z.B. das bereits erwähnte Unternehmen WMF den Vertrieb nicht nur auf indirekt-selektive Distributionswege, sondern es setzt seine Produkte auch im direkten Absatz über eigene Filialen und einem Werksverkauf ab. Neben der Ausrichtung auf die Zielgruppe der privaten Konsumenten bearbeitet WMF auch den gewerblichen Hotel- und Gastronomie-Sektor als Zielgruppe. Das Unternehmen zählt weltweit zu den führenden Ausstattern guter Restaurants, gepflegter Hotels und qualitätsbewusster Großverpfleger.

Die Mehrwegdistribution bietet Industrieunternehmen die Chance, ihr Absatzpotential optimal auszuschöpfen, den Einsatz aller absatzpolitischen Instrumente in den jeweiligen Absatzwegen genauer zu steuern und eine bessere Auslastung der Kapazitäten zu erreichen. Nachteile können dadurch entstehen, dass z.B. Unterschiede in Preis, Image und Service zu einer Verwässerung des Vermarktungskonzepts führen. Entscheidend für eine erfolgreiche Umsetzung einer Mehrwegdistribution ist die konsequente konzeptionelle Ausrichtung und Bearbeitung der jeweiligen Distributionskanäle. Systeme der Mehrwegdistribution werden von Unternehmen allerdings nicht nur aktiv aufgebaut, sondern die durch Konzentrationsprozesse entstandene und weiter wachsende Marktmacht des Handels zwingt gerade die

Konsumgüterhersteller reaktiv dazu, ihre Distributionsstrategien zu überdenken und anzupassen. Viele Markenartikler setzen die Mehrwegdistribution als Abgrenzungsinstrument im Rahmen von **Zweitmarkenstrategien** ein. Einerseits distribuieren sie die Hauptmarke intensiv über den klassischen Handel exklusive Discounter im Rahmen ihres Markenartikel-Konzepts an die Markenkäufer. Andererseits bekommen Discounter das Produkt als Billigmarke im Rahmen einer Preis-Mengen-Strategie geliefert. Der Discounter vermarktet dieses Produkt als seine Handelsmarke und spricht so die Preiskäufer an. Auf diese Weise binden die Industrieunternehmen sowohl die Marken- als auch die Preiskäufer (wenn auch über die Handelsmarke) innerhalb der definierten Produktzielgruppe an ihr Haus. Allerdings kann der Discounter aufgrund seiner Machtposition den Markenartikler als Lieferanten für seine Handelsmarke relativ einfach durch einen anderen Markenhersteller oder irgendeine andere Unternehmung ersetzen.

Innerhalb der Entscheidungen, die ein Hersteller bezüglich seiner Absatzwege für ein Produkt trifft, muss er stets seine gewählte Marketingstrategie als Basisstrategie berücksichtigen. Wenn er indirekte Absatzwege nutzen will, sind auch Überlegungen einzubeziehen, in welcher Form er mit dem Handel kooperieren kann und muss, um einen bestmöglichen Einfluss auf die Umsetzung seiner Marketingkonzepte zu erlangen. Dies wird umso wichtiger, je größer die (Nachfrage-) Macht des Handels im Absatzkanal ist bzw. je ausgeprägter die **Zielkonflikte zwischen Industrie und Handel** sind. So ist es z.B. Ziel des Herstellers KRAFT FOODS Images für seine Marke MILKA aufzubauen und zu erhalten. Ziel der Handelsgruppe METRO ist es aber, ihre SB-Warenhaus-Vertriebslinie REAL als Einkaufstätte zu profilieren. Die Probleme für die Konsumgüterindustrie gipfeln in der Tatsache, dass der Hersteller möglichst oft innovative Neueinführungen in den Markt bringen will, der Handel aber Listungsgebühren für die Aufnahme neuer Produkte verlangt. Bei einer nationalen Listung eines Handelsunternehmens sind dafür in Deutschland, je nachdem in wie vielen Vertriebsschienen die Distribution erfolgen soll, schnell sechs- bis siebenstellige Euro-Beträge vom Hersteller aufzubringen.

Während der Begriff **horizontales Marketing** alle Konzepte eines Industrieunternehmens umfasst, die dieses zur Beziehungspflege mit seinen Kunden nutzt, beinhaltet der Begriff **vertikales Marketing** alle Konzepte, die ein Herstellerunternehmen zur Beziehungspflege mit seinen Handelspartnern einsetzt. Die Industrie möchte ihre Marketingkonzepte dabei möglichst einheitlich und ohne großen Einfluss des Handels zum Konsumenten bringen. Um Zielkonflikte zu minimieren, ist es für sie entscheidend, die bestmöglichen Absatzstrukturen und Vertriebssysteme auszuwählen. Weiterhin gibt es die Möglichkeit, über vertragliche Vereinbarungen den eigenen Marketingansatz durchzusetzen. In den folgenden Kapiteln werden Absatzhelfer und Absatzmittler sowie vertragliche Vertriebssysteme näher erläutert.

4.1.2.1 Absatzhelfer

Absatzhelfer sind unternehmensfremde Vertriebsorgane, die für Unternehmen bestimmte akquisitorische Distributionsfunktionen auf vertraglicher Grundlage übernehmen. In erster Linie zählt hierzu die Vermittlung oder der Abschluss von Rechtsgeschäften. Absatzhelfer sind rechtlich selbständige Personen oder Unternehmen, die innerhalb ihrer Vertriebstätigkeit zwischen den einzelnen Ebenen der Absatzkette beteiligt sind, sie erwerben dabei aber kein Eigentum an der Ware und sind daher keine Wiederverkäufer. Absatzhelfer nehmen also keine klassische Handelsstufe ein. Es existieren **drei Arten** von Absatzhelfern:

- Handelsvertreter,
- Kommissionär,
- Handelsmakler.

Der bekannteste Absatzhelfer ist der **Handelsvertreter** (§§ 84ff. HGB). Er ist selbständiger Gewerbetreibender und ständig damit betraut, für andere Unternehmen Geschäfte abzuschließen. Normalerweise vertritt er mehrere Unternehmen (Mehrfirmenvertreter), aber es gibt auch den Einfirmenvertreter, der seine Vertriebsaktivitäten auf ein Unternehmen konzentriert und dabei von diesem wirtschaftlich stark abhängig ist. Oft sind Handelsvertretungen auch größere Unternehmen, die zusätzliche Aufgaben in der Distribution wie z.B. Lagerhaltung oder Kundendienst übernehmen. Der Handelsvertreter handelt in fremdem Namen und auf fremde Rechnung, d.h. er benutzt in der Kommunikation mit dem Kunden die Verkaufsunterlagen seines Auftraggebers (fremder Name) und beim Abschluss eines Geschäftes erfolgt die vollständige Rechnungslegung über den Auftraggeber (fremde Rechnung).

Je nach Vertragsgestaltung hat der Handelsvertreter Vermittlungs- oder Abschlussvollmacht. Die Vollmacht kann aber auch auf eine Inkassovollmacht (auftragsgemäßer Einzug von Rechnungsbeträgen) oder Delkrederevollmacht (Übernahme der Haftung für den Zahlungseingang) erweitert werden. Entsprechend dem Umfang seiner Aufgaben erhält er Vermittlungs-, Abschluss-, Inkasso-, Delkredere-Provision. Meistens wird die Provision als Prozentsatz vom Umsatz gezahlt, sie kann aber auch z.B. an definierte Deckungsbeiträge gekoppelt sein. Manche Unternehmen gewähren Handelsvertretern auch teilweise ein Fixum (Festbetrag), um die Beratungsintensität zu erhöhen, und/oder eine Prämie für die Realisierung eines bestimmten Verkaufsziels. Der Handelsvertreter ist als unternehmensfremdes Verkaufsorgan die klassische Alternative in der Außendienstgestaltung eines Unternehmens zum unternehmenseigenen Verkaufsorgan Reisender. In die Entscheidungsfindung sind sowohl quantitative Kriterien (Kostengesichtspunkte) als auch qualitative Kriterien (Steuerungs- und Motivationsgesichtspunkte) einzubeziehen. Die folgende Beispielrechnung zeigt einen Kostenvergleich zwischen Handelsvertreter und Reisendem:

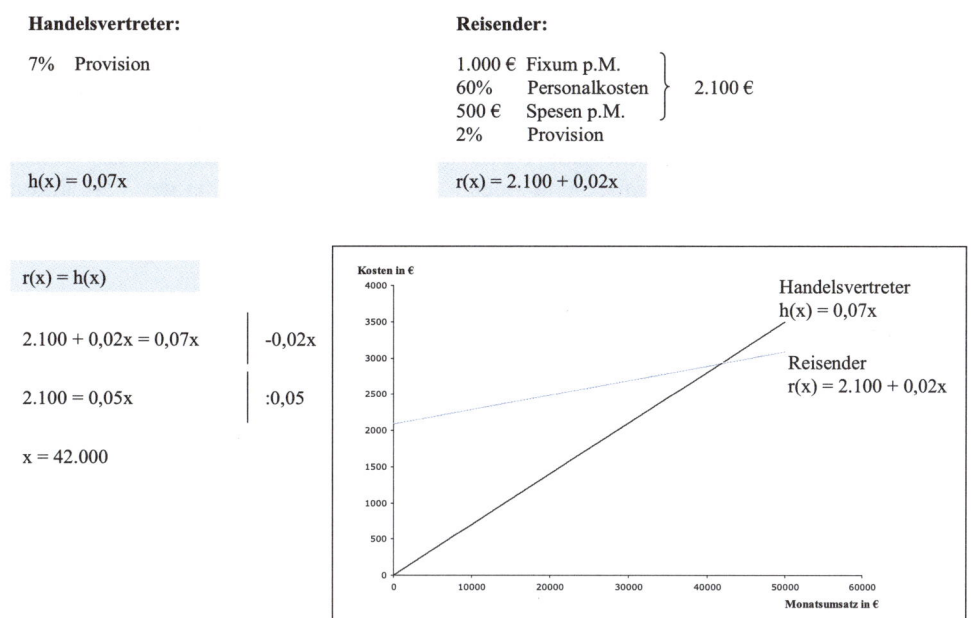

Handelsvertreter:

7%   Provision

h(x) = 0,07x

Reisender:

1.000 €   Fixum p.M.
60%   Personalkosten   2.100 €
500 €   Spesen p.M.
2%   Provision

r(x) = 2.100 + 0,02x

r(x) = h(x)

2.100 + 0,02x = 0,07x | -0,02x

2.100 = 0,05x | :0,05

x = 42.000

Abb. 94: Kostenbeispielrechnung

Ein weiterer Absatzhelfer ist der **Kommissionär** (§§ 383ff. HGB). Er ist selbständiger Gewerbetreibender und übernimmt für seinen Auftraggeber (Kommittenten) gewerbsmäßig den Verkauf von Waren oder Wertpapieren. Der Kommissionär handelt in eigenem Namen und auf fremde Rechnung, d.h. er organisiert die Kommunikation mit seinen Kunden und die Erstellung der Verkaufsunterlagen selbst (eigener Name) und schließt bei dem Kommissionsgeschäft auch den Vertrag mit dem Kunden. Die wirtschaftlichen Folgen des Rechtsgeschäfts treffen aber den Kommittenten (fremde Rechnung). So bleibt dieser auch Eigentümer der Kommissionsware. Der Kommissionär übernimmt meistens neben dem Verkauf auch die Lagerung der Ware, allerdings ohne das Absatzrisiko zu tragen. Er kann also schwer verkäufliche Ware an den Kommittenten zurückgeben. Der Kommissionär verfügt meistens über einen großen Kundenstamm und damit korrespondierend über sehr gute Marktkenntnisse. Die Vergütung ist mit dem Provisionssystem beim Handelsvertreter weitestgehend vergleichbar, allerdings verwendet man hier auch oft den Begriff Kommission. Kommissionäre sind häufig im Buch- und Weinhandel anzutreffen.

Die dritte Art des Absatzhelfers ist der **Handelsmakler** (§§ 93ff. HGB). Er ist selbständiger Gewerbetreibender und übernimmt es fallweise, für andere Personen den Abschluss von Verträgen zu vermitteln. Dabei hat er stets die Interessen beider Partner, also Auftraggeber und Kunde, zu wahren. Falls nicht anders vereinbart, erhält der Handelsmakler als Vergütung eine Maklergebühr (Courtage), die jede Partei zur Hälfte trägt. Handelsmakler verfügen meist über sehr gute Marktkenntnisse und spielen eine wichtige Rolle bei der Vermarktung von Finanzdienstleistungen aber auch als Waren-, Fracht- und Schiffsmakler.

4.1.2.2   Absatzmittler

Wie der Absatzhelfer ist auch der Absatzmittler rechtlich selbständig. Er kauft jedoch die weiterzuleitenden Güter in eigenem Namen, bevor er sie weiterverkauft. Der Absatzmittler besetzt eine **klassische Handelsstufe**. Absatzmittler sind immer Teil des indirekten Vertriebs von Industrieunternehmen. Sie übernehmen gerade im Konsumgütermarkt umfangreiche Distributionsfunktionen, wobei in Abhängigkeit, wie stark der Handel als Absatzkanal in die Distributionskette des Herstellers eingebunden ist (Ein-Stufen-, Zwei-Stufen- oder Drei-Stufenkanal), Groß- und/oder Einzelhandelsbetriebe eingeschaltet werden. Groß- und Einzelhandel stellen zwei grundsätzliche Handelsstufen dar, die es zu differenzieren gilt (METRO 2004: 58ff.).

Der **Großhandel**
- ist im funktionellen Sinne eine Handelsform, bei der Waren in eigenem Namen für eigene Rechnung eingekauft und weitestgehend unverändert an gewerbliche Wiederverkäufer (z.B. andere Großhändler oder Einzelhandelsbetriebe) bzw. gewerbliche Verwender (z.B. Kantinen, Gaststätten oder Behörden) verkauft werden. Kunden des Großhandels sind darüber hinaus auch weiterverarbeitende Betriebe (Hersteller/Handwerker).
- definiert im institutionellen Sinne die Summe aller Unternehmen, die Großhandel betreiben.

Beispielsweise ist die Vertriebslinie METRO CASH & CARRY der METRO Group ein Konzept des Selbstbedienungsgroßhandels.

Der **Einzelhandel**
- ist im funktionellen Sinne eine Handelsform, bei der Waren in eigenem Namen und auf eigene Rechnung eingekauft und weitestgehend unverändert an Endverbraucher bzw. Privathaushalte verkauft werden.
- definiert im institutionellen Sinne die Summe aller Unternehmen, die Einzelhandel betreiben.

Beispielsweise werden die Vertriebslinien REAL, KAUFHOF und MEDIAMARKT/SATURN der METRO Group dem Einzelhandel zugerechnet.

Ferner lassen sich Groß- und Einzelhandelsunternehmen über die jeweilige **Betriebsform** abgrenzen, wobei die Betriebsform die Art und Weise bezeichnet, in der ein Handelsunternehmen sein Geschäft im Markt betreibt. Folgende Merkmale charakterisieren grundsätzlich die unterschiedlichen Betriebsformen: Strategische Ausrichtung, Kundenkreis/Zielgruppe,

Betriebsgröße, Verkaufsform, Sortimentsstruktur und -kompetenz, Warenpräsentation, Serviceangebot, Preis- und Konditionen-Konzept, Standortwahl und die Zahl der Betriebsstätten.

Betriebsformen des Großhandels

Idealerweise lassen sich die **Betriebsformen des Großhandels** über den Umfang der Distributionsfunktionen definieren, die der spezifische Betriebstyp übernimmt.

Distributions-funktion / Betriebsform	Trans-aktions-funktion	Lage-rung	Trans-port	Finanzie-rung	Sorti-ments-bildung	Quali-tätskon-trolle	Informa-tions-funktion
Sortiments-großhandel	■	□	□	□	□	□	□
Spezial-großhandel	■	□	□	□	■	□	□
Strecken-großhandel	■	✕	✕	✕	□	✕	□
Zustell-großhandel	■	■	■	□	□	□	□
Cash & Carry-Großhandel	■	■	✕	✕	□	□	□
Rack-Jobber	■	■	■	■	■	■	□

■ Funktion ist spezifisches Betriebsmerkmal
□ Funktion kann übernommen werden
✕ Funktion wird von dieser Betriebsform nicht übernommen

Abb. 95: Betriebsformen des Großhandels (in Anlehnung an Scharf/Schubert/Hehn 2009: 454)

Der Sortimentsgroßhandel und der Spezialgroßhandel lassen sich in erster Linie über die Breite und Tiefe ihres Sortiments abgrenzen.

Der **Sortimentsgroßhandel** bietet ein breit differenziertes Sortimentsangebot (z.B. viele Warengruppen im Konsumgüterbereich Food/Nonfood) ohne wesentliche Schwerpunkte an und stellt das umsatz- und beschäftigungsstärkste Segment innerhalb des Lebensmittelgroßhandels dar. Der Sortimentsgroßhandel bezieht seine Waren zum großen Teil von Spezialgroßhändlern und Importeuren sowie aus der Industrie.

Der **Spezialgroßhandel** konzentriert sein Angebot auf ein schmales, aber dafür tiefes Sortiment (z.B. ausgewählte Warengruppen wie elektrische Haushaltsgeräte, Büroartikel oder Tabakwaren). Wichtigste Teilbereiche sind hier der Elektrogroßhandel, gefolgt vom medizinisch-pharmazeutischen Großhandel und dem Großhandel mit Papier und Druckerzeugnissen.

Der **Streckengroßhandel** leistet keine Lageraufgaben. Der Streckenhändler wickelt die Aufträge seiner Kunden direkt über seine Lieferanten ab und trägt daher kein Lagerrisiko. Der Warenfluss findet direkt zwischen Lieferant und Kunde des Streckenhändlers statt. Der Streckengroßhandel hat eine große Bedeutung bei großvolumigen Produkten beispielsweise im Baustoffhandel.

Im **Zustellgroßhandel** liefert der Händler die bestellte Ware selbst oder durch von ihm beauftragte Transportunternehmen an den Einzelhandel. Typisches Beispiel ist hier der Getränkespezialgroßhandel, der eine Kombination des Spezial- und Zustellgroßhandels darstellt.

Für den **Cash- & Carry-Großhandel**, auch Selbstbedienungs- oder Abholgroßhandel genannt, ist charakteristisch, dass der Kunde aus dem breiten Sortimentsangebot die gewünschten Produkte selbst zusammenstellt, bar bezahlt und im eigenen Fahrzeug abtransportiert.

Besonders viele Distributionsfunktionen übernimmt der **Rack-Jobber** (Regalgroßhändler). Neben den Aufgaben eines Zustellgroßhändlers organisiert er für einen spezifischen Bereich eines Handelsbetriebs die Regalpflege. Der Rack-Jobber mietet bestimmte Verkaufsräume oder Regalflächen und bietet dort seine Erzeugnisse auf eigene Rechnung an. Das Serviceprogramm erstreckt sich also auf den Anlieferungsservice (Annahme und Auszeichnung der Waren), den Regalservice (ladeninterne Warenpflege) und den Dispositionsservice (Warenbestandskontrolle und Order der Produkte). Oft ergänzt der Regalgroßhändler so das vorhandene Sortiment der Handelsorganisation. Diese kann ein Unternehmen im Großhandel (z.B. Cash & Carry) oder Einzelhandel (z.B. Verbraucher- oder Supermärkte) sein.

Der Großhandel musste in den letzten Jahren stark um seine Marktposition kämpfen und ist als Institution davon bedroht, dass seine Lieferanten und Abnehmer direkte Geschäftsbeziehungen eingehen und er dadurch ausgeschaltet wird. Vor allem die starken Konzentrationsprozesse im Einzelhandel und die Zuspitzung der Wettbewerbsintensität unter den Herstellern sind die Ursache für diese Tendenz. Aber auch der zunehmende E-Commerce ist eine Bedrohung für den Großhandel.

Betriebsformen des Einzelhandels

Der Einzelhandel gehört sicherlich zu den strukturell dynamischsten Bereichen der Wirtschaft. Neue Betriebsformen und Konzepte im Einzelhandel prägen die Handelslandschaft und verdeutlichen die Anpassung an die sich verändernden Bedürfnisse des Marktes. Grundsätzlich gibt es **drei Kategorien**:

- Stationärer Handel (z.B. Verbrauchermärkte, Warenhäuser, Discounter),
- ambulanter Handel (z.B. Markt-/Messehandel oder Wochenmärkte),
- Versandhandel (hier auch: E-Commerce).

Gerade im Konsumgütermarkt sind alle drei Handelskategorien zu finden, allerdings hat der **stationäre Handel** eine übergeordnete Bedeutung für diesen Marktsektor. Die Einteilung in Betriebsformen ist hier leider nicht immer ohne Überschneidungen möglich, dennoch ist die folgende Abgrenzung in Theorie und Praxis unbestritten (*ACNIELSEN* 2010).

Fachgeschäfte sind kleine bis mittelgroße Einzelhandelsbetriebe, die ein branchenspezifisches oder bedarfsgruppenorientiertes Sortiment bei mittlerem bis hohem Preisniveau anbieten. Sie beschränken ihr Angebot zielgerichtet auf eine oder wenige Warengruppe(n), verfügen dabei aber über eine hohe Sortimentstiefe (z.B. Sportartikel, Textilbekleidung, Schmuck, Getränke & Spirituosen, Musikinstrumente). Fachgeschäfte zeichnen sich außerdem durch einen hohen Servicegrad und eine hohe Beratungsintensität durch gut geschultes, fachkundiges Personal aus. Fachgeschäfte befinden sich meist in der Ortsmitte bzw. in City-Lage einer Stadt.

Spezialgeschäfte sind den Fachgeschäften sehr ähnlich, sie konzentrieren ihre Angebotsgestaltung aber noch stärker auf ein schmales, aber tiefes Sortiment innerhalb einer Branche (z.B. Hut-/Krawattengeschäft, Weinhandlung, Klaviergeschäft). Im Vergleich zum Sortiment des Fachgeschäftes bietet ein Spezialgeschäft nur einen entsprechenden Sortiments-Ausschnitt an. Ansonsten sind Kriterien wie Service- und Standortpolitik bei beiden Betriebsformen nahezu identisch.

Gemischtwarengeschäfte („Tante-Emma-Läden") besitzen eine relativ breite und gleichzeitig flache Sortimentsstruktur mit Waren des (ländlichen) Haushaltsbedarfs. Sie besetzen konsumentennahe Standorte und bieten ihren Kunden umfangreiche Dienstleistungen wie Anschreiben lassen etc. Gemischtwarenläden sind heute einem starken Verdrängungswettbewerb ausgesetzt.

Fachmärkte sind großflächige Einzelhandelsgeschäfte, die ein breites und teilweise auch tiefes Sortiment aus einem spezifischen Warenbereich (z.B. Matratzen-Fachmarkt), einem ausgewählten Bedarfsbereich (z.B. Sanitär-Fachmarkt) oder einem definierten Zielgruppenbereich (Möbel-Fachmarkt für Naturmöbel-Liebhaber) präsentieren. Das Sortiment eines Fachmarktes wird meist im Selbstbedienungs-Prinzip in Randlagen von größeren Städten unter Bereitstellung von ausreichenden Parkmöglichkeiten angeboten. Ausnahmen sind beispielsweise Drogerie-Fachmärkte, die Innenstadtlagen favorisieren. Das Konzept des Fachhandels stellt quasi eine Mischung aus Fachgeschäft und Verbrauchermarkt dar. Im verschärften Wettbewerb der letzten Jahre haben Fachmärkte ihr Konzept zunehmend preisaggressiver ausgerichtet. Bekannte Beispiele für Bau- und Heimwerker-(DIY-)Fachmärkte sind: OBI (TENGELMANN-Gruppe), PRAKTIKER, BAUHAUS, TOOM (REWE-Gruppe), HAGEBAU und HORNBACH.

Supermärkte sind definiert als Einzelhandelsbetriebe mit einer Verkaufsfläche von 100 bis 999 qm (kleine Supermärkte von 100 bis 399 qm, große Supermärkte von 400 bis 999 qm), deren Sortiment Nahrungs- und Genussmittel inklusive Frischwaren wie Obst, Gemüse, Fleisch usw. im Food-Sektor und ergänzend dazu problemlose Produkte des kurzfristigen Bedarfs (convenience goods) im Nonfood-Sektor enthält. Insgesamt umfasst das Sortiment ca. 5.000 bis 12.000 Artikel auf mittlerer Preis- und Qualitätsebene, wobei der Flächenanteil im Nonfood-Bereich selten die 25% überschreitet. Die Supermärkte bieten mit ihren Standorten in Wohngebieten von kleineren Orten und Städten eine bequeme Einkaufsmöglichkeit in der nahen Umgebung und ersetzen so heute die früher bekannten Nachbarschaftsmärkte. Beispiele hierfür sind: MINIMAL/KAFU/OTTO MESS (REWE-Gruppe), E-NEUKAUF/E-AKTIV MARKT (EDEKA-Gruppe), KAISER'S/TENGELMANN (TENGELMANN-Gruppe).

Verbrauchermärkte werden in kleine und große Verbrauchermärkte eingruppiert. Während **kleine Verbrauchermärkte** ein relativ preisgünstiges Sortiment von Food- und Nonfood-Artikeln überwiegend via Selbstbedienung auf 1.000 bis 2.499 qm Verkaufsfläche offerieren, nutzen **große Verbrauchermärkte** eine Verkaufsfläche ab 2.500 qm. Verbrauchermärkte haben einen Sortimentsumfang von 21.000 bis zu 63.000 Artikeln, wobei im Nonfood-Sektor dies vielfach auch Ge- und Verbrauchsgüter des kurz- und mittelfristigen Bedarfs sind. Verbrauchermärkte gehören zu den Großbetriebsformen im Einzelhandel, die oft in Stadtrandlagen gelegen und mit zahlreichen Kundenparkplätzen ausgestattet sind. Die Betriebsform der **Selbstbedienungs (SB)-Warenhäuser** wurde bis dato als eigenständige Kategorie mit mindestens 5.000 qm Verkaufsfläche geführt. In der Handelspraxis hat sich hierfür der Begriff der Verbrauchermärkte etabliert. Beispiele hierfür sind: REAL (METRO Group), TOOM (REWE-Gruppe), MARKTKAUF (EDEKA-Gruppe), KAUFLAND (SCHWARZ-Gruppe).

Discounter sind eine Betriebsform des Handels, die durch stringente Anwendung des Discount-Prinzips unabhängig von der Größe der Verkaufsfläche ein eng begrenztes Sortiment (zwischen 800 und 1.600 Artikel) von problemlosen Waren mit hoher Umschlagshäufigkeit in Selbstbedienung mittels aggressivster Preispolitik anbietet. Dabei wird konsequent auf zusätzliche Dienstleistungen wie Service und Beratung sowie eine aufwendige Präsentation der Waren verzichtet. Die Geschäftslokale sind hier oft eine Kombination von Lager- und Verkaufsbereich. Discounter haben einen hohen Distributionsgrad, wobei die Standorte zentral gelegen sind und trotzdem auf möglichst niedrige Kostenstrukturen geachtet wird. Der Schwerpunkt im Sortiment liegt auf eigenen Handelsmarken. Zielgruppe der Discounter sind die Preiskäufer, d.h. sehr preisbewusste Personen, die sich an dieser Stelle in ihrem Kaufverhalten für die billige bzw. billigste Alternative einer Produktart entscheiden. Somit stellen Discounter als preisaggressivste Betriebsform die konsequente Umsetzung einer Preis-Mengen-Strategie dar. Als Beispiele sind aufzuführen: ALDI NORD & ALDI SÜD, LIDL (SCHWARZ-Gruppe), NETTO (EDEKA-Gruppe), PENNY (REWE-Gruppe), NORMA (NORMA-Gruppe). Diese Betriebsform wird bislang wie folgt differenziert: **Soft-Discounter** sind eine Untergruppe der Discounter, die im Vergleich zu den **Hard-Discountern** ein leicht erweitertes Sortiment mit einem höheren Anteil an Herstellermarken anbieten und darüber hinaus teilweise Komponenten eines Supermarkts, z.B. Hausbäckereien, in ihr Konzept integriert haben. Diese Unterscheidung ist nach Ansicht der Autoren heute jedoch kaum noch aufrecht zu erhalten, da u.a. der Anteil der Markenartikel im Sortiment aller Discounter tendenziell zunimmt.

Einzelhandelsformen	Anzahl					Umsatz Consumer Packaged Goods (in Mio €)				
	01.01.2010		01.01.2009		Verände-rung (%)	2009		2008		Verände-rung (%)
	absolut	%	absolut	%		absolut	%	absolut	%	
Verbrauchermärkte insgesamt	6.424	13,5	6.163	12,8	+4,2	61.005	39,7	59.925	39,1	+1,8
Große Verbrauchermärkte (≥ 2500 m²)	1.891	4,0	1.855	3,8	+1,9	39.400	25,7	38.920	25,4	+1,2
Kleine Verbrauchermärkte (1000 – 2.499 m²)	4.533	9,5	4.308	8,9	+5,2	21.605	14,1	21.005	13,7	+2,9
Discounter	15.951	33,6	15.573	32,2	+2,4	58.645	38,2	59.025	38,5	-0,6
Supermärkte insgesamt	12.385	26,1	13.098	27,1	-5,4	21.275	13,9	21.885	14,3	-2,8
große (400 – 999 m²)	4.922	10,4	5.090	10,5	-3,3	15.505	10,1	15.695	10,3	-1,2
kleine (100 – 399 m²)	7.463	15,7	8.008	16,6	-6,8	5.770	3,8	6.190	4,0	-6,8
Drogeriemärkte	12.774	26,9	13.492	27,9	-5,3	12.670	8,2	12.285	8,0	+3,1
Insgesamt	47.534	100,0	48.326	100,0	-1,6	153.595	100,0	153.120	100,0	+0,3

Abb. 96: Entwicklung der Einzelhandelsformen (ACNIELSEN 2010)

Drogeriemärkte sind Einzelhandelsgeschäfte, die ein problemloses, schnell umschlagendes Sortiment mit Schwerpunkt Gesundheits- und Körperpflegemittel, Wasch-, Putz- und Reinigungsmittel, Babynahrung und -pflege, Haushaltspapiere sowie Kosmetik in Selbstbedienung verkaufen. Drogeriemärkte beinhalten ausschließlich Filialbetriebe. Bekannte Beispiele für Drogeriemärkte sind: DM, SCHLECKER, ROSSMANN.

Warenhäuser sind Filial-Großbetriebe im Einzelhandel, die auf einer Verkaufsfläche von mindestens 3.000 qm ein breites Sortiment vor allem aus den Bereichen Bekleidung, Textilien, Haushaltswaren, Wohnbedarf und Nahrungs- und Genussmittel in zentraler Lage anbieten. Hinsichtlich der Sortimentstiefe sind unterschiedliche Ansätze vorhanden, so lassen sich Warenhäuser mit flachen, mittleren und tiefen Sortimenten in der Praxis finden. Charakteristisch für Warenhäuser ist, dass jede Produktlinie (beispielsweise Lebensmittel, Elektrogeräte, Bücher und Zeitschriften) als separate Abteilung mit Fachgeschäftscharakter geführt und größtenteils in Fremdbedienung angeboten wird. Warenhäuser sind heute besonders durch Erlebnisstrategien gekennzeichnet, die u.a. durch Shop-in-Shop-Systeme umgesetzt werden. Typischer Standort für Warenhäuser ist der Innenstadtbereich in Mittel- und Großstädten. Beispiele sind: KAUFHOF (METRO GROUP), KARSTADT.

Kaufhäuser sind Einzelhandelsbetriebe, die auf vergleichsweise großer Verkaufsfläche in mehreren Stockwerken Waren aus zwei oder mehr Branchen, davon wenigstens aus einer Branche in großer Auswahl und Tiefe, überwiegend in Fremdbedienung präsentieren (z.B. Textil- und Bekleidungskaufhäuser). Oft werden die Begriffe Kaufhaus und Warenhaus in der Handelspraxis nicht eindeutig unterschieden, allerdings können die geringere Betriebsfläche und die Konzentration der Kaufhäuser auf spezielle Warengruppen als Differenzierungsmerkmale herangezogen werden. Zudem besitzen Kaufhäuser grundsätzlich keine Lebensmittelabteilung. Als Beispiele sind zu nennen: PEEK&CLOPPENBURG, SINN LEFFERS.

Shopping Center sind räumliche und organisatorische Verbunde von zumeist selbständigen Einzelhändlern sowie ergänzenden Dienstleistungs- und Gastronomiebetrieben. Es handelt sich um künstliche Agglomerationen, die von einem Center-Management unterstützt werden. Ihre Expansion zu überdimensionierten Shopping-Malls nach amerikanischem Vorbild, wobei der Erlebniskauf im Fokus steht, findet auch in Deutschland zunehmend statt (z.B. CENTRO-OBERHAUSEN).

Weitere Betriebsformen

Convenience Stores sind in Deutschland überwiegend als Tankstellenshops bekannt. Sie bieten ein begrenztes Sortiment problemloser Ware des täglichen Bedarfs (inkl. Lebensmittel) an und sind durch besonders lange Ladenöffnungszeiten (bis zu 24 Stunden) gekennzeichnet.

Off-Price-Retailer versorgen ihre Kunden ständig mit Sonderposten und richten sich gezielt an die „Schnäppchen-Jäger". Durch den Aufkauf großer Warenposten (z.B. aus Insolvenzmassen) können sie teilweise auch Markenartikel günstiger anbieten. Oft handelt es sich dabei um Produkte zweiter Wahl, Waren mit leichten Mängeln, Auslaufprodukte oder Saisonartikel, die in anderen Betriebsformen kaum verkaufsfähig wären (z.B. HAVARIA, NIX WIE HIN, RAMBA ZAMBA). Auch die sog. Kleinpreis- bzw. Einheitspreisgeschäfte („1-€-Laden") gehören dieser Kategorie an.

Factory-Outlet-Center (FOC) sind eine besondere Form von Einkaufszentren, in denen sich mehrere Hersteller unter einem Dach zusammenschließen, um ihre Produkte direkt an die Endabnehmer zu verkaufen. Die Grundidee stammt aus den USA. FOC sind meist an den Stadträndern oder verkehrsgünstig zwischen Städten gelegen. Hauptsächlich werden im Sortiment allerdings keine A-Waren, sondern Zweite-Wahl-Artikel, Produktionsüberhänge, Auslaufmodelle oder Musterkollektionen aus den Branchen Mode/Textilien, Lederwaren, Schuhe, Accessoires und Schmuck angeboten.

Boutiquen sind kleine Einzelhandelsgeschäfte, die durch auffällige Aufmachung Kunden ansprechen wollen, die für das den jeweiligen modischen und extravaganten Strömungen angepasste Sortiment (Bekleidung, Schmuck) besonders aufgeschlossen sind.

Drogerien sind Geschäfte, die klassisch ein breites Sortiment in den Bereichen Gesundheits- und Pflegemittel, Wasch-, Putz- und Reinigungsmittel, Körperpflege, Kosmetik, Haushaltspapier, Kinderpflege und -nahrung etc. anbieten. In dieser Kategorie kommen Geschäfte mit mehr oder weniger ausgeprägter Spezialisierung (z.B. auf Fotoartikel oder Parfümeriewaren) vor. Im Gegensatz zu den Drogeriemärkten handelt es sich in der Regel nicht um Filialisten.

Apotheken sind Geschäfte, die Arzneimittel verkaufen. Ein Randsortiment (z.B. Husten- und Vitaminbonbons) ist meist vorhanden, doch erreicht es nur einen geringen Umsatzanteil. Verschreibungspflichtige Medikamente dürfen nur in Apotheken verkauft werden. Daneben gibt es auch Medikamente, die zwar nicht verschreibungspflichtig sind, aber dennoch nur in Apotheken (over the counter) verkauft werden dürfen.

Kioske sind Verkaufsstellen mit einer Fläche unter 100 qm mit breitem Warensortiment (Tabak, alkoholfreie Getränke, Eis, Süßwaren, Zeitschriften, Bier, Spirituosen etc.), bei denen die Ware dem Kunden durch ein Fenster oder eine schalterähnliche Öffnung aus dem Verkaufsraum gereicht wird.

Getränkeabholmärkte sind Geschäfte mit Schwerpunkt in den Warengruppen Bier, alkoholfreie Getränke, Spirituosen und Weine. Das Sortiment wird bei einfacher Geschäftsausstattung auf einer Mindestverkaufsfläche von 50 qm in Selbstbedienung angeboten. Bier und alkoholfreie Getränke werden in der Regel als Kastenware abgegeben.

Als Formen des stationären Einzelhandels werden in der Statistik meist auch die folgenden Betriebe bezeichnet: Bäckereien mit Lebensmittelsortiment, Tankstellen (siehe Convenience Stores), Imbisshallen, Kinos, Schulen mit Verkauf und Saisonkioske in Freibädern und Freizeitparks.

Automatenverkauf hat seine Bedeutung für Zigaretten, Erfrischungsgetränke, Süßwaren, Kondome, Passfotos, Blumen usw. und dient Unternehmen als Distributionselement, um eine Überallerhältlichkeit anzustreben. Neuerdings werden auch Snacks, Filme, Visitenkarten und sogar Fahrradschläuche über Automaten vertrieben.

Neben dem stationären Einzelhandel soll der Vollständigkeit halber auch der **ambulante Handel** erwähnt werden, der durch eine flexible Standortspaltung gekennzeichnet ist. Die Angebote werden den Kunden auf Messen, Straßen-, Jahres- und Wochenmärkten mit Verkaufswagen oder Verkaufsständen unterbreitet. Der ambulante Handel ist bedeutend für die Einkaufsmöglichkeiten in unterversorgten Gebieten. Das Sortiment besteht aus convenience goods, insbesondere Nahrungs- und Genussmitteln.

Versandhandelsunternehmen sind Einzelhändler, die ihre Ware nicht im offenen Ladenlokal verkaufen, sondern diese auf Bestellung (aus Katalogen, von der Internet-Homepage) durch die Post oder auf anderem Wege versenden. Es wird zwischen Universalversendern (OTTO, NECKERMANN) und Spezialversendern (z.B. LAND'S END) unterschieden.

Der Versandhandel verlagert sein klassisches Kataloggeschäft immer mehr in den Online-Bereich, sodass heute vielfach die Betriebsform des **Internet Shops** hinzugefügt wird. Pionierunternehmen in diesem Bereich wie AMAZON begannen mit Produkten wie Bücher und Musik-CD's, erweiterten jedoch stetig ihr Sortiment und sind heute in vielen Produktkategorien eine Alternative zum traditionellen Einzelhandel.

Teleshops bieten in Spezialkanälen (z.B. QVC) Produkte an, die der Kunde telefonisch bestellen kann. Aufgrund der Bequemlichkeit des Einkaufs und der Vorführung der Produkte in einem multisensorischen Medium (Fernsehen) verfügt das Teleshopping über weiteres Potential im Einzelhandel.

Dieser Überblick über Absatzmittler und deren Betriebsformen macht deutlich, dass Herstellerunternehmen auf ihrem indirekten Weg zum Endabnehmer vielfältige Überlegungen anstellen müssen, um den optimalen Absatzweg zu finden. Vor allem ist die Bedeutung der Absatzwegeentscheidung deshalb so hoch, da diese fast immer eine langfristige, strukturelle

Bindung eines Unternehmens an das gewählte Distributionsgefüge darstellt. Die Absatz-wegwahl ist kurz- bis mittelfristig selten zu ändern, sie hat daher auch für die Umsetzung der Basis-Strategie eines Unternehmens prägenden Charakter und ist gleichzeitig Bedingung für alle anderen absatzpolitischen Maßnahmen (Produkt, Preis, Kommunikation) auf der Konzeptionsebene des Marketing-Mix.

Gerade der schon beschriebene Zielkonflikt zwischen Industrie und Handel macht es für einen Hersteller interessant, Möglichkeiten wahrzunehmen, Absatzmittler stärker konzeptionell an sich zu binden, um seine Marketing-Ausrichtung zielgerichtet zum Konsumenten zu bringen. Hier bilden vertragliche Vertriebssysteme eine echte Chance.

4.1.3   Vertragliche Vertriebssysteme

Unter dem Aspekt des vertikalen Marketing bieten vertragliche Vertriebssysteme die größte Möglichkeit, ausgewählte selbständige Handelsunternehmen als Vertriebspartner so einzu-binden, dass die eigene Marketing-Konzeption annähernd 1 zu 1 die definierte Zielgruppe erreicht. Diese Distributionsmethoden werden auch als **Kontraktmarketing** bezeichnet. Die Bindung der Handelsbetriebe an den Hersteller kann dabei unterschiedliche Intensitätsgrade einnehmen. Folgende **fünf vertragliche Vertriebssysteme** haben sich in der Praxis etabliert (*Ahlert* 1996: 214ff.).

Vertriebsbindungssysteme erstrecken sich je nach Vertragsgestaltung auf bestimmte Krite-rien in der distributiven Zusammenarbeit mit dem Handel und dienen dazu, selektive oder exklusive Distributionsformen für Industrieunternehmen zu realisieren. Grundlage der ver-traglichen Absicherung sind die aus der Unternehmensstrategie resultierenden Selektions-kriterien des Herstellers, die somit das Leistungsspektrum der gewählten Handelspartner definieren. Die Vertriebsbindung kann dabei **auf verschiedenen Ebenen** stattfinden:

- Räumliche Kriterien, z.B. Abgrenzung der Absatzgebiete,
- personenbezogene Kriterien, d.h. Einengung auf bestimmte Abnehmerkreise (Kundenbe-schränkungsklauseln),
- zeitliche Kriterien, beispielsweise Begrenzung der Vertriebszeit bei Mode-, Neu- oder Auslaufprodukten,
- produktbezogene Kriterien, wie definierte Sortiments-, Beratungs- und Servicestandards.

Vertriebsbindungssysteme treten häufig in den Branchen Bekleidung, Möbel, Kosmetik, Brauereien und in der Unterhaltungselektronik auf.

Alleinvertriebssysteme werden zur Absicherung von exklusiven Distributionsstrategien zum Aufbau und/oder zur Durchsetzung eines Premiummarken-Konzepts eingesetzt. Der Hersteller verpflichtet sich, in einem bestimmten Absatzgebiet nur den alleinvertriebsbe-rechtigten Händler zu beliefern (Gebietsschutz). Im Falle dieser Bezugsbindung verpflichtet sich der Händler zu einer umfangreichen Sortimentsaufnahme (Listung) und Lagerhaltung der Herstellerprodukte. Zusätzlich werden oft weitere Leistungsumfänge wie z.B. Promo-tionaktionen in den Vereinbarungskatalog aufgenommen. Der Händler profitiert seinerseits von der Markenstärke des Herstellers sowie der Exklusivität seines Sortiments. Er erzielt auf diese Weise für sich Alleinstellungsmerkmale im direkten Wettbewerb mit seinen Konkurrenten.

Vertragshändlersysteme binden rechtlich selbständige Handelsbetriebe noch weitaus stärker in die Distribution des Herstellers ein. Der Vertragshändler vertreibt in eigenem Namen und auf eigene Rechnung ausschließlich die Produkte seines Vertragspartners und verzichtet meistens vollständig auf den Verkauf von Konkurrenzerzeugnissen. In der Regel erhält der Händler das Alleinvertriebsrecht für ein definiertes Gebiet und damit eine geographische Absicherung seines Absatzareals. Er verpflichtet sich langfristig zu einer starken Sortimentsbindung an den Hersteller und damit zur Vermarktung seines Handelsunternehmens unter dem Dach der Marketingkonzeption des Herstellers. Dieses Distributionssystem wird auch **Lizenz- oder Konzessions-Vertrieb** genannt. Es erscheint teilweise nach außen hin wie Verkaufsfilialen des Herstellers, weil dieser im Rahmen seiner Corporate Identity (CI) den Vertragshändlern bestimmte Corporate Design-Elemente (Marken-Logo, Farbvorgaben, Präsentationseinheiten usw.) zur Verfügung stellt und deren Verwendung meistens auch vorschreibt. Der Hersteller übt mit diesem Vertriebssystem bereits einen enormen Einfluss (auch im Hinblick auf Preispolitik/Verkaufsförderungsmaßnahmen usw.) auf den Absatz seiner Produkte bis hin zum Endabnehmer aus. Sehr typisch ist das Vertragshändlersystem für die Automobilbranche und Brauereien, die diese Distributionsform in der Gastronomie mittels sog. „Bierlieferungsverträge" betreiben.

Franchisesysteme sind eine sehr enge Form von vertraglichen Vertriebssystemen. Der Hersteller (Franchisegeber) ermöglicht dem rechtlich selbständigen Einzelhändler (Franchisenehmer) die Einbindung seines Betriebs in ein ausgereiftes Vermarktungskonzept gegen Entgelt. Die Franchisegebühr wird meistens in Prozent vom Umsatz berechnet, allerdings verlangen die Franchisegeber oft mit dem Vertragsbeginn einen einmaligen Abschlussbetrag, der zwischen wenigen Tausend Euro und der Millionen-Euro-Region liegen kann. Der Franchisenehmer erhält so das Recht, Waren oder Dienstleistungen des Franchisegebers unter Nutzung dessen Namens und gesammelten Know-how anzubieten. Der Name bzw. die Firma des Franchisenehmers tritt völlig in den Hintergrund, er baut also seine eigene Selbständigkeit im Wesentlichen auf die Konzeption und Erfahrung des Franchisegebers auf. Im Vergleich zum Vertragshändlersystem verpflichtet sich der Franchisenehmer vertraglich noch stärker zur konsequenten Einhaltung der Leistungsansprüche des Systemgebers. Die einzelnen Handelsbetriebe müssen das Corporate Design des Franchisegebers zu 100% umsetzen, sodass für Außenstehende der Eindruck von Verkaufsfilialen entsteht. Überhaupt lässt sich bei vielen Vertriebssystem-Unternehmen nur mit zusätzlichem internen Wissen prüfen, ob es sich um ein Franchise- oder Filialkonzept handelt.

Franchising hat für beide Vertragspartner große Vorteile. Die Hauptvorteile für den **Franchisegeber** liegen in der Möglichkeit, mit diesem System sein Marketingkonzept trotz Einschaltung von selbständigen Handelsbetrieben 1 zu 1 zum Konsumenten zu bringen. Er schließt durch die enge Vertragsbindung mögliche Zielkonflikte mit dem Handel nahezu aus und kontrolliert den gesamten Distributionsweg seiner Waren oder Dienstleistungen. Meist kann der Systemgeber auch auf eine starke Motivation der Vertriebsorgane bauen, da die erfolgreiche Konzeptumsetzung im Interesse aller Beteiligten liegt. Weiterhin kann eine schnelle Expansion unter Vermeidung der sonst üblichen hohen Fixkosten realisiert werden. Ebenso ist das Absatz- und Finanzrisiko begrenzt, da der Franchisegeber z.B. für die Schulden der Franchisenehmer keine Haftung übernimmt.

Die Hauptvorteile für den **Franchisenehmer** liegen in der Einbettung in ein meist nationales oder auch internationales Vermarktungskonzept. Er profitiert mit seinem Betrieb vor Ort von einem enormen Markenwert sowie etablierten Image- und Kompetenzfaktoren des Konzeptgebers und realisiert so lokale oder regionale Wettbewerbsvorteile. Darüber hinaus wird er von der Zentrale des Franchisegebers laufend geschult und erhält Unterstützung und Beratung in Fragen der Betriebsführung, des Personalmanagement und der Standortpolitik (beispielsweise computergestützte Standortanalysen). Oft kann er auch über Finanzierungshilfen seitens des Konzeptgebers verfügen. Im kommunikativen Bereich nutzt er die Professionalität von groß angelegten Werbe- und Verkaufsförderungsmaßnahmen zur Aktualisierung seines Absatzes am Point of Sale (POS). Die laufenden, umsatzabhängigen Franchisegebühren sind für ihn variable Kosten.

Typische Franchiseunternehmen sind beispielsweise MCDONALD'S, BURGER KING (Gastronomie), OBI (Bau- und Heimwerkermärkte), AYK, SUNPOINT (Sonnenstudios), PORTAS (Fenster und Türen), TUI LEISURE TRAVEL (Touristik), STUDIENKREIS (Nachhilfe), BEATE UHSE (Erotik-Shops), FRESSNAPF (Tierprodukte), KIESER TRAINING (gesundheitsorientiertes Krafttraining), MUSIKSCHULE FRÖHLICH (Musikpädagogik).

Agentursysteme stellen eine so enge Bindung des Handels an den Hersteller dar, so dass hier schon fast von Direktvertrieb gesprochen werden kann. Die Agenturverträge binden die Handelsbetriebe so stark an die Konzeption des Herstellers, dass sie ihre wirtschaftliche Selbständigkeit fast vollständig aufgeben. Ein Beispiel ist das auch vielfach in den Medien diskutierte System von Post-Agenturen der DEUTSCHEN POST DHL. Mit der Umstellung ihres Filialnetzes setzt das Unternehmen verstärkt auf Post-Agenturen im Einzelhandel, die dann in Lebensmittelgeschäften, in Tabakwarenläden, in Getränkemärkten oder im Zeitschriftenkiosk zu finden sind. Die Grundlage dieses Agentursystems sind Postagenturverträge, deren hoher Bindungsgrad bereits für viel Diskussions- und Gesprächsstoff gesorgt hat.

Überhaupt sind **Systemzentralen** beim Vertrieb ihrer Produkte und Dienstleistungen häufig durch rechtliche und regulatorische Auflagen in ihrer unternehmerischen Freiheit eingeschränkt. Neben dem Postmarkt ist z.B. auch die Automobilindustrie und das Vertragshändlersystem durch die EU-Gruppenfreistellungsverordnung 1400/2002/EG betroffen. Von Bedeutung sind dabei insbesondere Vorschriften bei der Wahl der Hersteller zwischen selektivem und exklusivem Vertrieb, der Trennung von Verkauf und Service, der Erleichterung von Mehrmarkenvertrieb sowie dem Verkauf von Automobilen an Leasingunternehmen.

4.2 Physische Distribution

nicht lesen

Neben der akquisitorischen Distribution stellt die **physische Distribution,** die auch die **Marketing-Logistik** beinhaltet, den zweiten Kernbereich der Distributionspolitik dar. Es geht hierbei um die Warenverteilungsprozesse in einem Unternehmen. Erst wenn der Zielkunde die von ihm gewünschte Produktleistung in der richtigen Qualität und Quantität, zur richtigen Zeit am richtigen Ort in Besitz nehmen kann, ist der grundlegende, physische Distributionsvorgang für ein Unternehmen abgeschlossen.

Die folgende Abbildung zeigt exemplarisch ein Logistiksystem:

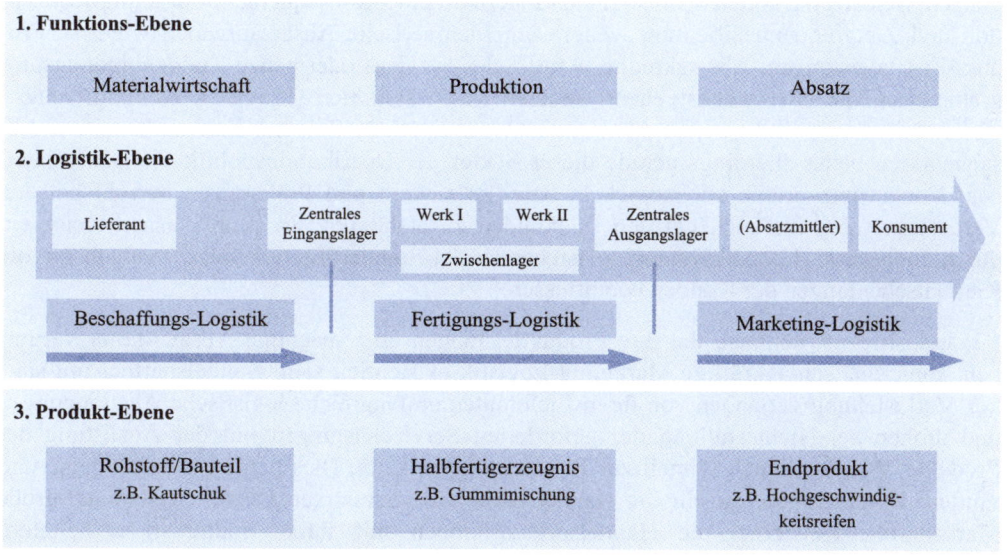

Abb. 97: Logistiksystem einer Unternehmung

Die **Marketing-Logistik** überbrückt räumliche und zeitliche Distanzen zwischen Produktbereitstellung (z.B. im zentralen Fertigwarenlager) und Produktübergabe bzw. -verwendung beim Endabnehmer und beschäftigt sich so als absatzbezogener Teilbereich der Unternehmenslogistik mit der Transformation der betrieblichen Leistungen vom Ort ihrer Entstehung bis hin zur Ablieferung bei den Kunden. Sie vervollständigt damit das Logistiksystem einer Unternehmung, dessen dem Absatz vorgelagerte Teilbereiche im Wesentlichen die Fertigungs- und Beschaffungslogistik sind. Das Logistiksystem steuert als integrierte Querschnittsfunktion alle Güter-, Waren- und Informationsprozesse eines Unternehmens über die klassischen Funktionsbereiche und ist Grundlage für ein effizientes **Supply Chain Management** einer Unternehmung.

Die physische Distribution umfasst mit den Komponenten Lieferbereitschaft, Lieferzuverlässigkeit und Lieferflexibilität eine marketingpolitische Service-Dimension (*Scharf/Schubert* 2001: 337ff.).

- **Lieferbereitschaft** kennzeichnet die Verfügbarkeit der Angebotsprodukte im Warenlager des Herstellers und ist die Basis für die Realisation von kurzen Lieferzeiten.
- **Lieferzuverlässigkeit** beinhaltet die art-, mengen- und zeitgerechte Belieferung der Kunden mit der bestellten Ware.
- **Lieferflexibilität** ist ein Maß für die Fähigkeit eines Unternehmens, sich an den Wünschen der Kunden auszurichten.

Der **Lieferservice** bezieht sich ausschließlich auf den körperlichen Aspekt von Warenbewegungen. Selbstverständlich schließen sich innerhalb einer konsequenten Marketing-Konzeption und Zielgruppenbearbeitung weitere unternehmerische Absatzaufgaben wie z.B. Produkt-Zusatzleistungen, Absatzkredite, After-Sales-Services oder ganze Kundenbindungsprogramme an, die aber weitestgehend anderen Mix-Kategorien (Produkt-, Kontrahierungs-, Kommunikationspolitik) zuzuordnen sind. In der heutigen Zeit mit hart umkämpften Absatzmärkten bietet allerdings gerade dieser Sektor der Distributionspolitik vielfache Chancen, Konkurrenzvorteile zu entwickeln bzw. zu sichern und Präferenzen sowohl bei den Vertriebspartnern als auch bei den Endkunden zu etablieren. So kann beispielsweise ein durch modernste Logistiksysteme entstehender 24-Stunden-Lieferservice maßgebend die Kaufentscheidungen der Kunden beeinflussen.

Für Industrieunternehmen, die ihre Produktleistungen über mächtige Absatzmittler vertreiben, kann eine schlagkräftige Marketing-Logistik existentiell sein. Handelspartner mit starker Marktstellung verlangen von ihren Lieferanten umfangreiche logistische Anstrengungen und drohen bei Nichterfüllung der geforderten Serviceleistungen mit der Auslistung der Produkte, was dann auch schnell zur Realität werden kann. Dies betrifft sowohl kleine und mittlere Unternehmen, die für die Handelsbetriebe Eigenmarken herstellen als auch große Markenartikel-Konzerne, die Handelsorganisationen mit ihren Hauptmarken beliefern und/oder für diese Handelsmarken produzieren. Vor allem sind hier die Discounter zu nennen, denn wenn preisgünstige Waren des täglichen Bedarfs mit hohen Logistikanforderungen verbunden sind, haben die Logistikkosten einen großen Einfluss auf die Preisentscheidung. Der Kostenfaktor Logistik spielt auch bei sehr speziellen Produktgruppen wie Tiefkühlwaren (z.B. Eis) oder gefährlichen Gütern (z.B. chemische Gefahrenstoffe) eine große Rolle, da für Umschlags-, Transport- und Lagertätigkeiten besondere Vorkehrungen getroffen werden müssen.

Die Logistik hat in den letzten Jahren enorm an Bedeutung gewonnen und war in vielen Unternehmen eine große Potentialquelle für Optimierungsmöglichkeiten und Produktivitätsreserven. Doch oft kommt es an dieser Stelle im Unternehmen zu Zielkonflikten, da die Marketing-Logistik in entsprechender Ausführung auf der einen Seite eine gute Profilierungschance gegenüber dem Wettbewerb bietet, auf der anderen Seite aber hohe Kosten verursacht. Es gilt hier die Grundregel: Je stärker das Serviceniveau gesteigert wird, umso mehr nehmen tendenziell auch die relevanten Kosten zu. Mit Blick auf die Gewinn- und

Rentabilitäts-Ziele der Unternehmung muss eine optimale Lösung erarbeitet werden, mit der unter Berücksichtigung von externen und internen Faktoren ein möglichst hohes Lieferserviceniveau bei möglichst niedrigen Logistikkosten realisiert werden kann.

4.2.1 Teilbereiche der Marketing-Logistik

Das Marketing-Logistiksystem setzt sich aus **vier Teilbereichen** zusammen (*Specht* 1998: 92ff.):

- Auftragsabwicklungssystem,
- Lagerhaltungssystem,
- Transportsystem,
- Verpackungssystem.

Auftragsabwicklungssystem

Die Auftragsabwicklung ist das Herzstück der Marketing-Logistik, hier laufen alle Auftragsinformationen zusammen. Die Abwicklung umfasst alle Vorgänge rund um den Auftragsprozess.

Alle relevanten Auftragsdaten, wie z.B. Mengen, Preise, Konditionen und kundenspezifische Auftragsangaben (Kundennummer, Lieferort, Anlieferzeiten usw.), sind Basis für die Abwicklung. Heutzutage erfolgt dieser Prozess computergestützt auf der Grundlage von entsprechenden Datenbanken, die im Sinne einer guten Serviceorientierung des Unternehmens stets gepflegt und aktualisiert sein müssen. Die Auftragsabwicklung ist für das Unternehmen ein Instrument, um den reibungslosen Ablauf der physischen Distribution zu gewährleisten, und übernimmt dabei gleichzeitig eine Kontrollfunktion für den Erfolgsfaktor Marketing-Logistik.

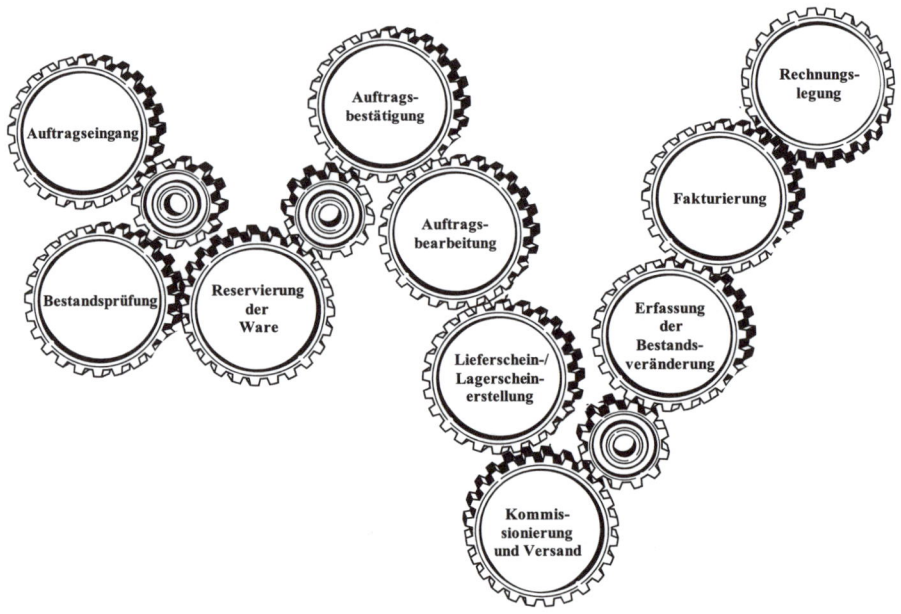

Abb. 98: Auftragsabwicklung

Lagerhaltungssystem

Die Lagerhaltung nur aus dem Blickwinkel des Kostenaspektes zu betrachten, wäre zu einseitig und würde eine auf den Absatzmarkt gerichtete Sichtweise vermissen lassen. Moderne Lagerhaltungssysteme sind für viele Unternehmen eine Voraussetzung, um einen überzeugenden Lieferservice innerhalb der Distributionskette zu installieren und damit die Basis für eine logistische Serviceorientierung. Folgende mögliche **Aufgaben der Lagerhaltung** sind dem Absatzbereich zuzuordnen:

- Servicefunktion durch Bereitstellung eines konzept- und kundenspezifischen Produkt-/ Absatzprogramms (z.B. bei Konsumgüterunternehmen),
- Servicefunktion durch den Aufbau eines kundennahen Regionallagersystems (z.B. durch Auslieferungslager),
- Produktivfunktion im Sinne der Bearbeitung und/oder Veredelung von Produkten (z.B. der Reifeprozess für hochwertige Weine und Spirituosen),
- Überbrückungsfunktion bei saisonalen Nachfrageschwankungen (z.B. der Mineralwasserkonsum im Sommer),
- Überbrückungsfunktion bei strukturellen Nachfrageveränderungen (z.B. ein Einbruch der Branchennachfrage),
- Überbrückungsfunktion bei Fehlern in der Absatzplanung (z.B. die Fehleinschätzung der Zielgruppennachfrage).

Innerhalb der Lagerhaltung für ein Unternehmen sind zwei **Grundsatzentscheidungen** zu treffen. Eine davon betrifft die Überlegung zur **Zentralisation** oder **Dezentralisation**, d.h. entweder mit einem Zentrallager oder mehreren dezentralen Lagern (Regionalla-ger/Auslieferungslager) zu arbeiten. Im Vergleich der beiden klassischen Lagerarten hat das zentrale Lager den Vorteil, dass in der Regel die Lagerhaltungskosten (Summe aus direkten Lagerkosten und Kosten der Kapitalbindung eines definierten Zeitraums) niedriger sind und der Personaleinsatz wirtschaftlicher gestaltet werden kann. Dezentrale Lager sind zwar in der Tendenz kostenintensiver, bieten aber aus Absatzsicht den Vorteil, z.B. durch Ausliefe-rungslager die Nähe zu den Zielkunden zu organisieren und auf diese Weise eine prompte und zuverlässige Belieferung dieser Kunden zu gewährleisten. Viele Unternehmen setzen heute differenzierte Ansätze (Mischformen) zur Lagerhaltung ein, um so je nach gewünsch-ter Zielsetzung eine Optimierung der Möglichkeiten zu realisieren. Eine weitere Frage stellt sich im Hinblick, ob die **Lagerhaltung in Eigenregie** (Eigenlagersystem) oder durch **An-mietung von Lagerfläche** (Fremdlagersystem) betrieben werden soll. Eigenlagersysteme haben den Vorteil, dass der gesamte Prozess der Lagerhaltung inklusive der Überwachung durch eigenes Personal vorgenommen wird. Nachteilig ist, dass hierdurch hohe Fixkosten verursacht werden. Fremdlagersysteme können je nach Bedarf eingesetzt werden und die anfallenden Kosten haben so einen stärkeren variablen Charakter. Nachteilig ist hier die geringere Einflussnahme auf den Prozess der Lagerhaltung und die Kontrolle des Lagerper-sonals.

Mächtige Unternehmen nutzen ihre starke Marktposition oft, um die eigene Lagerhaltung zu reduzieren oder sogar ganz abzubauen. Sie delegieren die Lagerfunktion und auch die damit verbundenen Serviceleistungen auf ihre Zulieferer, die dann unter Berücksichtigung der eigenen Unternehmensziele (Gewinn/Rentabilität) den komplexen Balanceakt zwischen Leistungserfüllung und Kostenkontrolle in den Griff bekommen müssen. Gelingt dies dem Unternehmen nicht, kann das zum Verlust der Wettbewerbsfähigkeit bis hin zur Insolvenz führen.

Die bekannteste Form der Abkehr von der klassischen Lagerhaltung ist das **Just-in-time-Konzept**, bei dem z.B. in der Automobilindustrie die Hersteller von ihren Lieferanten ferti-gungssynchron beliefert werden. Dieses Konzept wird in erster Linie in der Beschaffungs-Logistik angewandt, in dem die Anlieferung von Rohstoffen, Teilen und Komponenten zeit-nah zum Einsatz in der Produktion erfolgt. Heute greifen die Automobilkonzerne meist wie-der auf eine Lagerhaltung vor Ort zurück, die allerdings vom Lieferanten organisiert und bezahlt wird. Just-in-time-Ansätze finden sich aber auch in der Marketing-Logistik wieder, in dem z.B. Großhandelsorganisationen ihre Lieferanten „stand-by" halten. D.h. bei Auf-tragserteilung der Einzelhandelskunden gehen die Informationen über Warenwirtschafts- und sonstige Informationssysteme weiter zu den betreffenden Lieferanten, die dann schnellst-möglich für eine Auslieferung der Ware sorgen. Diese Auslieferungen können entweder als Lieferung auf das Zentrallager des Großhandelsunternehmens (Zentralgeschäft) oder als Direktbelieferung des Einzelhandelskunden (Streckengeschäft) erfolgen.

Transportsystem

Das Transportsystem ist eng verknüpft mit dem distributionspolitischen Ansatz einer Unternehmung. Die Transportprozesse überbrücken räumliche Distanzen, die in der physischen Distribution an das gewählte Absatzwegesystem und das aufgebaute Lagerhaltungssystem gebunden sind. Sie betreffen Warentransportleistungen vom Ausgangslager des Unternehmens zu den verschiedenen Stufen von Außenlagern und von diesen zu den Zielkunden bzw. deren Lagern. Bei der Entscheidung für das Transportgefüge einer Unternehmung ist zu berücksichtigen, dass das Transportsystem im Verbund mit den anderen Subsystemen der Marketing-Logistik Auswirkungen auf die angestrebte Servicekomponente des Unternehmens hat.

Verpackungssystem

Die Verpackung hat verschiedene **Funktionen** innerhalb der physischen Distribution zu erfüllen:

- Schutz der Ware vor Beschädigung und Zerstörung,
- Sicherstellung der Transport- und Lagerfähigkeit,
- Übermittlung von Informationen über die Eigenschaften der Ware,
- Berücksichtigung ökologischer Aspekte im Transport und bei der Lagerhaltung,
- Bildung geeigneter Transport- und Lagereinheiten/Modulsysteme.

Der letztgenannte Punkt dient in erster Linie zur Erfüllung der Ziele zur Kostenoptimierung im Rahmen von Transport- und Lagervorgängen. So ist gerade die Konsumgüterindustrie durch immer neue Rationalisierungsanforderungen an Hersteller und Handel geprägt. Immer häufiger werden aufeinander aufbauende **Modulsysteme** gefordert. Diese Modulsysteme müssen den kompletten Distributionsweg des Endprodukts berücksichtigen.

Das in Abb. 99 beispielhaft dargestellte **Anspruchsprofil an ein Distributions-Modulsystem** verdeutlicht, wie vielschichtig die Anforderungen an ein solches System sind. Oft entstehen dabei Zielkonflikte in der Unternehmung zwischen der Kostenorientierung im Hinblick auf die Preisbildung und der Marketingorientierung im Hinblick auf die Produktprofilierung. Diese Konfliktsituationen nehmen in den letzten Jahren ständig an Dynamik zu; so verzichtete z.B. der Softdrink-Marktführer COCA COLA im Sommer 2004 bei der Listung für eine spezielle 1,25 Liter Einwegflasche beim Lebensmittel-Discounter PLUS (TENGELMANN-Gruppe) auf die bisher die Marke prägende, strukturierte Flaschenform. Die glattwandige Flasche ist mit einer PLUS-Prägung versehen und unterscheidet sich in Design und Größe von bisher üblichen COKE-Flaschen. PLUS sucht, wie viele andere Discounter auch, infolge der Einführung des Pflichtpfandes für die betroffene Einwegverpackung eine sog. „Insellösung". Die Zielsetzung lautet, nur noch solche Einwegbehälter zu verkaufen, die erkennbar in den eigenen Filialen eingekauft werden und auch nur noch diese dort zurückzunehmen. PLUS stellt die Getränkeindustrie vor die Entscheidung, entweder ihre Marken im jeweiligen „PLUS-Look" anzubieten oder ansonsten ausgelistet zu werden. Dieses Beispiel zeigt zum einen die Machtstellung der Discounter im deutschen Lebensmittel-Handel und zum anderen den Anforderungsdruck an die Marketing-Logistik der Markenartikelindustrie.

Die Markenartikler müssen dabei sehr vorsichtig agieren, da sonst die Gefahr einer Erosion der Marke besteht. Hier wird auch das Spannungsfeld zwischen der Marketing-Logistik als Teilbereich der Distributionspolitik und der Marken-/Verpackungsgestaltung als Unterdisziplin der Produktpolitik deutlich.

Verkaufsverpackung	z.B. Milchtüte
Umkarton	z.B. 12 Tüten pro Lage/2 Lagen/Wrap-Around-System
Transportverpackung	z.B. Umkartons pro Palette
Palettierung	z.B. Euro-Palettensystem, Fläche 80 x 120 cm
Transportmittel	z.B. 32 Euro-Paletten pro LKW-Zug
Lagerplatzfläche Kunde	z.B. Zentrallager der Handelsorganisation
Regalplatzanforderung Kunde	z.B. Schnellaufreißsystem für Discounter
Konsumanforderung Endverbraucher	z.B. Schutz-, Informations-, Marketingfunktion
Entsorgungsanforderungen an die Verpackung	z.B. gesetzliche Vorschriften wie die Verpackungsverordnung – oder ökologische Gesichtspunkte

Abb. 99: Beispiel für ein Anspruchsprofil an ein Distributions-Modulsystem

4.2.2   Re-Distribution

Zum Gesamtumfang der physischen Distribution einer Unternehmung gehören auch punktuelle und/oder generelle Rückholleistungen sowie Recyclingprozesse. Wie schon zu Anfang des Kapitels Distributionspolitik beschrieben, sollten Unternehmen einen logistischen Rückführungskreislauf (Re-Distribution) aufgebaut haben, um bei **punktuellen Rückholleistungen**, wie z.B. Rückrufaktionen eines fehlerhaften Produktes, eine schnellstmögliche Abwicklung und optimierte Wiedereinführung zu realisieren. Nur so kann gewährleistet werden, dass ein einmaliger Produktfehler nicht zum endgültigen „Aus" des Produktes im Markt führt. **Generelle Rückholleistungen** sind vor allem von Unternehmen zu erbringen, die ihre Unternehmens-Logistik an Mehrwegsysteme gekoppelt haben, wie es beispielsweise für die Getränkeindustrie zutrifft.

Letztlich gehört auch der **Recyclingprozess** für die Entsorgung und evtl. Wiederverwertung von Produkten und/oder deren Verpackung (beispielsweise Verkaufs- und Transportverpackungen) in das Aufgabenfeld der Marketing-Logistik. Beispielsweise sind Elektroindustrie und Informationswirtschaft durch die EU-Verordnung 2002/96/EG und deren Umsetzung in deutsches Recht seit August 2005 verpflichtet, die Verantwortung für die Abfallbeseitigung alter Elektro- und Elektronikgeräte zu übernehmen. Verbraucher können die alten Produkte – vom Fernseher über den PC bis zur Stereoanlage – kostenlos bei kommunalen Sammelstellen zurückgeben und die Industrie muss für deren Re-Distribution sowie für die Verwertung und Entsorgung der Teile bzw. Materialien sorgen. Die Rücknahmepflicht betrifft auch Anlagen und Geräte, die vor Inkrafttreten des Gesetzes verkauft wurden und sich keinem Hersteller zuordnen lassen. Unter Betrachtung des produktpolitischen Aspektes ergibt sich für die angesprochenen Industrieunternehmen durch den angegliederten Recyclingprozess eine definitive Erweiterung des klassischen Produktlebenszyklus, die auf der einen Seite zwar die Kostenseite und damit die Gesamtrentabilität eines Produktes beeinflusst, auf der anderen Seite aber wiederum eine Serviceleistung der Unternehmen dokumentiert. Darüber hinaus beeinflusst dieser nachgelagerte Recyclingprozess bereits im Vorfeld die Entwicklung, Herstellung und Vermarktung, und damit den gesamten Produktlebenszyklus dieser Produkte.

5   Kommunikationspolitik

5.1   Unique Advertising Proposition

Schon seit Jahrzehnten existiert im Marketing neben dem strategisch geprägten Ansatz der **Unique Selling Proposition (U.S.P.)** (vgl. Kapitel III 4.3.2) eine kommunikationspolitisch orientierte Alleinstellungsebene, die als **Unique Advertising Proposition (U.A.P.)** bezeichnet und hier als Einstieg in die Kommunikationspolitik verwendet wird.

Die Unique Advertising Proposition konzentriert sich bei der auf gesättigten Märkten häufig anzutreffenden Austauschbarkeit des Produkts auf eine ausschließlich **werbliche alleinstellende Positionierung**. Es handelt sich aber um eine rein kommunikative Technik für ein wenig oder gar nicht differenziertes Produkt, das durch die werbliche Umsetzung in der Meinung der Zielgruppe den Rang einer früher möglichen Unique Selling Proposition erlangt. Ausschlaggebend ist nicht die durch die Produktleistung bewirkte, natürliche oder konstruierte Alleinstellung (U.S.P.), sondern die durch die Werbungsleistung erzeugte, emotionale Alleinstellung (U.A.P.) in der Vorstellung der Zielpersonen **(relevant set)**. Beispiele für erfolgreiche Umsetzungen von Unique Advertising Propositions sind die Weltmarken BACARDI und MARLBORO.

BACARDI, eine Marke des Familienunternehmens BACARDI&COMPANY, ist seit Jahren die Spirituose Nummer Eins in der Welt. Anfang der 70er Jahre war sie noch ziemlich unbekannt. Die Markenverantwortlichen beschlossen deshalb eine intensive und langfristig angelegte Werbekampagne. Der Inhalt dieser Kampagne war allerdings nicht der einzigartige Produktvorteil. Dieser konnte und kann auch heute bei BACARDI nicht gefunden werden, denn BACARDI ist nur ein Rum-Verschnitt. Das Kernprodukt BACARDI weißer Rum liegt auf der niedrigsten Rum-Qualitätsstufe, die z.B. bei guten Barkeepern als Zutat für Longdrinks vollkommen tabu ist, und bot daher von Anfang an weder einen Ansatzpunkt für eine natürliche noch für eine konstruierte Unique Selling Proposition. Übrigens lässt sich daher auch erklären, dass BACARDI weißer Rum überwiegend mit Cola gemischt getrunken wird, was bei hochwertigen Spirituosen unter Kennern undenkbar ist.

Die BACARDI-Familie musste daher für ihre Vermarktungskampagne einen völlig anderen Ausgangspunkt wählen. Rum wird zwar in vielen Ländern hergestellt, aber die Qualität eines echten Jamaika-Rums ist wohl kaum zu übertreffen. Das Geschick bei BACARDI lag nun in der schlüssigen Positionierung der Marke hin auf die Erlebniswelt und das Lebensgefühl der Karibik. Diese Erlebnispositionierung wurde vom Unternehmen mit sehr guten Kampagnen und dem entsprechenden Werbedruck kontinuierlich auf- und ausgebaut. Die Werbekampagnen sind über die Jahre hinweg konsequent aktualisiert worden, allerdings wurde dabei stets darauf geachtet, dass sie weiterhin die karibische Lebenslust transportieren. Auf diese Weise konnte das berühmte „BACARDI-Feeling" entstehen, das der Erlebnisprofilierung mittlerweile seinen Namen gibt und innerhalb der Zielgruppe als Symbol für die Karibik gilt. Diese besteht aus jungen Frauen und Männern im Alter von 18 bis 39 Jahren, wobei die Kernzielgruppe die 18- bis 24-Jährigen sind. So ist eine Unique Advertising Proposition entstanden, die den Erfolg der Marke BACARDI begründet und auch weiterhin erfolgreich zur (werblichen) Differenzierung des Produkts angewendet wird.

MARLBORO, eine Marke des multinationalen Tabakkonzerns PHILIP MORRIS, ist seit Mitte der 70er Jahre die Zigarette Nummer Eins in der Welt. Die von *Philip Morris* 1885 erstmals in London verkaufte und nach dem Earl of Marlborough benannte Zigarettenmarke wurde 1924 unter dem vereinfachten, heute weltweit bekannten Namen in den USA eingeführt. Damals war MARLBORO als reine Frauenzigarette positioniert und wurde mit einem rosa Filterende (damit der Lippenstift der Frauen nicht zu sehen war) unter dem Slogan „Mild as May" angeboten. In den 50er Jahren expandierte der Markt für Filterzigaretten stark, aber MARLBORO konnte davon nicht profitieren und verkaufte sich zunehmend schlechter. Zu dieser Zeit erfolgte die bis heute gültige Umpositionierung hin auf die Erlebniswelt und die Abenteuerromantik des Wilden Westens. Elementarer Bestandteil der nun folgenden Vermarktungskampagnen war und ist auch heute noch der Cowboy als Symbol für das authentische und romantische Image des Wilden Westens. Der Markenerfolg von MARLBORO ist geprägt von dieser Erlebnispositionierung und von dem jahrzehntelangen konsequenten Festhalten der Markenverantwortlichen an dieser Unique Advertising Proposition. Auch bei MARLBORO war eine Unique Selling Proposition nicht machbar, denn das Kernprodukt „Zigarette" ist generell problematisch. Einerseits ist die Zigarette ein Paradebeispiel für ein austauschbares Produkt und andererseits auch noch nachgewiesen gesundheitsschädlich.

Wie die genannten Beispiele zeigen, kann für ein austauschbares Produkt durch optimale Werbeanstrengungen ein unverwechselbares **Erlebnisprofil** verbunden mit der entsprechenden Marke entwickelt und aufgebaut werden. Erste Prämisse ist aber, das gewählte Erlebnisprofil muss für die Zielgruppe relevant sowie stimulierend sein und diese langfristig ansprechen. Dieses Erlebnisprofil darf zweitens noch nicht von einem Wettbewerber in ähnlichen Ansätzen benutzt bzw. durch diesen vollständig besetzt sein. Berücksichtigt die Unternehmung beide Prämissen, entsteht eine einzigartige Erlebnisprofilierung, die eine deutliche Abgrenzung zu Konkurrenzprodukten und -marken ermöglicht.

Der Begriff Unique Advertising Proposition zielt mit dem Wort „Advertising" auf die klassische Werbung als Mittel zur Positionierung und Profilierung des Angebots und hat damit, wie in den vorgenannten Beispielen erläutert, zwar seine grundsätzliche Bedeutung, diese lässt jedoch immer mehr nach. Sicherlich war bis in die 80er Jahre die Werbung das zentrale Element zur Durchsetzung von Marketing- und Kommunikationszielen. Seit dieser Zeit wird aber der klassischen Werbung im explodierenden Werbeumfeld angesichts einer massiven Zunahme von beworbenen Marken und dem entsprechenden Anstieg von Werbemedien und Werbemitteln eine nachlassende Wirkung bestätigt. Die Rahmenbedingungen haben sich durch die ansteigende Reizüberflutung erheblich geändert, so dass von einer Informationsüberlastung (information overload) durch die Werbung ausgegangen wird. Diese Bedingungen betreffen aber die Kommunikationsanstrengungen bei der U.S.P. genauso. Schon 1987 ermittelte das Institut für Konsum- und Verhaltensforschung in Saarbrücken unter der Leitung von *Kroeber-Riel* durch eigene empirische Untersuchungen, dass der Anteil nicht beachteter Botschaften/Informationen an den tatsächlich ausgesendeten Botschaften/ Informationen in Deutschland 95% beträgt (*Kroeber-Riel/Esch* 2000: 13). Zudem ist es unstrittig, dass eine unverwechselbare Markenprofilierung in gegenwärtigen Marktsituationen nur durch das konzeptionell schlüssige und integrierte Zusammenspiel aller Marketing- und Kommunikationsinstrumente erreicht werden kann.

Mittlerweile wird in diesem Zusammenhang häufiger der Begriff **Unique Communications Proposition (U.C.P.)** verwendet, der nach Ansicht der Autoren als Weiterentwicklung der U.A.P. aufzufassen ist. Als Erweiterung der auf der klassischen Werbung basierenden U.A.P. beinhaltet die U.C.P. eine Betrachtung der Gesamtkommunikation von Erlebniswelten als Positionierungsvorteil.

5.2   Bedeutung der Kommunikationspolitik

Bisher wurden innerhalb des **Marketing-Mix** die Produkt-/Unternehmensleistung (Angebotsnutzen), die Preise und Konditionen dieser Leistung (Angebotsbedingung) sowie die Distributionsleistung (Angebotspräsenz) betrachtet. Die Kommunikationsleistung (Angebotsprofilierung) besteht als vierter integraler Marketing-Mix-Faktor darin, einerseits das funktionale Leistungspaket der Unternehmung als rationale Information auf den Absatzmarkt gerichtet zu kommunizieren und andererseits dieses zusätzlich mit emotionalen Komponenten anzureichern. Nur durch die Kombination von kognitiv-argumentativen und affektivvisualisierten Komponenten wird es gelingen, das vollständige Leistungspaket einer Unternehmung eindeutig im Markt zu positionieren und deutlich gegenüber dem Wettbewerb zu differenzieren. Die Kommunikationspolitik übernimmt in **Wechselbeziehung** mit den anderen Marketing-Mix-Faktoren diese wichtigen Basisaufgaben.

Produktpolitik
- Grundlage für eine Marken-Positionierung,
- Kommunikation eines Produkt-Grundnutzens,
- Auf-, Ausbau und Aktualisierung einer Marke,
- Präsentation einer Produktinnovation unter Auflösung möglicher Marktwiderstände,
- Vorstellung einer Produktvariation, Produktdifferenzierung oder eines Produkt-Relaunch,
- Steuerung einer gezielten Produktelimination,
- Erläuterung eines Verpackungskonzeptes,
- Darstellung einer Serviceleistung.

Kontrahierungspolitik
- Basis für die Festlegung des Preisniveaus von Markenprodukten (Premium-/Präferenz-Preisstellung),
- Begründung bzw. Rechtfertigung des Endpreises,
- Bekanntmachung bzw. Rücknahme von Preis-Aktivitäten (z.B. Einführungspreise, Ausverkaufspreise, Rabatt-Aktionen, indirekte Preisreduzierungen),
- Einsatz zur Konzept-Differenzierung im Rahmen der Niedrigpreispolitik (z.B. Kommunikationskampagne „Kleine Preise" des Lebensmittel-Discounters PLUS).

Distributionspolitik
- Nachfrageaktivierung für den Endverkäufer/Einzelhandel (Pull-Effekt),
- Argumentationsunterstützung im Rahmen von Push-Konzepten,
- Konzept-Präsentation bei vertraglichen Vertriebssystemen (z.B. Franchise-Systeme).

Die beste Marketing-Konzeption mit optimal aufeinander abgestimmter Produkt-, Kontrahierungs- und Distributionspolitik nutzt wenig, wenn die relevanten Marktteilnehmer bzw. die definierten Zielpersonen nicht oder in zu geringem Umfang davon erfahren, kein Interesse dafür entwickeln, sich nicht rational sowie emotional angesprochen fühlen und zu guter Letzt das Produkt oder die Dienstleistung logischerweise nicht erwerben. Die Kommunikationspolitik wird deshalb oft als das Sprachrohr des Marketing bezeichnet und stellt die Abrundung der Konzeption dar.

5.3 Kommunikationswirkung und Kommunikationsprozess

Die angestrebte **Kommunikationswirkung** lässt sich durch das **AIDA-Modell** verdeutlichen:

- **A** = **Attention** (Aufmerksamkeit erregen),
- **I** = **Interest** (Interesse wecken),
- **D** = **Desire** (Wunsch erzeugen),
- **A** = **Action** (Kaufhandlung auslösen).

Nur wenn die Zielperson den für sie konzipierten Werbespot eines Unternehmens wahrnimmt, der Inhalt des Spots sie interessiert, die Botschaft bei ihr ein relevantes Bedürfnis anspricht und gleichzeitig in ihr den Wunsch nach dem Produkt weckt, besteht die Chance, dass diese Person das beworbene Produkt auch kauft. Gelingt es nicht, diese Wirkungskette zu erzielen, die mit dem Kauf des Produkts endet, mag der beispielhaft angesprochene Spot vielleicht noch als vom Unternehmen bezahlte Unterhaltung gewertet werden können, er ist aber keine Werbung und hat definitiv seine Zielsetzung verfehlt.

Die **Kaufwirkung** muss nicht unbedingt sofort einsetzen, aber egal ob das Kaufziel kurz-, mittel- oder langfristig angestrebt wird, letztlich ist es immer ein abschließendes Ziel der Kommunikation mit der Zielperson. Es wird daher auch die direkte und indirekte Beeinflussung des Kaufverhaltens unterschieden.

Eine **direkte Beeinflussung** des Kaufverhaltens findet dann statt, wenn ein Verbraucher unmittelbar dazu motiviert wird, ein bestimmtes Produkt zu kaufen. Der Konsument vollzieht den Entscheidungsprozess zum Kauf des Produktes innerhalb einer kurzfristigen Zeitspanne. Ausgelöst wird dieser Prozess durch Impulse und Anstöße, wie beispielsweise:

- Die Vorführung oder Party im Wohnungsbereich des Kunden, wie sie im Direktvertrieb charakteristisch ist,
- die emotional anregende und einladende Schaufensterdekoration eines Einzelhandelsgeschäftes,
- der Duft frischer Ware, wie es in Bäckereien oder Kaffeebars üblich ist,
- die Probier- oder Präsentationsaktion im Handelsgeschäft, die auch als Point of Sale (POS)-Maßnahme bezeichnet wird,
- der Werbe-Spot im Vorspann bzw. in der Pause einer Kinovorstellung, eines Konzertes oder einer sonstigen Event-Veranstaltung,
- die Bannerwerbung, die in direkter Verbindung mit dem Produktangebot steht.

Eine **indirekte Beeinflussung** des Kaufverhaltens findet dann statt, wenn ein Verbraucher mittelbar dazu motiviert wird, ein bestimmtes Produkt zu kaufen. Der Konsument vollzieht den Entscheidungsprozess zum Kauf des Produktes in einer mittel- oder sogar langfristigen

Zeitspanne. Die prozessauslösenden Impulse und Anstöße benötigen eine längere Wirkungs-dauer; beispielsweise:

- wird im Rahmen einer erfolgreichen Einführungskampagne durch das Wahrnehmen und Verarbeiten einer entsprechenden Anzahl eines Werbespots durch die Zielperson eine Aktivierung und eine positive Einstellung derselben zum neuen Produkt erzielt. Erst jetzt kann als logische Konsequenz der Erstkauf der Produktneuheit erfolgen.
- wird durch Maßnahmen der Öffentlichkeitsarbeit das Unternehmen als Ganzes darge-stellt. Dieses baut so über Jahre hinweg Vertrauen auf, und wenn im Zielpublikum eine positive Einstellung (goodwill) gegenüber dem Unternehmen vorhanden ist, wird es zu verstärkten Kaufhandlungen kommen, die auf die PR-Arbeit zurückzuführen sind.

Der **Kommunikationsprozess** lässt sich kurz und knapp anhand der Kommunikationsformel von *Lasswell* (1967) erläutern:

- **Wer** (Kommunikator: Unternehmen, Organisation),
- **sagt was** (Botschaft),
- **über welchen Kanal** (Werbeträger, Verkäufer),
- **zu wem** (Kommunikant: Zielperson, Zielgruppe, Marktteilnehmer),
- **mit welcher Wirkung** (Kommunikationserfolg: Kauf, Image, Einstellungen, Verhalten).

Eine Kommunikation ist dann erfolgreich zu Stande gekommen, wenn der Empfänger (Kommunikant) die übermittelte Botschaft (Stimulus) aufnimmt, begreift und im Sinne der Zielsetzung weiterverarbeitet, wobei der Grad der Zielerreichung davon abhängig ist, inwie-weit der Kommunikationsprozess störungsfrei abläuft. Idealerweise wird die erfolgte Infor-mationsverarbeitung dem Sender (Kommunikator) schnellstmöglich in einer Rückmeldung (Reaktion) erkennbar. Beispielsweise führt ein Unternehmen im Rahmen seines Direktmar-keting eine Mailing-Aktion per Briefversand durch. Die im Mailing enthaltenen Informatio-nen (Stimuli) werden so zur Zielgruppe kommuniziert und können z.B. über ein Antwort-schreiben (Reaktion) zurückgekoppelt werden. Die Unternehmung kann auf diese Weise die Wirkung ihrer Kommunikation (Response) relativ schnell messen und somit den Erfolg der Aktion bewerten. Hätte das Unternehmen diese Aktion über einen E-Mail-Versand im Inter-net organisiert, wäre die Rückkopplung sogar noch schneller möglich gewesen.

Die folgende Darstellung zeigt den gesamten **Marketing-Kommunikationsprozess** im Überblick:

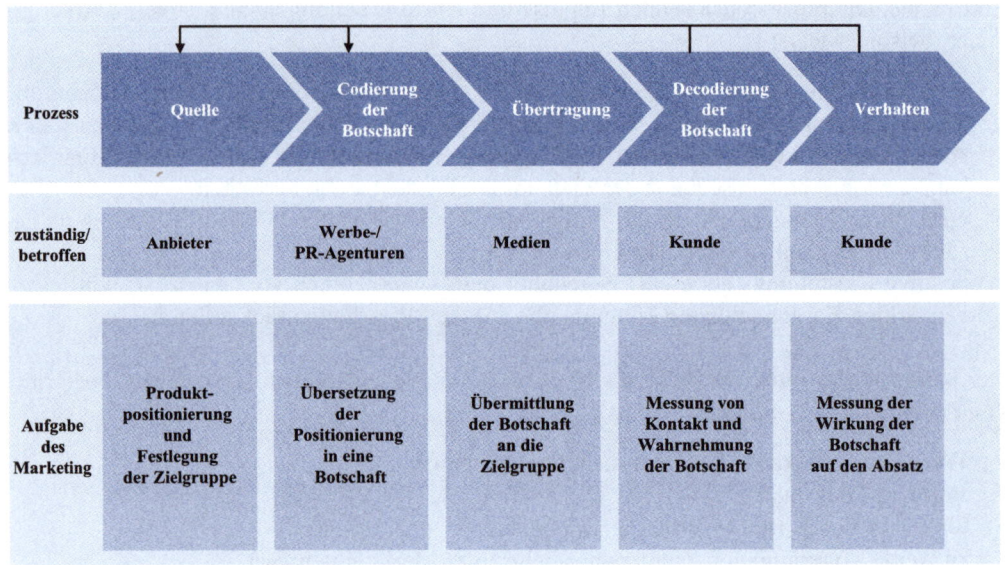

Abb. 100: Marketing-Kommunikationsprozess (Scharf/Schubert 2001: 218)

Marktstudien haben hinreichend bewiesen, dass die Konsumenten in vielen Konsumgüterkategorien nur zwei bis vier Marken spontan nennen können. Um zu diesen Marken zu gehören, die Verbraucher innerhalb einer Produktgattung in ihren Köpfen **(relevant set)** gespeichert haben, müssen diese eine **top of mind awareness** erzielen. Dieses bedeutet aber nur, dass eine Vorentscheidung zugunsten dieser Marken von den Konsumenten im Zielmarkt vorgenommen wird, ohne dass eine bestimmte Kaufentscheidung ansteht. Damit die einzelne Marke von der relevanten Zielgruppe auch gekauft wird, bedarf es einer eindeutigen Positionierung dieser Marke. Damit diese Positionierung auch die Zielpersonen erreicht, ist eine ebenso eindeutige Kommunikationsstrategie zwingend notwendig.

Ungezählte Misserfolge in der Kommunikationsrealität machen deutlich, wie diffizil es ist, eine Botschaft so zu kreieren (codieren), dass sie problemlos, prompt und vor allem präzise von den Zielpersonen entschlüsselt (decodiert) werden kann. *Kroeber-Riel* (1990) prägte in diesem Zusammenhang die Forderung nach der Reduktion von Komplexitäten. Diese Forderung resultiert aus der bereits im Vorfeld angesprochenen Informationsüberlastung durch die Werbung und der daraus abgeleiteten ca. 5%-Chance der korrekten und vollständigen Informationsübermittlung.

Die **Reduktion von Komplexitäten** bedeutet für die Kommunikationsstrategie eines Unternehmens,

- dass diese auf einen wesentlichen Inhalt fokussiert ist und
- in der Konsequenz auf eine Botschaftsdimension beschränkt wird,

- die für die beworbene Marke authentisch ist und
- so eine eigenständige Positionierung dieser Marke möglich macht,
- wobei diese Positionierung langfristig aufgebaut und genutzt wird.

Nur so kann es gelingen, die Marke in den Köpfen und Herzen der Zielgruppe zu verankern und zugleich positive Impulse im Hinblick auf das Kaufverhalten dieser Personen für die Marke auszulösen. Ein schneller Wechsel von Werbekampagnen („Kampagnen-Hopping") und der darin enthaltenen Botschaft für eine Marke, wie es von manchen Unternehmen betrieben wird, führt nicht zu einer erfolgreichen Markenkommunikation. Oft meinen gerade Markenverantwortliche, die neu in ein etabliertes Unternehmen eintreten, unbedingt sofort Akzente setzen zu müssen. Aber auch Unternehmen mit bestehendem Marketing-Team nutzen gerne Änderungen in der Kommunikation, um damit Aktivität zu zeigen, wenn die angestrebten Marketing- bzw. Kommunikationsziele nicht schnellstmöglich erreicht werden. Dabei ist nichts einfacher, als der gegenwärtigen Markenkommunikation eine neue Richtung zu geben. Vielfach erfolgt dieser Schritt aber als reiner Aktionismus und ohne eine Analyse, wie viel Markenwert durch die bisherige Kommunikation aufgebaut wurde und welche Teile davon durchaus in Zukunft erhalten bleiben sollten. Markenwert bedeutet an dieser Stelle die durch die bisherige Kommunikation in der Zielgruppe aufgebauten Markenbestandteile. Werden einige dieser Bestandteile in der zukünftigen Markenkommunikation nicht mehr gepflegt, ist deren Aufbau sinnlos gewesen und zusätzlich ist das in den Aufbau investierte monetäre Kapital ohne bleibenden Effekt verpufft, sodass Kapital im doppelten Sinne vernichtet wird. Natürlich muss eine Markenkommunikation zu gegebener Zeit aktualisiert und unter Umständen auch neu ausgerichtet werden. Dies sollte aber nur dann geschehen, wenn im Unternehmen gesicherte Erkenntnisse aus der Marktforschung vorliegen, dass diese Änderung notwendig ist und somit zielgerichtet durchgeführt werden kann.

Eine emotionale Beeinflussung der Zielpersonen lässt sich maßgeblich über Bilder erreichen. Es wird hier aus diesem Grunde auch von der **Dominanz der Bildinformation** gesprochen, wobei damit der konsequente Einsatz von Bildkommunikation in der Werbung gemeint ist (vgl. Kapitel II 2.2.1.1). *Kroeber-Riel* (1990) stellte in diesem Kontext den Anspruch auf, die Wirkung von Bildern zusätzlich dadurch zu verstärken, dass die Kommunikation einer Marke durch ein zentrales Bildelement geprägt ist. Ein solches Bildelement bezeichnete er als **visuelles Präsenzsignal** oder **key visual** (Schlüsselbild). Die Zielsetzung ist dabei, ein inneres Bild über die Marke in den Köpfen der Zielgruppe zu verankern. Gelingt es, diesen Anker zu setzen, hat das Unternehmen eine Kommunikationsbasis geschaffen, die den Informationstransfer entscheidend erleichtert und zugleich die emotionale Bindung an die Marke verstärkt. Auf diese Weise wird die Erlebnisprofilierung einer Marke aussichtsreich unterstützt. Zwei Beispiele für visuelle Präsenzsignale sind die lila Kuh von MILKA und das grüne Schiff von BECK'S. Beide Bildelemente werden seit Jahren erfolgreich in der jeweiligen Kommunikation als Schlüsselbild eingesetzt und damit konsequent als Erkennungs- und Erinnerungssymbol für die Marke genutzt.

Der Einsatz von visuellen Präsenzsignalen in der Kommunikation hat noch einen weiteren fundamentalen Vorteil. Die Aktualisierung der Markenkommunikation ist wesentlich einfacher zu realisieren. Während das Schlüsselbild das konstante Element in der Kommunikationsstrategie darstellt und so die Kontinuität für die Marke sicherstellt, kann durch den integrativen Einbau veränderbarer Komponenten neueren Entwicklungen Rechnung getragen werden. Hierdurch ist eine Anpassung der Kommunikation ohne einen wesentlichen Verlust des vorhandenen Markenkapitals möglich.

Ein Beleg dafür und gleichzeitig eine der erfolgreichsten Erlebniskampagnen der letzten Jahre ist die 1988 entstandene „Wir machen den Weg frei"-Kommunikation der VOLKSBANKEN RAIFFEISENBANKEN. Diese Kampagne hat seitdem das früher sehr angestaubte Image des genossenschaftlichen Finanzverbundes grundlegend modernisiert, was auch die kontinuierlich durchgeführten Marktforschungsstudien beweisen. Visuelles Präsenzsignal ist hier im Vergleich zu den vorher genannten Beispielen kein Symbol wie die MILKA-Kuh oder das BECK'S-Schiff, sondern eine Perspektive als Konstante innerhalb eines jeden einzelnen Bildmotivs (Sujets) der Kampagne. Diese Perspektive zeigt immer einen freien Weg ohne Hindernisse und öffnet so den Horizont im Gesamteindruck des Bildmotivs. Die Botschaft ist im „Wir machen den Weg frei"-Prinzip so formuliert: „Die einzige Bank, die von ihren Mitgliedern getragen wird. Deshalb verstehen wir Lebensziele und Bedürfnisse besser. Und schaffen so mehr finanzielle Freiräume für ihre persönliche Unabhängigkeit." Die Kommunikationsstrategie der VOLKSBANKEN RAIFFEISENBANKEN ermöglicht auf ideale Weise den Einsatz einer sinnvollen Anzahl verschiedener Kampagnen-Sujets, die dann auch in zeitlicher Gleichschaltung den kommunikativen Auftritt in den über 13.000 Standorten prägen. Mit jedem neuen Bildmotiv wird sogleich die Kampagne aktualisiert, ohne den eingeschlagenen Pfad des bildlichen Dialoges mit der Zielgruppe zu verlassen. 2009 erfährt das „Wir machen den Weg frei"-Prinzip eine Ergänzung, indem diesem Leitspruch der Satz „Jeder Mensch hat etwas, das ihn antreibt" vorangestellt wird. Die Botschaft lautet nun: „Dieser Antrieb ist die grundlegende Kraft, die in uns Menschen steckt. Die Kraft, die uns über uns hinauswachsen lässt. Und genauso sicher, wie es etwas gibt, das Sie morgens aufstehen lässt, ist: Wir unterstützen Sie dabei, Ihre Ziele und Wünsche zu erreichen. Denn es ist unser Antrieb, Ihnen versprechen zu können: Wir machen den Weg frei." Gleichzeitig erfolgt eine visuelle Anpassung der Kommunikation, die nun individualisiert Personen als Testimonials zeigt und deren persönliche Antriebskräfte fokussiert.

5.4   Ziele der Kommunikationspolitik

Die Ziele der Kommunikationspolitik sind **Instrumentalziele**, die im Einklang mit den weiteren Zielen des Marketinginstrumentariums (Produkt-, Kontrahierungs- und Distributionspolitik) als Unterziele ihren Beitrag zur Konkretisierung sowohl der ökonomischen als auch der psychologischen Marketingziele leisten (Mittel-Zweck-Beziehung). Sie befinden sich auf der dritten Stufe des Zielsystems einer Unternehmung (vgl. Kapitel III 1). Wie in jedem Instrumentalbereich müssen auch die Ziele der Kommunikationspolitik zu instrumentellen Teilzielen aufgegliedert werden, die wiederum eine Konkretisierung der Ziele des Instrumentalbereiches Kommunikation bewirken (erneute Mittel-Zweck-Beziehung). **Instrumentelle Teilziele** befinden sich auf der vierten Stufe des Zielsystems einer Unternehmung und können wie folgt unterschieden werden: Werbeziele, Verkaufsförderungsziele, Ziele der Public Relations, Ziele des persönlichen Verkaufs, Direktmarketingziele, Sponsoringziele, Ziele im Event Marketing, Ziele des Product Placement, Ziele der Multimedia-Kommunikation, Ziele des Auftritts bei Messen und Ausstellungen.

Der vielschichtige Zusammenhang von Zielstrukturen lässt sich an dem folgenden Beispiel verdeutlichen. Die Ausgangsbasis ist ein Unternehmen, das für seine Marke X eine stringente **Zielplanung** für das kommende Jahr entwickelt hat, um den bisherigen Erfolg der Marke weiter voranzutreiben:

Marketingzielebene
1. Ökonomisches Marketingziel:
   Absatzsteigerung der Marke X zum Ende des nächsten Jahres um 3% im Vergleich zum Vorjahr.
2. Psychologisches Marketingziel:
   Erhöhung des gestützten Bekanntheitsgrades der Marke X von 78% auf 85% in der Zielgruppe bis zur Mitte des nächsten Jahres.

Instrumentalzielebene Kommunikation
1. Ökonomisches Kommunikationsziel:
   Unterstützung des gleichlautenden Marketingzieles einer Absatzsteigerung der Marke X zum Ende des nächsten Jahres um 3% im Vergleich zum Vorjahr.
2. Psychologisches Kommunikationsziel:
   Verbesserung der top of mind awareness der Marke X von Position 3 auf 2 bei den Zielpersonen bis Mitte des nächsten Jahres durch weitere Implementierung des gewählten Erlebnisprofils.

Instrumentelle Teilzielebene Werbung
1. Ökonomisches Werbeziel:
   Erreichung von 80% aller Personen aus der Zielgruppe (Reichweite) mit durchschnittlich 10 Kontaktchancen (Frequenz) im relevanten Zeitraum.
2. Psychologisches Werbeziel:
   Steigerung des ungestützten Bekanntheitsgrads des die Werbekampagne prägenden visuellen Präsenzsignals von 48% auf 55% und Verbesserung der Zuordnung des visuellen Präsenzsignals zur Marke X von 82% auf 90% im relevanten Zeitraum.

Ergänzend zu der Zielformulierung ist es für die konzeptionelle Vervollständigung dieses Beispiels wesentlich, auch die entsprechende Strategie auf jeder Ebene aufzuzeigen. Im Beispiel hat das Unternehmen sich für folgende Strategietypen als Grundrichtung für die Zielerreichung auf der entsprechenden Ebene entschieden:

Marketingstrategie

- Klassische Markenartikelstrategie (Präferenzstrategie) für die Marke X mit Tendenz zum Uptrading (Aufwertung der Marke).

Kommunikationsstrategie

- Erlebnisprofilierung der Marke X im Rahmen der definierten emotionalen Positionierung unter Einsatz des ausgesuchten visuellen Präsenzsignals mittels Integrierter Kommunikation (vgl. Kapitel IV 5.8.2).

Werbestrategie

- Einsatz der reichweitenstarken Basismedien Fernsehen und Publikumszeitschriften unter besonderer Berücksichtigung einer hohen Eindrucksqualität bei der Mediaselektion und Verknüpfung dieser Medien mit dem Internet Marketing im Sinne der Cross-Media-Kommunikation (vgl. Kapitel IV 5.8.3).

Zusätzlich bleibt anzumerken, dass im Beispiel aus Vereinfachungsgründen nur Werbung als Instrument der Kommunikationspolitik dargestellt ist. In der Praxis werden auf dieser Ebene von Unternehmen meist Kommunikations-Pakete (z.B. bestehend aus Werbe-, Verkaufsförderungs-, PR- und Internet-Maßnahmen) geschnürt, um die festgelegte Kommunikationszielsetzung zu realisieren. Darüber hinaus sollte in der Unternehmenspraxis neben der Kommunikationspolitik auch der Einsatz der anderen Marketing-Mix-Bereiche (Produkt-, Kontrahierungs- und Distributionspolitik) im Sinne einer ganzheitlichen Betrachtung die Erreichung der Marketingzielsetzung konsequent unterstützen. Der gesamte Prozess der Kommunikationssteuerung und -regelung in einem Unternehmen lässt sich idealtypisch durch den **Regelkreis der Marktkommunikation** veranschaulichen:

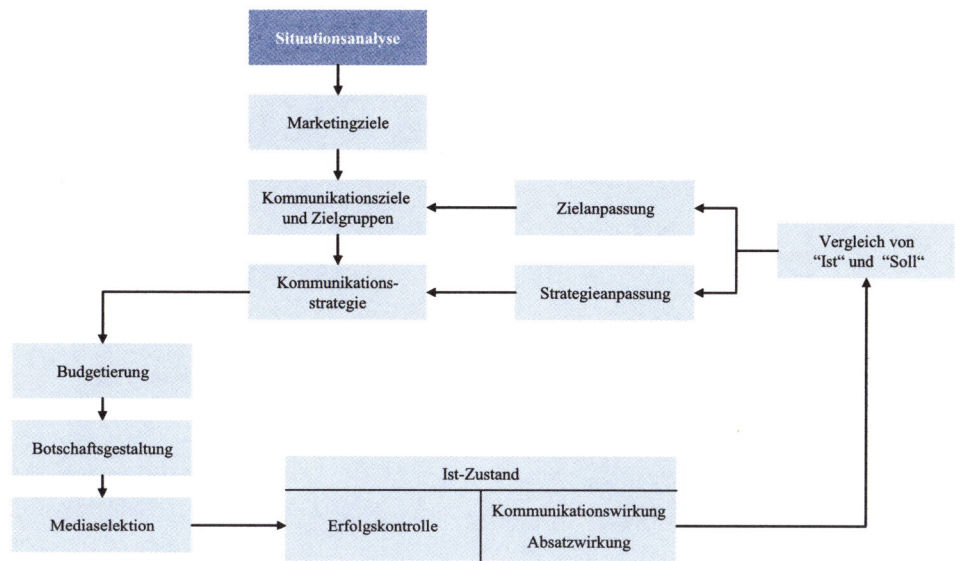

Abb. 101: Regelkreis der Marktkommunikation (Meffert 2000: 688)

5.5   Push- versus Pull-Konzept

Wenn ein Unternehmen vor der Frage steht, welche Instrumente mit welcher Gewichtung das für die Erreichung der Kommunikationsziele sinnvollste Maßnahmen-Paket beinhalten soll, ist die gewählte Marketingstrategie als Basisstrategie der Unternehmung entscheidende Vorstufe für die Beantwortung dieser Frage. Ist die Basisstrategie, wie im vorhergehenden Beispiel gewählt, eine klassische Markenartikelstrategie, gilt es diese in eine entsprechende Kommunikationsstrategie zu überführen. In dem Beispiel entschied sich das Unternehmen an dieser Stelle für eine Erlebnisprofilierung im Rahmen der emotionalen Positionierung der Marke. Bevor nun die kommunikationspolitischen Instrumente zielgerichtet und strategiekonform ausgewählt werden können, ist als weitere Zwischenstufe festzulegen, ob das Maßnahmen-Paket eher einen Push- oder Pull-Effekt im Zielmarkt bewirken soll. In diesem Zusammenhang wird in der Kommunikation auch vom Push- oder Pull-Konzept gesprochen. Ist hier eine Entscheidung getroffen worden, lassen sich nun die Kommunikationsinstrumente konzeptgerecht bestimmen und zu einem bestmöglichen Paket zusammenstellen. Die folgende Abbildung stellt den Push- und Pull-Effekt anschaulich dar:

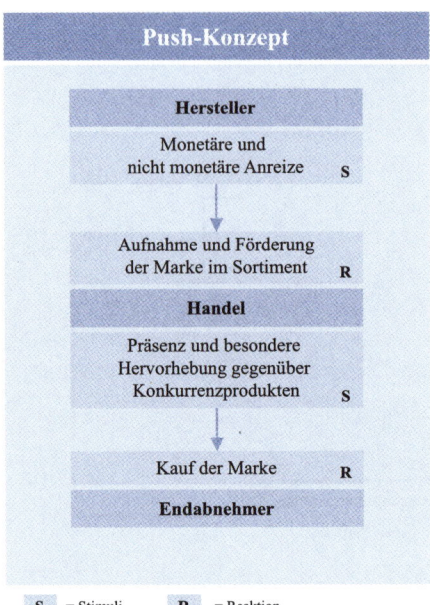
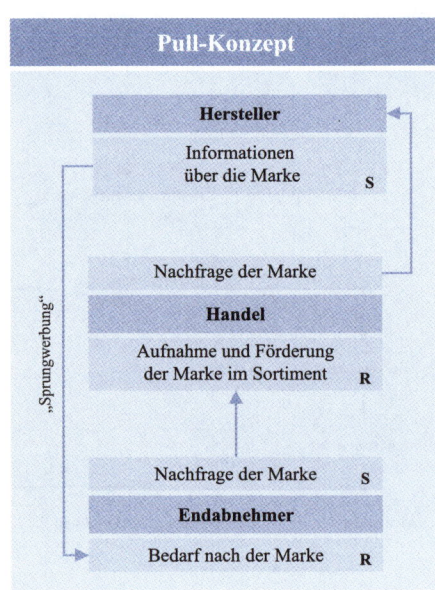

Abb. 102: Push- versus Pull-Konzept (Meffert 2000: 648)

Beim **Push-Konzept** legt das Unternehmen innerhalb der Kommunikationspolitik einen starken Akzent auf alle diejenigen Maßnahmen, die seine Handelspartner motivieren sollen, das Markenprodukt in ihr Sortiment aufzunehmen und dieses in den Geschäftsräumen der angeschlossenen Handelsbetriebe in Richtung auf den Endabnehmer konzeptadäquat (z.B. durch optimale Regal- und/oder Sonderplatzierungen) zu präsentieren. Typisch für einen solchen konzeptionellen Ansatz sind Hinein- und Abverkaufsmaßnahmen der Verkaufsförderung. Zur Abrundung des Konzeptes sollten (als Motivationsanreiz) oder müssen (als Reaktion auf die Machtposition des Handels) auch Maßnahmen aus den anderen Instrumentalbereichen, wie z.B. im Rahmen der Kontrahierungspolitik besondere Konditionen, einbezogen werden. Hier sind insbesondere Listungszahlungen und Aktionsrabatte vorstellbar.

Beim **Pull-Konzept** richtet das Unternehmen seine Kommunikationspolitik stärker akzentuiert auf alle diejenigen Maßnahmen aus, die den Endverbraucher mobilisieren sollen, durch das Ausüben seiner Nachfrage die Handelsorganisationen zu motivieren, die entsprechend starke Marke in ihr Sortiment aufzunehmen. Idealtypisch räumt der Handel diesem Markenprodukt in den Geschäftsräumen der angeschlossenen Handelsbetriebe schon aus eigener Motivation eine bevorzugte Stellung ein. Beispielsweise sind im Rahmen dieser konzeptionellen Orientierung Maßnahmen der Werbung in Verbindung mit gezielten Public Relations-Aktivitäten in relevanten Fachmedien (bei Nahrungsmitteln z.B. die LEBENSMITTEL ZEITUNG) denkbar. Zur Ergänzung des Konzeptes sind auch hier Maßnahmen aus den anderen Instrumentalbereichen zwingend notwendig, z.B. muss vom Unternehmen eine stringente Markenpolitik betrieben werden.

Hintergrund für die Einbeziehung der Push-/Pull-Orientierung in die konzeptionelle Ausrichtung der Kommunikation ist der schon innerhalb der Distributionspolitik beschriebene strukturelle Zielkonflikt zwischen den Herstellerunternehmen und den Handelsorganisationen innerhalb des indirekten Absatzweges der Industrie (vgl. Kapitel IV 4.1.2). Die dort ebenfalls erläuterten Begriffe des vertikalen bzw. horizontalen Marketing sind Grundlage für die Push- bzw. Pull-Orientierung der Hersteller.

Die Intensität des kooperativen Verhaltens zwischen Industrie und Handel ist stark von der jeweiligen Machtstellung im Markt abhängig. Es stehen sich dort die **Einkaufsmacht der Handelsorganisation** und die **Markenmacht des Industrieunternehmens** gegenüber. Die Ausgangssituation ist nun dadurch geprägt, wer die größere Machtposition besitzt. Ist die Einkaufsmacht der Handelsorganisation stärker ausgebildet, ist das Industrieunternehmen gewissermaßen gezwungen, seine Kommunikationspolitik mit hohen Push-Anteilen zu versehen. Ist die Markenmacht des Industrieunternehmens stärker entwickelt, hat dessen Kommunikationspolitik mit hohen Pull-Anteilen dazu geführt, dass die Handelsorganisation nur schwerlich auf diese Marke im Sortiment verzichten kann. *Becker* (2006: 596) bezeichnet eine solche Marke als **Mussmarke** für den Handel. Der weltweit fortschreitende Konzentrationsprozess im Handel hat dazu geführt, dass die Waage der Machtproportionen immer mehr zugunsten der Seite der Handelsorganisationen ausschlägt. Das bedeutet zwar nicht, dass der Handel auf die Industriemarken vollständig verzichten kann, schließlich nutzt er diese zur Profilierung seiner Einkaufsstätten. Aber er sucht sich die Marken nach ihrer Marktstellung aus, d.h. dass nur Industriemarken mit hoher Pull-Orientierung, die sich auf den ersten Plätzen im jeweiligen Marktsegment befinden, Mussmarken für den Handel sind. Einige Marktteilnehmer sprechen hier nur noch von zwei bis drei klassischen Markenartikeln in der Mitte eines jeden Marktsegments, die der Handel benötigt, da er den unteren Teil des jeweiligen Segments mit den eigenen Handelsmarken bedienen kann (vgl. Kapitel IV 2.4.2). Marken mit schwacher Marktbedeutung erzeugen entweder einen verstärkten Druck des Handels auf die Konditionenpolitik, was wiederum eine erhöhte Push-Orientierung des Herstellers zwingend notwendig macht, oder diese schwachen Marken werden gleich aus dem Sortiment ausgelistet.

Die folgende Abbildung zeigt die Mechanik erfolgreicher und nicht erfolgreicher Herstellermarken-Konzepte:

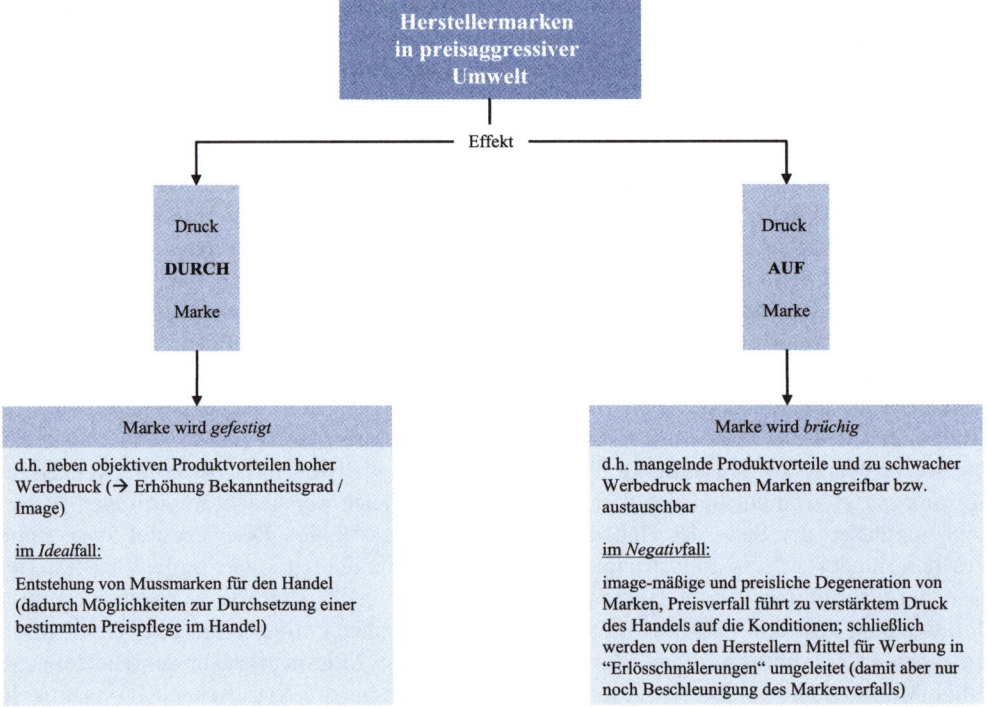

Abb. 103: Mechanik erfolgreicher und nicht erfolgreicher Herstellermarken-Konzepte (in Anlehnung an Becker 2006: 597)

Die oben beschriebene Tendenz trifft auf die Situation in Deutschland, ausgelöst einerseits durch die starke Position der Discounter, der Drogeriemärkte sowie der preisaggressiven Fachmärkte, und andererseits durch das in der Breite fehlende Vorhandensein differenzierter Vermarktungskonzepte im sonstigen Handel, besonders zu. Die strategische Reaktion beispielsweise der großen Markenartikelkonzerne NESTLE und UNILEVER ist daher in den Jahren 2003/2004 konsequenterweise die **Konzentration auf die Kernmarken**. Der NESTLE-Deutschland Chef *Patrice Bula* nahm in einem Interview im November 2003 zu diesem Thema Stellung: „Unser Fokus liegt auf den strategischen Marken, die globale Bedeutung haben." Er fügte hinzu, dass noch Marken mit hoher lokaler oder regionaler Bedeutung das Portfolio ergänzen. Die Zielsetzung sei aber stets, die Nummer Eins oder Zwei im jeweiligen Segment zu sein (*DIE WELT* 2003). *Johann C. Lindenberg*, der Vorsitzende der Geschäftsführung von UNILEVER Deutschland, äußerte sich in einer Internet-Meldung im Juni 2003 ähnlich zu diesem Thema. Von dem „deutschen Phänomen der Preisfixierung", so *Lindenberg*, seien vor allem die weniger gut positionierten B- und C-Marken betroffen. Die A-Marken oder „Brand Captains" stünden dagegen unangefochten im Markt und hätten sogar zum Teil Marktanteile hinzugewonnen (*DPA-AFX* 2003). Diese Tendenz gilt auch weiterhin. So kündigte im Jahr 2011 der BEIERSDORF-Konzern eine Bereinigung des Produktportfolios der Marke NIVEA um 19% an. *Thomas Quaas*, der Vorstandsvorsitzende der BEIERSDORF AG sagte in diesem Kontext: „Wir müssen ein Stück weit aufräumen!" (*RHEINISCHE POST* 2011)

Die geschilderten Bedingungen beeinflussen in hohem Maße die Beziehungen zwischen Industrieunternehmen und Handelsorganisationen. Die Hersteller, die ihre Produkt- bzw. Unternehmensleistungen über den indirekten Distributionskanal absetzen, übernehmen heute vielfältige Initiativen, die gewählten Handelsstufen in kooperativer Form in die Vermarktungskette so einzubinden, dass es für alle Beteiligten zu einer Win-Win-Situation kommt. Begriffe wie Efficient Consumer Response (ECR) bzw. Category Management sowie Supply Chain Management prägen daher heute das vertikale Marketing der Industrie.

Efficient Consumer Response (ECR) bezeichnet die unternehmensübergreifende und partnerschaftliche Kooperation zwischen Hersteller und Handel, die aufbauend auf gegenseitigem Vertrauen und mittels Austausch interner und externer Daten eine Erhöhung relevanter Unternehmensziele für beide Parteien möglich macht. Basis für die Zielsteigerungen im Rahmen der verbesserten Zusammenarbeit sind auf der einen Seite effizientere Marketingaktivitäten und auf der anderen Seite optimierte Kostenstrukturen innerhalb der Warenflüsse und Informationsabläufe entlang der Wertschöpfungskette. In der Regel besteht das System des ECR aus vier Elementen: Efficient Replenishment (effiziente Warenversorgung durch Erschließung von Kostensenkungspotential in den Bereichen Beschaffung und Logistik), Efficient Assortment (effiziente Sortimentsgestaltung und Warenpräsentation zur Maximierung des Umsatzes pro Quadratmeter Verkaufsfläche), Efficient Promotion (effiziente Verkaufsförderung zur Steigerung der Abverkaufsmenge bei gleichzeitig sinkenden Kosten für Verkaufsförderungsmaßnahmen) und Efficient Product Introduction (effiziente Produkteinführung bzw. Vermeidung von „Penner"-Produkten durch enge Abstimmung von Hersteller und Handel).

Das **Category Management (CM)** in den kooperierenden Unternehmen übernimmt die Aufgabe, neue Wachstumspotentiale zu realisieren, in dem alle Marketingaktivitäten im gegenseitigen Dialog optimal auf die jeweiligen Verbraucherwünsche ausgerichtet sind. Dies kann z.B. durch Effizienzsteigerung in der Produktentwicklung, in der Sortimentsgestaltung und in der Verkaufsförderung erreicht werden. Der Hersteller setzt das CM ein, um aus seiner Sicht das Angebot an den Handel im Hinblick auf dessen Bedürfnisse unter Berücksichtigung des gesamten Produktprogramms bzw. der entsprechenden Produktlinien zu koordinieren und zu steuern. Dem CM obliegt die Koordination mit Produktmanagement, Key Account Management und Sales sowie die Konzeption und Koordination aller Maßnahmen bezüglich der betreuten Warengruppen (categories). Der Handel versucht mithilfe des CM seine Warengruppen so zu steuern, dass die Kunden (Endverbraucher) sein Angebot vorziehen und hierdurch der Marktanteil erweitert und die Kundenzufriedenheit erhöht wird.

Das **Supply Chain Management (SCM)** in den zusammenwirkenden Unternehmen hat den Auftrag, Waren- und Informationsprozesse durch die Beseitigung von Ineffizienzen entlang der Wertschöpfungskette unter Berücksichtigung der Verbraucherbedürfnisse zu optimieren.

Dies kann beispielsweise durch Effizienzerhöhung in der Lagernachschubversorgung, in der operativen Logistik und in der Administration erzielt werden.

Ein prägendes Beispiel einer gelungenen ECR-Initiative ist die Zusammenarbeit des Handelsunternehmens METRO-Group und des Getränkekonzerns COCA-COLA. Die Mitarbeiter der Abteilungen Vetrieb, Marketing, Logistik und Informationstechnologie beider Konzerne optimierten 2008 gemeinsam Prozesse. Dabei wurden Lieferprobleme (sog. Regallücken) bei Softdrinks in REAL-Verbrauchermärkten aufgedeckt und anschließend deutlich reduziert. Dadurch gelang es, die Getränkeregale schneller aufzufüllen und so eine deutliche Umsatzsteigerung zu erreichen.

5.6   Klassische Kommunikationsinstrumente

Im Folgenden werden mit der Betrachtung der Werbung (Advertising), der Verkaufsförderung (Sales Promotion), der Öffentlichkeitsarbeit (Public Relations) und des persönlichen Verkaufs (Personal Selling) die vier klassischen Instrumente im Kommunikationsbereich vorgestellt und erläutert.

5.6.1   Werbung

Die bekannteste Form der Kommunikation eines Unternehmens mit den Zielpersonen in den relevanten Zielmärkten ist die klassische Werbung. Sie ist im Vergleich zum Direktmarketing eine unpersönliche Form der Massenkommunikation und hat die Aufgabe, die vom Unternehmen ausgewählten Zielgruppen anzusprechen und im Sinne der definierten Kommunikations- und Werbeziele in einer tendenziell mittelfristigen Zeitspanne zu beeinflussen. Dies geschieht mit dem Einsatz von Werbemitteln (z.B. Anzeigen) in bezahlten Werbeträgern (beispielsweise Zeitschriften).

5.6.1.1   Formen der Werbung
Die Werbung kann nach ihren unterschiedlichen Erscheinungsformen differenziert werden. Die folgende Aufstellung beinhaltet die wichtigsten **Unterscheidungsformen**:

Werbung nach Absatzstufen
- Herstellerwerbung produzierender bzw. vermarktender Unternehmen
- Handelswerbung der Handel treibenden Unternehmen

Werbung nach Werbeobjekten
- Produktwerbung zur Darstellung des relevanten Leistungsvorteils
- Absatzprogrammwerbung der Industrie zur Dokumentation der Unternehmenskompetenz
- Sortimentswerbung des Handels zur Darstellung der Einkaufsstättenkompetenz
- Imagewerbung zur Profilierung des gesamten Unternehmens

Werbung im Produktlebenszyklus
- Einführungswerbung zur Bekanntmachung des neuen Produktes bzw. der neuen Marke im Zielmarkt (Vor-/Einführungsphase)
- Expansionswerbung zur Erhöhung des Bekanntheitsgrads (Wachstumsphase)
- Erinnerungswerbung zur Erhaltung des Bekanntheitsgrads (Reifephase)
- Werbung zur Um-/Neupositionierung im Rahmen des Produkt-/Marken-Relaunch (Sättigungsphase)
- Reduktionswerbung zur gezielten Elimination des Produktes bzw. der Marke (Degenerations-/Rückgangsphase)

Werbung nach Anzahl der Werbetreibenden
- Alleinwerbung eines einzelnen, namentlich bekannten Unternehmens (Normalfall, z.B. Werbung von HENKEL für die Marke PERSIL)
- Kollektivwerbung im Sinne einer Sammelwerbung von mehreren Unternehmen unter Nennung ihrer jeweiligen Namen (z.B. Werbeaktionen zu Festtagen von lokalen Anbietern, die meist in Werbegemeinschaften zusammengeschlossen sind)
- Kollektivwerbung im Sinne einer Gemeinschaftswerbung von mehreren Unternehmen ohne Nennung ihrer jeweiligen Namen (z.B. Werbung für landwirtschaftliche Produkte durch die CENTRALE MARKETING-GESELLSCHAFT DER DEUTSCHEN AGRARWIRTSCHAFT, CMA)

Werbung nach Anzahl der Umworbenen
- Segmentwerbung definierter Zielgruppen (z.B. alle Markenverwender in einem Marktsegment)
- Subsegmentwerbung für spezifische, ausgewählte Zielpersonen (z.B. nur die Kernnutzer, auch heavy user genannt, einer bestimmten Marke)
- Individualwerbung für einzelne Ansprechpartner (z.B. nur die Meinungsführer innerhalb der Kernnutzer/heavy user dieser Marke; Ansprache z.B. in Special-Interest Zeitschriften durch eine entsprechende Kernbotschaft).

Die Werbung nach Anzahl der Umworbenen zeigt, dass auch bei unpersönlicher Massenkommunikation ein trichterförmiger, abgestufter Zuschnitt auf Segmente und spezifische Zielpersonen sowie Kernnutzer möglich ist. Des Weiteren ist ersichtlich, dass sich das moderne Kommunikationsinstrument des Direktmarketing (vgl. IV 5.7.1) aus der Individualwerbung entwickelt hat bzw. sich hierauf zurückführen lässt.

Eine bestimmte Werbung stellt immer eine Kombination der hier aufgeführten Unterscheidungsformen dar, d.h. die Einordnung in die entsprechende Erscheinungsform erfolgt in Abhängigkeit von der jeweiligen Blickrichtung auf die Werbung. So kann ein Werbespot eines Industrieunternehmens beispielsweise wie folgt in eine Kette von Erscheinungsformen kategorisiert werden: Herstellerwerbung – Produktwerbung – Expansionswerbung – Alleinwerbung – Segmentwerbung.

5.6.1.2   Entscheidungsprozess der Werbung

Ausgangspunkt des Entscheidungsprozesses der Werbung ist das Marketingkonzept mit den für die Werbung relevanten Zielentscheidungen und Strategiedefinitionen. Anschließend erfolgt im Rahmen der Vorbereitung eine intensive Werbeanalyse. Hierzu sind wesentliche Informationen über die **Werbeobjekte**, d.h. die zu bewerbenden Produkte und Leistungen des Unternehmens, erforderlich. Konsequenterweise folgt darauf die Beschreibung der **Werbesubjekte**, also der genauen Definition der zu umwerbenden Zielgruppe. Auf dieser Entwicklungsstufe der Werbeplanung gilt es, die operationalen (ökonomischen/psychologischen) **Werbeziele** zu bestimmen. Die Werbeziele bilden wiederum die Basis zur Grobkalkulation des **Werbebudgets**. Die Basiselemente des Werbekonzeptes sind in der **Copy-Strategie** festzulegen, in der die Grundkonzeption der Werbebotschaft fixiert wird. Die Copy-Strategie ist die Grundlage für die anschließende Auswahl der **Werbeträger** (Mediaselektion) bzw. deren Integration in einen Mediaplan und für die Gestaltung der **Werbemittel** (Anzeige, Spot o.a.). Vor der Realisation der Werbung ist es sinnvoll einen Pretest durchzuführen, um die Wirkung von alternativen Werbemotiven (Sujets) zu erforschen und die Werbemittel zu optimieren. Parallel kann die Auswahl des **Werbezeitraums** sowie die endgültige Feinkalkulation des Werbebudgets vorgenommen werden. Nach der Durchführung der Werbung erfolgt die **Ergebniskontrolle** der psychologischen Werbewirkung anhand von Posttests sowie des ökonomischen Werbeerfolgs.

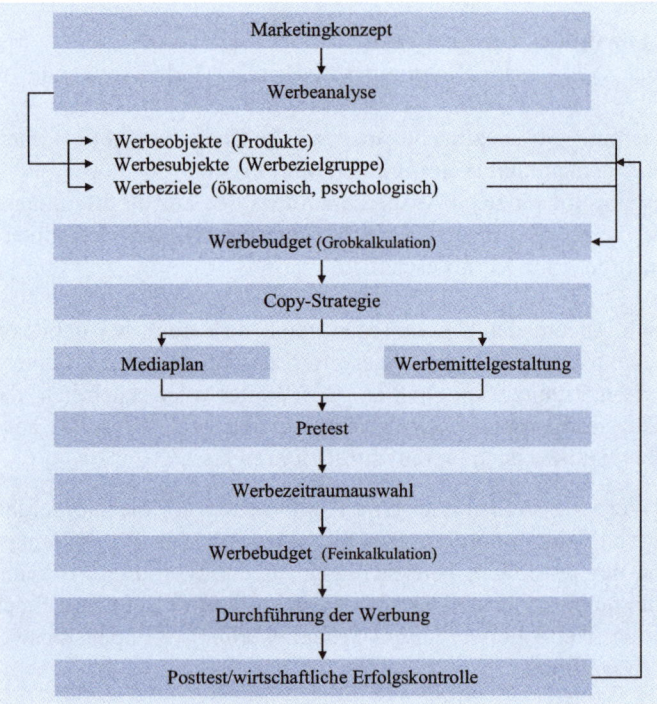

Abb. 104: Entscheidungsprozess der Werbung (in Anlehnung an Scharf/Schubert 2001: 223)

5.6.1.3 Zielgruppen der Werbung

Die Entscheidung, welche Zielpersonen mittels Werbung erreicht werden sollen, steht in direktem Zusammenhang mit der definierten Marketingstrategie und der daraus abgeleiteten Kommunikationsstrategie des Unternehmens. Aus den zu bearbeitenden Marktsegmenten können die relevanten Werbezielgruppen anhand der korrespondierenden Segmentierungskriterien identifiziert werden. Diese Segmentierungskriterien dienen gleichzeitig zur segmentspezifischen Gestaltung der Werbebotschaft. Die **Werbezielgruppe** umfasst alle Personen, die zielkonform und strategiegerecht mit der auf sie zugeschnittenen Werbebotschaft angesprochen werden sollen:

- derzeitige und/oder zukünftige Käufer,
- Käufer, die selbst nicht Verwender sind (z.B. die Werbung für das Blumenauftragssystem von FLEUROP),
- Zielpersonen, die selbst nicht Käufer sind, aber Einfluss auf die Entscheidungen der Käufer nehmen (z.B. Einflussnahme der Kinder auf die Kaufentscheidung der Eltern bei SCOUT-Schultaschen).

Die Werbezielgruppen können sich im Detaillierungsgrad von den strategisch festgelegten Kundensegmenten unterscheiden, indem sie lediglich einen konzentrierten Ausschnitt darstellen. Die genaue Beschreibung der Zielgruppe hat für die Werbeplanung eine zusätzliche Dimension. Die Werbezielgruppe muss eindeutig über verhaltensbezogene Segmentierungskriterien im Hinblick auf ihre Mediennutzung analysiert und bestimmt werden. Die Zielsetzung lautet hier, Werbeträger (z.B. TV-Sender) und Werbemittel (z.B. Werbespot) gezielt auszuwählen und im zielgruppenspezifischen Umfeld (z.B. Sendeformat) zu platzieren, dass die **Streuverluste** so gering wie möglich gehalten werden. Beispielsweise kann für eine bestimmte Zielgruppe die Schaltung von Werbespots im Rahmen der Serie „SEX AND THE CITY" beim TV-Sender PRO7 sinnvoll sein. Die Informationen über die Erreichbarkeit von Zielgruppen können werbetreibende Unternehmen anhand von eigenen Marktforschungsstudien ermitteln. Die meisten Medienanbieter stellen jedoch auch ihre Mediaanalysen den Unternehmen zur Verfügung, da diese entweder aktuelle oder potentielle Werbekunden für sie darstellen. Beispielsweise bieten Leserstrukturanalysen und Käufertypologien der Zeitschriftenverlage ihren Anzeigenkunden umfassende Informationen über Käuferstrukturen und Käuferverhalten für bestimmte Markt- und Produktbereiche.

5.6.1.4 Werbebudgetierung

Die Budgetierung von Werbemaßnahmen ist eine bereits seit Jahrzehnten diskutierte Thematik und eng mit der individuellen Zielplanung eines Unternehmens verbunden. Das Problem besteht darin, die optimale Höhe der Werbeaufwendungen festzulegen. Es gilt dabei exakt die Höhe zu treffen, die zur Erreichung der vom Unternehmen definierten Werbeziele notwendig ist. Die Marketingwissenschaft hat aufwendige mathematische Modelle entwickelt, die jedoch alle eine Schwachstelle aufweisen, da sie die Werbewirkungsfunktion für das zu bewerbende Produkt benötigen. In der Praxis haben sich **vier** vereinfachte **Methoden zur Budgetbestimmung** durchgesetzt:

Ausgabenorientierte Methode

Bei dieser Methode orientiert sich die Budgetierung der Werbung an den vorhandenen Finanzmitteln der Unternehmung zu Beginn der Werbeperiode, die aus dem Gewinn der abgelaufenen Periode resultieren. Der Nachteil dieser Methode liegt in der mangelnden Berücksichtigung des beabsichtigten Wirkungseffekts der Werbung zur Erreichung der Werbeziele. In der Konsequenz bedeutet diese Methode, dass wenn kein Gewinn erwirtschaftet wurde, nicht geworben werden kann.

Prozentsatz vom Umsatz-Methode

Bei der umsatzorientierten Methode wird das Werbebudget in Relation zu dem realisierten oder geplanten Umsatz einer Periode festgelegt. Häufig wird dabei ein Prozentsatz vom Umsatz gewählt, der dem Branchendurchschnitt entspricht. Das Spektrum schwankt für Industriegüter zwischen 1% bis 10% des Umsatzes, es kann aber, z.B. in der Kosmetikbranche, auch 30% bis 50% des Umsatzes erreichen. Es gibt zwei Kritikpunkte an dieser Methode. Zum einen ist die Wahl des Prozentsatzes eher als willkürlich zu bezeichnen. Zum anderen würde ein Umsatzrückgang ein niedrigeres Werbebudget und damit auch eine reduzierte Werbewirkung zur Folge haben, was wiederum zu einer Umsatzverschlechterung führen könnte.

Konkurrenzorientierte Methode

Dieser methodische Ansatz kann in zwei Sub-Methoden unterteilt werden: Bei der **Wettbewerbs-Paritäts-Methode** wird das Werbebudget eines Unternehmens an die Werbeausgaben der Hauptkonkurrenten angepasst und auf diese Weise eine Verhältnismäßigkeit der Mittel im Zielmarkt erzeugt. Grundlage für diese Sub-Methode ist das Vorhandensein von Konkurrenzinformationen, die aber das weltweit führende Medienforschungsunternehmen NIELSEN MEDIA RESEARCH in Ansätzen als Brutto-Werbeaufwendungen vieler Gesamtunternehmen liefern kann. Diese Sub-Methode wird häufig in stark wettbewerbsintensiven Märkten angewandt, weil es hier keinen Sinn macht, das Werbebudget an Gewinn oder Umsatz zu orientieren, wenn das eigene Unternehmen um den Verbleib im Markt kämpft. Unter diesen Umständen müssen oft intern finanzielle Mittel zugunsten der Werbung umgeschichtet werden, allerdings kann dies nur unter Berücksichtigung der gesamten Liquiditätssituation des Unternehmens geschehen.

Bei der **Werbeanteils-Marktanteils-Methode** erfolgt die Bestimmung des Werbebudgets in Relation zum absatz- oder umsatzbezogenen Marktanteil des Unternehmens. Voraussetzung ist hier ebenfalls das Vorliegen von Informationen über die gesamten Werbeaufwendungen einer Branche. Für viele Branchen werden die Brutto-Werbeaufwendungen von NIELSEN MEDIA RESEARCH ermittelt. Fixiert ein Unternehmen sein Werbebudget im Verhältnis zu seinem Marktanteil, erkauft es sich einen sog. **Share of Voice**, der mit dem Marktanteil korrespondiert. Der vom Unternehmen im Markt erzeugte finanzielle Werbedruck entspricht prozentual dem Marktanteil dieses Unternehmens. Soll die Werbezielsetzung eine Marktanteilssteigerung (Marketingziel) unterstützen, muss das Unternehmen den Share Of Voice entsprechend höher ansetzen. Liegt der aktuelle Marktanteil bei 30% und soll auf 35% gesteigert werden, ist der Share of Voice auf 35% oder mehr zu erhöhen.

Problematisch an den beiden konkurrenzorientierten Methoden erweist sich, dass einerseits die Basis für die Werbebudgetierung auf vergangenheitsbezogenen Marktdaten beruht, und andererseits der Wettbewerb stark über die Werbung ausgetragen wird. Dies kann zu einer Vernachlässigung anderer Kommunikations- und Marketinginstrumente führen.

Ziel- und Aufgaben-Methode

Diese Methode legt die Höhe des Werbebudgets nach den angestrebten Werbezielen fest, wobei die finanzielle Situation und die Wettbewerbsbedingungen des Unternehmens berücksichtigt werden. Sie ist somit die sinnvollste aller Ansätze zur Festlegung eines Werbebudgets, setzt aber eine schlüssige Zielplanung und -struktur in dem Unternehmen voraus. Die Werbeziele müssen operationalisiert sein, um konkrete Handlungsanweisungen abzuleiten und ihre Wirkung vorherzubestimmen. Das folgende fiktive Beispiel verdeutlicht diese Methode:

Ein Unternehmen plant die Einführung von fettreduzierten Erdnuss-Flips. Das Produkt soll FEREFLI heißen und sich marketingstrategisch an ernährungsbewusste Singlehaushalte mit Tendenz zur Selbstverwöhnung (Cocooning-Trend) richten. Die ausgewählte Zielgruppe beinhaltet ca. 4 Mio. Haushalte. Über die zielgruppenrelevanten Medien sind etwa 80% der Haushalte, also ca. 3,2 Mio. Singles, zu erreichen. Ökonomisches Marketingziel der Unternehmung ist es innerhalb von acht Monaten 3% der erreichbaren Haushalte, also 96.000 Singles, als Stammkunden zu gewinnen. Aus bisherigen Markterfahrungen mit vergleichbaren Produkten weiß das Unternehmen, dass etwa 25% der Personen, die ein neues Produkt ausprobiert haben, zu Stammkunden werden. Folgerichtig müssen bei der Zielsetzung von 3% Stammkundenanteil viermal so viele Konsumenten angeregt werden, das Produkt FEREFLI wenigstens zu probieren. Das ökonomische Kommunikationsziel lautet: Erzielung einer Erstkaufrate von 12% in dem durch die Werbung erreichbaren Teil der Zielgruppe. Aus der Werbeforschung ist bekannt, dass mindestens zehn Werbekontakte notwendig sind, damit 10% bis 20% der kontaktierten Zielpersonen eine Botschaft auch verstehen und annehmen. Das Unternehmen liegt unter Einbezug dieser Werbekontaktfrequenz mit einer geplanten Erstkaufrate von 12% im realistischen Bereich. Das ökonomische Werbeziel lautet: Erreichung von 80% aller Personen aus der Zielgruppe (Reichweite) mit durchschnittlich zehn Kontaktchancen (Frequenz).

Dem Unternehmen ist aus der Mediaforschung bekannt, dass es mit den zielgruppenrelevanten Medien etwa 80% der ernährungsbewussten Singlehaushalte mit Tendenz zur Selbstverwöhnung ansprechen kann. Diese Reichweite von 80% multipliziert mit der gewünschten Frequenz von zehn Kontaktchancen ergibt den Wert 800. Dieser Wert repräsentiert die **Gross Rating Points (GRP)**, d.h. die Gesamtmenge der zur Zielerreichung erforderlichen Werbekontaktchancen. Die Gross Rating Points bilden in der Praxis vielfach die Entscheidungsgrundlage für die Werbe- und Mediaplanung. In dem Beispiel steht mit den angestrebten 800 GRP fest, welches Werbevolumen zur Erreichung des Werbeziels gekauft werden muss.

Das notwendige Werbebudget lässt sich jetzt mathematisch anhand der Durchschnittskosten pro GRP ermitteln. Eine Werbekontaktchance kostet für die in dem Beispiel ausgewählten Medien im Durchschnitt 3.000 €. Durch die Multiplikation der Gross Rating Points (800) mit den Durchschnittskosten pro GRP (3.000 €) ergibt sich das erforderliche Werbebudget in Höhe von 2,4 Mio. €.

5.6.1.5   Copy-Strategie

In der Copy-Strategie wird die **werbeinhaltliche Grundkonzeption** für die geplanten Werbemaßnahmen fixiert. Sie bildet den mittel- bis langfristig determinierten Rahmen für den Werbeauftritt eines Produktes, eines Absatzprogramms bzw. einer Marke (Werbeobjekt). Die Copy-Strategie dient auch als Vorgabe für die kreative Gestaltung der Werbebotschaft. Meistens wird sie entweder vollständig vom werbetreibenden Unternehmen in Form eines Briefings der beauftragten Werbeagentur an die Hand gegeben oder von beiden Parteien gemeinschaftlich erarbeitet.

Das Briefing umfasst neben der Copy-Strategie alle für die Entwicklung der Werbekampagne notwendigen zusätzlichen Marketingdaten (z.B. Marketing-, Kommunikations- und Werbeziele; Marketing-, Kommunikations- und Werbestrategien) sowie Informationen zum Werbeobjekt (z.B. Produktbeschreibungen, Markenelemente, Positionierungsdaten und weitere Detailhinweise). Die Copy-Strategie beinhaltet folgende **zentrale Elemente**:

Die **Positionierung** definiert das unverwechselbare Nutzen-/Leistungsangebot des Werbeobjektes (U.S.P./U.A.P./U.C.P.) und differenziert es auf diese Weise gegenüber dem Wettbewerb. Die für das zu bearbeitende Marktsegment relevante, bereits definierte **Werbezielgruppe** (vgl. Kapitel IV 5.6.1.3) wird beschrieben und das Anspruchsniveau und die Erwartungsmerkmale der Zielpersonen werden bestimmt. Der **Consumer Benefit** ist die Beschreibung des funktionalen (U.S.P.) oder emotionalen (U.A.P./U.C.P.) Nutzen-/Leistungsaspektes in Form eines glaubhaften Produkt- bzw. Markenversprechens in der Kommunikation mit der Zielgruppe. Der **Reason Why** liefert die nachvollziehbare Begründung des Produkt- bzw. Markenversprechens, entweder über natürliche bzw. konstruierte Kerneigenschaften (U.S.P.) oder psychologisch relevante Erlebniswelten (U.A.P./U.C.P.). Mittels der **Werbeidee**, d.h. der Art und Weise der werblichen Präsentation, wird die Botschaft bestehend aus Consumer Benefit und Reason Why zur Zielgruppe transportiert, um so die Akzeptanz der Werbeaussage zu erreichen. Mit der Festlegung einer bestimmten **Tonality** ist der Grundton des Werbeauftritts definiert; Tonality wird daher auch als „atmosphärische Verpackung" der Werbebotschaft bezeichnet. Der gewählte Grundton soll die Beziehungsharmonie zwischen Produkt bzw. Marke und Zielgruppe herstellen und unterstützt die Imageziele (psychologische Werbeziele) für das beworbene Objekt.

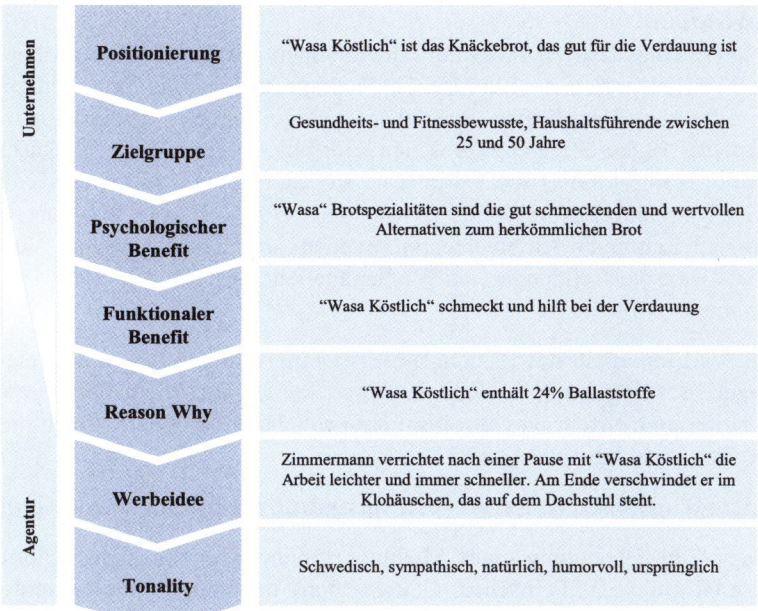

Abb. 105: Copy-Strategie am Beispiel WASA

Zur Abbildung sei ergänzend darauf hingewiesen, dass die strategische Positionierung und Zielgruppenbestimmung vom Unternehmen selbst vorgenommen wird, Benefit und Reason Why in der Regel zusammen mit der Werbeagentur bestimmt werden und die Festlegung von Werbeidee und Tonality letztlich Agenturaufgabe darstellt.

5.6.1.6   Mediaselektion

Über **Werbeträger** wird eine Werbebotschaft vom Sender zum Empfänger transportiert, d.h. sie dienen gewissermaßen der „physischen" Streuung von Werbebotschaften. Innerhalb eines Werbeträgers werden Werbemittel integriert, die für den „psychischen" (kognitiven/affektiven) Transport der Werbebotschaft zu den Zielpersonen eingesetzt werden. Die Auswahl der geeigneten Werbeträger birgt auch immer einen Optimierungsanspruch in sich. Dieser besteht im Sinne des ökonomischen Prinzips entweder darin, bei der Werbezielgruppe eine bestimmte Werbewirkung mit minimalen Kosten oder mit einem gegebenen Budget eine maximale Wirkung erzielen zu wollen. Welchen Optimierungsansatz ein Unternehmen im Blick hat, hängt von der entsprechenden Ausprägung des definierten Marketingkonzepts ab. Liegen alle wesentlichen Informationen vor, erfolgt die Mediaselektion in zwei Phasen. Innerhalb der **Intermediaselektion** findet die Auswahl zwischen verschiedenen Werbeträgerkategorien (z.B. Zeitschriften versus Fernsehen) statt. Im Rahmen der **Intramediaselektion** werden dann einzelne Werbeträger innerhalb einer gewählten Kategorie (z.B. spezielle Zeitschriften aus der Kategorie Zeitschriften) bestimmt.

Intermediaselektion

Mittels der Intermediaselektion sucht ein Unternehmen die für die Werbekampagne geeigneten Werbeträgerkategorien aus **klassischen Mediagattungen** wie Zeitschriften (Sub-Kategorie: General-Interest-Zeitschriften, Special-Interest-Zeitschriften, Zielgruppenzeitschriften, Fachzeitschriften), Tageszeitungen, Fernsehen, Hörfunk, Internet, Kino, Plakat- und Außenwerbung (Out of Home-Media) aus. Darüber hinaus können auch **spezielle Mediagattungen** wie z.B. Anzeigenblätter, Adressbücher, Kataloge, DVD-/Blu-ray-Werbung, Beilagen in Zeitschriften und Zeitungen (Supplements), Banden- und Trikotwerbung, Verkehrsmittelwerbung sowie Hauswurfsendungen als Werbeträgerkategorien für eine Werbekampagne in Betracht kommen.

In der Praxis wird innerhalb des Planungsprozesses meist eine Vorauswahl relevanter Werbeträgerkategorien vorgenommen. Jede in Frage kommende Mediagattung wird anhand festgelegter Kriterien beurteilt, inwieweit sie zur Erreichung der Kommunikations- und Werbezielsetzung beitragen können.

Abb. 106 zeigt exemplarisch einige **Werbeträgergattungen im Intermediavergleich**.

Im Hinblick auf die Bedeutung eines Mediums für die Kampagnenausrichtung wird von einem **Basismedium** (z.B. Fernsehen, Zeitschriften) und einem **flankierenden Medium** (z.B. Hörfunk, Internet) gesprochen. Hierbei gilt es zu berücksichtigen, welche Werbe-Subziele (Mediaziele) die als Basismedien und die als flankierende Medien geplanten Werbeträger erfüllen sollen. Im Rahmen einer Werbestrategie, die auf einer klassischen Markenartikelstrategie basiert, sollen die Basismedien meist die Versorgung der Reichweite sicherstellen, während die flankierenden Medien zur Ergänzung der Basiskampagne herangezogen werden, um punktuelle Akzente in zeitlicher und/oder geographischer und/oder zielgruppenspezifischer Hinsicht zu setzen.

Beispielsweise kann ein Markenartikelunternehmen, das im Rahmen seiner Kommunikationspolitik Maßnahmen-Pakete, gebündelt aus Werbung und Verkaufsförderung (VKF) einsetzt, auf diese Weise eine effiziente **Kombination aus Push- und Pull-Effekten** erzielen:

- Die bestehende Basiskampagne der Marke wird parallel zu den geplanten Aktionszeiträumen im Handel in Basismedien geschaltet und sorgt so für den grundsätzlichen Pull-Effekt. Sie bietet dadurch eine zusätzliche Argumentationsgrundlage für das Key Account bzw. Category Management des Markenartiklers, um die Handelspartner zur Teilnahme zu motivieren und damit das Durchsetzen der VKF-Aktionen im Handel zu unterstützen (Push-Effekt).

Werbeträger / Merkmale	Zeitungen	Zeitschriften	Fernsehen	Rundfunk	Film	Plakat
Funktion des Werbeträgers	Information, aktuelle Nachrichten	Information, Unterhaltung, Bildung	Information, Unterhaltung, Bildung	Information, aktuelle Nachrichten, Unterhaltung, Bildung	Unterhaltung, Erholung	Out-door-Werbung
Darstellungs-basis	Text, Bild (z.T. Farbwirkung)	Text, Bild (Farbwirkung)	Text, Bild, Ton (multisensorische Ansprache, Farbwirkung)	Ton (Sprache und Musik)	Text, Bild, Ton (multisensorische Ansprache, Farbwirkung)	Text, Bild (Farbwirkung)
Anrachearten	informierende und argumentierende Werbung	argumentierende Werbung, emotionale Appelle	emotionale Appelle, argumentierende Werbung	rationale Werbebotschaften, emotionale Appelle (nur Zusatzmedium)	emotionale Appelle (nur Zusatzmedium)	Vermittlung von Kurzinformationen (nur Zusatzmedium)
Aufnahme-situation	Inhaltsaufnahme in häuslicher Atmosphäre oder Arbeitsplatz (vormittags)	Inhaltsaufnahme in häuslicher Atmosphäre	Empfang in häuslicher Atmosphäre (nachmittags, abends)	Empfang in häuslicher Atmosphäre (ganztags)	Empfang im Filmtheater (überwiegend abends)	Inhaltsaufnahme auf der Straße (eher zufällig)
Werbenutzung	mehrmalige Nutzung möglich	mehrmalige Nutzung möglich, verschiedene Nutzungsphasen	einmalige Betrachtung, zeitlich begrenzt	einmaliger Kontakt, zeitlich begrenzt	einmalige Betrachtung, zeitlich begrenzt	mehrmalige Betrachtung denkbar
Auswahl-möglichkeit	Auswahl auf Grund Leserstruktur-Analysen	Auswahl auf Grund Leserstruktur-Analysen	Auswahl auf Grund Panelbefragung	Auswahl auf Grund Panelbefragung	keine exakte Zielgruppen-bestimmung	keine exakte Zielgruppen-bestimmung
Erscheinungs-weise	täglich	wöchentlich, vierzehntägig, monatlich	täglich	täglich	täglich (Mindestbelegung eine Woche)	täglich (Mindestbelegung zehn Tage)
Verfügbarkeit	keine Beschränkungen	keine Beschränkungen	gesetzliche Beschränkungen	unterschiedliche Beschränkung	Begrenzung auf Filmvorführungen	keine Beschränkung

Abb. 106: Intermediavergleich (Becker 2006: 586)

- Zur Information der Zielgruppe und damit zur gleichzeitigen Steigerung des Pull-Effektes kann die Basiskampagne dahingehend ergänzt werden, dass sie neben der Kommunikation der Kernbotschaft auch auf das wesentliche Element der Verkaufsförderungsmaßnahme (z.B. Marke X – zum Jubiläum jetzt 10% mehr Inhalt zum gleichen Preis) hinweist und als Option zusätzlich die an den Aktionen beteiligten Vertriebslinien der Handelspartner (z.B. in dieser Woche in allen REAL-Märkten) namentlich aufführt. Dieser VKF-Zusatz trägt zudem zu einer Steigerung der Handelsmotivation und damit des Push-Effektes bei.
- Über die flankierenden Medien lässt sich der Pull-Effekt noch weiter ausbauen, in dem die VKF-Aktionen durch regionale Funkspots und/oder lokale Großflächenplakate in der Nähe der Einkaufsstätten begleitet wird. Hierdurch lässt sich die Argumentation zum Handel noch schlüssiger gestalten und der Push-Effekt wird noch stärker begleitet. Dies kann dazu führen, dass Aktionsgebühren, wie sie mächtige Handelspartner von den Markenartikelunternehmen fordern, nicht in voller Höhe anfallen oder im Sinne eines funktionierenden Category Management echte Kooperationsmaßnahmen mit den Handelspartnern zustande kommen.

Intramediaselektion

Durch die Intramediaselektion trifft ein Unternehmen die Entscheidung, welche speziellen Werbeträger innerhalb der ausgewählten Werbeträgerkategorien eingesetzt werden sollen. Es erfolgt also eine Konkretisierung auf einzelne Werbeträger anhand der folgenden **Auswahlkriterien**. Die **räumliche Reichweite** drückt aus, welche geographische Abdeckung durch ein Medium erzielbar ist (z.B. definiert durch das Sendegebiet einer Hörfunkanstalt). Die **quantitative Reichweite** gibt an, wie hoch die Anzahl der Personen ist, die in einer bestimmten Zeit mit einem Werbeträger Kontakt haben (z.B. bestimmt durch die Auflagenhöhe bzw. die durchschnittliche Leseranzahl pro Ausgabe einer Zeitschrift). Die **qualitative Reichweite** ist eine Messgröße, die angibt, wie gut es mit Hilfe eines Mediums gelingt, genau die Werbezielgruppe zu erreichen (Streuprägnanz). Datenquellen für quantitative als auch qualitative Reichweiten sowie weiterer Informationen zur Media-Nutzung liefern zum einen Analysen der Medien, wie z.B. die Verbraucher-Analyse (VA) im Auftrag der Verlage AXEL SPRINGER und HEINRICH BAUER oder die Typologie der Wünsche Intermedia des Verlags HUBERT BURDA MEDIA, zum anderen die Media-Analyse (MA) der ARBEITSGEMEINSCHAFT MEDIA-ANALYSE – kurz AG.MA genannt – als Zusammenschluss von Zeitungen, Zeitschriften, Verlagen, Sendern und Agenturen sowie die ALLENSBACHER MARKT- UND WERBETRÄGERANALYSE AWA des INSTITUTS FÜR DEMOSKOPIE ALLENSBACH. Die **Eindrucksqualität** eines Mediums ist ein Schätzwert für die Qualität des Werbekontaktes, der von verschiedenen qualitativen Faktoren bestimmt wird, die zur Beurteilung der werbeträgerspezifischen Kommunikationsleistung herangezogen werden. Ein sehr wichtiger Faktor ist das Image des Werbeträgers zur Unterstützung der Glaubwürdigkeit einer Werbebotschaft (z.B. eine Anzeige für ein neues Automodell der Mittelklasse in der Special-Interest-Zeitschrift AUTO-BILD). Zugleich ist die Einbettung der Botschaft in das redaktionelle Umfeld des Werbeträgers entscheidend. Dabei ist eine möglichst hohe Affinität zwischen Werbeobjekt und Inhalt des redaktionellen Teils anzustreben, um eine positive Transferwirkung zu erzeugen (beispielsweise der Spot für eine Kapitalanlage einer Investmentgesellschaft im

Rahmen der Programmrubrik „Investmentcheck" des Fernsehsenders N-TV). Außerdem sind die unterschiedlichen Darstellungsmöglichkeiten bei der Gestaltung und Vermittlung von Botschaftsinhalten ein Differenzierungskriterium für Werbeträger (z.B. die Erlebnisprofilierung „Freiheit und Abenteuer" in den Spots der Marke MARLBORO auf der großflächigen Leinwand im Kino). Die **Kontaktfrequenz** hat ebenfalls eine große Bedeutung für die Entscheidung zugunsten bestimmter Werbeträger. Mit Frequenz ist die Zahl der Werbekontakte gemeint, denen eine Zielperson aufgrund der gewählten Schaltungen in einem bestimmten Zeitraum durchschnittlich ausgesetzt ist. Diese Größe ist deshalb sehr wichtig, weil die geplante Werbewirkung erst mit einer höheren Anzahl von Kontakten erzielbar ist. Die Werbewirkungsforschung geht von mindestens acht bis zehn Kontakten pro Zielperson aus. Einerseits ist zur Bewertung eines Werbeträgers in diesem Zusammenhang seine Verfügbarkeit relevant. Beispielsweise ist die Verfügbarkeit von Printmedien (Zeitschriften und Zeitungen) nahezu unbegrenzt, während die Werbezeiten im Fernsehen und Hörfunk begrenzt sind. Andererseits wird die Anzahl der Werbekontakte von der Häufigkeit der Nutzung bzw. der Nutzungschance bestimmt. Beispielsweise ist der Kontakt mit einem Fernsehspot einmalig, während im Rahmen des zehntägigen Belegungszeitraumes einer Plakatwerbung eine Person mehrmals Kontakt mit der Werbebotschaft haben kann.

Zur Beurteilung der Eignung von einzelnen Werbeträgern bzw. ganzen Mediaplänen im Hinblick auf die Kriterien Reichweite und Kontaktfrequenz stehen einem Unternehmen verschiedene Maßzahlen zur Verfügung. Besonders aussagekräftig ist die **Gesamtmenge der Kontaktchancen**, die daher häufig als Messgröße genutzt wird. Die Gesamtmenge der Kontaktchancen ergibt sich aus der Multiplikation von Reichweite und Frequenz. Diese Größe sind die bereits im Beispiel zur Werbebudgetierung anhand der Ziel- und Aufgaben-Methode beschriebenen **Gross Rating Points (GRP)**. Die GRP bilden in der Praxis oft die Basis für einen Vergleich von alternativen Mediaplänen. Werden z.B. mit einem bestimmten Mediaplan 80% der Zielpersonen (Reichweite) durchschnittlich zehnmal kontaktiert (Frequenz), dann entspricht dies einem GRP-Wert von 800. 1 GRP ist also ein Maß, bei dem 1% der Zielgruppe mit durchschnittlich einem Werbekontakt angesprochen wird. Die Aufgabe der Intramediaselektion wird für die meisten Unternehmen von hochspezialisierten **Mediaagenturen** übernommen, die über entsprechend leistungsfähige Soft- und Hardware als Arbeitsgrundlage verfügen. Die Mediaagenturen stellen dem Auftraggeber gemäß dessen Werbe- und Mediazielsetzung sowie seinen Vorgaben aus der Intermediaselektion entsprechend alternative Mediapläne als Diskussionsgrundlage vor. Diese Pläne werden dann einzeln unter Berücksichtigung der GRP, der Eindrucksqualität der im Plan vorgeschlagenen Werbeträger und der Gesamtkosten des Mediaplans analysiert und miteinander verglichen. Nach einer evtl. noch vorgenommenen Veränderung einzelner Parameter wird abschließend die Entscheidung vom Unternehmen für einen **Mediaplan** getroffen.

Die **Gesamtkosten**, die mit dem Einsatz spezieller Medien verbunden sind, stellen einen ausschlaggebenden Bestimmungsfaktor für die Mediaplanung dar. Sie setzen sich zum einen aus den Produktionskosten der Werbemittel (z.B. einer Anzeige) und zum anderen aus den Streukosten der Werbeträger (z.B. diese Anzeige im STERN) zusammen. Die Produktionskosten von Werbemitteln differieren in hohem Maße und sollten detailliert bei Werbeagenturen oder Produktionsgesellschaften angefragt werden (z.B. sind die Produktionskosten eines

TV-Spots abhängig von der gewählten Gestaltungsform und -technik, aber unabhängig davon meist höher als die Gestaltungskosten einer Anzeige für eine Tageszeitung). Die Streukosten unterschiedlicher Medien können relativ einfach anhand der sog. **Tausenderpreise** ermittelt und zum Vergleich herangezogen werden:

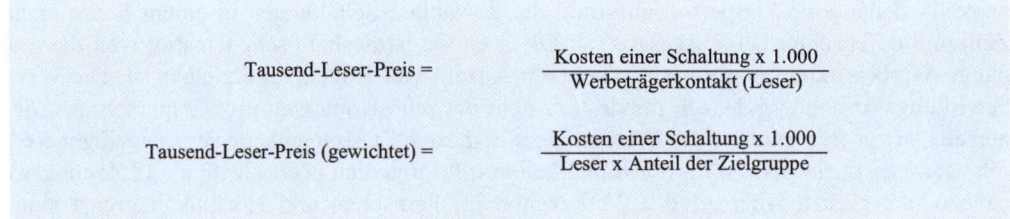

$$\text{Tausend-Leser-Preis} = \frac{\text{Kosten einer Schaltung x 1.000}}{\text{Werbeträgerkontakt (Leser)}}$$

$$\text{Tausend-Leser-Preis (gewichtet)} = \frac{\text{Kosten einer Schaltung x 1.000}}{\text{Leser x Anteil der Zielgruppe}}$$

Abb. 107: Tausend-Leser-Preise

Der gewichtete Tausend-Leser-Preis ist die wertvollere Preisbasis für einen Werbeträgervergleich, da hier entsprechend des Zielgruppenanteils an der Leserschaft eine zielgruppenspezifische Gewichtung des Tausenderpreises vorgenommen wird. Die Leserschaft einer Zeitschrift oder Zeitung wird in den seltensten Fällen mit der Werbezielgruppe zu 100% übereinstimmen. Dies gilt analog auch für einen gewichteten Tausend-Hörer-Preis bzw. gewichteten Tausend-Seher-Preis.

Abschließend ist darauf hinzuweisen, dass die Mediaagenturen aufgrund ihrer Marktstellung in der Lage sind, Sonderkonditionen und Rabatte bei den Medienunternehmen auszuhandeln, die sie in der Regel an ihre eigenen Werbekunden weitergeben.

5.6.1.7 Werbemittelgestaltung

Die Realisation der Werbebotschaft und ihre Gestaltung in konkreten **Werbemitteln** wie Anzeigen, Fernsehspots, Radiospots, Werbebanner, Videoclips, Werbefilme, Diapositive, Leuchtschriften, Signets, Einzelbilder, Plakate, Kataloge, Prospekte, Tragetaschen, Werbegeschenke usw. muss sich eng an den Werbezielen und der Werbezielgruppe orientieren. Die bereits in der Copy-Strategie festgelegten Elemente Werbebotschaft und Werbeidee sind nun in ein Werbethema zu integrieren und kreativ in Bilder und Worte bzw. Filme, Musik, Geräusche oder Düfte umzusetzen. Auf diese Aufgaben sind die Kreativen in den Werbeagenturen, zu denen in erster Linie Texter, Graphiker, Photographen und Webdesigner zählen, spezialisiert. Im Folgenden werden die wichtigsten **Gestaltungstechniken der Werbung** vorgestellt:

Slice of Life

Präsentation zufriedener Produktverwender in einer alltäglichen Lebenssituation mit einem Dialog zwischen den Personen (z.B. die am Frühstückstisch sitzende Familie in der RAMA-Werbung). Ein weiteres Beispiel stellt die typische NIMM 2-Werbung dar: Kinder betreten während des Spielens das Haus und bitten die Mutter um Süßigkeiten; die Mutter greift zu NIMM 2, Vitamine und Naschen in einem. Der Vorteil von Slice of Life ist die hohe Glaubwürdigkeit, da diese Alltagssituationen regelmäßig vorkommen und der Werbeadressat sich in den meisten Fällen mit den Inhalten identifizieren kann. Hierin liegt jedoch auch die Gefahr, dass durch die situative Darstellung einer Alltagssituation das beworbene Produkt in den Hintergrund geraten kann.

Erlebniswelt
Einbindung des Produkts oder seiner Verwendungsmöglichkeiten in eine markengerechte emotionale und erlebnisorientierte Stimmungswelt (z.B. die Erlebniswelt und das karibische Lebensgefühl „BACARDI-Feeling" oder das „weiße Buchten mit weißen Stränden-Sommergefühl für leichten Genuss" in der RAFFAELLO-Werbung, Drehort der Spots sind hier meistens die Malediven).

Lifestyle
Gestaltungstechnik für Lifestyle-Produkte, die bestimmte Lifestyles bzw. erstrebenswerte attraktive Umfelder visualisiert (z.B. YOGURETTE für figurbewusste, aktive Frauen). Die Lifestyle-Technik wird vornehmlich auch für Produkte mit reduzierter Wichtigkeit der Leistung und hoher Wichtigkeit der Sozialwirkung (z.B. Modeartikel, dekorative Kosmetik) eingesetzt.

Voice of God
Dialog zwischen dem Verbraucher und einer Stimme aus dem Nichts (z.B. lange Zeit Basis der Werbung „LENOR und das Gewissen").

Testimonial
Eine glaubwürdige und kompetente Person verbürgt sich für das angebotene Produkt. Ein Testimonial im engeren Sinne ist eine prominente Person, die als Sympathieträger der Marke das Produkt anpreist (z.B. *Thomas Gottschalk* in der HARIBO-Werbung). Im weiteren Sinne ist ein Testimonial ein Experte, der das Produkt getestet hat und für die eigene Überzeugung einsteht (z.B. Forscher in der DR. BEST-Werbung). Im weitesten Sinne können auch typische Verbraucher bzw. Verwender als Testimonials bezeichnet werden (z.B. der Fahrradkurier in der KNOPPERS-Werbung), wobei eine solch weite Definition dazu führt, dass beinahe jeder Werbespot mit Testimonials arbeitet. Daher empfiehlt sich eine definitorische Beschränkung auf Stars/Prominente und Experten.

Präsenter
Im Gegensatz zur Testimonialtechnik ist der Präsenter nicht in erster Linie Bürge für die Produktqualität, sondern eine Person, die das Produkt vorstellt und „präsentiert". Häufig werden hierzu eigens Werbefiguren geschaffen (z.B. der MELITTA-Mann oder die ARIEL-Clementine).

Tell-a-Story

Die Tell-a-Story-Technik bettet Produkte bzw. Marken in eine Dramaturgie ein, d.h. die Marke wird Teil einer Geschichte. Nachteilig an dieser Technik ist der hohe Zeitbedarf für den Spot, da das Produkt erst zu einem späteren Zeitpunkt ins Spiel kommen kann. Klassische Beispiele für diese Technik sind die KNORR-Familie und die Generationen-Story von WERTHER'S ECHTE.

Life Action/Voiceover

Darstellung von Aktionen zwischen Menschen, meist ohne Dialog, aber mit einer Überstimme (Off-Stimme) und markenrelevanter Musik untermauert (z.B. die „Like-Ice-In-The-Sunshine"-Werbung von LANGNESE).

Interview

Das Produkt wird in ein inszeniertes Interview eingebunden, das nach einer Skriptvorlage mit einem sichtbaren oder unsichtbaren Interviewer geführt wird (z.B. die Werbung der STORCK-Marken RIESEN und KNOPPERS).

Demonstration/Before and After

Hier erfolgt eine „Beweisführung" in der Werbung (technische Kompetenz oder wissenschaftlicher Nachweis), warum das angebotene Produkt besser ist als das der Wettbewerber (z.B. die ARIEL-Werbung). Beim Before and After handelt es sich um eine Spielart der Demonstration, wobei der Produktnutzen durch die Darstellung einer Situation vor und nach der Nutzung des Produktes untermauert wird.

Zeichentrick/Computeranimation

Präsentation des Produkts mit gezeichneten oder computeranimierten Szenen, wobei diese Gestaltungstechnik entweder die ganze Werbung prägt oder in real gedrehte Situationen integriert wird (z.B. CHARMIN-Bär). Auch Symbolfiguren wie MEISTER PROPER zählen zu dieser Gestaltungstechnik.

Product as Hero

Eindeutige Fokussierung auf das Produkt als „Held der Werbung" (z.B. die Produktwerbung von MERCEDES, LUCKY STRIKE, ABSOLUT VODKA).

Bevor eine Werbekampagne realisiert wird, sollte die potentielle Werbewirkung der ausgewählten Werbemittel bzw. Werbeideen durch einen **Pretest** ermittelt werden. So können etwaige Schwächen einzelner Werbemittel im Hinblick auf ihre psychologische Werbewirkung frühzeitig entdeckt und abgestellt werden. Zusätzlich bietet der Pretest auch eine Entscheidungsgrundlage für die Auswahl von alternativen Werbesujets. Nachdem die Kampagne über einen bestimmten Werbezeitraum hin geschaltet wurde, ist es gleichfalls sinnvoll, die effektive Werbewirkung durch einen **Posttest** zu überprüfen. Beide Formen der Werbewirkungsanalyse zielen darauf ab, die Erreichung der psychologischen Beeinflussungsziele einerseits als Möglichkeit im Vorfeld (Pretest) und anderseits faktisch in der Nachbearbeitung (Posttest) einer Werbekampagne zu messen und so Daten für die Werbeerfolgskontrolle bereitzustellen.

5.6.1.8   Werbetiming

Die **Auswahl des Werbezeitraums** für eine Kampagne ist in hohem Maße vom zur Verfügung stehenden Budget (z.B. pro Jahr) abhängig. Es ist dabei die Kunst, mit den gegebenen finanziellen Mitteln den Werbedruck für eine Marke innerhalb der Durchführungszeiträume genau so stark aufzubauen, dass eine optimale Werbewirkung im spezifischen Markt- und Konkurrenzumfeld erzielt wird und die Zeiten ohne Werbung für diese Marke so gewählt werden, dass der Rückgang der erzielten Werbewirkung möglichst gering ausfällt.

In der Praxis sind die Entscheidungen in Bezug auf das Werbetiming für ein Produkt bzw. eine Marke von vielen Faktoren beeinflusst. In erster Linie stellen die Kommunikations- und Werbeziele sowie die gleichlautenden Strategien die Entscheidungsbasis dar. Aus ökonomischen Gründen wird ein Produkt oder eine Marke nicht ganzjährig beworben, sondern die Werbeaktivitäten im Rahmen der Gesamtplanung sinnvoll periodisiert. Dabei werden **zwei Arten der Periodisierung** unterschieden (*Weis* 1999: 440f.):

Prosaisonale Werbung
Hier werden die Werbemaßnahmen begleitend zur Nachfrageentwicklung durchgeführt. Ziel ist es, in der Nachfragesaison, d.h. in der Zeit, in der Kaufkraft und Kaufbereitschaft bereits relativ hoch sind, die Nachfrage durch gezielte Schaltung der Werbung auf das eigene Produkt bzw. die eigene Marke zu lenken (z.B. Werbung für Sekt zu Weihnachten und Silvester).

Antisaisonale Werbung
Hier finden die Werbeaktivitäten in schwachen Nachfragezeiträumen statt, um individuellen Umsatzschwankungen und Nachfragerückgängen für ein Produkt oder eine Marke entgegen zu wirken. Dabei ist eine antisaisonale Schaltung der Werbung bei Produkten bzw. Marken mit starker Saisongebundenheit nicht empfehlenswert. Allerdings kann hier eine antisaisonale Werbung zu einer Ausdehnung der Saison und somit zur Glättung von Umsatzschwankungen beitragen (z.B. Vorverlegung oder Verlängerung der Sommersaison für Erfrischungsgetränke oder Eiscreme).

5.6.1.9   Werbeerfolgskontrolle

Wie in vielen Bereichen einer Unternehmung, aber vor allem auch vor dem Hintergrund hoher Werbekosten, ist eine Erfolgskontrolle der durchgeführten Werbemaßnahmen zwingend erforderlich. Die größte Problematik besteht aber für eine solche Kontrolle darin, die isolierte Wirkung der betrachteten Werbekampagne auf eine Erfolgskategorie hin zu bestimmen. Während die Ergebnisprüfung der **psychologischen Werbewirkung** durch einen Posttest noch relativ einfach möglich ist, bestehen bei der Erfolgskontrolle der **ökonomi-**

schen Werbewirkung besondere Zurechnungs- und Abgrenzungsprobleme. Auch wenn im Kampagnenzeitraum und danach eine Absatz-/Umsatzsteigerung für ein Produkt zu verzeichnen ist, können beispielsweise im Aktionszeitraum zusätzliche Aktivitäten in der Verkaufsförderung stattgefunden und den Absatz-/Umsatzverlauf des beworbenen Produkts beeinflusst haben. Vielleicht war in diesem Zeitraum aber auch im Vertrieb zufällig eine besonders hohe Grundmotivation vorhanden oder diese hohe Leistungsorientierung ist gezielt durch eine Provisions- und/oder Prämienzahlung erreicht worden. Hinzu kommt, dass es nahezu unmöglich ist, im Rahmen einer Werbekampagne die Wirkung einzelner Werbemittel im Hinblick sowohl auf die psychologischen als auch auf die ökonomischen Beeinflussungskategorien getrennt zu erfassen. Genauso schwierig ist es, die Wirkung von einzelnen Werbemaßnahmen zu bewerten, wenn ein Unternehmen eine Dachmarken- oder Familienmarkenstrategie verfolgt. Hier treten Synergieeffekte auf, die in ihrer Einzelwirkung nicht zu messen sind.

Um trotz dieser Probleme den Werbeerfolg einer Kampagne wenigstens abschätzen zu können, stehen diverse Verfahren zur Verfügung. Diese Verfahren sind danach zu differenzieren, ob sie für die Messung der psychologischen oder der ökonomischen Werbeziele geeignet sind.

Kontrolle der psychologischen Werbeziele

Als **Posttest** zur Kontrolle der psychologischen Werbeziele kommen in der Regel **zwei Testverfahren** in Betracht: Beim **Recall-Verfahren**, auch als Erinnerungstest bezeichnet, werden Testpersonen befragt, ob sie sich an bestimmte Werbebotschaften erinnern. Im Rahmen des Recalltests werden zwei Sub-Verfahren unterschieden: Die ungestützte und die gestützte Erinnerung. Bei der ungestützten Erinnerung (free recall) werden die Zielpersonen aufgefordert, z.B. Details eines Werbespots zu beschreiben, ohne dass in irgendeiner Weise die Erinnerung mit Informationen gestützt wird. Bei der gestützten Erinnerung (aided recall) werden den Testpersonen Informationen zur Erinnerung in unterschiedlicher Art gegeben. Beim **Recognition-Verfahren**, auch Wiedererkennungstest genannt, werden die für den Test ausgewählten Personen unter Vorlage einer Zeitschrift gefragt, welche Anzeigen sie wieder erkennen.

Darüber hinaus existieren verschiedene, speziell entwickelte Testverfahren zur Messung der Werbewirkung von Plakaten sowie Fernseh- und Rundfunkspots.

Kontrolle der ökonomischen Werbeziele

Die Kontrolle der ökonomischen Werbeziele erweist sich in der Praxis als schwierig, da die Wirkungsleistung nicht eindeutig auf die einzelne Werbemaßnahme zurückführen ist. Dennoch existieren Verfahren, die es ermöglichen, zumindest Anhaltspunkte über den Werbeerfolg abzuleiten: Eine Methode ist das sog. **BuBaW-Verfahren**. Dieses **B**estellungen **u**nter **B**ezugnahme **a**uf **W**erbemittel-Verfahren wird dann eingesetzt, wenn Werbemittel verwendet werden, die mit einem Coupon oder einem Bestellformular versehen sind. Die eingehenden Bestellungen mittels Coupon bzw. Formular werden als Indikator für den Werbeerfolg gewertet. Auf diese Weise lässt sich der zusätzliche Umsatz ermitteln und nach Abzug der Kosten für diese Werbemaßnahme auch der zusätzliche Gewinn errechnen.

Eine weitere Methode zur ökonomischen Werbeerfolgskontrolle ist die **Panelforschung**, die allerdings nur für solche Produkte in Frage kommt, die im Rahmen eines Panels erhoben werden, was in der Regel auf Verbrauchsgüter zutrifft. Die Paneldaten ermöglichen eine sehr differenzierte Auswertung, so dass sich für die ökonomische Erfolgskontrolle Annäherungswerte nach Gebieten, Zielgruppen, Handelsorganisationen und deren Vertriebslinien usw. ableiten lassen. Die bekanntesten Typen der Panelforschung sind das HOMESCAN CONSUMER PANEL und das Handelspanel MARKETTRACK, beide von ACNIELSEN sowie das Haushaltspanel der GESELLSCHAFT FÜR KONSUMFORSCHUNG (GFK).

5.6.2   Verkaufsförderung

Neben der Werbung hat sich die **Verkaufsförderung (Sales Promotion)** zum zweiten zentralen Element der Kommunikationspolitik entwickelt. Insbesondere in amerikanischen Konsumgüterunternehmen hat die Sales Promotion seit Jahren einen höheren Anteil am jährlichen Kommunikationsbudget als die Werbung. Auch in Deutschland ist der Trend festzustellen, dass die finanziellen Mittel für Verkaufsförderung kontinuierlich erhöht werden. Einerseits ist diese Entwicklung auf die Informationsüberlastung durch Werbung (information overload) zurückzuführen, die dazu führt, dass zahlreiche Unternehmen Etatpositionen für Werbung zu Gunsten von Promotionaktionen umschichten. Andererseits kommt hier für viele Konsumgüterunternehmen auch die Macht der Handelsorganisationen zum Ausdruck, die darin mündet, dass der Handel eine massive Unterstützung in der Verkaufsförderung von den Industrieunternehmen für deren Produkte einfordert. Darüber hinaus wird die Aufwertung der Verkaufsförderung von Untersuchungen verschiedener Marktforschungsinstitute gestützt, die ergeben haben, dass bis zu 70% aller Kaufentscheidungen erst am Ort des Verkaufs (Point of Sale) getroffen werden (*Fuchs/Unger* 2003: 7; *GfK* 2010).

Kennzeichen der Verkaufsförderung ist die **Zielgruppenansprache am Point of Sale (POS)** mittels zeitlich begrenzter Aktionen, um hier eine direkte Beeinflussung des Kaufverhaltens zu erreichen. Die Maßnahmen am POS dienen in erster Linie dazu, einem Produkt bzw. einer Produktlinie kurzfristige Absatzimpulse zu verschaffen, die aber auch die Zielsetzung einer ganzjährig geplanten Absatzsteigerung unterstützen können. Darüber hinaus wird die Verkaufsförderung auch zum Aufbau bzw. zur Festigung von Imagedimensionen einer Marke eingesetzt. Das klassische Promotionmittel im Konsumgütermarketing ist das sog. **Display**. Hierdurch werden primär die Markenartikel in speziellen Aufstellern (Papp-/Karton-Displays) an verkaufsattraktiven Stellen eines Handelsgeschäftes (auch Markt oder Outlet genannt) präsentiert. Diese Art der Warenpräsentation wird als Zweitplatzierung bzw. Sonderplatzierung bezeichnet, da sie im Aktionszeitraum zusätzlich zur Stammplatzierung der Produkte im Regal stattfindet. Bei größeren Zweitplatzierungen basiert die Präsentation der Ware auf Chep- oder Euro-Palettensystemen, wobei die Paletten im Rahmen eines Logistik-Mehrwegsystems wiederbenutzt werden.

Die Ziele der Verkaufsförderung konkretisieren als instrumentelle Teilziele die Kommunikationsziele einer Unternehmung und kooperieren oft eng mit den Werbezielen.

Instrumentelle Teilzielebene Verkaufsförderung

- Ökonomische Verkaufsförderungsziele:
  Platzierung einer definierten Zielmenge von Displayeinheiten der Marke X bei den Handelskunden im relevanten Zeitraum,
  Realisation von 1.000.000 Produktkontakten in der Zielgruppe innerhalb einer groß angelegten Verbraucherpromotion mit Verkostungsaktionen am POS im relevanten Zeitraum.
- Psychologisches Verkaufsförderungsziel:
  Unterstützung des Werbeziels „Steigerung des ungestützten Bekanntheitsgrads des die Werbekampagne prägenden visuellen Präsenzsignals von 48% auf 55% und Verbesserung der Zuordnung des visuellen Präsenzsignals zur Marke X von 82% auf 90% im relevanten Zeitraum" durch die Integration des visuellen Präsenzsignals in die Displaygestaltung.

Grundsätzlich tragen Verkaufsförderungsaktivitäten wesentlich zur **Umsetzung des Push-Konzeptes** eines Unternehmens bei und sind in das vertikale Marketing einzuordnen. Wie in Kapitel IV 5.5 bereits erwähnt, lassen sich die Aktivitäten in Hinein- und Abverkaufsmaßnahmen für die relevanten Produkte oder Marken unterscheiden. Wichtig ist dabei festzuhalten, dass diese Unterscheidung die Wirkung einzelner Teilbereiche einer ganzheitlich konzipierten Sales Promotion berücksichtigt. Der Zusammenhang einer solchen Promotionaktion wird an einem Beispiel veranschaulicht.

Ein **Markenartikler** plant für das kommende Jahr eine Sales Promotion für seine Marke X. Der Zeitraum soll die Monate März bis Mai umfassen. Das **Promotionkonzept** lautet wie folgt:

- Als **Hineinverkaufsmaßnahmen (Sell in)** gibt das Unternehmen Sonderkonditionen (z.B. Aktionsrabatte) an die teilnehmenden Handelspartner für den Aktionszeitraum und nutzt einen Platzierungswettbewerb zur Motivation des Marktpersonals, um die Aktion für die Marke X optimal in den einzelnen Geschäften umzusetzen. Zielsetzung dieser Maßnahmen ist es, im Hinblick auf einen vergleichbaren Normalzeitraum höhere Mengen des Aktionsproduktes in den Handel hineinzuverkaufen.
- Als **Abverkaufsmaßnahmen (Sell out)** ist ein Maßnahmen-Paket bestehend aus Displays mit integriertem Konsumentenpreisausschreiben sowie Produktverkostungen und Warenproben vorgesehen. Dieses Maßnahmen-Paket ist als Zweitplatzierungseinheit in drei Modulmaßen einsetzbar, um so den verschiedenen Vertriebslinien und Outletgrößen der Handelskunden gerecht zu werden. Zielsetzung hier ist es, die Aufmerksamkeit der Zielgruppe beim Einkauf auf das Aktionsprodukt zu lenken und so einen verstärkten Abverkauf sowohl der Aktions- als auch der Regalware der Marke X in den Handelsgeschäften herbeizuführen.

Idealerweise enthält ein konsequentes Promotionkonzept weiteren Spielraum zur Integration von spezifischen Anforderungen der jeweiligen Handelspartner. Eine maßgeschneiderte, handelsindividuelle Verkaufsförderungsaktion (z.B. speziell für die REWE-Gruppe) wird als **Tailormade Promotion** bezeichnet. Meist werden die Promotionkonzepte mit Hilfe eines Sales Folder (optisch ansprechendes Argumentationsmittel mit Bild- und Textteilen) den Ansprechpartnern im Handel vorgestellt. Dieser Sales Folder enthält alle Argumentationspunkte rund um die gesamte Verkaufsförderungsaktion. Hierzu zählen zusätzlich zur Sales Promotion alle begleitenden Kommunikationsaktivitäten. In dem gewählten Beispiel wird die Promotion z.B. durch eine begleitende Werbekampagne ergänzt. Hierbei verwendet das Unternehmen den aktuellen Werbespot der Marke X. Für den Aktionszeitraum wird dieser allerdings um einen Promotionhinweis erweitert und mit hoher Frequenz geschaltet. Außerdem wird eine PR-Kampagne die Promotion unterstützen. Die Öffentlichkeitsarbeit umfasst dabei sowohl die Marken-PR in zielgruppenrelevanten Medien als auch die Fach-PR in handelsspezifischen Medien. Alle Informationen und Daten sind im Promotion-Sales Folder enthalten, um so eine Argumentationskette aufzubauen, welche die Entscheidungsträger in den Handelsunternehmen überzeugen wird. In diesem Sinne zählt der Sales Folder auch zu den Hineinverkaufsmaßnahmen. Im Rahmen des Efficient Consumer Response koordiniert das Category und Key Account Management des Unternehmens das Promotionkonzept mit dem Category Management der jeweiligen Handelskunden mit einem zeitlichen Vorlauf von 6 bis 12 Monaten. Auf diese Weise werden die Handelspartner frühzeitig in die Planung einbezogen und zur Durchführung der Promotion in ihren angeschlossenen Geschäften motiviert.

Das hier aufgeführte Beispiel stellt den Prozess einer Sales Promotion aus der Sicht des Markenartikelunternehmens dar. Bedingt durch den Konzentrationsprozess im Handel wird es für Industrieunternehmen allerdings immer schwieriger, ihre Verkaufsförderung zu 100% im Sinne der eigenen Zielsetzung auf die Handelsstufe(n) umzusetzen. Mit steigender Tendenz organisieren die **Handelsunternehmen** konsumentengerichtete Verkaufsförderungsaktionen in eigener Regie. Beispielsweise führen diese **Themenaktionen** durch, d.h. im Rahmen einer erlebnisorientierten Einkaufsstättengestaltung werden Handelsaktivitäten am POS unter spezielle Rubriken gestellt. In diesem Sinne könnten unter dem Thema „Fit in den Frühling" Markenartikel aus dem Lebensmittelsektor wie LÄTTA, WASA und HOHES C integriert werden. Handelsorganisationen mit ausgeprägter Einkaufsmacht verlangen hierbei von den Industrieunternehmen nicht selten fünfstellige Euro-Beträge. Diese sog. Aktionsgebühr stellt dabei lediglich eine Grundgebühr zur Sicherung der Teilnahme des Industrieunternehmens an der handelseigenen Aktion dar und beinhaltet meist keine Verpflichtung zur Abnahme einer bestimmten Warenmenge durch das Handelsunternehmen. Zusatzaktivitäten wie z.B. die Integration der Produkte oder Marken des Herstellerunternehmens in die Werbung des Handels (z.B. Handzettel, Beilagen, Anzeigen) im Aktionszeitraum erfordern meist weitere Gebühren.

Die Diskussion der Bedingungen zur Durchführung von Verkaufsförderungsaktionen wird meist im Rahmen von **Jahresgesprächen** in den Zentralen der Handelsorganisationen geführt. Hier präsentieren die Industrieunternehmen ihre gesamte Jahresplanung dem Zentraleinkauf und teilweise auch den Vertriebsgremien der unterschiedlichen Vertriebslinien einer Handelsunternehmung (z.B. Vertriebslinie REAL in der METRO Group). Diese Planung kann verschiedene Promotion-Inhalte umfassen: Klassische Marken-Promotion, Aktionen bei

Produkt-Neueinführungen oder Veränderungen an bestehenden Produkten (z.B. neues Packungsdesign oder neue Packungsgrößen), Vorstellungen von Produktlinienerweiterungen, Präsentation eines Marken-Relaunch usw. Diese Jahresgespräche werden von den Industrieunternehmen mit hohem Aufwand betrieben, da sie ohne Einwilligung der genannten Gremien keine Chance zur Umsetzung ihrer Verkaufsförderung in den jeweiligen Handelsorganisationen haben.

Wie die bisherigen Ausführungen verdeutlichen, ist die Verkaufsförderung eng an den gewählten indirekten Absatzweg eines Herstellerunternehmens gebunden. Der Hersteller muss daher bei der Planung und Durchführung einer Sales Promotion **drei Stufen** beachten, die unterschiedliche Zielgruppen berücksichtigen:

1. Verkäuferpromotion (Staff Promotion)
2. Händlerpromotion (Trade Promotion)
3. Verbraucherpromotion (Consumer Promotion)

Ein schlüssiges Promotionkonzept beinhaltet alle drei Ebenen, allerdings können die Ausprägungen auf jeder Ebene unterschiedlich sein. Die diversen Möglichkeiten, die jede Stufe bietet, werden daher im Folgenden näher erläutert. Bei der Auflistung der diversen Verkaufsförderungsmaßnahmen wird auf die in vielen Standardwerken übliche Trennung von Preis-Promotions und Nichtpreis-Promotions verzichtet, da eine solche Trennung stringent nicht möglich ist. Vielmehr sind einige Maßnahmen eher preisinduziert als andere.

Verkäuferpromotion (Staff Promotion)
Dieser Ebene sind die Maßnahmen zuzuordnen, die darauf ausgerichtet sind, die Verkaufsorganisation und hier insbesondere den Außendienst eines Unternehmens zu informieren, zu motivieren, zu trainieren und im persönlichen Verkauf zu unterstützen:

- Informationsveranstaltungen (z.B. Außendiensttagungen, Sales Events),
- Verkaufsschulungen (z.B. Rollenspiele),
- Verkaufsunterlagen (z.B. Verkaufshandbücher, Argumentationshilfen),
- Aktionsbeschreibungen (z.B. Daten zur Abwicklung der Sales Promotion),
- Sales Folder (z.B. Aktionsdarstellung und Argumentationskette),
- Produktübersichten (z.B. Beschreibung und Daten des Aktionsproduktes bei einer On-pack-Promotion),
- Veröffentlichung von Testergebnissen (z.B. von Forschungsinstituten),
- Filme/Videos/CDs (z.B. zur Darstellung von Produktfunktionen oder -erlebniswelten),
- Werbedamen/Hostessen (z.B. Zuweisung von Einsatzmöglichkeiten pro Verkaufsbezirk bzw. -gebiet zur Durchführung von Verkostungsaktionen),
- Jahresgesprächsmappen (z.B. umfangreiche Unterlagen für Aktionsvereinbarungen in den Jahresgesprächen),
- Aktionsprämien (z.B. pro Verkäufer oder Verkaufsteam),
- On Top-Vergütung (z.B. für die Erreichung bestimmter Aktionsumsätze),
- Verkäuferwettbewerbe (z.B. Veröffentlichung von Ranglisten),

- Incentives für Top-Verkäufer (z.B. Teilnahme an Sportveranstaltungen oder Reisen in exklusive Urlaubsgebiete).

Händlerpromotion (Trade Promotion)

Auf dieser Ebene befinden sich die Maßnahmen im Promotionkonzept, die dazu dienen, die Absatzmittler zu informieren, sie zur Teilnahme zu motivieren, in der Durchführung zu trainieren und im Abverkauf der Aktionsware zu unterstützen:

- Händlerveranstaltungen (z.B. Händlertagungen, Mitarbeiterschulungen),
- Informations-/Ankündigungsschreiben,
- Handelsmessen und Fachausstellungen,
- Entscheidungshilfen für die Einkaufsgremien bzw. das Category Management (z.B. Produktmuster bei Onpack-Promotion),
- Bilddateien/Produktabbildungen (z.B. zur Verwendung bei Handzettel- und Beilagenwerbung sowie in Anzeigenseiten des Handels),
- Ordersatzbeilagen zur internen Abwicklung in einer Handelsunternehmung (z.B. EDEKA-Gruppe),
- Displays (z.B. Karton-Display mit Warenträger),
- Displaymaterialien (z.B. Crowner/Plakate sowie Teilnahmekarten und Einwerfboxen),
- Sonder- bzw. Zweitplatzierungen (z.B. über Displays oder Palettensysteme),
- Incentives (z.B. Werbegeschenke zur Motivation der Marktleiter),
- Koordination von Werbedamen-/Hostesseneinsätzen (z.B. zur Durchführung von Verkostungsaktionen),
- Platzierungswettbewerbe (z.B. Handelsgeschäfte mit den besten Aktionsplatzierungen gewinnen eine Teilnahme an einer Top-Musikveranstaltung),
- Schaufensterdekorationen,
- Aktionshinweise an Einkaufswagen,
- Funk-Spots (z.B. zum Einsatz als Ladenfunk),
- Videos mit Endlosschleife (z.B. zur Veranschaulichung des Produktnutzens),
- Computer/Multimedia (z.B. zur Darstellung erklärungsbedürftiger Produkte),
- Aktionsvereinbarungen in den Jahresgesprächen (z.B. Aktionszusagen),
- Listungsgelder (z.B. Aktionsgebühren),
- Sonderkonditionen (z.B. Aktionsrabatte),
- Werbekostenzuschüsse (z.B. zur Teilnahme an Handzettel-, Beilagen- und Anzeigenwerbung des Handels).

Verbraucherpromotion (Consumer Promotion)

Die letzte Ebene umfasst alle Maßnahmen, die konzipiert sind, die Konsumenten über das Produkt zu informieren, zur Beschäftigung mit diesem anzuregen, das Produkt auf diese Weise in den Köpfen der Zielgruppe zu aktualisieren (relevant set) und letztlich dieses vor Ort zu kaufen:

- Handzettel,
- Prospekte,
- Kundenzeitungen,

- Verkostungen,
- Sampling (Verteilung von Gratisproben bzw. Mustern, z.B. Mitnehm-/ Probierproben),
- Promotion-CDs (CD zur Produktvorstellung oder Erlebnisvermittlung),
- Bonuspackungen (Sondergröße des Produkts mit Hinweis auf Mehrinhalt, z.B. 10% mehr Inhalt oder 8er-Packung und zwei Produkte zusätzlich),
- Multipack (zwei oder mehr identische Produkte, die mittels Banderole verbunden oder in der Verpackung eingeschweißt sind, z.B. Doppelpack bei Duschgel, Bier-Sixpack),
- Verbundpackungen (zwei oder mehr unterschiedliche Produktvarianten oder -sorten, die mittels Banderole verbunden oder in der Verpackung eingeschweißt sind, z.B. Sonnencreme und Après-Lotion),
- Onpack (kostenlose Zugabe, die mit dem Originalprodukt fest verbunden ist, z.B. Miniradio gratis zum Rasierapparat),
- Inpack (kostenlose Zugabe in der Normalverpackung, z.B. Spielzeug in Waschmittelverpackung),
- Packung mit Zweitnutzen (z.B. Senf im Trinkglas verpackt),
- Konsumentenpreisausschreiben (z.B. „Wie viele Zähne hat ein LEIBNIZ-Keks von BAHLSEN?"),
- Gewinnspiele, Outletverlosungen (z.B. Glücksrad drehen und gewinnen),
- Coupons, Gutscheine (ermöglichen bei Vorlage im Geschäft einen Preisnachlass beim Produktkauf),
- Sammelbilder (z.B. bei HANUTA: Spieler der Fußball-Nationalmannschaft zur WM),
- Konsumentenrabatte,
- Sonderpreisaktionen.

Abschließend gilt es festzuhalten, dass Promotionkonzepte meist das Zusammenspiel mehrerer Elemente des Marketing-Mix für ein Produkt oder eine Marke nutzen. Neben den kommunikationspolitischen Maßnahmen prägen auch die Produktpolitik (z.B. Bonuspackung), die Kontrahierungspolitik (z.B. Sonderkonditionen für Handel, Sonderpreis für den Verbraucher) und die Distributionspolitik (z.B. Tailormade Promotion mit Modulvarianten für unterschiedliche Vertriebslinien einer Handelsgruppe) die Ausrichtung einer Verkaufsförderungsaktion. Die Erfolgsmessung von Promotions lässt sich u.a. mit Hilfe des scanningbasierten Handelspanels MARKETTRACK von ACNIELSEN durchführen; hiermit kann der promotionbedingte Zusatzabsatz ermittelt werden.

5.6.3   Öffentlichkeitsarbeit

Die **Öffentlichkeitsarbeit** oder **Public Relations (PR)** zählt ebenfalls zu den klassischen Kommunikationsinstrumenten und bildet zusammen mit der Werbung und der Verkaufsförderung einen Dreiklang in der Kommunikation. Die Abgrenzung der drei Instrumente untereinander kann dahingehend vereinfacht werden, dass die Verkaufsförderung tendenziell kurzfristig, die Werbung eher mittelfristig und die Öffentlichkeitsarbeit (im Sinne von Produkt-PR) zumeist langfristig den Erfolg eines Produktes oder einer Marke beeinflussen soll. Allerdings sind die Zusammenhänge in der Unternehmenspraxis meist wesentlich komplexer. Während Verkaufsförderung und Werbung überwiegend produkt- oder markenbezogene Kommunikationsziele verfolgen, geht die Öffentlichkeitsarbeit, im Sinne von Unternehmens-PR, über diese Ebene hinaus und stellt das Unternehmen als Ganzes in den Fokus der Betrachtung. Hintergrund dieses Ansatzes ist es, dass sich Konsumenten bei ihrer Kaufentscheidung nicht nur von Produktqualität und Markenimage leiten lassen, sondern sich auch am Ruf und an der Kompetenz des Unternehmens insgesamt orientieren.

Die **Zielsetzung der PR-Arbeit** ist, das Unternehmen positiv in den Blickwinkel der Öffentlichkeit zu rücken und eine Vertrauensbasis zwischen dem Unternehmen und seinem zugehörigen Umfeld aufzubauen. Hieraus lässt sich auch erklären, dass die Zielgruppe der Unternehmens-PR wesentlich breiter angelegt sein muss und über die reinen Produkt- bzw. Markenzielgruppen eines Unternehmens hinausgeht. Die Gesamtzielgruppe der PR wird in die Dimensionen externe und interne Anspruchsgruppen unterschieden.

Die **externe Zielgruppe** umfasst die relevanten Stakeholder (vgl. Kapitel II 4), d.h. an dieser Stelle alle Interessen- oder Anspruchsgruppen, die ein Unternehmen aus seinem Markt- und sonstigem Umfeld identifiziert hat:

- Beschaffungsmarkt, z.B. Lieferanten, Dienstleistungsunternehmen,
- Personalmarkt, z.B. potentielle Mitarbeiter, Personalberatungen, Personalagenturen,
- Absatzmarkt, z.B. Produkt-/Markenzielgruppen, Absatzhelfer, Handelspartner, Mitbewerber,
- Kapitalmarkt, z.B. Fremdkapitalgeber wie Banken, Vermögensverwalter, Private Equity-Gesellschaften, sonstige Investoren,
- Sonstiges Umfeld, z.B. Medienvertreter, staatliche Institutionen, Parteien, Wirtschafts- und Verbraucherverbände, Gewerkschaften, Bürgerinitiativen, Vereine, Schulen, Hochschulen, Einrichtungen der Kirchen, Wissenschaftler, usw.

Zur **internen Zielgruppe** zählen die Stakeholder, die aus dem Unternehmen heraus Ansprüche an dieses entwickeln:

- Mitarbeiter,
- Eigenkapitalgeber, z.B. Eigentümer, Gesellschafter,
- Pensionäre.

Die Öffentlichkeitsarbeit ist durch komplexe Zielgruppenstrukturen geprägt. Dies bedeutet aber nicht, dass alle Teilzielgruppen angesprochen werden sollen. Vielmehr gilt es, die instrumentelle Teilzielebene PR von der Kommunikationszielsetzung der Unternehmung abzuleiten und je nach Ausrichtung, eine detaillierte Zielgruppen- und Medienauswahl zu treffen. Beispielsweise kann die PR die Einführung einer Produktneuheit durch Ankündigungsanzeigen und redaktionelle Beiträge in Publikums- und Fachmedien des Handels unterstützen und vom Unternehmen zeitgleich bei der geplanten Ausgabe von neuen Aktien als Informationsinstrument für den Kapitalmarkt genutzt werden.

Im Rahmen der Kommunikationsprozesse mit den jeweiligen Teilzielgruppen bedient sich die Öffentlichkeitsarbeit neben der einstufigen oft auch der zweistufigen Kommunikation (vgl. Kapitel II 2.2.1.1 D. Medienumwelt). Gerade die Unternehmens-PR beinhaltet die Pflege persönlicher Beziehungen zu **Meinungsführern** und **Multiplikatoren**, um auf diese Weise z.B. in Presseinformationen, Podiumsgesprächen, Nachrichtensendungen oder Talkrunden wirtschaftliche und politische Dialoge im Sinne der Unternehmensziele zu beeinflussen. Diese Bestrebungen gipfeln in der sog. **Lobbyarbeit**. Ende des Jahres 2004 führte das Bekanntwerden von Politikern, die während ihrer parlamentarischen Arbeit gleichzeitig noch von bekannten Industrieunternehmen Zahlungen erhielten, zu einer breiten Diskussion dieser Thematik in der Öffentlichkeit und zu Rücktritten einzelner Politiker wie z.B. dem Ex-CDU-Generalsekretär *Laurenz Meyer*, der mit dem RWE-Konzern in Verbindung gebracht wurde.

Grundsätzlich ist die Öffentlichkeitsarbeit durch einen regen Austausch von Informationen zwischen Unternehmen und Medien gekennzeichnet, der normalerweise ohne Bezahlung stattfindet. Dabei liegt die Herausforderung der Public Relations darin, den Informationsgehalt einer Meldung oder Nachricht so zu gestalten bzw. zu dosieren, dass insbesondere die Entscheidungsträger in den Medienunternehmen das Informationsmaterial lesen und den Inhalt für ihre redaktionelle Berichterstattung nutzen. Z.B. setzt WASA innerhalb der PR-Arbeit interessante Geschichten im Hinblick auf das Knäckebrot mit Hinweisen zu Nährwert- und Kalorienangaben ein, um so entweder durch Produktabbildungen oder Namensnennung in den Beiträgen zu Schlankheits- oder Fitnessthemen der Frauenzeitschriften berücksichtigt zu werden.

Manche Medien stehen allerdings der Nutzung von Unternehmensinformationen im redaktionellen Teil noch aufgeschlossener gegenüber, wenn das Unternehmen zugleich auch eine bezahlte Werbung im gleichen Medium bucht. Darüber hinaus existieren noch direktere Formen der bezahlten PR, d.h. ein Unternehmen liefert Informationen gegen Bezahlung mit der Sicherheit, dass diese Informationen definitiv und meist unverändert – allerdings redaktionell aufgemacht – veröffentlicht werden. PR-Maßnahmen werden heute von den meisten Unternehmen aktiv und kontinuierlich eingesetzt, um das Unternehmen zu profilieren und einen Abstrahleffekt auf sämtliche Leistungen der Unternehmung zu erzielen. Es gibt aber Situationen, in denen die Öffentlichkeitsarbeit zwangsläufig eingesetzt werden muss bzw. im Unternehmen einen noch höheren Stellenwert erhält. Hierbei handelt es sich um unerwartete **Unternehmens-Krisen**, die in der Berichterstattung der Medien anlassbezogen und prominent aufgegriffen werden. Beispiele hierfür sind:

- SHELL bei der Entsorgung der Ölplattform Brent Spar,
- MERCEDES bei der Einführung der A-Klasse („Elch-Test"),
- DEUTSCHE BAHN bei der Einführung neuer Preissysteme,
- REAL beim Fleischumverpackungsskandal,
- LIDL bei der Bepitzelung des eigenen Personals.

Gerät das Unternehmen in eine solche Schieflage, wird die PR herangezogen, um – idealerweise in einem offenen Prozess – Sachverhalte aufzuklären, Fehler einzugestehen und Verbesserungen zu dokumentieren.

Zusammenfassend werden im Folgenden die verschiedenen **PR-Maßnahmen** aufgeführt:

- Pressekonferenzen, -gespräche,
- Diskussionsrunden,
- Vortragsveranstaltungen, Ausstellungen,
- Werksbesichtigungen, Tage der offenen Tür,
- Pressemitteilungen, Veröffentlichungen,
- Geschäftsberichte,
- Kunden-, Geschäftspartner- und Mitarbeiterzeitschriften,
- Unternehmensinterne Sport-, Kultur- und Sozialeinrichtungen,
- Redaktionelle Beiträge in Print-, Funk- und TV-Medien,
- PR-Anzeigen, PR-Spots (zur Image- und Kompetenzsteigerung des gesamten Unternehmens),
- Gründung von Stiftungen zu kulturellen, sportlichen oder sozialen Zwecken.

Alle Maßnahmen, die ein Unternehmen im Rahmen seiner Öffentlichkeitsarbeit einsetzt, müssen in das gesamte Kommunikationsinstrumentarium integriert, auf die Kommunikationsstrategie bezogen und auf die Erreichung der Kommunikations-, Marketing- und Unternehmensziele ausgerichtet sein.

5.6.4 Persönlicher Verkauf

Die persönliche und einstufige Kommunikation mit den relevanten Gesprächspartnern charakterisiert den **persönlichen Verkauf (Personal Selling)**. Er stellt das zentrale Bindeglied zwischen dem Unternehmen und seinen Kunden dar. Die Zielsetzung liegt hier hauptsächlich in der Information und Überzeugung der Käuferseite über den Nutzen und die Qualität der angebotenen Produkt- bzw. Unternehmensleistung mit der Absicht, einen Vertragsabschluss (Kauf-, Werk-, Miet-, Leasingvertrag usw.) zu erzielen. Der Verkaufsabschluss ist demzufolge das erfolgreiche Ende eines Verkaufsprozesses.

Dauer und Intensität des **Verkaufsprozesses** sind von unterschiedlichen Kriterien abhängig. Die zwei Hauptkriterien sind die Art der Produkte und die Marktstellung der Kunden. Im Bereich von **Investitionsgütern** kann dieser Prozess – beispielsweise bei Großprojekten im Anlagenbau (Kraftwerke) – viele Phasen umfassen, die über mehrere Jahre verteilt stattfinden. In **Dienstleistungsmärkten** wird das Produkt durch den persönlichen Verkauf erst lebendig. Das Verkaufspersonal einer Unternehmung kann das Dienstleistungsprodukt verkörpern und begleitet den Kunden unter Umständen auch über viele Jahre (z.B. bei Versicherungsleistungen).

Bei **Konsumgütern** spielt die Wahl des Absatzweges eine entscheidende Rolle. In Unternehmen mit direktem Absatzweg findet der Verkaufsprozess in deutlich kürzeren Zeiteinheiten statt. Beispielsweise überzeugt im Direktvertrieb die Beraterin auf einer TUPPER-Party einige der anwesenden Personen im Laufe der Vorführung und führt diese noch vor Ort zum Kaufabschluss. Nutzen Unternehmen den indirekten Absatzweg, ist der Verkaufsprozess auf die Absatzmittler bezogen. Hier können die im Rahmen der Verkaufsförderung beschriebenen Jahresgespräche zwischen Industrieunternehmen und Handelsorganisationen als Beispiel dienen. Die Jahresgespräche zielen allerdings nicht auf den direkten Verkauf von Waren. Vielmehr bilden sie eine Vorstufe, die z.B. mit der Listung eines neuen Produktes in den Handelsunternehmen überhaupt erst die Möglichkeit für das anbietende Unternehmen eröffnen, dass dieses Neuprodukt an die entsprechenden Vertriebslinien der Handelsorganisationen verkauft werden kann.

Es ist festzuhalten, dass der persönliche Verkauf grundsätzlich sehr stark auf den Abschluss von Verträgen zielt. Im Sinne eines ganzheitlichen Marketing, bei dem die Kundenzufriedenheit die Basis für die Gewinnerzielung ist und alle Aktivitäten am Kunden orientiert und auf den Zielmarkt ausgerichtet sind, muss der persönliche Verkauf in dieses Marketingkonzept schlüssig eingebunden sein. Der Begriff Verkaufsprozess wird deshalb an dieser Stelle in die Betrachtung von **Geschäftsbeziehungen** überführt. Hierdurch kommt zum Ausdruck, dass der Verkaufsprozess zwar elementarer Bestandteil der Gestaltung von Geschäftsbeziehungen ist, aber der klassische Ansatz eines konsequenten Marketing weit über diese Dimension hinausgeht. Diese Unternehmenshaltung kann auch durch den Begriff **Beziehungsmarketing** ausgedrückt werden, das heute oft als **Customer Relationship Management (CRM)** bezeichnet wird. CRM ist kein neuer Ansatz, sondern er dient in rückläufigen, stagnierenden oder schwach wachsenden Märkten den stark unter Wettbewerbsdruck stehenden Unternehmen dazu, den Marketingansatz als strategischen und erfolgsbestimmenden Faktor anzusehen und zu implementieren (*Becker* 2006: 628).

Der **Aufgabenbereich** im persönlichen Verkauf ist unter den beschriebenen Bedingungen vielfältig und unternehmensindividuell. Er leitet sich aus den spezifischen Verkaufszielen einer Unternehmung ab. Grundsätzlich können die folgenden Aufgabengebiete neben der Auftragserzielung als relevant angesehen werden: Akquisition potentieller Kunden, Informationsbeschaffung, Durchführung von Marktanalysen, Kundenberatung und -schulung, Überwachung der Auftragsabwicklung, Präsentation von neuen Produkten oder Produktverbesserungen, Umsetzung von Verkaufsförderungsaktionen im Handel, Vermittlung von Finanzierungsleistungen, Kundendienst, Reklamationsbearbeitung usw.

Die Durchführung des persönlichen Verkaufs liegt in den Händen der funktionalen Verkaufsorganisation einer Unternehmung. Hier kommt die in der Praxis häufig anzutreffende organisatorische Trennung zwischen Marketing und Sales zum Ausdruck. Während die Aufgaben im Marketing von Konsumgütern klassisch vom **Produkt-** oder **Brandmanagement** unter der Obhut der **Marketingleitung** wahrgenommen werden, ist der Bereich Sales meist unterschiedlich organisiert. Der Aufbau einer personal- und kostenintensiven Vertriebs- bzw. Verkaufsorganisation ist dabei in erster Linie abhängig von der Größe des Unternehmens und der vorliegenden Kundenstruktur. Verantwortlich für die ihm unterstellte Verkaufsorganisation ist meist der **Verkaufs-/Vertriebsleiter**. Er ist auch federführend in der Entwicklung und Realisation der Verkaufsstrategie im Rahmen der Marketingstrategie. Für die optimale Ausschöpfung des Kundenpotentials bei den Großkunden (z.B. im Handel) sorgen die **Key Account Manager** in Verbindung mit den **Category Managern**. Der Außendienst setzt sich überwiegend aus **Reisenden** und/oder **Handelsvertretern** zusammen, die für die optimale Ausschöpfung des ihnen anvertrauten Verkaufsgebietes zuständig sind.

Der persönliche Verkauf bildet den Abschluss der klassischen Kommunikationsinstrumente und gleichzeitig auch den Übergang zu den modernen Kommunikationsformen. Er kann – der Definition nach – auch dem Direktmarketing zugeordnet und als Ursprung dieser Kommunikationsform gesehen werden.

5.7 Moderne Kommunikationsinstrumente

Aus den klassischen Kommunikationsinstrumenten haben sich moderne Formen der Kommunikation entwickelt. Auf Grund ihrer Bedeutung in der Praxis werden diese als eigenständige Instrumente nachfolgend dargestellt.

5.7.1 Direktmarketing

Unter **Direktmarketing** werden alle Maßnahmen zusammengefasst, die einen direkten und individuellen Dialog zwischen einem Unternehmen und seiner Zielgruppe ermöglichen (*Becker* 2006: 583). Zielsetzung ist es, diesen Dialogprozess systematisch und kontinuierlich zu gestalten, um die Zielpersonen langfristig an sich zu binden. In diesem Sinne wird alternativ auch der Begriff **Dialogmarketing** verwendet.

Primär werden folgende **Direktmarketingmedien** genutzt:

- Direct Mail (Werbesendungen),
- Telefonmarketing,
- Mobile Marketing (z.B. SMS-Werbung auf Handys),
- Couponanzeigen/Beilagen,
- interaktives Fernsehen oder Radio.

Die Vorteile dieser Medien gegenüber den ursprünglichen Massenmedien liegen in der differenzierten und persönlichen Ansprache der Käufergruppen, in der Verringerung von Streuverlusten in der Werbung sowie der guten Messbarkeit des Erfolgs von Direktmarketingmaßnahmen (z.B. über Responseerfassung der eingesendeten Coupons). Das Direkt- bzw. Dialogmarketing baut in Konsumgütermärkten meist auf traditionellen Kommunikationsinstrumenten auf (z.B. Werbung und Verkaufsförderung) bzw. ergänzt diese um den Ansatz der direkten und individuellen Kundenansprache. Die folgende Darstellung verdeutlicht das Zusammenspiel von klassischer Kommunikation und Maßnahmen im Direktmarketing.

Abb. 108: Loyalitätsleiter auf dem Weg zum Stammkunden (in Anlehnung an Holland 1993: 58)

In der Literatur wird häufig zwischen passivem, reaktionsorientiertem und interaktionsorientiertem Direktmarketing unterschieden (*Bruhn* 2010: 231). Die Form des passiven Direktmarketing ist als Grenzfall einzuordnen und liegt vor, wenn Verbraucher z.B. durch adressierte Mailings oder Hauswurfsendungen angesprochen werden. Es liegt also kein direkter Kundendialog vor. Das reaktionsorientierte Direktmarketing gibt dem Konsumenten eine Möglichkeit der Reaktion und initiiert somit einen Dialog zwischen Anbieter und Nachfrager. Dies wird meistens in Form einer adressierten Werbesendung umgesetzt, die aus einem Werbebrief, einem Prospekt, einer Rückantwortkarte und einem Versandkuvert besteht. Das interaktionsorientierte Direktmarketing ist dadurch gekennzeichnet, dass Anbieter und Nachfrager in einen unmittelbaren Dialog eintreten, z.B. beim Telefonmarketing.

Das Direktmarketing zielt auf die Gewinnung von Kunden sowie Festigung von langfristigen Kundenbeziehungen ab und unterstützt das **Beziehungsmarketing** oder **Customer Relationship Management** eines Unternehmens. Grundlage dafür ist das Vorhandensein einer detaillierten und stets aktuellen Datenbasis. Alle neuen Informationen, die sich aus der Umsetzung von Direktmarketingmaßnahmen ergeben, sind sofort wieder in diese Datenbasis aufzunehmen, um ein schlüssiges Informationssystem aufzubauen und zu pflegen. Dieses System wird im Rahmen des sog. **Database-Marketing** genutzt, um selektive Maßnahmen realisieren zu können. Die Zielgruppe kann in einer Datenbank z.B. entsprechend ihres derzeitigen Kaufverhaltens der Produkte des Unternehmens tiefergehend segmentiert werden und daraufhin mit einer der Sub-Segmentierung entsprechenden Dosierung der Direktmarketingaktivitäten angesprochen werden. Beispielsweise kann im Vergleich zu den Gelegentlichverwendern die Intensität des Direktmarketing zu den Kernnutzern viel höher gestaltet sein.

Das Direktmarketing wird dahingehend in erster Linie von Handels-, Versand- und Herstellerunternehmen genutzt. Seit einiger Zeit setzt auch der Finanzbereich und hier insbesondere die Direktbanken dieses moderne Kommunikationsinstrument verstärkt ein. Beispielsweise analysiert die COMDIRECT BANK ihre Privatkunden im Hinblick auf ihr Anlageverhalten und informiert diese segmentspezifisch mit Hilfe von Werbesendungen über neue Finanzprodukte wie Festgeldanlagen, Fonds, Zertifikate usw.

5.7.2 Sponsoring

Beim **Sponsoring** unterstützt ein Unternehmen (Sponsor) eine Person, Mannschaft, Organisation, Institution oder Veranstaltung (Gesponserter) durch Finanz-, Sach- oder Dienstleistungen und erhält dafür vertraglich zugesicherte Gegenleistungen. Die Gegenleistungen bestehen in den im Vertrag detailliert aufgeführten Aktivitäten und Maßnahmen, d.h. der Gesponserte lässt sich im Sinne der Kommunikations- und Sponsoringziele vermarkten. Dieses moderne Kommunikationsinstrument kann zur Steigerung des Bekanntheitsgrades einer Marke beitragen oder aber die Übernahme von gesellschaftlicher Verantwortung durch ein Unternehmen zeigen. Häufig wird Sponsoring eingesetzt, um das entsprechende Image des Gesponserten auf das Unternehmen, seine Produkte oder seine Marken zu übertragen.

Die DEUTSCHE TELEKOM war beispielsweise seit 1991 finanziell entscheidend am Aufbau der mit *Jan Ullrich* und *Erik Zabel* bisher erfolgreichsten deutschen Radsportmannschaft unter dem Namen TEAM DEUTSCHE TELEKOM beteiligt. Die Zielsetzung dieses Engagements im **Sportsponsoring** lag in dem Transfer der mit dem Radsport verbundenen Imagefaktoren wie Ausdauer, Kraft, Dynamik, Durchsetzungsfähigkeit und Teamgeist auf den Telekommunikationskonzern, der lange Zeit mit dem als träge, unflexibel und wenig produktiv eingestuften Image eines ehemaligen Staatsunternehmens behaftet war. Das Unternehmen baute sein Sportsponsoring 1993 auf das Basketballteam TELEKOM BASKETS BONN und 2002 auf die Fußballmannschaft des FC BAYERN MÜNCHEN sowie die Fördergesellschaft Rudern (TEAM DEUTSCHLAND ACHTER) weiter aus. Seit 2004 richtete das Unternehmen sein Sportsponsoring neu aus, in dem nicht mehr ausschließlich der Gesamtkonzern im Vordergrund stand, sondern einzelne Unternehmensbereiche in den Fokus der Sponsoringaktivitäten rückten. Das TEAM DEUTSCHE TELEKOM hieß seitdem konsequenterweise T-MOBILE TEAM und das Engagement als Hauptsponsor des FC BAYERN MÜNCHEN zielte auf den Bereich T-COM ab. Zudem war die Festnetzsparte des Konzerns seit 2005 „Premium-Partner" des DEUTSCHEN FUSSBALL-BUNDES (DFB), wobei diese Partnerschaft sowohl die Weltmeisterschaft 2006 als auch die Europameisterschaft 2008 beinhaltete. Die besondere Problematik im Sportsponsoring zeigte sich für die DEUTSCHE TELEKOM in den Jahren 2006 und 2007, als diverse Doping-Skandale den Radsport und explizit auch das T-MOBILE TEAM um *Jan Ullrich* und *Erik Zabel* erschütterten. Nicht zuletzt durch das Geständnis des jungen Radprofis *Patrick Sinkewitz*, als Mitglied im T-MOBILE TEAM gedopt zu haben, beendete der Telekommunikationskonzern am 28.11.2007 mit sofortiger Wirkung das Sponsoring im Radsport. Geprägt von dieser Erfahrung berücksichtigt die DEUTSCHE TELEKOM seitdem verstärkt die gesellschaftlich relevanten Aspekte des Sports und fördert als einer der größten nationalen Sportsponsoren neben dem Engagement beim FC BAYERN MÜNCHEN gezielt den Breiten-, Schul- und Behindertensport. So schloss das Unternehmen einen Partnerschaftsvertrag mit dem DEUTSCHEN BEHINDERTEN-SPORTVERBAND und dem INTERNATIONALEN PARALYMPISCHEN KOMITEE. Bei den PARALYMPISCHEN SPIELEN 2008 in Peking wurden die

Athleten des GERMAN PARALYMPICS TOP TEAM und die Paralympische Bewegung gezielt unterstützt. Seit 2010 ist die DEUTSCHE TELEKOM als Partner des Förderprojekts „Neue Sporterfahrung" in Kooperation mit dem DEUTSCHEN BEHINDERTEN-SPORTVERBAND und dem DEUTSCHEN ROLLSTUHL-SPORTVERBAND in weiterführenden Schulen aktiv. Im Rahmen des Projekts probieren Schülerinnen und Schüler Sportarten aus, die sonst nicht auf dem Lehrplan stehen: Rollstuhlbasketball und Goalball, eine Mannschaftssportart für blinde und sehbehinderte Menschen.

Über das Sportsponsoring hinaus engagiert sich die DEUTSCHE TELEKOM im **Sozialsponsoring** z.B. mit der seit dem Jahr 2000 laufenden Aktion T@SCHOOL, bei der Schulen mit kostenfreien Internet-Zugängen versorgt werden. Ebenfalls ist der Konzern mit der DEUTSCHEN TELEKOM STIFTUNG im **Kultursponsoring** vertreten, die für die Förderung einer vernetzten Wissens- und Informationsgesellschaft sowohl auf nationaler als auch internationaler Ebene eintritt und einen spürbaren Beitrag zur Verbesserung des Innovationsklimas leisten möchte. Darüber hinaus umfasst das Kultursponsoring der DEUTSCHEN TELEKOM verschiedene Projekte in Richtung Musik, Theater und Kunst. Dieses Beispiel zeigt, dass die Sponsoringaktivitäten eines Unternehmens auf verschiedenen Gebieten stattfinden können.

Grundsätzlich werden im Sponsoring die folgenden **fünf Bereiche** differenziert (*Hermanns* 1997):

- **Sportsponsoring**, gesponsert werden z.B. Einzelsportler, Teams, Mannschaften, Vereine, Verbände, Veranstaltungen,
- **Kultursponsoring**, gefördert werden z.B. Kunstausstellungen, Konzerte, Musiktourneen, Literaturlesungen, Filmpremieren, Theateraufführungen, Förderpreise, Stiftungen,
- **Umwelt-** oder **Ökosponsoring**, gefördert werden z.B. Umweltschutzorganisationen, ökologische Initiativen, Umweltschutzprojekte,
- **Sozialsponsoring**, unterstützt werden z.B. Bildungsinitiativen, Wissenschaftsprojekte, karitative Einrichtungen,
- **Programmsponsoring**, gesponsert werden z.B. Programmankündigungen, Filmpräsentationen, Einblendungen bei Game Shows.

Der Hauptteil der Aktivitäten im Sponsoring ist auf das Sportsponsoring konzentriert, gefolgt von Kultur-, Umwelt- und Sozialsponsoring. Das Programmsponsoring ist eine Sonderform des Sponsoring, die der klassischen Werbung schon sehr nahe kommt.

Die konzeptionelle Planung und Realisierung von Sportsponsoringengagements lassen sich am Beispiel der Marke DEXTRO ENERGY verdeutlichen. Die Markenverantwortlichen entschieden sich im Jahr 2005 im Rahmen der Planung für das folgende Jahr neben dem Einsatz von klassischen Kommunikationsinstrumenten auch auf Sportsponsoring zu setzen. Zielsetzung war es, das Markenversprechen als „Experte für natürliche Sofort-Energie in mentalen und physischen Leistungssituationen" verstärkt mit einer Person aus dem Sportbereich zu verbinden und auf diese Weise die Marke emotional anzureichern und zu aktualisieren. Als erster Schritt wurden die verschiedenen Sportarten nach folgendem Bewertungsmodell analysiert:

Kriterium	Gegenstand der Bewertung
Media-Awareness	Gesicherte und potenzielle Übertragungs- und Umfeldzeiten im Fernsehen sowie Berichterstattungen in allen anderen Medien
Brand-Fit	Inhaltliche Passung der Sportart zu den Werten, der Positionierung sowie den Marketing- und Kommunikationszielen der Marke
Content-Plattform	Zielsetzung: Markenwerte und Positionierung inhaltlich auf der gewählten Plattform vor allem auch im redaktionellen Bereich penetrieren
Relevanz für Medien	Grundsätzliches Interesse der Medien (hier auch insbesondere der redaktionelle Sektor) an dem Themenfeld, z. B. Profilierung einzelner Stars auf nationaler und internationaler Ebene mit Potential für zusätzliche Pressemeldungen und Medienberichte
Alleinstellung	Objektive Beurteilung der Möglichkeit eine positive Alleinstellung als Sponsor in der Sportart zu erreichen
Kosten / Aufwand	Einschätzung der Kosten sowie des zeitlichen und personellen Aufwands im Vergleich zu dem erwarteten Ergebnis
Impact auf Verkauf	Bewertung der Eignung des Sponsoring-Engagement zur Verlinkung an den Point of Sale mit effektiver Wirkung auf das Kaufverhalten/den Abverkauf

Abb. 109: Bewertungsmodell zur Analyse relevanter Sportarten am Beispiel der Marke DEXTRO ENERGY (Nellessen 2006: 40)

Nach dieser Analyse kristallisierte sich Eisschnelllauf als relevante Sportart für die Marke heraus, da hier beim Start eine starke mentale Konzentrationsleistung und direkt anschließend eine enorme physische Kraftleistung zu vollbringen ist. Zudem wurde diese Sportart seit einigen Jahren prominent in den Medien inszeniert und generierte durch die kontinuierlichen Erfolge der deutschen Athletinnen eine hohe Aufmerksamkeit. Im nächsten Schritt erfolgte daher die Auswahl der optimal zur Marke passenden Sportlerin. Hier fiel die Entscheidung auf *Anni Friesinger*, die zu dieser Zeit als eine der erfolgreichsten Wintersportlerinnen der letzten Jahre galt, einen gestützen Bekanntheitsgrad *von* 88,4% aufwies und von 65,9% der Deutschen als sympathisch empfunden wurde (*Nellessen* 2006). *Anni Friesinger* hatte laut Analyse der Markenverantwortlichen die idealen Voraussetzungen, die Markeninhalte „mentale und physische Sofort-Energie" glaubwürdig zu transportieren und so die Marke DEXTRO ENERGY emotional neu aufzuladen.

Aufgrund ihres hohen Bekanntheitsgrades sowie ihrer sportlichen Erfolge und damit verbundenen Medienpräsenz konnte dieses Sponsoringengagement für DEXTRO ENERGY starke mediale Erfolge erzielen. So erreichte DEXTRO ENERGY mit dem Sponsoring von *Anni Friesinger* in der Wintersaison 2007/2008 einen Werbeäquivalenzwert von fast 1,5 Mio. € (*IFM* 2008: 12). Der **Werbeäquivalenzwert** sagt aus, welche Kosten für die Schaltung klassischer Mediawerbung im TV angefallen wären, um die gleiche On-Screen-Zeit zu erreichen, die mit dem Instrument Sponsoring erzielt wurde.

Die Sportart Eisschnelllauf ist eine saisonale Sportart. Um das Sponsoring von *Anni Friesinger* auch im Sommer zu nutzen, war DEXTRO ENERGY in den Jahren 2006 und 2007 zusätzlich Co-Sponsor der DEUTSCHLAND TOUR. Bei der DEUTSCHLAND TOUR handelte es sich um eine Profi-Rad-Tour quer durch Deutschland in acht Etappen. Neben der Präsenz auf der DEUTSCHLAND TOUR selbst startete *Anni Friesinger* als Kapitänin eines 15-köpfigen DEXTRO ENERGY TEAMS bei einem parallel veranstalteten Wettkampf für Breitensportler. Die Plätze in diesem Team wurden vorab an Amateur-Radsportler verlost.

Anni Friesinger stand zudem für zahlreiche PR-Aktionen zur Verfügung und wurde konsequent in die Print- und TV-Kampagnen sowie in die Verkaufsförderungsmaßnahmen der Marke integriert. Ein letzter Höhepunkt der gemeinsamen Arbeit mit DEXTRO ENERGY waren die OLYMPISCHEN WINTERSPIELE 2010 in Vancouver. Über PR-Aktivitäten unter dem Titel „Road to Vancouver" wurden in den Jahren 2008/2009 die Vorbereitungen von *Anni Friesinger* auf dieses sportliche Ereignis kommunikativ inszeniert und der Gewinn der Goldmedaille in der Teamverfolgung medial genutzt. Nachdem bei einer Knieoperation im März 2010 ein Knorpelschaden festgestellt wurde, erklärte *Anni Friesinger* im Juli des gleichen Jahres ihren Rücktritt vom Leistungssport.

Bereits 2008 startete DEXTRO ENERGY neben dem Sponsoring von *Anni Friesinger* sein Engagement im Triathlon. Die Ausdauersportart Triathlon – bestehend aus den Disziplinen Schwimmen, Radfahren und Laufen – ist noch eine sehr junge, jedoch aufstrebende Sportart, die sowohl im Spitzen- als auch im Breitensport stetig neue Anhänger findet. Zudem zählt die Sportart seit 2000 zu den Disziplinen der OLYMPISCHEN SPIELE und 2008 stellte Deutschland mit *Jan Frodeno* sogar den Oympiasieger.

DEXTRO ENERGY war im Jahr 2008 Hauptsponsor des HAMBURG CITY MAN, dem bis dato größten Triathlon der Welt. Bei dieser Weltmeisterschaft mitten in der Metropole Hamburg gingen sowohl 120 Profi- als auch rund 8.000 Breitensportler an den Start, die von rund 600.000 Zuschauern begeistert gefeiert wurden. DEXTRO ENERGY verloste Startplätze und unterstützte die Sportler mit Dextrose-Produkten. Mit diesem Sponsoring wurde das Engagement auf eine Sommersportart ausgedehnt, um eine ganzjährige Präsenz im Sport zu erreichen. Zudem stellte diese Ausrichtung den Übergang vom Einzelsportler-Sponsoring zum Veranstaltungs-Sponsoring für die Marke dar.

Aufbauend auf diesem Einstieg erweiterten die Markenverantwortlichen im Jahr 2009 das Sponsoringengagement im Triathlon, indem DEXTRO ENERGY Titel- und Hauptsponsor einer erstmals stattfindenden Triathlon Weltmeisterschaftsserie wurde – der DEXTRO ENERGY TRIATHLON ITU WORLD CHAMPIONSHIP SERIES. In den vergangenen Jahren wurden die Weltmeister und Platzierten in einzelnen Meisterschaftsveranstaltungen ermittelt. Dazu gehörte auch der HAMBURG CITY MAN. Die INTERNATIONALE TRIATHLON UNION (ITU) vereinte diese Weltmeisterschaften ab dem Jahr 2009 zu einer gesamten Weltmeisterschaftsserie. Die Platzierungen der Sportler werden in der Serie mit einem Punktesystem bewertet und die Weltmeister über die Addition der Punkte gekürt. Die DEXTRO ENERGY TRIATHLON ITU WORLD CHAMPIONSHIP SERIES findet weltweit in bekannten und attraktiven Metropolen statt.

DEXTRO ENERGY und ITU entwickelten gemeinsam das folgende Joint-Logo, das die Serie repräsentiert und charakterisiert. Bei den Konsumenten der Marke soll der kurze Titel DEXTRO ENERGY TRIATHLON verankert werden.

Abb. 110: Joint-Logo DEXTRO ENERGY TRIATHLON ITU WORLD CHAMPIONSHIP SERIES

Zusätzlich ist DEXTRO ENERGY seit 2009 Sponsor der DEUTSCHEN TRIATHLON UNION. So ist seitdem das Markenlogo von DEXTRO ENERGY auf den Trikots der deutschen Profitriathleten zu sehen.

Hintergrund dieses Triathlon-Sponsoring auf strategischer Ebene ist die 2009 erfolgte internationale Einführung einer neuen Produktlinie in den Sporternährungsmarkt unter der Submarke DEXTRO ENERGY SPORTS NUTRITION. Diese Produktlinie stellt eine horizontale Diversifikation für die Marke dar und beinhaltet differenzierte Produktkonzepte, die den leistungsorientierten Sportler als Zielperson ansprechen und diesen über den gesamten Sportprozess (vor, während und danach) begleiten und unterstützen. Durch das Sponsoring der DEXTRO ENERGY TRIATHLON ITU WORLD CHAMPIONSHIP SERIES erarbeitet sich DEXTRO ENERGY eine weltweite Kommunikationsplattform sowohl für die Basis- als auch die Submarke.

Das Sponsoring ist selten als isoliertes Instrument in der Kommunikationspolitik einer Unternehmung zu identifizieren, sondern stellt vielmehr ein kommunikatives Dach-Konzept dar. Unter diesem Dach lässt sich das Engagement im Sponsoring zur **Integration in klassische Kommunikationsinstrumente** nutzen:

- Werbung: Z.B. stellt das durch Ausrüsterverträge festgelegte Tragen der Sponsorkleidung mit entsprechenden Logo-Aufschriften und -Emblemen eine Form der Trikotwerbung dar.
- Verkaufsförderung: Z.B. kann die gesponserte Fußballmannschaft als integriertes Element einer Preisausschreibenaktion des Sponsors zu mehr Aufmerksamkeit am POS verhelfen, wenn als Preise Reisen zu Spielen der Mannschaft in der CHAMPIONS LEAGUE locken.
- Öffentlichkeitsarbeit: Z.B. sind Pressekonferenzen eine ideale Möglichkeit zur Präsentation des Sponsoringkonzeptes und Vorstellung der Gesponserten.
- Persönlicher Verkauf: Z.B. setzen Sponsoren gesponserte Persönlichkeiten gerne als Repräsentanten der Unternehmung ein, damit diese in persönlichen Gesprächen während einer gesponserten Veranstaltung den Boden für Verkaufsgespräche mit den Top-Kunden ebnen.

Unter diesen Gesichtspunkten ist das Sponsoring ein sehr interessantes Kommunikationsinstrument, mit dem ein Unternehmen seine Kommunikationspolitik abrunden und Sub-Zielgruppen mit weniger Streuverlusten erreichen kann. Als schwierig gestaltet sich in der Praxis allerdings die genaue Messung der Effizienz von Sponsoringmaßnahmen.

5.7.3   Product Placement

Unter **Product Placement** wird die gezielte Einbindung von Markenartikeln bzw. Markendienstleistungen in Kinofilmen, Fernsehproduktionen oder Videoclips verstanden. Diese Definition klammert bewusst die Produktplatzierung in den Printmedien sowie im Radio aus, da diese Ansätze in der Praxis wenig Relevanz aufweisen (z.B. Nennung von Markennamen in Romanen bzw. Einbindung von Markennamen in Hörspielen) und das diesbezügliche Aktivierungspotential recht begrenzt ist (*Runia/Wahl/Busch* 2008).

Die entsprechenden Produkte und Dienstleistungen sind dabei so geschickt in die Handlungen eingebaut, dass sie vom Zuschauer zwar eindeutig identifiziert, aber auch als authentisch und glaubwürdig eingestuft werden, ohne dass der Eindruck von Werbung entsteht. Für diese Leistung erhalten die Filmstudios bzw. Produktionsgesellschaften Geldzahlungen und/oder ihnen werden Markenartikel kostenlos bzw. Dienstleistungen zur freien Verfügung überlassen. Auf diese Weise refinanzieren diese teilweise ihre enormen Produktionskosten.

Product Placement wird hauptsächlich eingesetzt, um einen **Imagetransfer** von der Hauptperson auf die Marke zu erreichen. Dabei ist von entscheidender Bedeutung, dass diese Person eine Tragfähigkeit für den angestrebten Imagetransfer bietet. Erfolgsgarant für Product Placement in Kinofilmen ist Hollywood-Star *Tom Cruise*. In dem Militärfilm „Top Gun" trägt er Sonnenbrillen der Marke RAY BAN und im Thriller „Die Firma" holt er eine Dose der karibischen Biermarke RED STRIPE aus dem Kühlschrank. Ein Meilenstein im Product Placement war 1995 der Auftritt von James Bond im BMW Z3 als offizielles 007-Fahrzeug, da er hier erstmalig als britischer Geheimdienstagent ein deutsches Auto nutzt. In Deutschland sorgte das Product Placement im Tatort-Kinofilm „Zahn um Zahn" für Aufsehen, in dem *Götz George* als Kommissar Schimanski laufend PAROLI-Hustenbonbons isst. Aber es sind nicht nur die klassischen Heldenrollen, die für Product Placement in Frage kommen. Beispielsweise hinterließ das Logo des Computerherstellers APPLE in „Forrest Gump" bei den Zuschauern einen bleibenden Eindruck. Darüber hinaus zeigt *Tom Hanks* in „Verschollen", dass Product Placement auch umfangreicher integriert werden kann, denn hier bildet ein Paket des Express-Luftfrachtunternehmens FEDEX (FEDERAL EXPRESS) das zentrale Element der ganzen Filmgeschichte.

Im Vorfeld von Maßnahmen im Product Placement werden daher das Genre, der Inhalt und die Figuren, die vorgesehenen Schauspieler oder das Renommee des Regisseurs eines Sendeformats bzw. eines Films im Hinblick auf das Potential analysiert und eingeschätzt, inwieweit eine organische Einbindung der Marke bzw. des Produktes in die Handlung und das Programmumfeld möglich sein wird. Wichtig ist in diesem Kontext die strategische Dimension der Zielgruppenaffinität, d.h. es muss eine hohe Übereinstimmung der Zielgruppen von Marke/Produkt und Programm gewährleistet sein.

Ist diese Übereinstimmung gegeben, bietet das Product Placement wirkungsvolle Vorzüge. Die Marke bzw. das Produkt wird in ein erlebnisorientiertes Umfeld eingebunden und ist hier bezogen auf die Marktkategorie ohne Konkurrenz. Dies führt zu einer im Vergleich zur klassischen Werbung höheren Aktivierung der Zielpersonen (*Nieschlag/Dichtl/Hörschgen* 2002: 1122).

Ein häufig geäußerter Kritikpunkt beim Product Placement ist die relativ schwierige Erfolgsmessung. Zwar lassen sich auch hier die aus der Werbeerfolgskontrolle bekannten Recall- bzw. Recognition-Verfahren anwenden, spezifische Methoden zur Erfolgsanalyse des Product Placement sind allerdings nicht vorhanden.

Insgesamt betrachtet ist das Product Placement als Ergänzung im Kommunikations-Mix aber ein interessantes und starkes Instrument, um eine glaubhafte Inszenierung der Marke bzw. des Produktes im zielgruppenrelevanten Erlebnisumfeld zu verwirklichen.

Im Folgenden werfen wir einen Blick auf die **Erscheinungsformen des Product Placement** (*Runia/Wahl/Busch* 2008).

Product Placement tritt in der Praxis in vielfältigen Varianten auf. In der folgenden Abbildung sind die wichtigsten Erscheinungsformen dargestellt. Eine erschöpfende Auflistung aller Product Placement-Formen ist aufgrund der sich ständig ändernden Medien- und Kommunikationslandschaft nicht möglich.

Klassifikationsmerkmal	Erscheinungsform
Art der Informationsübertragung	» Visuelles Product Placement » Verbales Product Placement » Kombiniertes Product Placement (visuell und verbal)
Art der platzierten Produkte	» Product Placement i.e.S. (Markenartikel) » Generic Placement (unmarkierte Produkte) » Innovation Placement (neue Produkte/Produktinnovationen) » Corporate Placement (Unternehmen)
Grad der Programmintegration	» On Set Placement (Produkt ist handlungsneutral/Requisite) » Creative Placement (Produkt wird in Handlung integriert) » Image Placement (Gesamtthema des Films ist auf das Produkt ausgerichtet)
Anbindung an Hauptdarsteller/Star	» Placement mit Endorsement (Star bekräftigt Placement, z.B. durch Handlung oder verbale Äußerung) » Placement ohne Endorsement (Produkt wird nicht direkt mit Star in Verbindung gebracht)

Abb. 111: Erscheinungsformen des Product Placement (in Anlehnung an Tolle 1995, Sp. 2096, zitiert in Nieschlag/Dichtl/Hörschgen 2002: 1121)

Das **visuelle Product Placement** ist die vorherrschende Variante und beinhaltet die optische Darstellung von Produkten oder Dienstleistungen in Kinofilmen oder TV-Sendungen. Hierbei wird das platzierte Objekt sichtbar in eine Szene eingebunden, damit der Zuschauer das Produkt anhand physischer Merkmale zweifelsfrei identifizieren kann. Dieses wird durch die Darstellung der klassischen Produktmerkmale wie der Wort- und Bildmarke, Farbe oder der Verpackung erreicht.

Das **verbale Product Placement** umfasst eine rein akustische Darbietung des Produktes, z.B. in einem Filmdialog oder auch im Hintergrund einer Filmszene. Ein Beispiel für die verbale Erscheinungsform der Informationsübermittlung innerhalb eines erfolgreichen Hollywood-Blockbusters ist der James Bond-Film „Im Angesicht des Todes". Hier erwähnt *Roger Moore* in der Rolle als englischer Geheimagent 007 das Produkt WHISKAS, während er eine Katze füttert. Ebenfalls James Bond, dieses Mal jedoch von *Daniel Craig* gespielt, führt in dem Film „Casino Royal" einen Dialog über seine Uhr, und dass diese nicht von ROLEX, sondern von OMEGA ist.

Werden Produkte sowohl optisch als auch akustisch in einem Film platziert, liegt ein **kombiniertes Product Placement** vor. Eine solche Kombination findet beispielsweise in der TV-Serie „Dr. House" statt, indem in der Folge „Ist das Lügen nicht schön" ein APPLE I-PHONE unter der verbalen Hervorhebung der Wortmarke und in einer Großaufnahme des Produktes an den Arzt verschenkt wird.

Bezüglich der Art der platzierten Produkte ist zu konstatieren, dass vor allem **Markenartikel als Placement-Objekte** in Frage kommen. Aufgrund ihrer Markierung und der damit verbundenen Wiedererkennung sind Markenartikel besonders geeignete Objekte. Insbesondere Marken des täglichen Bedarfs sowie Automarken sind glaubwürdige Bestandteile in Filmsequenzen. So werden in den James Bond-Filmen immer wieder solche Markenprodukte eingebunden. In dem Film „Ein Quantum Trost" nutzt der Geheimagent ein SONY VAIO-Notebook und telefoniert mit seinem SONY ERICSSON-Handy.

Das **Generic Placement** bezieht sich auf unmarkierte Produkte, wobei hier jedoch häufig ein Markenartikel platziert wird, ohne dessen Markenlogo einzublenden. Diese Marke muss dann idealerweise aufgrund ihrer typischen Formen und Farben erkannt werden. Generic Placement ist nur für Markenartikler interessant, die einen hohen Marktanteil und einen bedeutenden Bekanntheitsgrad haben, da ansonsten zu hohe Streuverluste entstehen, die dann direkt der Konkurrenz nutzen. Ein gutes Beispiel für Generic Placement stellt der Film „Men in Black" aus dem Jahr 1997 dar. In diesem Blockbuster tragen die beiden Agenten, gespielt von *Tommy Lee Jones* und *Will Smith*, Sonnenbrillen der Marke RAY BAN. Diese Brillen sind durch ihre besondere Form auch ohne die explizite Darstellung der Wort- oder Bildmarke zu erkennen.

Werden Marktneuheiten mittels Product Placement bekannt gemacht, liegt **Innovation Placement** vor. Problematisch ist dabei vor allem der fehlende Wiedererkennungseffekt des Produktes. Daher kann dies nur sinnvoll durch Einbettung in eine integrierte Kommunikationskampagne funktionieren. Ein Meilenstein hierfür war abermals ein James Bond-Film. Im Jahr 1995 nutzte 007 in dem Film „Golden Eye" erstmalig ein deutsches Auto, nämlich einen BMW Z3, für eine seiner Verfolgungsjagden. Dieser Roadster wurde im engen zeitlichen

Zusammenhang zu dem Film auf dem Markt eingeführt. Im Zuge dieser Einführung startete BMW eine Kommunikationskampagne mit Ausschnitten dieser Actionszenen.

Corporate Placement berücksichtigt die Platzierung von Unternehmensnamen (Corporate Brands), insbesondere aus dem Dienstleistungssektor. Diese Art der Platzierung ist somit Teil der PR-Arbeit und soll das Gesamtbild einer Unternehmung in der Öffentlichkeit positiv beeinflussen. Das Unternehmen FEDEX setzte dies 2001 in dem Kinofilm „Cast Away" erfolgreich um. Der geschätzte Werbewert belief sich nach Angaben des Unternehmens auf ca. 54 Mio. US-Dollar. Dafür stellte FEDEX 500 Mitarbeiter als Komparsen zur Verfügung, fertigte Uniformen gemäß den Corporate Identity-Vorgaben an und ließ den Hauptdarsteller, *Tom Hanks*, die Unternehmensphilosophie nachsprechen. Abgerundet wurde dieses Corporate Placement durch die Schaltung einer Werbung und dem Auftritt des Vorstandsvorsitzenden in einer Szene.

Weitere Erscheinungsformen ergeben sich, wenn der Grad der Programmintegration betrachtet wird. Beim **On Set Placement** ist das platzierte Produkt reine Requisite, erscheint also nur am Rande der Handlung und nur für eine kurze Zeitspanne. Für den Handlungsablauf spielt dieses Produkt keine Rolle.

Hingegen wird beim **Creative Placement** das Produkt in die Handlung integriert, womit es zumindest für einen bestimmten Zeitraum im Mittelpunkt des Films steht. Die Abgrenzung zum On Set Placement ist aber nicht immer trennscharf möglich.

Der höchste Grad der Einbindung ergibt sich durch ein **Image Placement**, wobei das Thema eines Films regelrecht auf das Produkt zugeschnitten wird. Zu nennen ist beispielhaft der Film „Die Götter müssen verrückt sein" aus dem Jahr 1980. Hier steht eine leere COCA COLA Flasche, die aus einem Flugzeug heraus in das Leben der Eingeborenen eines afrikanischen Wüstenstammes fällt, im Mittelpunkt des Handlungsrahmens.

Schließlich ist eine weitere Unterscheidung dahingehend möglich, ob das Product Placement an den Star eines Films angebunden wird. Beim **Placement mit Endorsement** nutzt der Star das entsprechende Produkt oder äußert sich diesbezüglich. Liegt **Placement ohne Endorsement** vor, wird das Produkt nicht direkt mit dem Star in Verbindung gebracht.

Während Product Placement bei Hollywood-Blockbustern – wie viele Beispiele zeigen – bereits gang und gäbe ist, wurde der Umgang mit Product Placement in den verschiedenen EU-Ländern unterschiedlich ausgelegt. In Deutschland ist es in den letzten Jahren sogar als unzulässige Schleichwerbung in die Kritik geraten.

Eine europaweite Harmonisierung ermöglicht die EU-Fernsehrichtlinie, die zwar nach wie vor Product Placement verbietet, aber Ausnahmen in unterhaltenden Sendungen gestattet. Die Voraussetzung hierfür ist, dass die „Werbeaktion" für den Zuschauer klar erkennbar ist. Die Kennzeichnungspflicht ist so geregelt, dass der Sender zu Beginn und am Ende jeder „Werbepause" darauf hinweisen muss. Weiterhin gilt aber, dass weder in Nachrichten- und Kindersendungen noch in Religionsprogrammen Product Placement erlaubt ist (*Eck/Pellikan/Wieking* 2008: 13). Die Umsetzung der EU-Richtlinie in Deutsches Recht erfolgte im Jahr 2009 (*Glockzin* 2010).

5.7.4   Event Marketing

Die ziel- und konzeptkonforme Kommunikation und Präsentation von Produkten, Marken oder des Unternehmens selbst unter Vermittlung von emotionalen und erlebnisorientierten Reizen wird als **Event Marketing** bezeichnet. Events sind von Unternehmen initiierte Veranstaltungen ohne direkten Verkaufscharakter, auf denen z.B. Produktneuheiten mit hohem gestalterischen und letztlich auch finanziellen Aufwand in Szene gesetzt werden. Die Ziele des Event Marketing bestehen darin, über eine hohe Aufmerksamkeit in einen Dialog mit der definierten Zielgruppe zu treten, emotionale Erlebnisse zu vermitteln und Aktivierungsprozesse in Gang zu setzen, um Unternehmens- und Markenbotschaften zu transportieren. Bei optimaler Umsetzung bietet dieses Instrument die Möglichkeit, Streuverluste stark zu minimieren.

Hierzu muss das Event Marketing professionell geplant, durchgeführt und nachbereitet werden. Dabei lassen sich folgende **drei Phasen** unterscheiden:

- **Pre-Event-Phase**: hier werden das Objekt des Events (Unternehmen, Marke, Produktlinie etc.), die Eventziele und Eventstrategie, der Eventtyp und die Budgetierung festgelegt.
- **Main-Event-Phase**: hier steht der reibungslose Ablauf der Veranstaltung im Fokus, d.h. die Event-Inszenierung, die Ansprache der Zielgruppe, die Vermittlung der relevanten Botschaften usw.
- **Post-Event-Phase**: hier gilt es, die Nachbereitung des Events zu gestalten, z.B. Nachfassaktionen und Folgemaßnahmen, aber auch Budget- und Erfolgskontrolle.

Ein Beispiel für konzeptionelles Event Marketing ist der RED BULL FLUGTAG. Bei diesem Event stürzen sich „erfinderische Piloten in selbstgebastelten und selbstgestylten Flugkörpern" von einer Plattform in die Lüfte und dann ins Wasser. Dabei werden die „Flugkunst der Piloten" und die „Originalität der Flugelemente" von einer Jury bewertet und die Sieger ausgezeichnet. Bis zum Jahr 2011 wurden bereits 100 Flugtage weltweit in verschiedenen Städten durchgeführt. Mit diesem Event gelingt es der Marke RED BULL in effektvoller Art und Weise die Markenbotschaft des unkonventionellen Energiespenders mit dem Claim „RED BULL verleiht Flügel" perfekt zu inszenieren.

Abb. 112: RED BULL FLUGTAG (Victor Fraile/RED BULL Content Pool)

Event Marketing wird von Unternehmen meist als ein zusätzliches Element eingesetzt, um neben der Basiskommunikation über klassische Instrumente punktuell Akzente zu setzen und so die Marketing- und Kommunikationsziele zu unterstützen. Ein Beispiel hierfür liefert das Unternehmen COCA-COLA mit seiner jährlichen Weihnachtstour. Bereits seit 1997 setzt COCA-COLA in Deutschland während der Adventszeit die roten, hell beleuchteten Weihnachtstrucks zur Aktualisierung und Inszenierung der Marke ein.

Das Event Marketing kann von Unternehmen nicht nur extern, also in Richtung der Kunden bzw. der Zielgruppe betrieben werden, sondern auch intern zur Motivation des Verkaufspersonals auf speziell hierfür einberufenen Außendienstkonferenzen genutzt werden.

5.7.5   Guerilla Marketing

Breitenbach und Schulte (2005) formulieren Guerilla Marketing als die Kunst, den von Werbung übersättigten Konsumenten eine größtmögliche Aufmerksamkeit durch unkonventionelle und originale Marketingmaßnahmen zu entlocken. Dazu ist es notwendig, dass sich der Werbetreibende möglichst – aber nicht zwingend – außerhalb der klassischen Werbekanäle bewegt. Hierbei spielt insbesondere die Idee der operativen Konsumentenansprache eine größere Rolle als ein eventuell vorhandenes hohes Marketingbudget. Wie die Abbildung 113 zeigt, werden unter dem Oberbegriff des Guerilla Marketing verschiedene Ausprägungen zusammengefasst. Im vorliegenden Lehrbuch liegt der Schwerpunkt auf den Maßnahmen innerhalb der Kommunikationspolitik. Aktionen des Guerilla Marketing, die sich auf die anderen Faktoren innerhalb des Marketing-Mix beziehen, werden nicht weiter betrachtet.

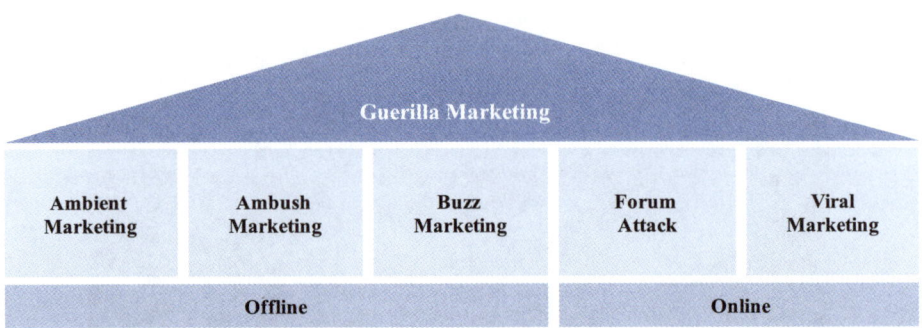

Abb. 113: Die verschiedenen Ausprägungen des Guerilla Marketing (Busch 2010: 3)

Ambient Marketing wird definiert durch das Platzieren und Wirken eines Werbemittels in dem direkten Lebensumfeld der relevanten Zielgruppe. Die Integration in die Umwelt der Konsumenten dient dem Zweck, dass diese die Medienformate nicht als störend, sondern als sympathisch und originell wahrnehmen. Medienformate im Ambient Marketing sind im Gegensatz zu anderen Maßnahmen des Guerilla Marketing plan-, wiederhol- und messbar. In der Regel wird die Platzierung des Werbemittels besonders im Out of Home-Bereich vorgenommen. Zu den bevorzugten Aktionsplätzen zählen unter anderem Restaurants, Bars, Diskotheken, aber auch zielgruppenfrequentierte Einkaufsstraßen, Bahnhöfe, Flughäfen, Sportstätten und Hochschulen (*Schulte* 2007*)*.

Als einer der ersten Ansätze im Ambient Marketing innerhalb Deutschlands gilt schon seit Anfang der neunziger Jahre die EDGAR CARD. Diese Postkarte – meist mit aufmerksamkeitsstarken Motiven oder Sprüchen verziert – liegt als frei erhältlicher Mitnahmeartikel in zielgruppenrelevanten Szenerestaurants oder Bars aus und wird somit in das Lebensumfeld der Zielgruppe platziert.

Abbildung 114 zeigt ein weiteres interessantes Beispiel für Ambient Marketing. Im Jahr 2006 nutzte das Unternehmen PROCTER & GAMBLE einen Zebrastreifen, um den MEISTER PROPER-Mann als Motiv in eine Alltagssituation zu integrieren. Ein einziger weißer unter vielen anderen angegrauten Streifen in Zusammenhang mit dem Konterfei des Putzmannes sollte auf diese Weise die Reinigungskraft des Putzmittels demonstrieren.

Abb. 114: Ambient Marketingaktion für die Marke MEISTER PROPER (Agentur: GREY WORLDWIDE GmbH)

Ambush Marketing wird in der Fachliteratur auch oft als Schmarotzer-, Parasiten- oder Trittbrettfahrermarketing bezeichnet. Bei dieser Ausprägung des Guerilla Marketing profitiert ein Unternehmen von der hohen medialen Aufmerksamkeit bei stark frequentierten Veranstaltungen, ohne bei diesen als offizieller Sponsor monetäre Gegenleistungen gegenüber dem Veranstalter erbracht zu haben. Das Ziel des Ambush Marketing ist es demnach, als vermeintlich offizieller Sponsor der Veranstaltung wahrgenommen zu werden, um somit die Vorteile des Sponsoring ohne hohe Aufwendungen zu erreichen. Hierbei werden solche Events für Trittbrettfahreraktionen okkupiert, die vom direkten Wettbewerber gesponsert werden, um eine möglichst genaue Zielgruppenansprache zu erreichen *(Patalas* 2006: 67).

Ein Beispiel für eine gelungene Ambush Marketingaktion fand während des Berlin Marathons statt. Bei diesem Großereignis trat das Unternehmen ADIDAS als Hauptsponsor in Erscheinung. Eine ähnliche mediale Aufmerksamkeit wie der Gewinner des Laufes erhielt der älteste Teilnehmer im Läuferfeld. Der zu diesem Zeitpunkt achtzigjährige Läufer mit dem Namen „Heinrich" beendete diesen Marathonlauf erfolgreich und stand fortan im Fokus der Medien und mit ihm auch das Unternehmen, dass ihn sponserte, nämlich der Sportartikelhersteller NIKE *(Zerr* 2003: 587).

Nach *Schwarzbauer* (2009: 61) leitet sich der Begriff **Buzz Marketing** von dem englischen Verb „to buzz" – also herumschwirren – ab. Im Kontext des Guerilla Marketing bedeutet dies, dass ein Gerücht herumschwirrt bzw. etwas zu einem „Stadtgespräch" wird. In der Fachliteratur wird der Ausdruck auch oft mit „Word of Mouth", also der Mundpropaganda gleichgesetzt. Damit ein Produkt zu jenem Stadtgespräch werden kann, werden von dem Unternehmen ganz gezielt so genannte Buzz Agents eingesetzt. Die Meinungsführer (vgl. Kapitel II 2.2.1.1) betreiben in ihrem sozialen Umfeld, beispielsweise am Arbeitsplatz, in

dem direkten Familien- und Bekanntenkreis oder im Sportverein, für diese Produkte Empfehlungsmarketing, indem die besondere Qualität oder der Produktnutzen bei einem persönlichen Gespräch in den Vordergrund gestellt wird. Als Gegenleistung für diese direkte und
gesteuerte Art des Empfehlungsmarketing erhalten die Buzz Agents kostenlose Produktmuster, monetäre Leistungen oder Vergünstigungen (*Patalas* 2006: 68). Das Buzz Marketing
wird meist von Unternehmen vor oder während der frühen Produkteinführungsphase genutzt,
um über die Buzz Agents einerseits die Steigerung der Bekanntheit des Produktes zu forcie-
ren und anderseits noch zusätzliche Informationen über Verbesserungspotentiale zu gewinnen.

Das Unternehmen HENKEL nutzte Buzz Marketing für eine Erhöhung der Markenbekanntheit
des Produktes PERSIL SENSITIVE. Hierfür konnten 7.500 weibliche Buzz Agents sowie deren
Freunde und Bekannte das neue PERSIL SENSITIVE auf die Hautverträglichkeit testen. Dazu
wurden die Buzz Agents mit einer Produktprobe und jeweils 20 Proben zum Weitergeben
ausgestattet (*TRND* 2011).

In engem Zusammenhang mit dem Buzz Marketing stehen auch das Forum Attack und das
Viral Marketing. Beide Begriffe beschreiben ebenfalls das gezielte Auslösen von Mundpropaganda, hier jedoch über digitale Medien.

Beim **Forum Attack** werden ganz gezielt Diskussionsforen zu speziellen Themen und Produkten im Internet durch eigene Mitarbeiter von Unternehmen oder beauftragte Agenturen
infiltriert, um sich innerhalb des Forums als Konsumenten auszugeben. Diese Personen ver-
fassen dann inkognito positive Empfehlungen für die Produkte des Unternehmens, die dann
Lesern und Mitgliedern des Forums als Basis für ihre Kaufentscheidung dienen sollen
(*Busch* 2010: 12).

Die Bedeutung von Internetforen und Diskussionsgruppen auf das Kaufverhalten der Konsumenten stellte eine Studie des Marktforschungsunternehmens FITTKAU & MAAß aus dem
Jahr 2009 heraus. Hierbei geben 59,1% der befragten Konsumenten an, Produktbewertungen
anderer Nutzer zu lesen und diese Meinungen aktiv für die eigene Kaufentscheidung zu nutzen (*FITTKAU & MAAß* 2009).

Der Begriff **Viral Marketing** erhält seinen Namen anhand einer Assoziation aus der Medi-
zin. Wie ein Virus werden hier in der Regel multimediale Inhalte wie Videos oder Bilder
innerhalb von kürzester Zeit von Mensch zu Mensch weiter getragen (*Langner* 2009: 27).
Um diesen viralen Effekt zu erzeugen, eignet sich insbesondere das Internet, da über dieses
Medium gezielt digitale Netzeffekte genutzt werden können, um multiplikativ eine kostenfreie Verbreitung der Informationen zu erzielen, die dann in exponentieller Geschwindigkeit
vonstatten geht (*Kollmann* 2007: 304). Gerade bei den internationalen Plattformen wie
FACEBOOK oder YOUTUBE ist dieses durch die oft grenzüberschreitenden Kontakte innerhalb
der Mitglieder erreichbar.

Entscheidend beim Viral Marketing ist, dass die multimedialen Inhalte einen möglichst hohen Grad des Involvement beim Empfänger verursachen. Für eine verstärkte Weiterverbreitung innerhalb der elektronischen Netzwerke stehen jene Botschaften, die starke positive

Emotionen wie Freude und Spaß oder starke negative Emotionen wie Abschreckung und Ekel beim Empfänger hervorrufen.

Eine sehr erfolgreiche virale Marketingaktion gelang dem Unternehmen DANONE im Jahr 2009. Über das Online-Videoportal YOUTUBE wurde den Nutzern ein kurzer Videoclip zur Verfügung gestellt, in dem Kleinkinder auf Rollschuhen erstaunliche Tricks vorführten, nachdem Sie EVIAN getrunken hatten. Binnen Stunden verbreitete sich der Link zu dem computergenerierten Video hunderttausendfach, auch auf Grund der Pinnwandeinträge und Statusmeldungen über FACEBOOK. Bis Anfang des Jahres 2011 stieg die Anzahl der Views auf YOUTUBE auf über 33 Millionen.

Bei allen Aktivitäten des Guerilla Marketing ist kritisch zu betrachten, dass nicht gegen geltendes Recht verstoßen werden darf. Insbesondere beim Ambient Marketing sollten Maßnahmen im Vorfeld z.B. mit Städten oder Kommunen abgesprochen werden, wenn hierfür öffentlicher Grund und Boden (wie z.B. bei dem in diesem Kapitel dargestellten Beispiel des Zebrastreifens) genutzt wird. Andernfalls drohen hohe Geldbußen aufgrund von Anzeigen wegen des Tatbestandes der Sachbeschädigung. Auch beim Ambush Marketing bewegt sich das „Trittbrettfahren" sehr oft in einer rechtlichen Grauzone, da die dahinter stehenden Unternehmen sich nicht an der Finanzierung der Veranstaltungen beteiligt haben. Aus diesem Grund werden oft Bannmeilen bei Großereignissen eingerichtet, die den offiziellen Sponsoring-Partnern ein exklusives Werbe- und Verkaufsrecht einräumen. Bei einem Verstoß gegen diese Exklusivrechte werden hohe Geldstrafen fällig. Neben den strafrechtlichen Konsequenzen kann Guerilla Marketing auch zu einem Imageschaden für ein Unternehmen führen, wenn eine Aktion von den Konsumenten negativ aufgenommen wird.

5.7.6   Internet Marketing

Die steigende Verbreitung und Nutzung des Mediums Internet schafft die Voraussetzungen für das **Internet Marketing**. Mittlerweile nutzen 73,4% der deutschen Wohnbevölkerung ab 14 Jahren das Internet und sind somit auch potentiell über Internet Marketing erreichbar (*ARBEITSGEMEINSCHAFT ONLINE-FORSCHUNG* 2010: 5). Die **Besonderheiten des Mediums Internet** in der kommunikativen Nutzung lassen sich in Anlehnung an *Bauer* und *Neumann* (2002: 4ff.) wie folgt zusammenfassen:

- Durch die **Interaktivität** können Unternehmen einen direkten Dialogprozess mit der Zielgruppe initiieren. Der Internetnutzer kann beispielsweise bei Interesse auf einen Banner klicken und ihm wird sofort das Angebot gegenübergestellt. Durch Integration von Responseelementen ergeben sich zugleich neue Chancen für ein kundenorientiertes Direktmarketing.
- Die Eigenschaften des Internets ermöglichen eine **Individualisierbarkeit**, d.h. die Unternehmen können ihre Kommunikation entsprechend der Interessen der Zielgruppen anpassen.
- Die **Multimedialität** des Mediums Internet erzeugt einen so genannten sensorischen Effekt, d.h. die Eigenschaften von Print-, TV- und Funkmedien können in diesem Medium vereint werden.

- Ebenso zeichnet die **Intensität** das Internet aus. Die Kommunikation zwischen dem Unternehmen und den Zielpersonen kann spannender und erlebnisdichter gestaltet werden als in anderen Medien.

- Das Medium Internet beinhaltet durch die hier vorliegende Schnelligkeit und Aktualisierbarkeit ein hohes Maß an **Dynamik** und **Flexibilität**. Dies ermöglicht eine jederzeit umsetzbare Anpassung an Marktveränderungen, z.B. in Form von Produktverbesserungen oder neuen Preisen.

- Die Nutzung des Internets garantiert einen **Ubiquitätseffekt**, durch den Unternehmensaktivitäten auf globalen Märkten erleichtert werden.

- Durch die **Virtualität** ergeben sich im Internet Möglichkeiten, schnell und kostengünstig emotionale Erlebnisse zu vermitteln, die mithilfe der Elektronik geschaffen werden und den Nutzer interaktiv einbeziehen.

- Die **Vernetztheit** des Internets ist eine weitere Besonderheit dieses Mediums, mit der die Aufmerksamkeit für Marken oder Unternehmensleistungen erhöht werden kann, da Verlinkungen zu unterschiedlichen und interessanten Zielseiten machbar sind.

Der rasante Bedeutungsanstieg des Internets am Mediennutzungsverhalten der Konsumenten führt gleichzeitig auch zu einem wachsenden Einfluss des Internets auf die Kommunikationsmaßnahmen innerhalb des Marketing-Mix von Unternehmen. Wie die Abbildung 115 zeigt, findet mit dem Wandel des Internets von dem so genannten Web 1.0 über das Web 2.0 hin zu dem aktuell relevanten Web 2.5 auch eine Weiterentwicklung der korrelierenden internetspezifischen Maßnahmen statt. Hierbei ist anzumerken, dass auch heute und zukünftig alle diese Maßnahmen im Rahmen der weborientierten Kommunikation eines Unternehmens in Betracht kommen können.

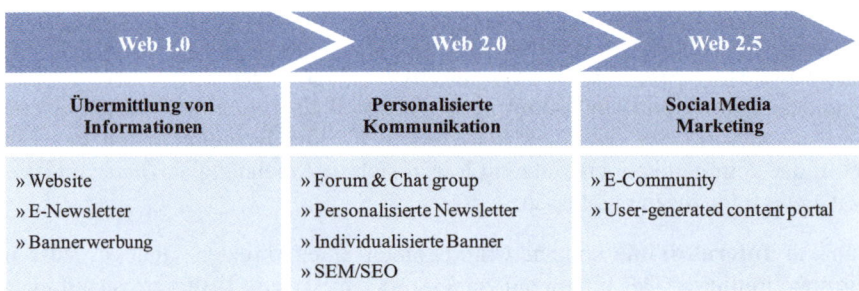

Abb. 115: Entwicklungsphasen im Internet Marketing (Busch 2010)

Der technische Fortschritt im Bereich mobiler Endgeräte wie Mobiltelefone, PDAs, Note- und Netbooks usw. sowie die Evolution der Technologiedimensionen im Mobilfunkmarkt wie UMTS (Universal Mobile Telecommunications System), UMTS/HSDPA (High Speed Downlink Packet Access) und LTE (Long Term Evolution) führt dazu, dass Internet-Kommunikation immer häufiger auch zu einer mobilen Kommunikation wird, welche die Konsumenten in ihrem unmittelbaren persönlichen Umfeld erreicht und damit eine effektive, wirtschaftliche und individualisierte Kommunikation ermöglicht. Durch diese Entwicklung wird das Internet Marketing auch weiterhin ein hohes Zukunftspotential haben, was sowohl die Nutzung innerhalb der Kommunikationsmaßnahmen von Unternehmen als auch die Kreation von neuen Kommunikationsformen betrifft.

5.7.6.1 Standardformen im Web 1.0

Das **Web 1.0** charakterisiert die Anfänge der marketingrelevanten Nutzung des Internets. In dieser Phase steht die **Übermittlung von Informationen** seitens der Unternehmen an den Konsumenten im Vordergrund der kommunikationspolitischen Maßnahmen im Web.

Zu diesen Maßnahmen zählt eine **Internetseite** (Website) des Unternehmens, auf dem der Konsument alle nötigen Basisinformationen über ein Produkt oder eine Dienstleistung abrufen kann.

Eine weitere Maßnahme ist die Versendung von **elektronischen Newslettern**. *Kollmann* (2007: 309) definiert Newsletter als Informationsbriefe, die regelmäßig an Kunden oder Interessenten eines Unternehmens geschickt werden und bestimmte Informationen, z.B. zu Angeboten, erhalten. Hierbei ist es von großer Bedeutung, dass die Konsumenten im Vorfeld ihre Einverständniserklärung für diese Werbeform erteilt haben.

Die **Bannerwerbung** stellt die am häufigsten verwendete Werbeform des Web 1.0 dar. Diese lässt sich nach *Thiel* (2004) in folgende Bereiche unterteilen:

- **Banner** ist eine rechteckige, graphisch gestaltete Werbefläche im Internet, die mindestens mit einem Hyperlink auf das beworbene Produkt hinterlegt wird.
- **Buttons** stellen eine Art Sonderform der Bannerwerbung dar, wobei ein Button wesentlich kleiner ist und meist nur einen Produkt- oder Unternehmensnamen enthält.
- **Skyscraper** ist eine vertikale Anzeige, die am rechten Bildschirmrand platziert wird.
- **Hockeysticks** stellen eine Mischform zwischen Skyscraper und Banner dar, indem sie sowohl die vertikale als auch die horizontale Anzeige umfassen.
- **Pop Ups** sind eine Werbeform, die in einem eigenen, sich auf dem Bildschirm öffnenden Fenster erscheint.
- **Pop Unders** verschwinden im Gegensatz zu den Pop Ups im Hintergrund und werden vom User erst wahrgenommen, wenn das ursprüngliche Fenster geschlossen wird.

5.7.6.2 Die Weiterentwicklung zur personalisierten Form (Web 2.0)

Die **personalisierte Kommunikation** steht bei der Charakterisierung des **Web 2.0** im Vordergrund. Bei den Anwendungsformen des Web 2.0 ist der persönliche Kontakt zum Endverbraucher und die individuelle Ansprache des Konsumenten elementar. Um eine möglichst genaue Zielgruppenansprache zu realisieren, basiert der virtuelle Dialog in der Regel auf einem zuvor erstellten Konsumentenprofil. In diesem Profil verarbeitet das Unternehmen alle relevanten Personendaten, wie z.B. das Kaufverhalten oder andere Präferenzen. Auf Basis dieser Informationen wird der Konsument möglichst personalisiert mit den entsprechenden Formen angesprochen.

Unternehmen greifen ferner auf die Möglichkeiten von **Foren** und **Chat groups** zurück. Diese ermöglichen einen themenspezifischen Informationsaustausch unter Interessierten, z.B. bei Markencommunities. Hierbei nutzen Unternehmen die Möglichkeiten des virtuellen Dialogs mit den Konsumenten, um beispielsweise die besonderen Vorzüge der eigenen Produkte hervorzuheben.

Personalisierte Newsletter sind weiterentwickelte Newsletter, die ausschließlich aus personalisierten Produktangeboten bestehen. Dieser personalisierte Newsletter hat den primären Zweck zu verkaufen und nicht zu informieren. Unterstützt wird dies durch das so genannte One-Click-Shopping, also dem direkten Kauf ohne vorherige Anmeldung. Ein Beispiel für den erfolgreichen Einsatz eines personalisierten Newsletters ist bei EBAY zu finden. Für den Fall, dass erfolglos auf ein Produkt geboten wird, folgt eine automatisierte E-mail mit gleichen Produktvorschlägen anderer Auktionen.

Zudem ist es möglich, **individualisierte Bannerwerbung** zu schalten. Auf Basis der Nutzerprofile und von Informationen aus dem bisherigen Internetverhalten der Konsumenten, wie z.B. Eingabe bisheriger Schlüsselwörter in Suchmaschinen oder bereits besuchte Internetseiten, lassen sich Werbebanner zielgruppenrelevant schalten.

Bei der kommunikativen Nutzung von Internet-Suchmaschinen wird nach *Petersen* (2008: 322) zwischen den Rubriken **Search Engine Marketing (SEM)** und **Search Engine Optimisation (SEO)** unterschieden.

SEM beinhaltet vom Unternehmen bezahlte Suchergebnisse, die als gesponserte Links bei themenrelevanten Suchanfragen angezeigt werden, was insbesondere bei der Suchmaschine von GOOGLE üblich ist. In der Fachliteratur wird dies auch als Keyword-Advertising bezeichnet. **SEO** zielt darauf ab, die eigene Internetseite durch programmiertechnische Spezifikationen innerhalb des Quellcodes möglichst hoch in den Ergebnissen relevanter Suchanfragen zu platzieren.

5.7.6.3   Social Media Marketing (Web 2.5)

In den letzten Jahren ist die Einbindung der verschiedenen sozialen Netzwerke in das kommunikationspolitische Instrumentarium der Unternehmen deutlich angestiegen. Das so genannte **Social Media Marketing** geht noch über den virtuellen Dialog des Web 2.0 hinaus und bindet den Konsumenten aktiv in die Kommunikationsmaßnahmen eines Unternehmens ein. Nach *Brennan/Flanagan/Wolf* (2009: 1) bezeichnet **Social Media** eine Vielfalt digitaler Medien und Plattformen, die es Nutzern ermöglicht, sich ohne große technische Barrieren untereinander auszutauschen, selber mediale Inhalte zu produzieren und diese für andere Nutzer zur Verfügung zu stellen. Hierbei werden häufig internettypische digitale Mittel wie Bilder, Videos usw., aber auch Texte verwendet, die dann häufig einen **viralen Effekt** hervorrufen.

In Anlehnung an *Kollmann* (2007: 548) wird bei den sozialen Netzwerken in die Bereiche **E-Community** und **User-generated content portal** unterschieden.

E-Community steht als Begriff für die organisierte Kommunikation innerhalb eines elektronischen Kontaktnetzwerkes und damit für die Bereitstellung einer technischen Plattform für die Zusammenkunft einer Gruppe von Individuen, die in einer bestimmten Beziehung stehen bzw. zueinander stehen wollen. Der Fokus des Nutzers liegt dabei auf dem Aufbau dieses digitalen Kontaktnetzwerkes und dem Austausch von individuellen Meinungen und persönlichen Informationen sowie der Selbstpräsentation innerhalb dieser Gruppe. Beispiele für diese Art der sozialen Netzwerke sind FACEBOOK, STUDIVZ, XING und LINKEDIN.

Für die Unternehmen bieten sich in den E-Communities große Chancen, diese als Grundlage für die Kommunikation an die Zielpersonen einzusetzen. Neben Werbebannern, die in diesen Netzwerken noch zielgruppengerechter geschaltet werden können, bieten **Fanseiten** und **Gruppen** eine Chance, das eigene Unternehmen oder die Marken innerhalb des sozialen Netzwerkes zu präsentieren. Bei diesen Fanseiten können Nutzer mit nur einem Klick die Sympathie für dieses Unternehmen oder diese Marke bekunden. Diese Informationen bekommen alle Mitglieder, die im Kontakt zu dem Nutzer stehen, automatisch angezeigt. Eine Ergänzung stellen kleine Spiele oder Programme dar, die in Bezug zu dem jeweiligen Unternehmen stehen. Diese **Apps** (engl. applications) können zur Abrundung des E-Communities-Unternehmensprofils genutzt werden.

Bei einem **User-generated content portal** liegt der Schwerpunkt auf der Verbreitung von selbst erstellten digitalen Inhalten ohne Beschränkung der Nutzergruppe. Zu den bekanntesten Portalen zählen zurzeit unter anderem YOUTUBE, CLIPFISH und die Blogseite WORDPRESS. Auf dem Portal YOUTUBE ist es beispielsweise für Unternehmen möglich, eigene **Markenvideokanäle** zu betreiben. Auf diesen Kanälen können dann Imagefilme und andere digitale Inhalte gezeigt werden. Im Fall der **In-Video Werbeanzeige** kann bei themenrelevanten anderen Videos ein Hinweis des Unternehmens eingeblendet werden.

Eine große Herausforderung beim Social Media Marketing ist die Dynamik und die begrenzte Steuerungsmöglichkeit der relevanten Maßnahmen. Zahlreiche Beispiele in der Vergangenheit verdeutlichen, dass auch weltweit agierende Unternehmen die Gefahr des medialen Steuerungsverlusts innerhalb der sozialen Netzwerke unterschätzen.

Roszinsky (2010: S. 27ff) benennt **fünf Erfolgsfaktoren** für den Einsatz von Social Media Marketing:

- Eine **Interaktion** bzw. der **Dialog** muss von dem kommunizierenden Unternehmen gewollt sein. Damit erkennt es den Konsumenten als gleichwertigen Kommunikationspartner an. Hierfür ist es unvermeidlich, dass eine zielgruppengerechte Ansprache und Tonalität gewählt wird, um somit die Marke authentisch zu repräsentieren.
- Im engen Zusammenhang steht hierzu auch die **Glaubwürdigkeit.** Die Marke sollte tendenziell eher eine moderierende als bestimmende Rolle einnehmen, da sie als Absender der Social Media Kommunikation wahrgenommen wird. Wichtig hierfür ist auch eine moralisch-ethische Markenkommunikation.
- Das **Vertrauen** in die Marke ist ein weiterer Erfolgsfaktor, da die Verlässlichkeit in Bezug auf alle Markenaussagen und die Wahrheitstreue von Markenversprechen gegeben sein muss.

- Eine Beteiligung der Konsumenten in der Kommunikationspolitik führt häufig auch zu geäußerter Kritik. Hierbei ist die **Offenheit** des Unternehmens im Umgang mit den genannten Beanstandungen eine wichtige Grundhaltung.
- Den Mittelpunkt der Bemühungen in Bezug auf das Social Media Marketing bildet die **Zielgruppenaffinität**. Dies bedeutet die Übereinstimmung zwischen der Kommunikationszielgruppe der Marke und den Nutzern der Medien, die für die Markenkommunikation eingesetzt werden. Zudem umfasst es die inhaltliche Dimension der Kampagne. Die Botschaftsinhalte und die gestalterischen Botschaftselemente sind auf die Zielgruppe abzustimmen, um sie bestmöglich zu informieren, zu aktivieren, zu bestätigen oder zu überzeugen.

Aus diesen Erfolgsfaktoren leitet *Roszinsky* (2010: S. 45) einen **Social Media Success Key** ab. Die Zielgruppenaffinität bildet hiernach das Fundament des Social Media Marketing, auf dem alles Weitere aufbaut. Insgesamt liegen Interdependenzen der weiteren Faktoren vor, wobei die Glaubwürdigkeit als zentrales Konstrukt nur dann gegeben ist, wenn die Marke offen, fair und ohne versteckte Absichten agiert. Empfehlungsstimulierende Maßnahmen, wie z.B. Markeninformationen mit Neuigkeits- bzw. Unterhaltungswert, geben dann den Erfolgsfaktoren einen Rahmen. Abbildung 116 stellt den Social Media Success Key dar:

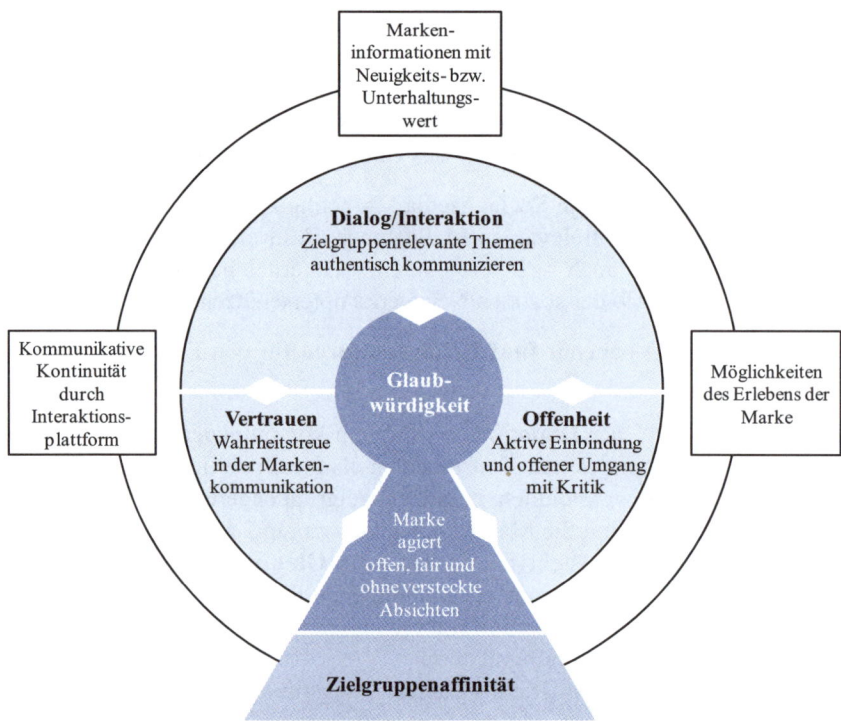

Abb. 116: Der Social Media Success Key (Roszinsky 2010: S. 45)

5.7.6.4   Kennzahlen für die Messbarkeit von Maßnahmen des Internet Marketing

Das Internet bietet eine gute Möglichkeit, den Erfolg von Internet Marketing-Maßnahmen zu messen. Zur quantitativen Beurteilung von Kampagnen im Internet sind folgende **Kennzahlen** relevant (*Gietemann* 2006):

- **Page Impressions** geben eine Aussage über die Sichtkontakte beliebiger Nutzer mit einer Website. Dies entspricht der Summe aller Abrufe der Site und wird auch als **Brutto-Reichweite I** bezeichnet.
- Bei der Berechnung der **Netto-Reichweite I** werden von der Brutto-Reichweite I alle Mehrfachzugriffe eines Users abgezogen.
- **Unique User** sind Besucher einer Website, deren Zugriff nur einmal innerhalb eines fixierten Zeitraums gezählt wird.
- **Visits** beschreiben die Zahl der Besuche einer Website, wobei von einem Visit nur dann gesprochen wird, wenn es sich um einen intensiven, zusammenhängenden Nutzungsvorgang handelt, d.h. wenn der User mehrere Pages der Site hintereinander (ohne Unterbrechung) abruft.
- Als **Brutto-Reichweite II** wird die Gesamtsumme aller Visits bezeichnet.
- Bei der Berechnung der **Netto-Reichweite II** werden von der Brutto-Reichweite II die Mehrfach-Visits eines Users innerhalb eines Zeitraums abgezogen.
- **Ad Impressions** drücken die Zahl der Sichtkontakte beliebiger User mit einem Online-Werbemittel aus, was gleichzusetzen ist mit der Auslieferung eines Werbemittels durch einen AdServer (Online-Werbeträger).
- **Ad Clicks** sind die Klicks eines Users auf das Werbemittel.
- **Click Through Rate** (auch **Ad Click Rate**) ist eine Maßzahl, die sich aus den Ad Impressions und den Ad Clicks ergibt, d.h. aus dem Verhältnis von Sichtkontakten und Mausklicks auf das Werbemittel.
- **Conversion Rate** ist die Anzahl der (Sofort-) Orders in Relation zu den Ad Clicks.
- **Costs per Order** ergeben sich, indem das eingesetzte Budget durch die Anzahl der Bestellungen geteilt wird.
- **Costs per Click** ergeben sich durch die Division des Budgets durch die Anzahl der Clicks.

Ein Rechenbeispiel verdeutlicht den Zusammenhang zwischen den Kennzahlen: Ein Unternehmen schaltet einen Banner auf einer Website und gibt dafür für einen definierten Zeitraum 350 € aus. Die Ad Impressions für diesen Zeitraum betragen 715.157, die Ad Clicks 2.167. Hieraus ergibt sich eine Click Through Rate von 0,3%. Das Werbemittel führt zu 27 Bestellungen. Die Conversion Rate beträgt 1,25%, die Costs per Order 12,96 €.

5.8   Integrative Kommunikationskonzepte

Zum Abschluss der Kommunikationspolitik werden mit der Corporate Identity, der Integrierten Kommunikation und der Cross-Media-Kommunikation die drei in Theorie und Praxis bekanntesten bzw. gebräuchlichsten Konzepte beschrieben, die allesamt einen übergeordneten, integrativen Ansatz mit der grundsätzlichen Zielsetzung verfolgen, die Wirkung der Kommunikationsanstrengungen eines Unternehmens zu steigern. Darüber hinaus unterscheiden sie sich aber in ihrer spezifischen Zielsetzung und jedes Konzept hat auch einen eigenständigen Fokus in der Detail-Betrachtung.

5.8.1 Corporate Identity

Die Kommunikationspolitik einer Unternehmung muss basierend auf einem konsistenten Zielsystem und unter Berücksichtigung der strategischen Grundausrichtung in einem integrativen Konzept zusammengeführt werden. Mit diesem Konzept kann eine unverwechselbare Identität des Unternehmens und damit eine eindeutige Positionierung im Wettbewerbsumfeld geschaffen werden. Die **Corporate Identity** (Unternehmenspersönlichkeit) bildet den Kern einer Unternehmung und wird durch die Vision, die Mission und die Ziele der Unternehmung ausgedrückt. Die Unternehmenspersönlichkeit kann als das definierte und gelebte Selbstverständnis des Unternehmens verstanden werden. Sie bildet die Grundlage für das Führungs-, Markt- und Kommunikationsverhalten (*Runia/Wahl* 2010).

Für den Aufbau und die Durchsetzung der Corporate Identity sind **drei Bestandteile** im Identitätsmix verantwortlich:

Das **Corporate Behavior** kennzeichnet das schlüssige Verhalten eines Unternehmens. Ein Unternehmen wird an seinem realen Verhalten im Markt gemessen und nicht an seinen Ankündigungen oder Versprechen. Deshalb ist die konzeptgeleitete Professionalität der Mitarbeiter im Umgang untereinander und gegenüber den Kunden sowie anderen Anspruchsgruppen von entscheidender Bedeutung. Das schlüssige Verhalten basiert auf der definierten und entsprechend gelebten Unternehmenskultur (Corporate Culture). Hierbei übernimmt die Unternehmensführung eine wichtige Rolle, da sie die Kultur einer Unternehmung stark prägt.

Das **Corporate Design** gestaltet das unternehmensspezifische Erscheinungsbild. Eine optimale Geschlossenheit im visuellen Auftritt wird durch das einheitliche Zusammenwirken von Unternehmensname, -zeichen und -farben, Gestaltungsrastern, Leitlinien für Design-Elemente in klassischen und modernen Kommunikationsinstrumenten, typischen Sprachmitteln und Sprachstilen sowie einer unverwechselbaren Architektur erreicht. Zudem können auf auditiver Ebene Elemente des Corporate Sound als akustische Dimension im Corporate Design genutzt werden, um so die sichtbare Identitätsgestaltung mit wiedererkennbaren klanglichen Komponenten zu unterstützen. Zu den Elementen des Corporate Sound zählen Klanglogo, Jingle, Werbe- bzw. Unternehmenslied.

Die **Corporate Communications** umfassen alle kommunikativen Botschaften und Bilder der Unternehmung. Diese müssen sich im Sinne einer identitätsorientierten Kommunikation ebenfalls durch Einheitlichkeit und Eindeutigkeit auszeichnen.

Der Identitätsmix aus Corporate Behavior, Corporate Design und Corporate Communications dient dem Unternehmen als Kanal für die Vermittlung eines definierten Soll-Images gegenüber dem internen und externen Unternehmensumfeld. Das Resultat ist das **Corporate**

Image als Spiegelbild der Corporate Identity, d.h. das in den Köpfen und Herzen der Menschen verankerte Ist-Image des Unternehmens.

Die folgende Abbildung verdeutlicht diesen Zusammenhang:

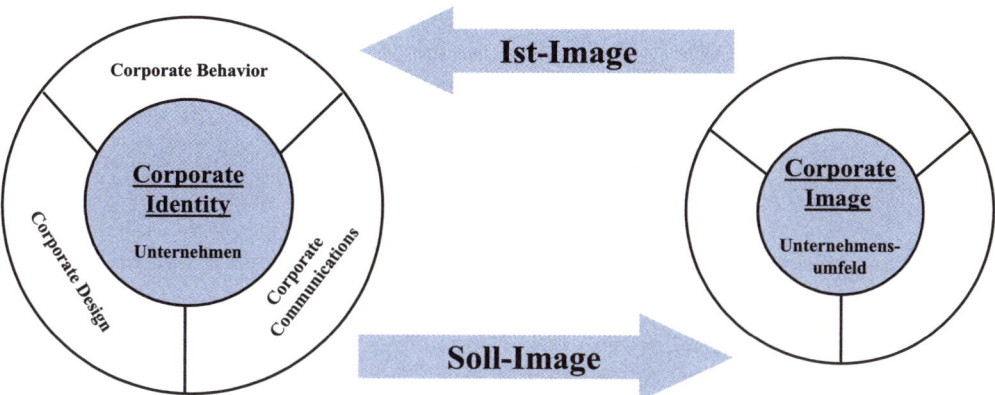

Abb. 117: Corporate Identity und Corporate Image

Die Corporate Identity gibt einer Unternehmung die Möglichkeit, sämtliche Kommunikationsaktivitäten an einem stringenten Grundgerüst zu orientieren, damit deren Wirkung zielgenau erfolgen kann und keine kommunikativen Widersprüche entstehen.

5.8.2   Integrierte Kommunikation

Während das Konzept der Corporate Identity die Kommunikation von Unternehmen seit den 70er Jahren prägte, rückte in den 90er Jahren das Konzept der Integrierten Kommunikation als Begriff für eine integrative Ausrichtung der Kommunikationspolitik in den Vordergrund. Begründung dafür war die weiter zunehmende Informationsüberlastung (information overload) durch die Werbung (vgl. Kapitel II 2.2.1.1 und Kapitel IV 5.3), die mit der Entwicklung des Internets zum Massenmedium zusätzliche Dynamik erfahren hat.

Integrierte Kommunikation bedeutet eine konsistente Umsetzung der gewählten Kommunikationsstrategie auf der operativen Ebene durch die optimale inhaltliche, formale und zeitliche Abstimmung aller eingesetzten und potentiellen Kommunikationsinstrumente, wobei ein höchstmöglicher Grad der gegenseitigen Unterstützung in der Kommunikationswirkung angestrebt wird, um so die definierten Kommunikationsziele der Marke zu erreichen. Die Integrierte Kommunikation lässt sich in der Ausprägung über ihre **drei Formen** näher beschreiben:

Die **inhaltliche Integration** ist im Sinne der thematischen Konsistenz dafür verantwortlich, dass das in der Positionierung definierte unverwechselbare Nutzen-/Leistungsversprechen (consumer benefit) der Marke (U.S.P./U.A.P./U.C.P.) durch die nachvollziehbare Begründung (reason why) mittels der Botschaft widerspruchsfrei zur Zielgruppe kommuniziert wird und dadurch die Differenzierung gegenüber dem Wettbewerb gelingt. Beispielsweise schafft es BMW, das in der Positionierung behaftete zentrale Markenversprechen „Fahrfreude" durchgängig über die gesamte Unternehmens- und Produktebene in den Fokus der Kommunikation zu stellen und sich so eindeutig gegenüber den Hauptmitbewerbern AUDI und MERCEDES zu differenzieren. Die inhaltliche Integration dokumentiert den von den Markenverantwortlichen im Unternehmen festzulegenden Teil für die Zusammenarbeit mit internen Kommunikationsabteilungen bzw. externen Kommunikationsagenturen (z.B. als Briefingbestandteil) und stellt somit eine Vorstufe für die Copy-Strategie einer Marke dar (vgl. Kapitel IV 5.6.1.5).

In Anlehnung an *Bruhn* (2006: 74ff.) hat die inhaltliche Integration eine funktionale, instrumentale, horizontale und vertikale Komponente:

Über die **funktionale** Integration wird festgelegt, welche spezifischen Funktionen einzelne Kommunikationsinstrumente erfüllen sollen. Z.B. können über eine Markenhomepage oder ein Markenportal zusätzliche Informationen zur Unterstützung der Begründung des Nutzen-/ Leistungsversprechens transportiert werden. Mittels der **instrumentalen** Integration wird das Verbinden der einzelnen Kommunikationsmaßnahmen und -aktivitäten im Hinblick auf die gegenseitige Unterstützung zur Erreichung optimaler Synergieeffekte überprüft. Sowohl die horizontale als auch die vertikale Integration setzen bei der funktionalen und instrumentalen Komponente an. Während die **horizontale** Integration diese Komponenten dadurch ergänzt, dass die inhaltliche Koordination der Kommunikationsinstrumente auf einer vom Unternehmen genutzten Absatzstufe (z.B. Handelspartner) gesteuert wird, übernimmt die **vertikale** Integration diese Aufgabe – abhängig von der grundsätzlichen Ausrichtung des vertikalen Marketing einer Unternehmung (vgl. Kapitel IV 4.1.2) – über alle genutzten Absatzstufen (z.B. Verkaufspersonal → Handel → Endverbraucher). Zielsetzung ist es, diese Stufen als separate Anspruchsgruppen individuell und über für sie relevante Instrumente anzusprechen, die inhaltliche Integration dabei aber immer in den Mittelpunkt aller Maßnahmen zu rücken.

Diese vier Komponenten der inhaltlichen Integration bilden die Basis der Integrierten Kommunikation, die auch für die formale und zeitliche Integration bindend ist.

Die **formale Integration** stellt die gestalterische Konsistenz sicher. Dabei können sowohl visuelle als auch auditive Gestaltungselemente zum Einsatz kommen. Zur sichtbaren Wiedererkennung werden meist Markenname, -logo, -zeichen, -farben, -claim, -key visual usw. genutzt, als akustisches Erkennungsmerkmal dient oft eine Klangfolge (auch Klangoder Audiologo genannt), ein Jingle oder ein Werbesong. Kennzeichnend für die Marke BMW ist das weiß-blaue Rautenmuster im schwarzfarbenen Ring, der innen und außen von einem goldenen Rand umschlossen ist und im oberen Bereich zentriert die Versalien der Marke enthält. Des Weiteren benutzt BMW konsequent den Claim „Freude am Fahren". Auf diese Weise entsteht eine formale Konstante in der Unternehmens- und Markenkommunikation, die zudem in der jeweiligen Modellkampagne mit einem produktspezifischen Claim ergänzt werden kann. So lautete der Claim zur Markteinführung der fünften Generation des 3er BMW im März 2005: „Die treibende Kraft. Der neue BMW 3er". Während der Claim „Freude am Fahren" weiterhin die Basiswerte der Marke (dynamisch-herausfordernd-kultiviert) berücksichtigte, vermittelte der Claim „Die treibende Kraft" die modellspezifi-schen Werte (sportlich-elegant-innovativ). Auch die DEUTSCHE TELEKOM kommuniziert mit Hilfe prägnanter und eindeutig wiedererkennbarer Gestaltungsmittel. Im visuellen Bereich ist in erster Linie die Farbe Magenta zu nennen, aber auch auditiv bedient sich das Unternehmen des mittlerweile sehr bekannten Klanglogos (5 kurze Töne), um sich so in der Kommunikati-on rund um das magentafarbene „T" hörbar erkennen zu geben.

Die **zeitliche Integration** sichert die chronologische Konsistenz ab und beinhaltet zwei Di-mensionen. Zum einen spielt das Timing (vgl. Kapitel IV 5.6.1.8) eine wichtige Rolle, d.h. die Auswahl des Zeitraumes für eine Kommunikationskampagne (z.B. das Frühjahr für Diät-Produkte). Zum anderen müssen die eingesetzten Kommunikationsinstrumente innerhalb einer Kampagne zeitlich bestmöglich aufeinander abgestimmt sein. Auf diese Weise können sehr gute Erinnerungswerte erzielt und auch der Mitteleinsatz zur Erreichung der Kommuni-kationsziele kann so optimiert werden. BMW startete die Kampagne für den neuen 3er am 14. Februar 2005 mit Printanzeigen in zielgruppenrelevanten Zeitschriften, der TV-Spot folgte vom 21. Februar bis zum 20. März 2005 in reichweitenstarken Sendern. Parallel be-kamen Interessenten über das Mobiltelefon und die Markenhomepage Informationen zum neuen Modell und konnten sich Bilder und Videosequenzen anschauen. Die Botschaft der Kampagne war stringent auf die Stärken des neuen Modells (Sportlichkeit-Eleganz-Innovationskraft) ausgerichtet und wurde durch Gruppenbilder mit Fechtern, Sprintern und Eisschnellläufern visualisiert, wobei die Sportler mit ihren Konturen exakt die Silhouette des Autos nachbildeten. Im März präsentierten die BMW-Vertragshändler den neuen 3er am Point of Sale mittels Akrobaten, die im Vordergrund eines überdimensionalen BMW-Logos das neue Modell im Rahmen von sportlichen Übungen in Szene setzten. Auf diese Weise wurde der Bogen von der zeitlichen zur inhaltlichen und formalen Integration in der Pro-duktkommunikation auch am Point of Sale (POS) geschlossen.

Die Marke BMW ist mit dem Markenversprechen „Fahrfreude" ein gutes Beispiel für eine weitere, dritte Dimension, die zwar der zeitlichen Integration zugeordnet werden kann, die aber auch die inhaltliche und die formale Integration wesentlich tangiert. Gemeint ist hier die Kontinuität in der Markenkommunikation. Wenn die Kommunikationsstrategie und die Mar-kenbotschaft langfristig angelegt sind (zeitlicher Aspekt), die Botschaft authentisch das Nut-zen-/Leistungsversprechen der Marke transportiert (inhaltlicher Aspekt) und die festgelegten Gestaltungselemente kontinuierlich eingesetzt werden (formaler Aspekt), steigen auch in der heutigen Markt- und Medienumwelt die Chancen wesentlich, die definierten Kommunikati-onsziele der Marke zu erreichen.

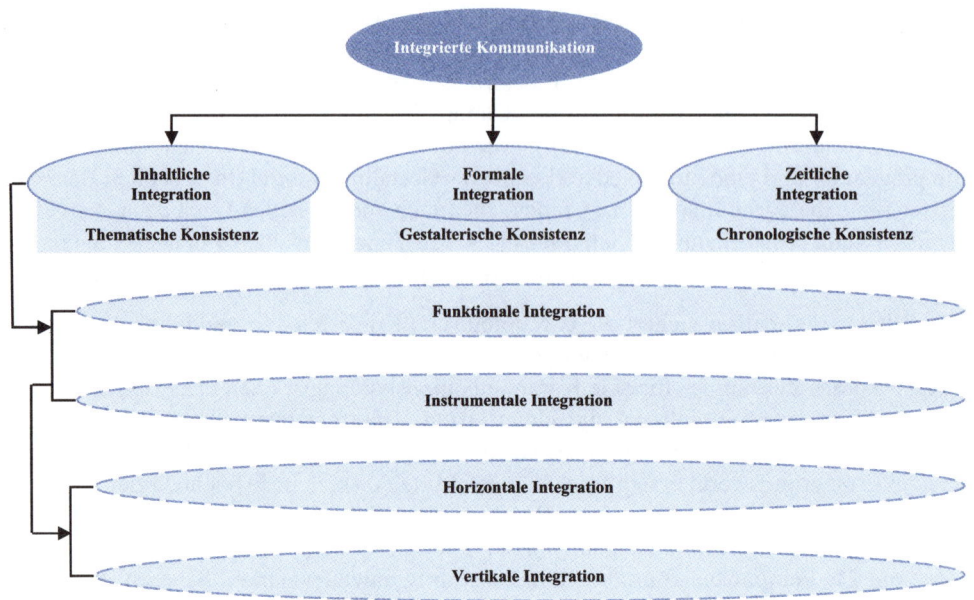

Abb. 118: Formen der Integrierten Kommunikation

Zusammenfassend lässt sich sagen, dass die inhaltliche Integration die komplexeste Form der Integrierten Kommunikation ist und daher zeigen viele Unternehmen gerade hier in der Umsetzung große Defizite auf. Aber auch im Einsatz von formaler und zeitlicher Integration gibt es in der Praxis oft Verbesserungspotential. Das liegt zum einen an dem enormen internen Planungs-, Organisations- und Abstimmungsaufwand, der besonders Global Player mit Markenstrategien im internationalen Wettbewerb betrifft (vgl. Kapitel IV 2.4.2). Erschwerend kommt für diese Großkonzerne hinzu, dass sich durch die Zusammenarbeit mit den diversen internationalen und nationalen Kommunikationsagenturen im gesamten Koordinationsprozess ein zusätzlicher Grad der Komplexität ergibt. Zum anderen liegt die Problematik auch darin begründet, dass die Markenverantwortlichen im heutigen Wettbewerbsumfeld oft unter so großem operativen Erfolgsdruck stehen, dass Aktionismus zur Erreichung der kurzfristig formulierten Ziele in der Kommunikation dem mittel- bis langfristig angelegten Konzept der Integrierten Kommunikation vorgezogen wird.

Die Integrierte Kommunikation wird in diesem Lehrbuch als Weiterentwicklung der Corporate Identity verstanden. Als theoretische Abgrenzung könnte dienen, dass im Rahmen der Corporate Identity der Fokus stärker auf die Unternehmenskommunikation und im Rahmen der Integrierten Kommunikation der Blickwinkel stärker auf die Markenkommunikation gerichtet ist.

5.8.3   Cross-Media-Kommunikation

In den letzten Jahren taucht im Zusammenhang von integrativen Kommunikationskonzepten immer häufiger der Begriff der Cross-Media-Kommunikation auf und wird dabei oft der Integrierten Kommunikation gleichgesetzt. An dieser Stelle wird deutlich darauf hingewiesen, dass diese Betrachtung zu undifferenziert ist. Integrierte Kommunikation und Cross-Media-Kommunikation sind sich ergänzende Konzepte *(Bruhn* 2006: 31), die in ihrer Rangfolge nacheinander gesetzt eine noch stärkere Verdichtung der kommunikativen Ausrichtung einer Marke ermöglichen und somit die Kommunikationswirkung steigern. Während die Integrierte Kommunikation für die Koordination aller Instrumente auf der gesamten operativen Ebene der Kommunikationspolitik verantwortlich zeichnet und so die Kommunikationsziele der Marke unterstützt, steht bei der Cross-Media-Kommunikation die Verbindung von Maßnahmen auf der instrumentellen Teilebene der Werbung und damit die Unterstützung der Werbeziele im Vordergrund.

Cross-Media-Kommunikation charakterisiert die Vernetzung der Kommunikation über klassische und moderne Medien hinweg mit der Zielsetzung einen kommunikativen Mehrwert für das werbetreibende Unternehmen zu generieren und auf diese Weise die Rendite von Werbeinvestitionen zu erhöhen. Der Schwerpunkt der Betrachtung liegt auf den relevanten Trägermedien für die kampagnenrelevante Werbebotschaft einer Marke und berührt somit das Thema der Mediaselektion (vgl. Kapitel IV 5.6.1.6). Voraussetzung für die vernetzte Kommunikation ist die durchgängige Werbeidee, die in der Copy-Strategie (vgl. Kapitel IV 5.6.1.5) für ein spezifisches Werbeobjekt formuliert ist. Diese Werbeidee gilt es in unterschiedlichen Mediengattungen so zu penetrieren, dass die Werbebotschaft in optimaler Weise die Zielgruppe erreicht. Dabei werden die verschiedenen Mediengattungen im Hinblick auf ihre spezifischen Selektionsmöglichkeiten und Darstellungsformen ausgewählt und für die entsprechende Kampagne inhaltlich und formal aufeinander abgestimmt (SEVENONE MEDIA 2003: 6). Insofern greift die Cross-Media-Kommunikation auf das Konzept der Integrierten Kommunikation zurück, wobei der zeitliche Aspekt keine zentrale Rolle spielt, da es sich in der Regel um parallel oder nur leicht zeitversetzt geschaltete Werbemaßnahmen innerhalb eines Kampagnenverlaufes handelt. Die Optimierung der Werbewirkung im Rahmen der Cross-Media-Kommunikation ist also auf den Zeitraum einer Kampagne bezogen und vertieft an dieser Stelle die Bestrebungen der Integrierten Kommunikation.

Definitorischer Ansatz der Cross-Media-Kommunikation ist der zeitgleiche Einsatz mehrerer Mediengattungen als Träger der Werbebotschaft, die über die durchgängige Werbeidee in den verwendeten Werbemitteln miteinander verbunden sind. Grundsätzlich erfüllt also schon das Vorhandensein von zwei verschiedenen Mediengattungen diesen Ansatz. Dies ist aber bereits bei einer klassischen Mediamix-Kampagne – z.B. die Kombination von TV-Werbung mit Funk-Unterstützung – der Fall. Auch hier kann die Wahl der jeweiligen Mediengattung aufgrund der selektiven Zielerfüllung oder der besonderen Darstellungsmöglichkeit erfolgen. Beispielsweise spricht die Reichweitenstärke für den Einsatz von TV als Basismedium und die Aktualität für das Hinzuziehen von Funk-Werbung als flankierendes Medium.

Das Konzept der Cross-Media-Kommunikation setzt daher an diesem Punkt an, erweitert diesen Aspekt aber um die besondere Bedeutung, die den ausgewählten Mediengattungen zukommt. Cross-Media-Kampagnen zeichnen sich dadurch aus, dass die Werbeträger sichtbar miteinander verknüpft sind und eine gezielte Führung der Zielpersonen durch deutlich wahrnehmbare Verweise von einem Medium (Lead-Medium) zum anderen (Ziel-Medium) erfolgt. Diese aktive Nutzerführung über die geschalteten Mediengattungen hinweg – auch Medientransfer genannt – hat das Ziel, die Werbezielgruppe vielschichtig anzusprechen und damit sowohl ihr selbst als auch dem werbetreibenden Unternehmen einen spezifischen Mehrwert zu bieten (SEVENONE MEDIA 2003: 10ff.). Beispielsweise wird im Rahmen einer Kampagne über die klassische TV-Werbung (Lead-Medium) eine Reichweitenbasis für die Werbeidee aufgebaut, die Marke emotional aufgeladen und so erste Eckpunkte für das Aufnehmen der Werbebotschaft beim Rezipienten gesetzt. Über den integrierten Hinweis auf ein Online-Kampagnen-Special auf der Markenhomepage (Ziel-Medium) wird die Werbeidee als verbindendes Element aufgegriffen und der Nutzer dort mit tiefergehenden Informationen zur Werbebotschaft versorgt. Dies führt aufgrund der multikanalen Ansprache der Kernzielgruppe zu erhöhten Kontaktzahlen, gleichzeitig vertieften Kontaktintensitäten und trägt zur Verminderung von Streuverlusten bei. Im Sinne des Kommunikationsprozesses (vgl. Kapitel IV 5.3) entsteht eine intensivere Informationsverarbeitung und Beschäftigung mit den Inhalten des Markenversprechens in einem entspannten, selbstgewählten Umfeld ohne Zeitbegrenzung, so dass auf diese Weise ein höheres Involvement bewirkt wird.

Ein gutes Beispiel für Cross-Media-Kommunikation ist die 2007er Valentins-Kampagne zum K800I CYBER-SHOT™ HANDY von SONY ERICSSON. Im klassischen Teil der Kampagne standen die 30- und 60-Sekunden Spots auf den Privatkanälen sowie der Cinema-Spot in ca. 600 Kinos im Vordergrund. Zudem wurden im Print-Bereich Anzeigen in der BILD AM SONNTAG als Reichweitenträger und in der TELECOM HANDEL zur Abdeckung des Telekommunikations-Fachhandels geschaltet. Out of Home ergänzten Mega Posters und Citylights die klassische Werbung. Integriert in den seit Herbst 2006 geschalteten neuen Markenauftritt von SONY ERICSSON schloss die Valentins-Kampagne an den Headline-Ansatz in der neuen Kommunikation an, indem das grüne SONY ERICSSON Logo „Liquid Identity" (umgangssprachlich auch als grüner SONY ERICSSON „Ball" bezeichnet) als emotionales Bindeglied zwischen dem Kunden und der Marke genutzt wurde. Alle Headlines beginnen seitdem mit einem einfachen „Ich", gefolgt von der „Liquid Identity", die in der neuen Kommunikationsausrichtung der Dreh- und Angelpunkt der Marken- und Produktbotschaften ist. Konsequenterweise lautete die Basis-Headline der Valentins-Kampagne „Ich liebe Dich und Deine Lachfältchen", wobei das Wort „liebe" durch das Logo („Liquid Identity") als Konstante der Markenkommunikation symbolisiert wird. Alle Werbemittel der klassischen Valentins-Kampagne waren mit der Abbildung und dem Aufruf zum Kauf des K800I CYBER-SHOT™ HANDY sowie dem Hinweis auf die Produktseite (www.cyber-shot-handy.de) und die dort stattfindende Geschenk-Aktion für Verliebte verknüpft. Auf dieser Produktseite stand dem User das Kampagnen-Special zum Anklicken zur Verfügung. Hier konnte online im Zeitraum vom 22. Januar 2007 bis zum 28. Februar 2007 bei einem getätigten und über eine Registrierung mit entsprechenden Eingaben nachprüfbaren Kauf des SONY ERICSSON K800I Aktions-Handys im Fachhandel eine Halskette mit echten *Swarovski*-Kristallen gratis bestellt werden. Auf diese Weise wurde die Grundidee der Kampagne („Liebesbeweis") aufgegriffen und über die zusätzliche Online-Geschenk-Aktion vertieft.

Dieses Beispiel verdeutlicht die Begründung für Cross-Media-Kommunikation, nämlich die kampagnenbezogene Kombination der Stärken von klassischer Werbung erweitert um die besonderen Qualitäten im Internet Marketing. Diese spezifischen Qualitäten wie z.B. Individualisierbarkeit, Interaktivität, Multimedialität, Virtualität (vgl. Kapitel IV 5.7.5) geben der Cross-Media-Kommunikation die Berechtigung, als eigenständiges integratives Kommunikationskonzept gewertet zu werden. Darüber hinaus existieren neben der Vernetzung von klassischer Kommunikation wie TV- und Print-Werbung mit Internet Marketing weitergehende Möglichkeiten der geführten, intensiven Zielgruppenansprache z.B. über Direktmarketing oder Event Marketing. Folgende Abbildung zeigt die sequentielle Wirkungsweise von Cross-Media-Kommunikation:

Abb. 119: Wirkungsweise von Cross-Media-Kommunikation (in Anlehnung an SEVENONE MEDIA 2003: 12)

Es wird aber auch deutlich, dass dieses Konzept im Vergleich zur Integrierten Kommunikation lediglich als Ergänzung zur tiefergehenden Optimierung einer Werbekampagne sinnvoll ist. Cross-Media-Kommunikation kann daher als Sub-Konzept der Integrierten Kommunikation bezeichnet werden. Sie knüpft dabei in erster Linie an die Form der inhaltlichen Integration und hier insbesondere bei der funktionalen Komponente an.

Die Entwicklung der Cross-Media-Kommunikation wird von Unternehmen forciert, die selbst stark an der Vermarktung bestimmter, eigener Werbeträger interessiert sind. Hier sind vornehmlich die großen TV-Vermarkter, Verlage und Medienunternehmen zu nennen *(Bruhn* 2006: 30). Darüber hinaus spielen vor diesem Hintergrund natürlich auch die Werbe- und Mediaagenturen eine zentrale Rolle. Cross-Media-Kommunikation ist darum als ein Dialogprozess zu verstehen, der im Dreieck von werbetreibenden Unternehmen, Agenturen und Medien stattfindet.

V   Marketingplanung und -kontrolle

Marktorientierte Unternehmensplanung ist ein Managementprozess, bei dem Ziele und interne Ressourcen den Markterfordernissen bzw. -chancen angepasst werden. Die eigentliche **Marketingplanung** bezweckt, die verschiedenen Geschäftseinheiten bzw. Produktlinien so zu gestalten, dass sie in ihrer Gesamtheit zur Erreichung der Unternehmens- und Marketingziele beitragen. Die Marketingplanung erfolgt – wie im vorliegenden Lehrbuch anhand des Marketingprozesses deutlich gemacht – grundsätzlich auf drei Ebenen. Zuerst werden die Marketingziele festgelegt. Auf der strategischen Ebene werden die grundsätzlichen Strategiedimensionen bestimmt. Auf der operativen Mix-Ebene geht es um einen ziel- und strategiekonformen Einsatz der einzelnen Marketinginstrumente.

Letztlich zusammengefügt werden die Elemente des Marketingprozesses in einem ganzheitlichen **Marketingkonzept** und **Marketingplan**. Der Unterschied zwischen Marketingkonzept und -plan ist insofern marginal, da die wesentlichen Elemente identisch sind. Der Marketingplan ist in diesem Sinne konkreter, da hier zuständige Personen, genehmigte Budgets und Termine für geplante Maßnahmen enthalten sind.

Als Beispiel für eine Marketingkonzeption, welche die verschiedenen Ebenen systematisch behandelt und aufeinander abstimmt, wird das Modell von *Becker* skizziert (Kapitel V 1). In Kapitel V 2 folgen zum Abschluss zwei Beispiele für den Aufbau von Marketingplänen. In allen Beispielen wird deutlich, dass die Grundstruktur des Marketingprozesses die Basis des Marketingplans bildet.

Vorweg sei bereits darauf hingewiesen, dass ein Marketingkonzept bzw. ein Marketingplan für **verschiedene Bezugsobjekte** aufgestellt werden kann. Bei Unternehmen mit einem sehr engen Produktprogramm – nur eine Produktlinie oder im Extremfall nur ein Produkt – bezieht sich der Marketingplan auf das gesamte Unternehmen. Für stark diversifizierte Unternehmen mit einer Vielzahl von unterschiedlichen Produktlinien bzw. Marken – bei Konzernen sogar unterschiedlichen Geschäftseinheiten – macht ein einzelner Marketingplan keinen Sinn. Hier werden z.B. je Produktlinie bzw. Marke eigenständige Marketingpläne verfasst.

Als letzter Schritt des Marketingprozesses folgt in Kapitel V 3 die Darstellung der **Marketingkontrolle**, d.h. die Überprüfung des Marketingerfolgs sowie die Steuerung der Marketingaktivitäten anhand diverser Kennzahlen. Im Marketingplan werden bereits Steuerungsgrößen und Kontrollzeitpunkte aufgenommen. Die Marketingkontrolle dient in diesem Sinne zur Überprüfung des gesamten Marketingplans. Nur eine kontinuierliche Analyse dieser Kennzahlen ermöglicht eine konkrete Erfolgsmessung. Dies kann eine Anpassung der Marketingplanung erfordern.

1   Marketingkonzept nach *Becker*

Marketing, als die bewusste Führung des gesamten Unternehmens vom Absatzmarkt bzw. vom Kunden her, lässt sich nach *Becker* (2006: 3) nur dann konsequent umsetzen, wenn dem unternehmerischen Handeln eine schlüssig abgeleitete **Marketing-Konzeption** zugrunde gelegt wird. „Eine Marketing-Konzeption kann aufgefasst werden als ein schlüssiger, ganzheitlicher Handlungsplan ('Fahrplan'), der sich an angestrebten Zielen ('Wunschorte') orientiert, für ihre Realisierung geeignete Strategien ('Route') wählt und auf ihrer Grundlage die adäquaten Marketinginstrumente ('Beförderungsmittel') festlegt" (*Becker* 2006: 5).

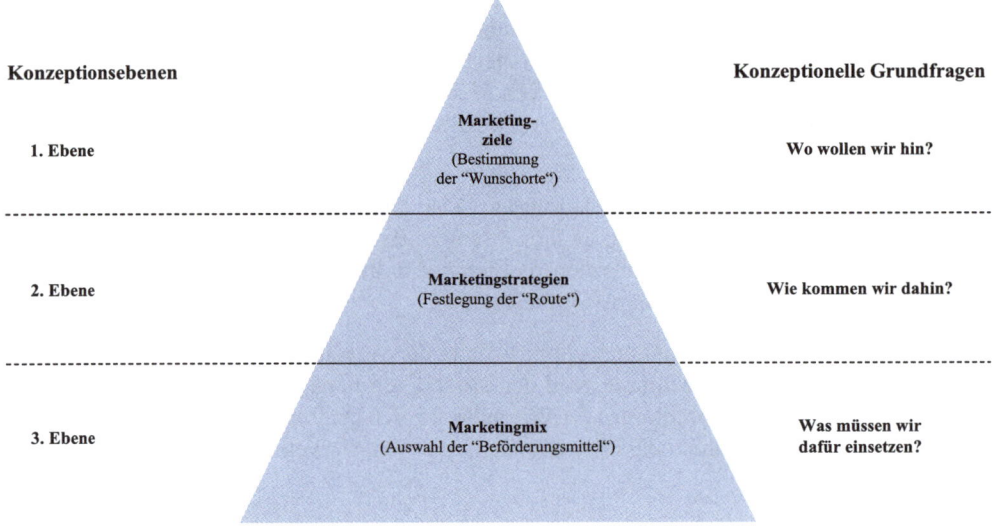

Abb. 120: Konzeptionspyramide (Becker 2006: 4)

Die in der Abbildung dargestellten drei Konzeptionsebenen sind logisch aufeinander folgende, aber zugleich interdependente Teilstufen des konzeptionellen Marketingprozesses. Der Konkretisierungs- und Detaillierungsgrad nimmt dabei von oben nach unten zu. Die Marketingkonzeption fügt somit in Form einer **Synthese** die diversen Planungsebenen, Begriffe und Methoden zusammen. Die in Kapitel II vorgestellten Analysen von Unternehmen, Markt und Umwelt dienen als Grundlage zur Erarbeitung einer Marketingkonzeption.

Auf Basis einer umfassenden Marketinganalyse werden zunächst die **Ziele** (Kapitel III 1) je Bezugsobjekt in Form eines Zielsystems bestimmt. An der Spitze einer solchen Zielhierarchie stehen zunächst **Unternehmensgrundsätze** als grundlegende Positionen, Werte, Stile oder Regeln eines Unternehmens. Darauf gründet sich die **Mission** als Unternehmenszweck, d.h. die Beschreibung der konkreten (Markt)leistungen des Unternehmens. Die Mission muss konsequenterweise mit einer **Vision** verbunden sein. Die Vision stellt eine ehrgeizige Weiterentwicklung der Mission dar; Visionslosigkeit hieße Stillstand. Erst an dritter Stelle folgen die eigentlichen, ökonomisch geprägten **Unternehmensziele** wie Gewinn und Rentabilität. Die daraus abgeleiteten **Marketingziele** sind zum einen marktökonomisch (Absatz, Umsatz, Marktanteil etc.), zum anderen marktpsychologisch (Bekanntheitsgrad, Image, Kundenzufriedenheit etc.).

Nachdem die Ziele definiert sind, gilt es geeignete **Marketingstrategien** festzulegen, die zur Zielerreichung beitragen. In Kapitel III 2 ist bereits auf die Systematik der Strategien von *Becker* Bezug genommen worden. An dieser Stelle wird das entsprechende Strategie-Raster dargestellt:

Strategieebenen	Strategiealternativen			
Marktfeldstrategie	Marktdurchdringungsstrategie	Marktentwicklungsstrategie	Produktentwicklungsstrategie	Diversifikationsstrategie
Marktstimulierungsstrategie	Präferenzstrategie		Preis-Mengen-Strategie	
Marktparzellierungsstrategie	Massenmarktstrategie (totale)	Massenmarktstrategie (partiale)	Segmentierungsstrategie (totale)	Segmentierungsstrategie (partiale)
Marktarealstrategie	Lokale Strategie / Regionale Strategie / Überregionale Strategie / Nationale Strategie		Multinationale Strategie / Internationale Strategie	Weltmarktstrategie

Abb. 121: Strategieraster (Becker 2006: 352)

Aus dem Raster sind vier grundlegende strategische Dimensionen abzulesen, die einem Unternehmen zur Verfügung stehen. Durch die Verknüpfung der vier Ansatzebenen entsteht ein individuelles **Strategieprofil**. Nach *Becker* ist es entscheidend, die strategischen Optionen aufeinander abzustimmen, um ganzheitlich vorgehen zu können. Das Strategieprofil bildet die Grundlage für die operative Ebene, d.h. den Marketing-Mix.

Der **Marketing-Mix** besteht nach *Becker* aus drei Instrumentengruppen. Die angebotspolitischen Instrumente umfassen zum einen die Produkt- bzw. Programmpolitik, zum anderen auch die Preispolitik. Somit werden zwei klassische Marketinginstrumente zusammengefasst. Die distributionspolitischen Instrumente beziehen sich auf Absatzwege, Absatzorganisation (im weiteren Sinne Verkaufssteuerung) und Absatzlogistik. Die kommunikationspolitischen Instrumente bestehen auf der einen Seite aus den klassischen Instrumenten (Werbung, Verkaufsförderung, PR; der persönliche Verkauf wird der Distributionspolitik zugerechnet), zum anderen aus modernen Maßnahmen wie z.B. Direktmarketing, Product Placement oder Internet Marketing.

Der besondere Verdienst *Becker*s liegt darin, dass er den **konzeptionellen Ansatz** im Marketing begründet hat. Viele Marketing-Lehrbücher betonen immer noch die operative Ebene des Marketing, obwohl die strategische Planung schon recht lange in den Marketingkanon Einzug gehalten hat. *Becker* wertet somit die Strategieebene des Marketing auf, welche er ferner noch systematisch aufbereitet. Zudem wird auch die im Marketing häufig vernachlässigte Zielebene ausführlich thematisiert. *Becker* erreicht mit seinem Modell einen integrativen, ganzheitlichen Ansatz, der Marketing als Unternehmensphilosophie begreift, und das Funktionendenken (Marketing als Teilfunktion des Unternehmens) endgültig überwindet.

2 Inhalte eines Marketingplans

Die Inhalte eines Marketingplans entsprechen letztlich den Inhalten des im vorliegenden Lehrbuch aufgezeigten Marketingprozesses. Verschiedene in Theorie und Praxis vorgeschlagene Formate von Marketingplänen unterscheiden sich im Wesentlichen durch den jeweiligen Detaillierungsgrad. In der Unternehmenspraxis kommt es darauf an, die für das individuelle Bezugsobjekt (Unternehmen, SGE, Produktlinie, Marke) wichtigen Elemente aufzuführen und zu einem integrativen, aufeinander abgestimmten Konzept zusammenzuführen. Daraus lässt sich schlussfolgern, dass jeder Marketingplan in der Praxis ein Unikat sein muss. Dennoch ist es von Bedeutung, ein Raster für Marketingpläne vorzugeben, mit dem in der Praxis gearbeitet werden kann. Im Folgenden werden **zwei gängige Formate** von Marketingplänen skizziert.

2.1 AOSTC-Plan

AOSTC ist ein Akronym, das sich auf die Kernelemente eines Marketingplans bezieht: **A**nalysis, **O**bjectives, **S**trategies, **T**actics, **C**ontrols.

Situationsanalyse
Mithilfe einer internen Unternehmensanalyse und einer externen Umweltanalyse wird der Status Quo einer Marke bzw. einer Produktlinie ermittelt und mögliche Potentiale werden aufgedeckt. Die verschiedenen Analysemethoden münden in die SWOT-Analyse (Kapitel II 5).

Zielformulierung

Nach der SWOT-Analyse sind konkrete Ziele zu formulieren, welche den sog. „Smart-Voraussetzungen" genügen, d.h. die gesteckten Ziele sind:

- **S**pecific (spezifisch, präzise),
- **m**easurable (messbar, quantifizierbar),
- **a**chievable (erreichbar),
- **r**ealistic (realistisch bzgl. der zur Verfügung stehenden Ressourcen),
- **t**imed (Zielerreichung auf Zeiträume bzw. Zeitpunkte bezogen).

Beschreibung des strategischen Zielmarktes

Das strategische Marketing bezieht sich in erster Linie auf die Untersuchung der potentiellen Marktsegmente, die Ableitung der relevanten Zielgruppe und die Festlegung der Position im entsprechenden Zielmarkt, kurz die S-T-P-Strategie (Kapitel III 4).

Marketingtaktik

Die Strategie wird durch die taktischen (bzw. operativen) Marketinginstrumente umgesetzt. Diese operativen Maßnahmen sind in die klassischen 4 P's des Marketing-Mix (product, price, place, promotion) eingeteilt.

Plankontrolle

Es gilt, anhand einer Reihe von Kennzahlen Soll-Ist-Vergleiche durchzuführen, um den Erfolg des aufgestellten Plans zu messen und ggf. Nachbesserungen anbringen zu können. Wichtige Daten sind u.a. Einführungskosten, Monatsbudgets, Umsatzzahlen, Marktanteile etc.

Nach Erfassung aller relevanten Plan-Informationen sollte eine kurze Zusammenfassung (executive summary) verfasst werden, die direkt hinter dem Deckblatt des Marketingplans platziert wird, um dem Leser die Kernelemente vorweg in Kurzform zu präsentieren. In den Kerntext des Plans gehören nur die wesentlichen Informationen. Alle unterstützenden Daten, Graphiken sowie weiteres Material sollten in einen Anhang am Ende des Marketingplans münden.

2.2   Marketingplan nach *Kotler*

Nach *Kotler/Keller/Bliemel* (2007: 119ff.) muss für jede Produktlinie oder Marke einer strategischen Geschäftseinheit ein Marketingplan entworfen werden, der aus **acht Teilen** besteht:

- Plansynopsis (Kurzfassung) und Inhaltsverzeichnis,
- Analyse der aktuellen Marketingsituation,
- Analyse der Chancen, Gefahren und Problemfragen,

- Planziele,
- Marketingstrategie,
- Taktische Aktionsprogramme,
- Ergebnisprognose,
- Planfortschrittskontrollen.

Plansynopsis

Der Marketingplan sollte mit einer kurzen Zusammenfassung der wichtigsten Ziele und Daten beginnen, die im Hauptteil des Planberichts detailliert erläutert werden. Mit dieser Kurzfassung werden der Unternehmensleitung bzw. anderen vorgesetzten Entscheidungsträgern schnelle Informationen geliefert.

Situationsanalyse

Dieser Teilabschnitt liefert Daten und Informationen über den Zielmarkt (Marktvolumen, Marktpotential, Marktwachstum, Größe der Segmente etc.) und über das Bezugsobjekt des Marketingplans, also die Marke oder die Produktlinie (Umsätze, Kosten, Preise, Marketingaufwand, Deckungsbeiträge, Nettoerlöse etc.). Ferner wird die Wettbewerbssituation anhand der wichtigsten Konkurrenten (Größe, Ziele, Strategien) wiedergegeben. Informationen über das Distributionssystem (Angaben über die in jedem Distributionskanal abgesetzten Stückzahlen) sowie das Makroumfeld (übergeordnete Entwicklungstrends) runden die Analyse ab.

SWOT-Analyse

Die SWOT-Analyse basiert auf den im vorigen Abschnitt ermittelten Daten. Als Quintessenz der internen Analyse werden die wichtigsten Stärken und Schwächen des Produktes bzw. des Unternehmens aufgeführt. Analog repräsentieren die wichtigsten Chancen und Risiken die Ergebnisse der externen Analyse. Auf Grundlage dieser Erkenntnisse werden sog. Problemfragen herausgearbeitet. Entscheidungen zu diesen Problemfragen führen dann zur Ableitung von Zielen, Strategien und Taktiken.

Planziele

Die aufgestellten Planziele bestimmen die nachfolgende Suche nach angemessenen Strategien und Aktionsprogrammen. Die Ziele sind auf zwei Ebenen festzulegen: Die Finanzziele beziehen sich auf das Anstreben eines bestimmten Gewinns und einer bestimmten Kapitalrendite. Um das Gewinnziel zu erreichen, muss dieses mit den Marketingzielen bzgl. Umsatz, Marktanteil oder Markenbekanntheit korrespondieren.

Marketingstrategie

Die Marketingstrategie ist die Erstellung eines „Spielplans", wie die aufgestellten Planziele erreicht werden sollen. Bei der Erarbeitung einer Strategie gibt es eine Reihe von Wahlmöglichkeiten, da sich jedes Ziel auf verschiedene Art und Weise erreichen lässt. Letztlich muss eine Entscheidung für eine grundlegende strategische Option getroffen werden. Zudem muss die gewählte Strategie mit anderen Funktionsbereichen (Einkauf, Produktion etc.) abgestimmt sein.

Taktische Aktionsprogramme

Die strategische Ebene definiert die Marketingschwerpunkte, die ein Produktmanager setzt. Jede Marketingstrategie muss so ausgearbeitet werden, dass vier Fragen beantwortet werden:

1. Was wird im Einzelnen getan?   → Marketinginstrumente
2. Wann wird es getan?   → Zeitpunkte bzw. Zeiträume von Aktionen
3. Wer wird etwas tun?   → Verantwortliche Abteilungen/Mitarbeiter
4. Wie viel wird es kosten?   → Budget

Ergebnisprognose

Mit dem Aktionsplan wird ein vorläufiges Budget erstellt, das der Ergebnisprognose dient. Auf der Erlösseite wird das vorhergesagte Absatzvolumen mit dem durchschnittlichen Verkaufspreis multipliziert; auf der Aufwandsseite werden die verschiedenen Kosten addiert. Die Differenz ergibt dann das prognostizierte Ergebnis, den Gewinn. Ggf. wird das Budget noch angepasst, in der Regel gemindert, so dass evtl. an einigen Stellen Kosten reduziert werden müssen.

Planfortschrittskontrollen

Im letzten Abschnitt des Marketingplans werden die Kontrollen dargelegt, die zur Überwachung des Planfortschritts – in jeder Planperiode (meist Quartale) – durchgeführt werden. Die in jeder Planperiode erzielten Resultate werden von der entsprechenden Managementebene begutachtet und führen evtl. zu Plankorrekturen. Der verantwortliche Produktmanager muss Gründe für die Nichterreichung der Ziele nennen und Maßnahmen vorschlagen, die doch noch zur Zielerreichung führen.

3   Marketingkontrolle

Am Ende des Marketingprozesses steht in erster Linie die Ergebniskontrolle, die ggf. zu Anpassungen der Gesamtkonzeption bzw. einzelner Prozessphasen führen kann. Das Marketing gerät in vielen Unternehmen immer wieder unter Rechtfertigungsdruck. Zunehmend wird gefordert, dass der Wert- und Erfolgsbeitrag messbar gemacht werden soll. Vor diesem Hintergrund kommt der Effektivität und der Effizienz des Ressourceneinsatzes eine besondere Bedeutung zu.

Kontrollen beziehen sich im Kern auf die Gegenüberstellung eines eingetretenen Ist-Zu-
stands mit einem vorgegebenen Soll-Zustand bzw. Zielwert. Der Soll-Zustand leitet sich in
der Regel aus der Marketingplanung ab, was die enge Verknüpfung von Marketingplanung
und -kontrolle verdeutlicht. Ziel der Kontrolle ist zum einen die Sicherstellung der Erreichung eines Soll-Wertes im Rahmen der Feed-back-Kontrolle und zum anderen die Anpassung des Soll-Wertes im Sinne einer Feed-forward-Kontrolle (*Weber* 1999: 157). Häufig
erfolgen solche Beurteilungen allerdings ex-post, ohne dass zuvor bestimmte Soll-Vorgaben
festgelegt wurden. Ein solches Vorgehen kann genau genommen nicht als Ergebniskontrolle,
sondern allenfalls als Ergebnisanalyse bezeichnet werden (*Köhler* 1992: 1270).

Grundsätzlich lassen sich zwei Arten von Marketingkontrollen unterscheiden. **Verfahrens-
orientierte Kontrollen** vergleichen reale Prozesse mit entsprechenden Vorgaben, z.B. die
Einhaltung des Vorgehens und des Terminplans bei einer Neuprodukteinführung. Es über-
wiegen jedoch die **ergebnisorientierten Kontrollen**, die sich auf den Abgleich von erzielten
und geplanten Ergebnissen beziehen und im Mittelpunkt der Marketingkontrollen stehen
(*Horváth* 1998: 169f.). Der Kontrollprozess ist dabei als kontinuierlicher Vorgang zu verstehen, denn nur bei kontinuierlichen Kontrollen der Marketingaktivitäten besteht die Möglichkeit, Abweichungen rechtzeitig zu erkennen und Plan- bzw. Maßnahmenkorrekturen durchzuführen (*Meffert*: 2000: 1133).

Die Auswahl geeigneter **Kontrollgrößen** stellt eines der zentralen Probleme der Marketingkontrolle dar. Grundsätzlich lassen sich sämtliche Marketingziele als Kontrollgrößen heran-
ziehen. Neben den in der Praxis dominierenden ökonomischen, quantitativen Kontrollgrößen
wie Umsatz, Absatz oder Marktanteil sind die psychographischen, qualitativen Kontrollgrößen wie Einstellung oder Zufriedenheit der Konsumenten ebenfalls relevant. Letztgenannte
sind insbesondere unter dem Aspekt der Frühwarnung und Ursachenanalyse von Bedeutung
und verstärkt in die Marketingkontrolle einzubeziehen (*Meffert* 2000: 1141ff.).

Hinsichtlich der **Erscheinungsformen** lassen sich die operative und strategische Marketingkontrolle differenzieren, die im Folgenden im Detail dargestellt werden:

Operative Marketingkontrolle
Die operative Marketingkontrolle umfasst insbesondere die Kontrolle der Absatzsegmente,
der Marketingorganisationseinheiten, der einzelnen Marketinginstrumente sowie des gesamten Marketing-Mix (*Köhler* 1992: 1272).

Zu den **Instrumenten der operativen Marketingkontrolle** gehören die klassischen Instrumente des Marketingaccounting, d. h. der Kosten- und Erfolgsrechnung. Im Folgenden wird
eine Auswahl der Instrumente aufgeführt.

- Produktvollkosten- und Produktteilkostenrechnung:
  Ermittlung des wirtschaftlichen Erfolgs von Produkten
- Absatzsegmentrechnung:
  Zuordnung des wirtschaftlichen Erfolgs des Unternehmens zu einzelnen Absatzsegmen-
  ten, z.B. einzelnen Kunden, Kundensegmenten, Verkaufsregionen oder einzelnen Aufträ-
  gen

- Customer Lifetime Value:
  Ermittlung des zukunftsorientierten Wertes des Kunden über mehrere Perioden
- Profit-Center-Rechnung:
  Ergebniskontrolle einzelner Marketingorganisationseinheiten

Wirkungskontrollen hinsichtlich einzelner Marketingmaßnahmen, z.B. einer Werbekampagne, erfordern über die Daten des Rechnungswesens hinaus Marktforschungstechniken. Die gesamtmixbezogenen Marketingkontrollen erfolgen anhand relativ hochaggregierter Zielgrößen, wobei der Deckungsbeitragsrechnung sowie dem Einsatz von Kennzahlen und Kennzahlensystemen eine besondere Bedeutung zukommen. Darüber hinaus liefern Marktanteils- und Einstellungsanalysen wichtige Kontrollinformationen.

Strategische Marketingkontrolle

Im Rahmen der strategischen Marketingkontrolle sollen Fehlentwicklungen innerhalb des Marketingplanungs- und Realisationsprozesses sowie des gesamten Marketingsystems aufgezeigt werden. Die strategische Marketingkontrolle umfasst die Durchführungskontrolle, d.h. die Kontrolle der Umsetzung der Marketingstrategie, die Prämissenkontrolle, d.h. die Überprüfung der Annahmen, die der Strategie zugrunde liegen, sowie Marketing-Audits, d.h. die Betrachtung des gesamten Marketingsystems (*Schreyögg/Steinmann* 1985: 392ff.).

Zu den Instrumenten der strategischen Marketingkontrolle zählen z.B. die Gap-Analyse in Zusammenhang mit mehrperiodischen Zielplanungen und Marketing-Audits. Letztere beruhen überwiegend auf qualitativen Beurteilungen, wobei Systematisierungshilfen wie Checklisten und Punktbewertungsschemata herangezogen werden können (*Köhler* 2001: 23ff.). Ein weiteres, umfassendes Instrument zur Strategieumsetzung und Ergebniskontrolle ist das Konzept der Balanced Scorecard (*Kaplan/Norton* 1997), welches abgewandelt als Marketing Scorecard im Folgenden näher beschrieben wird.

Die Marketing Scorecard basiert auf der Grundidee der in den 90er Jahren von *Kaplan* und *Norton* (1997) entwickelten **Balanced Scorecard**. Der Grundgedanke basierte auf der Erkenntnis, dass eine alleinige Ausrichtung des Unternehmens nach finanziellen Gesichtspunkten unzureichend ist. *Kaplan* und *Norton* untersuchten in einer empirischen Studie amerikanische Unternehmen und fanden heraus, dass sowohl quantitative als auch qualitative Kriterien für die Unternehmenssteuerung eingesetzt werden. Sie entwickelten daraufhin das Konzept der Balanced Scorecard. Grundidee der Balanced Scorecard ist die Berücksichtigung unterschiedlicher Perspektiven bei der Leistungsbeurteilung eines Unternehmens- oder Geschäftsbereichs. Als Grundlage zu deren Steuerung werden perspektivenübergreifende Zusammenhänge unter Hinzuziehung perspektivenspezifischer Messgrößen berücksichtigt (*Kaplan/Norton* 1997: 37ff.).

Die Balanced Scorecard beschränkt sich auf die wichtigsten Kennzahlen des Unternehmens und gliedert sie in **vier Perspektiven**, die logisch aufeinander aufbauen:

- Finanzielle Perspektive,
- Kundenperspektive,

- interne Geschäftsperspektive,
- Lern- und Entwicklungsperspektive.

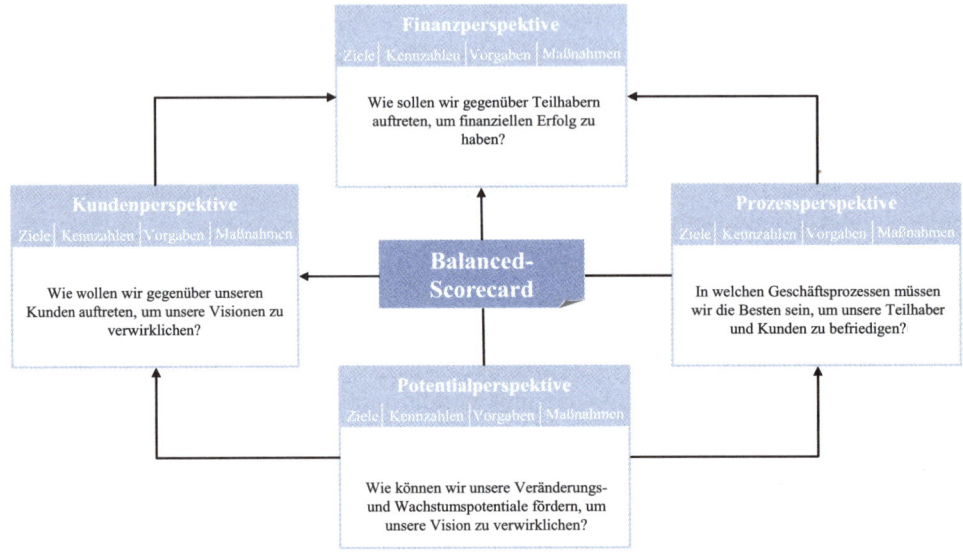

Abb. 122: Die vier Perspektiven der Balanced Scorecard (in Anlehnung an Kaplan/Norton 1997: 9)

Die Anwendung des Konzepts der Balanced Scorecard im Marketing kann auf unterschiedliche Weise erfolgen. Zum einen kann das Marketing bei der Entwicklung einer unternehmensweiten Scorecard mitwirken, wobei der Fokus hierbei in der Regel auf der Kundenperspektive liegt. Beispielsweise wird das Ziel einer Steigerung der Kundenbindung im Zusammenhang mit Messgrößen der Kundenzufriedenheit und der Kundenprofitabilität gesehen, woraus sich wiederum Verbindungen zum Marktanteilsziel und zur finanziellen Perspektive ergeben (*Köhler* 2001: 24). Zum anderen können Scorecards zu spezifischen Themenfeldern entwickelt werden. Die Gestaltung der Balanced Scorecard mit vier Perspektiven ist dabei lediglich als Vorschlag zu verstehen, um strategierelevante Informationen zu strukturieren. Die Art und Anzahl der Perspektiven werden individuell auf die Bedürfnisse des Unternehmens ausgerichtet. Ein Beispiel dafür ist eine Scorecard zur Steuerung des Marken-Portfolios mit den drei Perspektiven Ergebnisperspektive, externe und interne Perspektive (*Meffert/Koers* 2001: 304ff.). Ein weiteres Beispiel ist eine Sales Scorecard mit den fünf Perspektiven Finanzen, Prozesse, Verhalten, Technik und Kunden (*Pufahl* 2003: 151).

Die von *Döllekes* und *Geyer* (2002) entwickelte **Marketing Scorecard** basiert auf dem Konzept der Balanced Scorecard und ist ein Instrument zur Operationalisierung der Marketingstrategie und zur Erfolgskontrolle. Für das Marketing hat sich die Aufteilung der Scorecard in **vier Perspektiven** bewährt:

- Finanzielle Perspektive,
- Kundenperspektive,
- Kommunikationsperspektive,
- Markenperspektive.

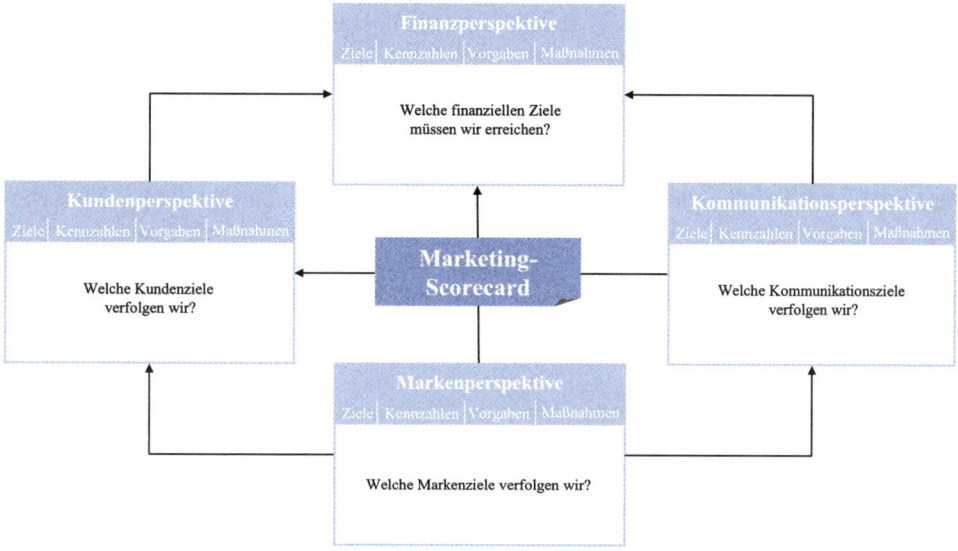

Abb. 123: Die vier Perspektiven der Marketing Scorecard (Geyer 2003: 16)

Die **finanzielle Perspektive** verdeutlicht, inwiefern die verfolgte Marketingstrategie zur Ergebnisverbesserung beiträgt. Die finanziellen Kennzahlen beschreiben zum einen die von der Marketingstrategie zu erwartende finanzielle Leistung und zum anderen die Endziele für andere Perspektiven, deren Kennzahlen grundsätzlich über Ursachen-Wirkungs-Zusammenhänge mit den finanziellen Zielen verbunden sind. Kennzahlen wie Marktanteil bzw. relativer Marktanteil, Umsatzentwicklung, Marketingkostenstruktur kommen hier zum Einsatz.

Die **Kundenperspektive** enthält Kennzahlen, die für den Erwerb von Leistungen entscheidend sind, wie z.B. Qualität, Zeit oder Produktwert aus Kundensicht. Kundenbezogene Kennzahlen sind z.B. Kundenzufriedenheit, Kundenbindung, Kundenwert und Neukundengewinnung.

Der Fokus der **Kommunikationsperspektive** liegt auf Kennzahlen, welche die Kommunikation gegenüber den Kunden und die damit verbundenen Ziele widerspiegeln. Kommunikationsrelevante Kennzahlen sind z.B. Bekanntheitsgrad, Imagedimensionen und Share of Voice.

Die relevanten Kennzahlen zur Führung einer Marke bzw. eines Marken-Portfolios enthält die **Markenperspektive**. Hierbei sind Kennzahlen wie Markenbekanntheit, Markenloyalität und Markenwert beispielhaft zu nennen.

Die dargestellten Perspektiven stehen jedoch nicht isoliert nebeneinander, sondern bauen über **Ursachen-Wirkungs-Zusammenhänge** aufeinander auf. Beispielsweise kann die Steigerung der Markenbekanntheit das Image des Unternehmens beeinflussen, was sich wiederum positiv auf die Neukundengewinnung auswirkt und letztlich den relativen Marktanteil erhöhen kann.

Die einzelnen Perspektiven unterliegen keiner Wertigkeit untereinander und garantieren somit eine Ausgewogenheit (balance). Je Perspektive werden vier bis sieben **Kennzahlen** herausgearbeitet. Aufgenommen werden die Kennzahlen, die für die Operationalisierung der Marketingstrategie zentral sind. Für die festgelegten Kennzahlen sind messbare **Ziele** (Soll-Werte) zu formulieren, mit denen die tatsächlich erreichten Werte verglichen werden. Unabdingbar ist die Ermittlung der Ist-Werte der Kennzahlen zum Planungszeitpunkt als Ausgangspunkt für die Zielplanung. Letztlich ist jedes Ziel mit einem Bündel an **Maßnahmen** zu hinterlegen, das aufzeigt, wie die Ziele erreicht werden sollen.

Der elementare Mangel am Balanced Scorecard-Ansatz ist die unzureichende Außenorientierung (*Neely/Gregory/Platts* 1995: 97). Die Strategien und Handlungen der Wettbewerber können lediglich durch die Art der Messung der Kennzahlen (z.B. relativer Marktanteil, Share of Voice) berücksichtigt werden. Ferner findet sich eine Prämissenkontrolle in diesem Ansatz nicht wieder; dies kann jedoch bei der Kennzahlenauswahl durch eine umfassende Diskussion und Überprüfung der Kennzahlen verbessert werden (*Reinecke* 2004: 111). Die wesentliche Eigenschaft des Balanced Scorecard Ansatzes ist die Einfachheit des Konzeptes und die Komprimierung der Marketingaktivitäten auf eine einzige Darstellung, die ergänzt z.B. durch ein Ampelsystem eine übersichtliche Visualisierung aller Aktivitäten darstellt (*Baum/Coenenberg/Günther* 2004: 348).

Eine für alle Managementfunktionen aufschlussreiche und somit übergreifend bedeutende Rolle kommt **Kennzahlen** und **Kennzahlensystemen** zu (*Köhler* 2001: 24). Kennzahlen sind entweder Verhältniszahlen oder absolute Zahlen, die in konzentrierter Form einen Überblick über die Leistung des gesamten Unternehmens oder einzelne Teilbereiche geben können (*Staehle* 1969: 59). Darüber hinaus dienen diese als Grundlage für Informations- und Managementsysteme, wie etwa die zuvor beschriebene Balanced Scorecard. Wichtig für die Handhabung von Kennzahlen und Kennzahlensystemen ist die Beschränkung auf verhältnismäßig wenige aussagekräftige Kennzahlen, da ein ausuferndes System von der praktischen Nutzung abschreckt.

Literaturverzeichnis

Abbot, L. (1955): Quality and Competition. An Essay in Economic Theory, New York.

Abell, D. F. (1980): Defining the Business. The Starting Point of Strategic Planning, Engelwood Cliffs/N. J.

ACNIELSEN (2010): Universen 2010, Handel und Verbraucher in Deutschland, Frankfurt/M.

Ahlert, D. (1996): Distributionspolitik, 3. Aufl., Stuttgart/Jena.

Andresen, T./Esch, F.-R. (2001): Der Markeneisberg zur Messung der Markenstärke, in: *Esch, F.-R.* (Hg.): Moderne Markenführung, 3. Aufl., Wiesbaden.

Ansoff, H. I. (1966): Management-Strategie, München.

Ansoff, H. I. (1976): Managing Surprise and Discontinuity – Strategic Response to Weak Signals, in: Zeitschrift für betriebswirtschaftliche Forschung, Heft 28, S. 129-152.

ARBEITSGEMEINSCHAFT ONLINE-FORSCHUNG e.V. (2010): Markt-Media-Studie: die internet facts 2010, S.5.

Arndt, H. (1966): Mikroökonomische Theorie, 2. Bd., Tübingen.

Assael, H. (1987): Consumer Behavior and Marketing Action, Boston.

Backhaus, K. (1995): Investitionsgütermarketing, 4. Aufl., München.

Backhaus, K. (1999): Industriegütermarketing, 6. Aufl., München.

Bänsch, A. (1996): Käuferverhalten, 7. Aufl., München/Wien.

Bain, J. S. (1959): Barriers to New Competition, Cambridge/Mass.

Bamberger, I. (1981): Theoretische Grundlagen strategischer Entscheidungen, in: Wirtschaftswissenschaftliches Studium, S. 97-104.

Barzen, D., Wahle, P. (1990): Das PIMS-Programm – was es wirklich Wert ist, in: Harvard Manager, Heft 1, S. 100 – 109.

Bauer, H. H. (1989): Marktabgrenzung: Konzeption und Problematik von Ansätzen und Methoden zur Abgrenzung und Strukturierung unter besonderer Berücksichtigung von marketingtheoretischen Verfahren, Berlin.

Bauer, H./Neumann, M. (2002): Entscheidungskriterien werbetreibender Unternehmen beim Einsatz von Online-Marketing, Mannheim.

Baum, H.-G./Coenenberg, A./Günther, T. (2004): Strategisches Controlling, Stuttgart.

Baumgarth, C. (2008): Markenpolitik. Markenwirkungen - Markenführung - Markencontrolling, 3. Aufl., Wiesbaden.

Becker, J. (2006): Marketing-Konzeption. Grundlagen des ziel-strategischen und operativen Marketing-Managements, 8. Aufl., München.

Bergler, R. (1975): Das Eindrucksdifferential – Theorie und Technik, Bern et al.

Birkelbach, R. (1988): Strategische Geschäftsfeldplanung im Versicherungssektor, in: Marketing ZFP, 10 Jg., Nr. 8.

Bode, O. (2000): Allgemeine Wirtschaftspolitik, München/Wien.

Bodenstein, G./Spiller, A. (2002): Marketing. Strategien, Instrumente und Organisation, Landsberg am Lech.

Booz Allen Hamilton (2005): Starke Marken sind rentabler – Markenorientierte Unternehmen sind fast doppelt so erfolgreich, www.innovations-report.de/htm/berichte/studien/bericht-38726.html, Abfrage vom 15.07.2010, 01.10 Uhr.

Breitenbach, P./Schulte, T. (2005): www.guerilla-marketingportal.de/index.cfm, Abfrage vom 23.01.2011, 16.44 Uhr.

Brennan, V./Flanagan, W./Wolf, C. (2009): Navigating Social Media in the Business World, in: Hogan & Hartson (Hg.): Intellectual Property Update, S. 1-8. New York.

Brockhoff, K. (1993): Produktpolitik, 3. Aufl., Stuttgart et al.

Bruhn, M. (2006): Integrierte Unternehmens- und Markenkommunikation. Strategische Planung und operative Umsetzung, 4. Aufl., Stuttgart.

Bruhn, M. (2010): Marketing. Grundlagen für Studium und Praxis, 10. Aufl., Wiesbaden.

Bubik, R. (1996): Geschichte der Marketing-Theorie, Frankf./M. et al.

Bundesverband Direktvertrieb Deutschland (2005): www.bundesverband-direktvertrieb.de/2/2htm, Abfrage vom 17.02.2005, 00.15 Uhr.

Busch, C. (2010): Die sinnvolle Integration neuer Marketinginstrumente, unveröffentlichtes Manuskript.

Busch, C. (2011): E-Marketing – Die Entwicklung der Online-Werbemittel, unveröffentlichtes Manuskript.

CAR Center Automotive Research (2010): Universität Duisburg-Essen, *F. Dudenhöffer*, Absatz Januar – September 2010 weltweit.

Coenenberg, A. G. (1999): Kostenrechnung und Kostenanalyse, 4. Aufl., Landsberg am Lech.

DaimlerChrysler (2003): Geschäftsbericht 2003, Stuttgart.

Die Welt (2003): Interview mit *Patrice Bula* vom 14.11.2003.

Döllekes, E./Geyer, O. (2002): Marketing Scorecard, unveröffentlichtes Arbeitspapier, Kienbaum Management Consultants, Düsseldorf.

DPA-AFX (2003): Interview mit *Johann C. Lindenberg* vom Juni 2003.

Dudenhöffer, F. (2005): Das Phänomen vom Verlust der Mitte, in: FAZ vom 12.09.05, S. 24.

Dyllick, T. (1990): Ökologisch bewusstes Management, Bern.

Eck, S./Pellikan, L./Wieking, K. (2008): Showtime für die Marke, in: Werben und Verkaufen, Nr. 42, S. 12-16.

Edvinsson, L./Malone, M. (1997): Intellectual Capital: Realizing Your Company's True Value by Finding its Hidden Brainpower. New York.

Enzweiler, T. (1990): Wo die Preise Laufen lernen, in: Manager Magazin, 20. Jahrgang, Heft 3, S. 246–253.

Esch, F.-R. (2001): Moderne Markenführung, 3. Aufl., Wiesbaden.

Esch, F.-R. (2004): Strategie und Technik der Markenführung, 2. Aufl., München.

Esch, F.-R./Wicke, A. (2001): Herausforderungen und Aufgaben des Markenmanagements, in: *Esch, F.-R.* (Hg.): Moderne Markenführung, 3. Aufl., Wiesbaden, S. 3–55.

Fishbein, M. (1967): A Behavior Theory Approach to the Relations between Beliefs about an Object and the Attitude toward the Object, in: ders. (Hg.): Readings in Attitude Theory and Measurement, S. 389–400, New York et al.

Fittkau & Maas Consulting (2009): www.w3b.org/e-commerce/nutzermeinungen-im-internet-beeinflussen-kaufverhalten-erheblich.html, Abfrage vom 11.02.2011, 14.36 Uhr.

Freter, H. (1983): Marktsegmentierung, Stuttgart et al.

Freter, H. (1992): Marktsegmentierung, in: *Diller, H.* (Hg.): Vahlens Großes Marketing Lexikon, S. 733–738, München.

Fuchs, W./Unger, F. (2003): Verkaufsförderung, Wiesbaden.

Geyer, O. (2003): Kundenorientierung in der Wohnungswirtschaft, in: Immobilien Wirtschaft und Recht, H. 7 + 8, S. 12–16.

GfK (2007): Chancen für die Mitte, Erfolge zwischen Premium- und Handelsmarken, 26. Unternehmergespräch Kronberg.

GfK (2010): Studie Store Effect, www.gfk.com/group/events_insights/studien/studienarchiv/ index.de.print.html, Abfrage vom 11.11.2010, 11.11 Uhr.

Gietemann, K. (2006): Bestimmung der optimalen Online-Werbe-Strategie auf deutschen Internetportalen auf Basis einer Portfolio-Analyse für die OTTO GmbH & Co. KG, unveröffentlichte Diplomarbeit, FIHE Venlo.

Gilbert, X./Strebel, P. (1987): Strategies to outpace the Competition, in: Journal of Business Strategy, 8, 1, S. 28–36.

Glockzin, K. (2010): „Product Placement" im Fernsehen – Abschied vom strikten Trennungsgebot zwischen redaktionellem Inhalt und Werbung, Multimedia und Recht 2010, S. 161-167.

GREY   WORLDWIDE   (2006):   www.stroeer.de/markt_news.1049.0.html?newsid=1213, Abfrage vom 17.01.2011, 08.58 Uhr

Häberle, S. G. (2002): Handbuch der Außenhandelsfinanzierung, München.

Häusel, H.-G. (2004): Brain Script, München.

Häusel, H.-G. (2007): Limbic Success, 2. Aufl., München.

Haley, R. J. (1968): Benefit Segmentation: A Decision Oriented Research Tool, in: Journal of Marketing 3/68, S. 30–35.

Henderson, B. D. (1971): Construction of a Business Strategy. The BOSTON CONSULTING GROUP, Series on Corporate Strategy, Boston.

Henderson, B. D. (1974): Die Erfahrungskurve in der Unternehmensstrategie, Frankfurt am Main.

HENKEL (2010): www.henkel.de/ueber-henkel/vision-und-werte, Abfrage vom 15.01.2011, 18:46 Uhr.

Hermanns, A. (1997): Sponsoring, München.

Hinterhuber, H. H. (2004a): Strategische Unternehmensführung, Band 1, Strategisches Denken, 7. Aufl., Berlin.

Hinterhuber, H. H. (2004b): Strategische Unternehmensführung, Band 2, Strategisches Handeln, 7. Aufl., Berlin.

Holland, H. (1993): Direktmarketing, München.

Homburg, C./Krohmer, H. (2003): Marketingmanagement, Wiesbaden.

Horváth, P. (1998): Controlling, 7. Aufl., München.

Hüttner, M./Ahsen, A. v./Schwarting, U. (1999): Marketing-Management. Allgemein – Sektoral – International. 2. Aufl., München/Wien.

IFM **M*EDIENANALYSEN*** (2008): unveröffentlichte Saison-Präsentation 2007-2008 Sportsponsorships Dextro Energy, Karlsruhe.

I*NTERBRAND* (2010): Interbrand's Annual Ranking of 100 of the Best Global Brands, http://www.interbrand.com/de/best-global-brands/Best-Global-Brands-2010.aspx, Abfrage vom 17.05.2011, 11.58 Uhr.

Izard, C. E. (1994): Die Emotionen des Menschen. Eine Einführung in die Grundlagen der Emotionspsychologie, 2. Aufl.,Weinheim/Basel.

Kaplan, R./Norton D. (1997): Balanced Scorecard, Stuttgart.

Kluckhohn, C. (1962): Values and Value-Orientation in the Theory of Action, in: *Parsons, T./ Shilis, E. A.* (Hg.): Towards a General Theory of Action, S. 388–433, Cambridge.

Köhler, R. (1992): Überwachung des Marketing, in: *Coenenberg, A. G./Wysocki, K. v.*: Handwörterbuch der Revision, 2. Aufl., Stuttgart.

Köhler, R. (1993): Beiträge zum Marketing-Management: Planung, Organisation, Controlling, 3. Aufl., Stuttgart.

Köhler, R. (2001): Marketing-Controlling: Konzepte und Methoden, in: *Reinecke, S./Tomczak, T./Geis, G.*, Handbuch Marketingcontrolling, S. 12–31, St. Gallen/ Wien.

Kollmann, T. (2007): E-Business: Grundlagen elektronischer Geschäftsprozesse in der Net Economy, Wiesbaden.

Kotler, P. (1982): Marketing-Management, 4. Aufl., Stuttgart.

Kotler, P. (2006): Kotler on Strategic Marketing, Vortrag am 04.10.2006 an der U*NIVERSITEIT* N*YENRODE*, Breukelen/Niederlande.

Kotler, P./Bliemel, F. (2001): Marketing-Management, 10. Aufl., Stuttgart.

Kotler,P./Keller, K. L./Bliemel, F. (2007): Marketing-Management, 12. Aufl., Stuttgart.

Kroeber-Riel, W. (1990): Persönliche Auskunft an *F. Wahl* vom Juli 1990, Rheinberg.

Kroeber-Riel, W./Esch, F.-R. (2000): Strategie und Technik der Werbung, Stuttgart.

Kroeber-Riel, W./Weinberg, P. (1999): Konsumentenverhalten, 7. Aufl., München.

Krups, M. (1985): Marketing innovativer Dienstleistungen am Beispiel elektronischer Wirtschaftsinformationsdienste, Frankfurt am Main.

Lagner, S. (2009): Viral Marketing, 3. Aufl., Wiesbaden.

Lasswell, H. D. (1967): The Structure and Function of Communication in Society, in: *Berelson, B./Janowitz, M.* (Hg.): Reader in Public Opinion and Communication, 2. Aufl., S. 178–190, New York et al.

Levitt, T. (1960): Marketing Myopia, in: Harvard Business Review, No. 4, S. 45–56.

Markowitz, H. M. (1959): Portfolio Selection: Efficient Diversification on Investments, New York.

Marshall, A. (1925): Principles of Economics, 8. Aufl., London.

Maslow, A. M. (1975): Motivation and Personality, in: *Levine, F. M.* (Hg.): Theoretical Readings in Motivation, S. 358–379, Chicago.

Mason, E. (1939): Price and Production Policies of Large Scale Enterprise, in: American Economic Review, Suppl. 29.

MCKINSEY (Hg.) (1999): Planen, gründen, wachsen. 2. Aufl., Frankfurt am Main.

Meffert, H. (2000): Marketing: Grundlagen marktorientierter Unternehmensführung: Konzepte – Instrumente – Praxisbeispiele, 9. Aufl., Wiesbaden.

Meffert, H./Bruhn M. (2000): Dienstleistungsmarketing, 3. Aufl., Wiesbaden.

Meffert, H./Burmann, C./Kirchgeorg, M. (2008): Marketing: Grundlagen marktorientierter Unternehmensführung: Konzepte – Instrumente – Praxisbeispiele, 10. Aufl., Wiesbaden.

Meffert, H./Burmann, C./Koers, M. (2005): Markenmanagement, Grundfragen der identitätsorientierten Markenführung, 2. Aufl., Wiesbaden.

Meffert, H./Koers, M. (2001): Integratives Marketingcontrolling auf Basis des Balanced-Scorecard-Ansatzes, in: *Reinecke, S./Tomczak, T./Geis, G.,* Handbuch Marketingcontrolling, S. 292–320, St. Gallen/ Wien.

Mehrabian, A./Russell, J. A. (1974): An Approach to Environmental Psychology, Cambridge.

METRO (2004): METRO-Handelslexikon, Düsseldorf.

Neely, A./Gregory, M./Platts, K. (1995): Performance Measurement System Design, in: International Journal of Operations & Production Management, Vol. 15, No. 4, S. 80–116.

Nellessen, K. (2006): Sportsponsoring-Engagements zur Imageoptimierung von Marken – Umsetzung am Beispiel des Sponsorships zwischen DEXTRO ENERGY und *Anni Friesinger*, unveröffentlichte Diplomarbeit, FIHE Venlo.

Nieschlag, R./Dichtl, E./Hörschgen, H. (2002): Marketing, 19. Aufl., Berlin.

Parasuraman, A./Zeithaml, V. A./Berry, L. L. (1985): A Conceptual Model of Service Quality, and its Implications for Future Research, in: Journal of Marketing 3/85, S. 41–50.

Patalas, T. (2006): Guerilla Marketing – Ideen schlagen Budget, Berlin.

Pepels, W. (Hg.) (2000): Marktsegmentierung, Heidelberg.

Pepels, W. (2009): Neuromarketing: Ein Blick in das Gehirn des Konsumenten, in: *Bernecker, M./Pepels, W.* (Hg.): Jahrbuch Marketing 2009, S. 13-33, Köln.

Peters, T. J./Waterman, R. H. (1982): In Search for Excellence, New York.

Peters, T. J./Waterman, R. H. (2003): Auf der Suche nach Spitzenleistungen, Frankfurt am Main.

Petersen, C. (2008): Suchmaschinen: Die Businesslotsen im Internet, in: *Schwartz, T.* (Hg.): Leitfaden Online Marketing, S. 321-330, Waghäusel.

Pfohl, H. -Ch. (1995): Logistiksysteme, Darmstadt.

Piller, F. (2001): Mass Customization: Ein Wettbewerbsstrategisches Konzept im Informationszeitalter, 2. Aufl., Wiesbaden.

Plummer, J. T. (1974): The Concept and Application of Life Style Segmentation, in: Journal of Marketing 1/74, S. 33–37.

Polli, R./Cook, V. J. (1967): A Test of the Product Life Cycle as a Model Sales Behaviour, Market Science Institute Working Paper.

Porter, M. E. (1980): Competitive Strategy, New York.

Porter, M. E. (1992): Wettbewerbsstrategie, 7. Aufl., Frankfurt am Main.

Porter, M. E. (1999): Wettbewerbsstrategie. Methoden zur Analyse von Branchen und Konkurrenten, 10. Aufl., Frankfurt am Main.

Porter, M. E. (2000): Wettbewerbsvorteile. Spitzenleistungen erreichen und behaupten, 6. Aufl., Frankfurt am Main.

Poth, L. G. (1990): Grundlagen des Marketing, 2. Aufl., Neuwied.

Prahalad, C. K./Hamel, G. (1990): The Core Competence of the Corporation, in: Harvard Business Review, Vol. 68, Heft 3, S.79-91.

PROCTER&GAMBLE (2001): Moonbeams – Zeitschrift für die Mitarbeiter, Nr. 155, Juni.

Pufahl M. (2003): Vertriebscontrolling, Wiesbaden.

Reeves, R. (1961): Reality in Advertising, New York.

Reinecke, S. (2004): Marketing Performance Management, Wiesbaden.

RHEINISCHE POST (2011): NIVEA streicht Marken zusammen, Artikel vom 04.03.2011.

Rickens, C. (2006): Bedrohte Mitte, in: Manager Magazin, 36. Jahrgang, Heft 2, S. 84-91.

Ries, A./Trout, J. (1982): Positioning: The Battle for Your Mind, New York.

Rogers, E. M. (1962): Diffusion of Innovations, New York.

Roszinsky, S. (2010): Social Media – Erfolgsfaktoren für das internetbasierte Empfehlungs-marketing am Beispiel von DEXTRO ENERGY, unveröffentlichte Masterthesis, FOM Düsseldorf.

Runia, P./Wahl, F. (2009): Uniqueness als Credo der Markenführung, in: *Bernecker, M./Pepels, W.* (Hg.): Jahrbuch Marketing 2009, S. 269-281, Köln.

Runia, P./Wahl, F. (2010): Aus einem Guss. Corporate Identity, in: economag Nr. 12/10, www.economag.de.

Runia, P./Wahl, F. (2011): Markenidentität und Markenimage, unveröffentlichtes Manu-skript.

Runia, P./Wahl, F./Busch, C. (2008): Im Rampenlicht. Product Placement – Ein Marketing-Begriff mit vielen Facetten, in: economag Nr. 12/08, www.economag.de.

Scharf, A./Schubert, B. (2001): Marketing, 3. Aufl., Stuttgart.

Scharf, A./Schubert, B./Hehn, P. (2009): Marketing, 4. Aufl., Stuttgart.

Schimansky, A. (2003): Schlechte Noten für Markenbewerter, in: marketingjournal, o.O. 5/2003.

Schreyögg, G./ Steinmann, H. (1985): Strategische Kontrolle, in: Schmalenbachs Zeitschrift für betriebswirtschaftliche Forschung, 37, H. 5, S. 391-410.

Schulte, T. (2007): www.guerilla-marketing-portal.de/index.cfm?menuID=119, Abfrage vom 25.01.2011, 20.01 Uhr.

Schwarzbauer, F.(2009): Modernes Marketing für das Bankengeschäft, Wiesbaden.

SEVENONE MEDIA (2003): Vernetzte Kommunikation – Werbewirkung crossmedialer Kam-pagnen, Unterföhring.

SINUS-Institut (2010): www.sinus-institut.de/loesungen/sinus-milieus.html, Abfrage vom 17.12.2010, 12.42 Uhr.

Specht, G. (1998): Distributionsmanagement, 3. Aufl., Stuttgart et al.

Staehle, W. H. (1969): Kennzahlen und Kennzahlensysteme als Mittel der Organisation und Führung von Unternehmen, Wiesbaden.

Steeger, A. (2004): Wertehaltungen der Kunden im Fokus. Semiometrie als Verfahren zur Gewinnung von Informationen über die Werteprofile der GALERIA-KAUFHOF-Kunden für eine gezieltere Kundenansprache im Direktmarketing, unveröffentlichte Diplomarbeit, FIHE Venlo.

STRATEGIC BUSINESS INSIGHTS (2010): www.strategicbusinessinsights.com/vals, Abfrage vom 17.12.2010, 11.25 Uhr.

Thiel, C. (2004): Möglichkeiten einer zielgruppengerichteten Ansprache von Werberezipienten unter besonderer Berücksichtigung des Mediums Internet dargestellt am Beispiel AOL, unveröffentlichte Diplomarbeit, FIHE Venlo.

TNS INFRATEST (2010): www.tns-infratest.com/marketing_tools/Semiometrie.asp, Abfrage vom 17.12.2010, 11.35 Uhr.

TRND (2011), http://company.trnd.com/de/referenzen/haushalt_reinigung, Abfrage vom 25.01.2011, 21.37 Uhr.

Trommsdorff, V. (1975): Die Messung von Produktimages für das Marketing, Köln et al.

Trout, J. (2002): Große Marken in Gefahr, München.

TÜV (2009): TÜV-Report 2009.

Twedt, D. W. (1972): Some Practical Applications of „Heavy-Half"-Theory, in: *Engel, J. F./Fiorillo, H. F./Cayley, M. A.* (Hg.): Market Segmentation – Concepts and Applications, S. 265–271, New York et al.

UNILEVER (2010): www.unilever.de/ueberuns/unserevision, Abfrage vom 15.01.2011, 18:35 Uhr.

Varian, H. (2003): Grundzüge der Mikroökonomik, München/Wien.

VORWERK (2011): http://corporate.vorwerk.com/de/portraet, Abfrage vom 14.02.2011, 12:41 Uhr.

Vossebein, U. (2000): Grundlegende Bedeutung der Marktsegmentierung für das Marketing, in: *Pepels*, W. (Hg.): Marktsegmentierung, S. 19–46, Heidelberg.

Watson, T. J. jun. (1963): A Business and Its Beliefs: The Ideas That Helped Build IBM, New York.

Weber, J. (1999): Einführung in das Controlling, 8. Aufl., Stuttgart.

Weis, H. C. (1999): Marketing. 11. Aufl., Ludwigshafen.

Wildemann, H. (2009): Innovationscontrolling – Leitfaden zur Selektion, Planung, Steuerung und Erfolgsmessung von F&E-Projekten, 7. Aufl., München.

Zerr, K. (2003): Guerilla Marketing in der Kommunikation – Kennzeichen, Mechanismen und Gefahren. In: *Uwe Kamenz* (Hg.): Applied Marketing. Anwendungsorientierte Marketingwissenschaft der deutschen Fachhochschulen. Springer, S. 587, Berlin.

Stichwortregister

Zu den Autoren

Prof. Dr. *Peter Runia*, Dipl.-Kfm., geb. 1968, studierte Wirtschaftswissenschaften mit dem Schwerpunkt Absatz/Handel an der GERHARD-MERCATOR-UNIVERSITÄT Duisburg. Er war nach dem Studium mehrere Jahre als Trainer und Berater tätig und leitete in diesem Rahmen u.a. Seminare zum Thema „Marketing für Existenzgründer". Seit 2000 ist er als Dozent für Marketing an der FONTYS INTERNATIONALE HOGESCHOOL ECONOMIE in Venlo/Niederlande beschäftigt. Im Jahr 2001 promovierte er im Fach Sozialwissenschaften an der GERHARD-MERCATOR-UNIVERSITÄT Duisburg. Von 2005 bis 2010 war er neben seiner Dozentur auch verantwortlicher Manager des Studienganges „International Marketing" an der FONTYS INTERNATIONALE HOGESCHOOL ECONOMIE. Seit 2010 ist er hauptamtlicher Professor für Allgemeine Betriebswirtschaftslehre, insb. Marketing, an der FOM HOCHSCHULE FÜR OEKONOMIE & MANAGEMENT. Neben seiner Lehrtätigkeit in Bachelor- und Masterprogrammen leitet er Marktforschungsprojekte und berät Unternehmen in Marketingfragen.

Frank Wahl, Dipl.-Bw. (FH), geb. 1961, studierte Betriebswirtschaftslehre an der FACHHOCHSCHULE NIEDERRHEIN in Mönchengladbach mit den Schwerpunkten Marketing sowie Unternehmensplanung und -kontrolle. Nach dem Studium 1988 betreute er erfolgreich Markenartikel als Junior-Produktmanager bei der SEMPER IDEM UNDERBERG AG in Rheinberg und als Produktmanager bei der WASA GmbH in Celle. Ab 1995 gab er als Dozent seine Theoriekenntnisse und Praxiserfahrungen an verschiedenen Wirtschaftsschulen unter Anwendung unterschiedlicher Lehr- und Lernkonzepte an die jeweiligen Seminarteilnehmer weiter. Darüber hinaus war er als freiberuflicher Berater für mittelständische Unternehmen aktiv. Seit 2003 ist er als Dozent für Marketing im Studiengang „International Marketing" an der FONTYS INTERNATIONALE HOGESCHOOL ECONOMIE in Venlo/Niederlande tätig und dort auch verantwortlich für Hochschulkontakte zu nationalen und internationalen Wirtschaftsunternehmen. Zudem ist er Lehrbeauftragter an der FOM HOCHSCHULE FÜR OEKONOMIE & MANAGEMENT in Bachelor- und Masterstudiengängen. Weiterhin berät er Unternehmen und andere Organisationen in strategischen und operativen Marketingthemen.

Olaf Geyer, Dipl.-Kfm., geb. 1969, studierte Betriebswirtschaftslehre mit den Schwerpunkten Marketing und Internationales Management an der WESTFÄLISCHEN WILHELMS-UNIVERSITÄT Münster und General Business an der UNIVERSITY OF CALIFORNIA Los Angeles (UCLA). Nach seinem Studium war er mehrere Jahre bei der KIENBAUM MANAGEMENT CONSULTANTS GmbH tätig, wo er Unternehmen unterschiedlicher Branchen überwiegend in strategischen und marketingrelevanten Fragestellungen beriet. Im Anschluss leitete er das Business Development der SCHUBERT UNTERNEHMENSGRUPPE und war danach Manager bei der RÖLFS MC PARTNER MANAGEMENT CONSULTANTS GmbH mit den Schwerpunkten Restrukturierung und Marketing&Sales. Seit 2007 ist er erneut für die KIENBAUM MANAGEMENT CONSULTANTS GmbH als Principal tätig. Des Weiteren lehrt er als Dozent an der FOM HOCHSCHULE FÜR OEKONOMIE & MANAGEMENT im Rahmen des Masterstudiengangs Marketing&Sales und begleitet als externer Gutachter Bachelorprüfungen an der FONTYS INTERNATIONALE HOGESCHOOL ECONOMIE in Venlo/Niederlande.

Dr. *Christian Thewißen*, bc., MBA, geb. 1977, studierte nach einer kaufmännischen Ausbildung Absatzwirtschaftslehre an der FONTYS INTERNATIONALE HOGESCHOOL ECONOMIE in Venlo/Niederlande. Nach seinem Studium war er mehrere Jahre in unterschiedlichen Funktionen im In- und Ausland in den Bereichen Controlling und M&A für den RWE-Konzern tätig. Seine weitere Hochschulausbildung erlangte er im Rahmen eines berufsbegleitenden MBA-Programmes mit dem Schwerpunkt Financial Management an der FOM HOCHSCHULE FÜR OEKONOMIE & MANAGEMENT und Doktorandenstudiums an der UNIVERSITY OF ECONOMICS BRATISLAVA, Slowakei. Seit 2007 ist er als Berater bei ROLAND BERGER STRATEGY CONSULTANTS im Competence Center Energy & Chemicals tätig. Des Weiteren nimmt er Lehraufträge im Bereich der Masterstudiengänge an der FOM HOCHSCHULE FÜR OEKONOMIE & MANAGEMENT wahr und begleitet als externer Gutachter Bachelorprüfungen an der FONTYS INTERNATIONALE HOGESCHOOL ECONOMIE in Venlo/Niederlande.

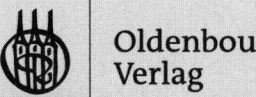

Oldenbourg Verlag

Ein Wissenschaftsverlag der Oldenbourg Gruppe

Günter Ebert

Praxis der Unternehmenssteuerung

2011 | XIV, 231 Seiten | Gebunden | € 49,80
ISBN 978-3-486-59039-5

Die nachhaltige Steuerung von Unternehmen stellt nicht zuletzt
in Zeiten der Finanzkrise eine existenzielle Herausforderung an
Führungskräfte und Mitarbeiter dar. Um als Unternehmen erfolgreich
und dauerhaft am Markt bestehen zu können, bedarf es eines neuen,
ganzheitlichen Steuerungsansatzes, der der Komplexität und Dynamik
der derzeitigen und zukünftigen Unternehmensumwelt umfassend
gerecht wird. Dieser Herausforderung stellt sich das Buch »Praxis
der Unternehmenssteuerung«, indem es neue theoretische und
praktische Wege des Controlling, Developing und Treasuring
aufzeigt.

Das Buch richtet sich gleichermaßen an Interessierte aus Wissenschaft und
Praxis.

Bestellen Sie in Ihrer Fachbuchhandlung
oder direkt bei uns: Tel: 089/45051-248
Fax: 089/45051-333 | verkauf@oldenbourg.de

www.oldenbourg-verlag.de

Verbessern Sie Ihre Menschenkenntnis.

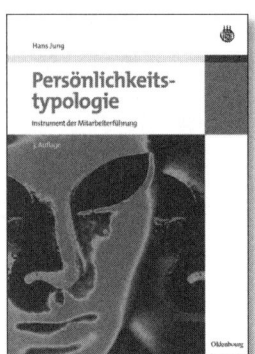

Hans Jung
Persönlichkeitstypologie

Instrument der Mitarbeiterführung
Mit Persönlichkeitstest

3. vollständig überarbeitete und wesentlich erweiterte
Auflage 2008 | 170 Seiten | Broschur | € 24,80
ISBN 978-3-486-58643-5

Die veränderten Bedürfnisstrukturen des arbeitenden
Menschen, der Arbeitsmarkt, die gewandelte wirtschaftliche und gesellschaftliche Situation, all dies
zwingt jeden Betrieb und jede Führungskraft, sich
intensiv mit den Mitarbeitern, aber auch mit sich
selbst zu beschäftigen. Um diesem Anspruch gerecht
zu werden, müssen Führungskräfte ihre Menschenkenntnis verbessern.

Dieses Buch soll Führungskräften die Möglichkeit geben,
ihre Menschenkenntnis mit Hilfe der Persönlichkeitstypologie zu verbessern. Anhand der psychoanalytischen
Studie von Fritz Riemann wird in diesem Buch ein
genaues Typenbild sowie die Leistungsfähigkeit der
möglichen Charaktere erarbeitet. Damit werden die
Fähigkeiten zur Verhaltensbeurteilung und Einschätzung von Entwicklungspotenzialen sowie zur
Selbsteinschätzung erhöht.

**Dieses Buch richtet sich an alle Studierenden,
Mitarbeiter und Führungskräfte, die an ihrer eigenen
Leistungsbeurteilung oder der ihrer Mitarbeiter
interessiert sind.**

Prof. Dr. rer. pol. Hans Jung lehrt an der Fachhochschule
Lausitz Betriebswirtschaftslehre und Personalmanagement.

Oldenbourg

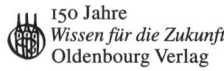
150 Jahre
Wissen für die Zukunft
Oldenbourg Verlag

Bestellen Sie in Ihrer Fachbuchhandlung oder
direkt bei uns: Tel: 089/45051-248, Fax: 089/45051-333
verkauf@oldenbourg.de